はじめての現代制御理論

A 1st Course in Modern Control Theory

改訂第2版

2nd edition

佐藤和也
下本陽一
熊澤典良／著

Kazuya Sato
Yoichi Shimomoto
Noriyoshi Kumazawa

講談社

改訂第２版によせて

初版刊行から10年経ったが，本書は幸いにも多くの好評をいただき，全国の高専，大学において教科書として採用いただいている．初版では「具体的な計算方法がわかり，計算する力を身に付ける」，「極と応答の関係を理解しやすくする」，「極配置とオブザーバの設計理念が身に付く」ことを目指して執筆した．幸いにも「ポイントがつかめる」，「さらなるステップへの入門的教科書として最適」などのコメントをいただいている．

多くのご意見をいただく中で，現代制御理論の内容をさらにイメージがつかみやすくスムーズに理解しやすくしたいと考え，改訂版としてカラー化することとなった．本文において，最重要の専門用語やポイントとなる説明をゴシック体の赤字，重要な式には黄色の下地，重要な説明には赤下線を引いている．図においても，複数の線がある場合は色をわけることで，条件の違いに対するグラフの変化を直感的に理解しやすくなることを目論んでいる．このカラー化により，本書をめくるだけでポイントとなる箇所が目に留まることを期待している．

ゴシック体の赤字	最重要の専門用語・ポイント
黄色下地	重要な式
赤下線	重要な説明
青下線	赤下線のつぎに重要な説明

改訂版では，演習問題を解くことによりさらに深く内容が理解できるように，演習問題が講義ごとに5問となるよう問題数を増やした．その結果，改訂版では初版に比べて大問で30問，小問も含めると合計48問の演習問題を増やしたこととなり，実際に問題を解きながら現代制御理論の内容の理解が深まるように工夫した．演習問題の解答についても，初版と同様に詳しく記載している．

さらに「特別講義」として，本書で学ぶ現代制御理論を基礎として発展した内容であり，最先端の制御理論の研究テーマとして活発に取り組まれている「ロバスト制御」，「LMI」などについて概要を解説している．また，これらの事項の詳細かつ発展的な内容へのアクセスとして，インターネット上に公開されている無料で閲覧可能な学術誌の解説記事などへのリンクを記載した．興味を持った読者はリンク先の内容に触れることにより，さらに深い知識を身に付ける足がかりとなることを期待している．

また，代表的な制御系 CAD である MATLAB®，近年注目を集めている Python を使って，本書に含まれるほぼすべての図を再現できるコードを GitHub にて公開している．

- https://github.com/KazuyaSato1968

実際にパラメータを変えてシミュレーションすることで，数式のみではなくイメージとしての理解が進むことを期待している．

この改訂により，読者の方々が現代制御理論の基礎事項に関して抵抗感なく馴染めることができれば，著者としては望外の喜びである．著者らの筆力不足で，まだまだ読みにくい部分も多く残っていると思うが，今後ご指摘をいただき，さらなるフィードバックにいかせれば幸いである．

改訂において，実際に講義で本書をご採用くださっている先生方にアンケートをお願いした．ご回答いただき，受講生がとまどうことが多い事項や改善案をご提案くださったすべての先生方に感謝申し上げます．

最後に，本改訂版の企画から出版にたどり着くまで多大なご尽力をいただきました，講談社サイエンティフィクの横山真吾氏，ならびに著者らの家族に感謝いたします．

コロナ禍で酷暑の 2022 年夏

佐藤和也，下本陽一，熊澤典良

まえがき

制御工学を体系的に学ぶにあたり，最初に取り組むのは「古典制御」と呼ばれる内容であることが多い．古典制御においては，システムのモデルを伝達関数で表現し，制御系解析・設計を行う．つぎに学ぶのは「現代制御」と呼ばれる内容であり，システムのモデルを状態空間表現で記述し，制御系解析・設計を行う方法である．

本書で学ぶ現代制御や，それを基礎として発展したロバスト制御，非線形制御などに基づく制御方法は，振動システム（橋梁，列車，建築物）の振動抑制，ハードディスクのヘッド位置制御，ロボットシステムの制御，自動車システム（エンジン，燃費，排気，乗り心地）などに適用され，数多くの実際の製品において，その有用性が認知されている．さらにはスマートグリッド，次世代自然エネルギーなどの開発にも適用が期待され，日々研究がなされている．

これまでに現代制御に関してさまざまな良書が著名な先生方により執筆され，教科書として採用されている．著者らは勤務先で「現代制御」に関する講義を担当しているが，その際に「難しい」「古典制御からのつながりがわからない」「イメージがつかみにくい」という声を学生から聞くことが多い．

そこで，学生からの意見を集約し，初学者が理解しやすく，「まずはこれだけを理解してほしい」と思う内容に絞って本書を執筆した．特に，現代制御を理解するために重要な「状態空間表現の作成法」「極（固有値）と応答の関係」の説明に重点をおいた．また，数式の展開や具体的な計算もできるだけ途中式を記すことで，計算方法に思い悩むことのないように配慮したつもりである．

本書の内容はこれまでに出版された現代制御の良書に比べて，質・内容ともに至らない点が多いかもしれないが，初学者が「ひとまずこれだけのポイントは理解できた」と感じられるように内容を精査し，執筆している．制御工学に対して少しでも興味がわき，学生が「卒業研究や大学院での研究に取り組んでみよう」，また企業技術者の方々が「技術開発に組み入れてみよう」と思われることを期待している．

本書は講義で使われることを意識して，「章」ではなく「講義」として内容を

14 回に区切った．さらに本書では現代制御を学ぶ導入書と位置づけ，多くのシステムの基礎的な表現である n 次元 1 入力 1 出力線形時不変システムに限り，このシステムの現代制御によるアプローチについて説明する．また，講義 06 以降の時間応答のグラフを示した図は制御系 CAD を用いて描いたものをトレースし直している．

著者らの筆力不足で，読みにくく理解しがたい部分も多く残っていると思うが，今後ご指摘をいただき，改訂につなげられれば幸いである．

出版に際して多くの方にお世話になりました．これまでご指導いただいた多くの先生方に感謝いたします．特に，著者らが制御工学について初学の頃よりご指導いただいた，九州工業大学名誉教授 小林敏弘先生，九州工業大学 大屋勝敬教授，明治大学名誉教授 嘉納秀明先生，明治大学 阿部直人教授に深謝いたします．また，原稿に対する意見や校正に際して協力してくれた著者らの研究室の諸君にも感謝します．最後に出版の機会を与えてくださり，多大なご尽力をいただいた講談社サイエンティフィクの横山真吾氏，ならびに著者らの家族に感謝いたします．

2012 年晩夏

佐藤和也，下本陽一，熊澤典良

付録

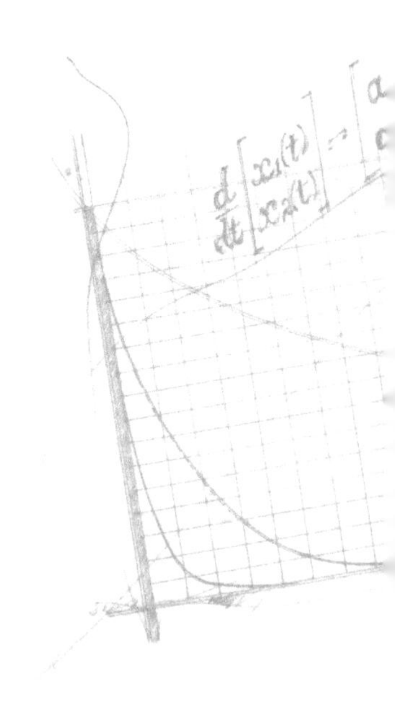

コラム一覧

講義 01

現代制御とは　～状態空間表現の基礎～

「制御」を工学的に取り扱う際に非常に重要となるのは，対象となる動的システムの特性を数式で表した「微分方程式」であり，これを数学モデルと呼ぶ．線形微分方程式で表される数学モデルをラプラス変換して伝達関数表現を求め，主に周波数領域をベースに制御系を設計する方法が古典制御と呼ばれる手法の特徴であった．本講では，行列・ベクトル表現を用いて数学モデルを表現する状態空間表現について説明する．この表現方法は「現代制御」と呼ばれる制御法の基礎となる．

講義 01 のポイント

- 方程式を行列・ベクトルで表現することに慣れよう．
- 伝達関数表現とその問題点を理解しよう．
- 連立微分方程式から状態空間表現を求める考え方に慣れよう．

1.1　制御とは

自然界の法則にしたがって変化するもの（現象）に対し，外部から操作（入力（input））を加えることによって変化する値（出力（output））を人為的に変えることを，制御するという．また日本産業規格（JIS：JIS Z8116）では，制御とは「ある目的に適合するように，制御対象に所要の操作を加えること」と定められている．ここで，制御したい対象（外部からの操作に応じて出力が変化するもの）を，制御対象（controlled system，plant）あるいはただ単に対象と呼ぶ．制御対象となるものは必ず制御したい値（物理量，一般に制御量（controlled variable）と呼ぶ）と外部からの操作（操作量（control input））がなければならない．制御対象，操作量，制御量の関係を図で表すと図 1.1 となる．

図 1.1　制御対象と操作量，制御量の関係

工学において，現象の値の変化に注目することが多いが，単体の現象のみを調べることはほとんどなく，通常は複数の現象が重なり合った結果の値を調べることが多い．このとき，ある目的を行うために互いに作用しながら働く現象（機能）の組み合わせの総称を**システム**（system）と呼ぶ．制御対象はまさにシステムである．また，制御対象の出力が望ましい値になるように操作量を発生する装置（制御器）を設計し，制御対象と制御器を組み合わせたものもシステムであり，それを**制御系**（control system）と呼ぶ．一般に制御器の設計を含めた制御系の構成を考えることを**制御系設計**（control system design）という．

1.2 動的システム

制御工学が対象とする多くのシステムは，**動的システム**（dynamical system）であり，入力と出力の関係が**微分方程式**（differential equation）で記述される．システムの特性が数式で表されたものを，システムの**数学モデル**（mathematical model）あるいはただ単に**モデル**（model）と呼ぶ．

図 1.2 で表されるマス－ばね－ダンパシステムを通して動的システムについて考えよう．質量 M [kg] の物体（マス）のつり合いの位置からの変位を $y(t)$ [m]，物体に加える力を $f(t)$ [N]，ダンパの粘性摩擦係数を D [N･s/m]，ばね定数を K [N/m] とする．また，物体と床面との粘性摩擦係数は無視できると仮定する．このとき，マス－ばね－ダンパシステムの運動方程式（微分方程式）はつぎで表される．

$$M\ddot{y}(t)+D\dot{y}(t)+Ky(t)=f(t) \tag{1.1}$$

物体に加える力 $f(t) = u(t)$ を入力として適切に選び，物体の変位 $y(t)$ を出力として望みどおりの値に変化させることが，このマス－ばね－ダンパシス

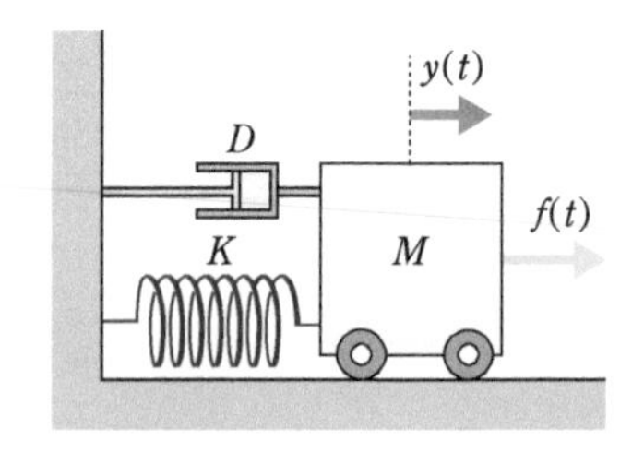

図 1.2　マス－ばね－ダンパシステム

テムを制御することの1つの例となる．

いま，(1.1) 式で注目する変数 ($\ddot{y}(t)$， $\dot{y}(t)$， $y(t)$) にかかっている係数は，物体の質量 (M)，ばね定数 (K)，ダンパの粘性摩擦係数 (D) であり，これらの値は時間によって変化しない定数であるとする．このとき，(1.1) 式は線形微分方程式であるので，線形時不変システム (linear time invariant system, LTI system) と呼ばれる [1)]．

マス－ばね－ダンパシステムに限らず，多くのシステムの特性は線形時不変システムで表すことが可能であり，制御においても扱いやすく，このシステムをもとに多くの制御方法が示されている．特に，入力 ($u(t)$) と出力 ($y(t)$) がともにスカラーで与えられたシステムは，1入力1出力システム (single-input single-output system，SISO system) と呼ばれる．また，1入力1出力線形時不変システムは多くのシステムの基礎的な表現となり，本書ではこのシステムの制御工学の考え方に基づいた取り扱いについて説明する．

1.3 伝達関数表現の特徴

対象を思いどおりに制御するためには対象の特性を知る必要がある．そのためには現実の対象に直接操作量を加えてどのような応答 (response) [2)] が得られるのかを調べるのではなく，モデルを使って対象の特性を調べることが一般的である．制御工学の基礎である古典制御と呼ばれる制御手法では，線形時不変システムのモデルを伝達関数 (transfer function) で表現する．その方法の特徴について，線形時不変システムの代表例である図 1.2 に示したマス－ばね－ダンパシステムを通して考えよう．

マス－ばね－ダンパシステムのモデルである (1.1) 式を直接解くことにより，加えた入力に対する出力を求めてその特性を知る方法もあるが，より簡単な方法としてつぎの方法が知られている．

まず，すべての初期値を 0 として (1.1) 式の両辺をラプラス変換 [3)] し，$U(s) = \mathcal{L}[u(t)]$，$Y(s) = \mathcal{L}[y(t)]$ として伝達関数 $G(s)$ を求めると，つぎとなる．

$$G(s) = \frac{Y(s)}{U(s)} = \frac{1}{Ms^2 + Ds + K} \tag{1.2}$$

1) 線形微分方程式と線形時不変システムについては 1.6 節で説明する．
2) システムに何かしらの入力を加えた際に，入力に応じたシステムの出力の変化を応答と呼ぶ．
3) ラプラス変換について不明な場合は 3.9 節を参照のこと．

この伝達関数を用いることにより，さまざまな入力（インパルス入力，ステップ入力，正弦波など）をシステムに加えた場合の応答（インパルス応答，ステップ応答，周波数応答など）を簡単に求めることができる[4]．すなわち，(1.2) 式の伝達関数よりシステムが持つ入力と出力の間の特性を知ることが可能となる．システムの特性を (1.2) 式で表される伝達関数を用いて調べることが，制御工学の基礎の１つとなる．

一方，伝達関数表現の問題点としてつぎがあげられる．

- 出力である物体の変位 $y(t)$ がどのような応答になるのかはわかるが，物体の速度 $\dot{y}(t)$ がどのように変化しているのかを知ることはできない．
- (1.1) 式の微分方程式よりラプラス変換を行う際に「すべての変数の初期値を 0」としているので，位置や速度に初期値がある場合の対処が難しい．

このとき，たとえ制御目的を達成する制御系が構築できたとしても，物体の変位を望みどおりの値に変化させることができるだけで，物体の速度は結果的にある値になった，ということしか保証できない[5]．また変位や速度に初期値があった場合，取り扱いが煩雑になることは避けられない．

1.4　連立方程式の行列・ベクトル表現

本書で説明する現代制御はモデルを伝達関数表現するのではなく，状態空間表現と呼ばれる表現方法を用いて制御系の解析・設計を行う手法である．具体的な状態空間表現の方法を説明する前に，基本的な事項の確認をしよう．

x_1，x_2 についての２元連立１次方程式について考えよう．

$$\begin{cases} y_1 = a_{11}x_1 + a_{12}x_2 \\ y_2 = a_{21}x_1 + a_{22}x_2 \end{cases} \tag{1.3}$$

ここで，y_1，y_2，a_{11}，a_{12}，a_{21}，a_{22} は定数とする．(1.3) 式を行列・ベクトルを用いて表すとつぎとなる．

4) これらを入力とした場合の微分方程式を解くのに比べて簡単という意味である．
5) 伝達関数行列を用いて多入出力の場合も考えることはできるが，さらに高度な問題となる．

$$\begin{bmatrix} y_1 \\ y_2 \end{bmatrix} = \begin{bmatrix} a_{11} & a_{12} \\ a_{21} & a_{22} \end{bmatrix} \begin{bmatrix} x_1 \\ x_2 \end{bmatrix} \tag{1.4}$$

(1.3) 式を (1.4) 式で表現するためには，行列とベクトルの演算に関する知識が必要である．行列・ベクトルを使った数式表現は現代制御に関する内容を学習する際に，非常に基本的な事項であるので確実に理解しよう．

つぎに，時間関数 $x_1(t)$，$x_2(t)$ の連立微分方程式について考えよう [6)]．

$$\begin{cases} \dfrac{\mathrm{d}x_1(t)}{\mathrm{d}t} = a_{11}x_1(t) + a_{12}x_2(t) \\ \dfrac{\mathrm{d}x_2(t)}{\mathrm{d}t} = a_{21}x_1(t) + a_{22}x_2(t) \end{cases} \tag{1.5}$$

ここで，a_{11}，a_{12}，a_{21}，a_{22} は定数とする．(1.4) 式の表現にならって，(1.5) 式を行列・ベクトルを用いて表すとつぎとなる．

$$\begin{bmatrix} \dfrac{\mathrm{d}x_1(t)}{\mathrm{d}t} \\ \dfrac{\mathrm{d}x_2(t)}{\mathrm{d}t} \end{bmatrix} = \begin{bmatrix} a_{11} & a_{12} \\ a_{21} & a_{22} \end{bmatrix} \begin{bmatrix} x_1(t) \\ x_2(t) \end{bmatrix} \tag{1.6}$$

ここで，(1.6) 式の左辺はベクトル $\begin{bmatrix} x_1(t) \\ x_2(t) \end{bmatrix}$ を微分したものであり，つぎで表される [7)]．

$$\begin{bmatrix} \dfrac{\mathrm{d}x_1(t)}{\mathrm{d}t} \\ \dfrac{\mathrm{d}x_2(t)}{\mathrm{d}t} \end{bmatrix} = \frac{\mathrm{d}}{\mathrm{d}t} \begin{bmatrix} x_1(t) \\ x_2(t) \end{bmatrix} \tag{1.7}$$

よって，(1.6) 式はつぎとなる．

$$\frac{\mathrm{d}}{\mathrm{d}t} \begin{bmatrix} x_1(t) \\ x_2(t) \end{bmatrix} = \begin{bmatrix} a_{11} & a_{12} \\ a_{21} & a_{22} \end{bmatrix} \begin{bmatrix} x_1(t) \\ x_2(t) \end{bmatrix} \tag{1.8}$$

さらに，(1.8) 式内のベクトルと行列を

$$\boldsymbol{x}(t) = \begin{bmatrix} x_1(t) \\ x_2(t) \end{bmatrix}, \quad A = \begin{bmatrix} a_{11} & a_{12} \\ a_{21} & a_{22} \end{bmatrix} \tag{1.9}$$

6）連立微分方程式を考える必要性については，のちほど具体例により説明する．
7）不明な場合は講義 03 を参照のこと．

とすると，(1.8) 式はつぎとなる．

$$\frac{\mathrm{d}\boldsymbol{x}(t)}{\mathrm{d}t} = A\boldsymbol{x}(t) \tag{1.10}$$

また，連立微分方程式（b_1，b_2 は定数，$u(t)$ は時間関数とする）

$$\begin{cases} \dfrac{\mathrm{d}x_1(t)}{\mathrm{d}t} = a_{11}x_1(t) + a_{12}x_2(t) + b_1 u(t) \\ \dfrac{\mathrm{d}x_2(t)}{\mathrm{d}t} = a_{21}x_1(t) + a_{22}x_2(t) + b_2 u(t) \end{cases} \tag{1.11}$$

はつぎで表されることもわかるであろう．

$$\frac{\mathrm{d}\boldsymbol{x}(t)}{\mathrm{d}t} = A\boldsymbol{x}(t) + \boldsymbol{b}u(t) \tag{1.12}$$

ここで，$\boldsymbol{b}$ はつぎで表されるベクトルである．

$$\boldsymbol{b} = \begin{bmatrix} b_1 \\ b_2 \end{bmatrix} \tag{1.13}$$

微分の記号

ある時間変数 $x(t)$ の時間についての 1 階微分の記法としてつぎの 3 つがある．

- ラグランジュの記法：$x'(t)$
- ライプニッツの記法：$\dfrac{\mathrm{d}x(t)}{\mathrm{d}t}$，$\dfrac{\mathrm{d}x}{\mathrm{d}t}(t)$ または $\dfrac{\mathrm{d}}{\mathrm{d}t}x(t)$
- ニュートンの記法：$\dot{x}(t)$

これらはいずれも同義（同じ意味）である．数学の教科書ではラグランジュの記法を使っているものが多い．時間微分においてはライプニッツとニュートンの記法を用いることが多いが，どの記法でもとまどうことがないようにしてほしい．本書でもあえてライプニッツとニュートンの記法を混在させて記述している．

1.5 状態空間表現の基礎

図 1.3 に示す 2 タンクシステムについて考えよう．図 1.3 において，$q_i(t)$ [m^3/s] は流入流量，$q_o(t)$ [m^3/s] は流出流量，C [m^2] はタンクの断面積，$h(t)$ [m] は水位，R [s/m^2] は出口抵抗であり，右下添字の数字はタンクごとにつけられた番号である．

1.5.1 並列な 2 タンクシステムの場合

図 1.3 (a) の左のタンク単体の水位変化を表す運動方程式はつぎで表される（各変数に右下添字 "1" をつけている）．

$$C_1 \frac{\mathrm{d}h_1(t)}{\mathrm{d}t} = q_{i1}(t) - q_{o1}(t) \tag{1.14}$$

(1.14) 式は左のタンクの水位 $h_1(t)$ の変化の割合が流入流量 $q_{i1}(t)$ から流出流量 $q_{o1}(t)$ を引いたものに等しいことを意味する（変化の割合なので C_1 の具体的な値は関係ない）．すなわち流入流量より流出流量が大きい場合，(1.14) 式の右辺は負となるので水位 $h_1(t)$ は減少し，流入流量より流出流量が小さい場合，(1.14) 式の右辺は正となるので水位 $h_1(t)$ は増加する．

いま，定常的な流量から大きく変動がないと仮定すれば [8)]

$$q_{o1}(t) = \frac{1}{R_1}h_1(t), \quad q_{o2}(t) = \frac{1}{R_2}h_2(t) \tag{1.15}$$

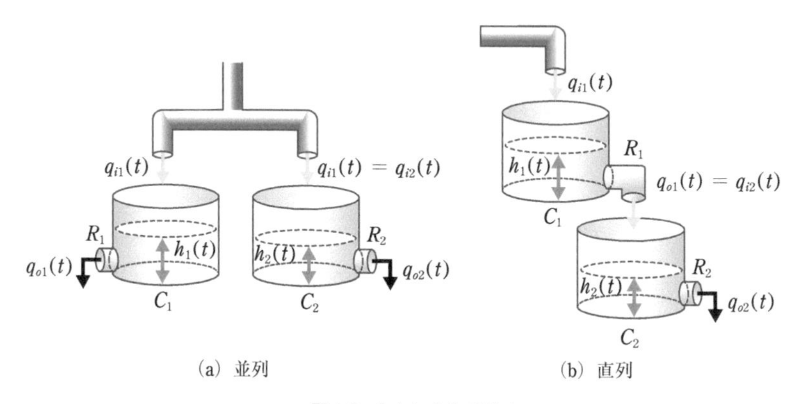

図 1.3　2 タンクシステム

8) 現実的な仮定であるが，この仮定が成り立たない場合を 1.6 節で説明する．

が成り立つので，(1.14) 式はつぎの運動方程式となる．

$$R_1 C_1 \frac{\mathrm{d}h_1(t)}{\mathrm{d}t} = -h_1(t) + R_1 q_{i1}(t) \tag{1.16}$$

また同様に，右のタンクの水位変化を表す運動方程式はつぎとなる（各変数に右下添字 "2" をつけている．流入流量は左のタンクと同じである）．

$$R_2 C_2 \frac{\mathrm{d}h_2(t)}{\mathrm{d}t} = -h_2(t) + R_2 q_{i2}(t) = -h_2(t) + R_2 q_{i1}(t) \tag{1.17}$$

これより，両タンクの水位変化の割合を表した運動方程式が得られた．よって，図 1.3 (a) に示す並列な 2 タンクシステムの運動方程式は (1.16) 式と (1.17) 式による連立微分方程式となり，(1.11) 式を参考に行列・ベクトル表現するとつぎとなる．

$$\frac{\mathrm{d}}{\mathrm{d}t}\begin{bmatrix} h_1(t) \\ h_2(t) \end{bmatrix} = \begin{bmatrix} -\dfrac{1}{R_1 C_1} & 0 \\ 0 & -\dfrac{1}{R_2 C_2} \end{bmatrix} \begin{bmatrix} h_1(t) \\ h_2(t) \end{bmatrix} + \begin{bmatrix} \dfrac{1}{C_1} \\ \dfrac{1}{C_2} \end{bmatrix} q_{i1}(t) \tag{1.18}$$

並列な 2 タンクシステムの場合，両タンクの流入流量 $q_{i1}(t)$ は共通であるが，各タンクの水位 $h_1(t)$，$h_2(t)$ は他方のタンクの水位変化の割合に影響を及ぼさない．このことから，(1.16)，(1.17) 式より得られる行列・ベクトル表現 (1.18) 式において，行列の部分は

$$\begin{bmatrix} -\dfrac{1}{R_1 C_1} & 0 \\ 0 & -\dfrac{1}{R_2 C_2} \end{bmatrix}$$

であり，対角行列となることに注意しよう[9]．

1.5.2　直列な 2 タンクシステムの場合

つぎに図 1.3 (b) に示す直列な 2 タンクシステムについて考えよう．上段タンク（右下添字 "1"）の流出流量 $q_{o1}(t) = \dfrac{1}{R_1}h_1(t)$ が下段タンク（右下添字 "2"）の流入流量 $q_{i2}(t)$ になっていることに注意すると，各タンクの水位変化

9）対角行列については 3.1.1 項を参照のこと．

を表す運動方程式はつぎとなる．

$$R_1C_1\frac{\mathrm{d}h_1(t)}{\mathrm{d}t}=-h_1(t)+R_1q_{i1}(t) \tag{1.19}$$

$$R_2C_2\frac{\mathrm{d}h_2(t)}{\mathrm{d}t}=-h_2(t)+R_2q_{i2}(t)=-h_2(t)+\frac{R_2}{R_1}h_1(t) \tag{1.20}$$

よって，直列な 2 タンクシステムの運動方程式は (1.19) 式と (1.20) 式による連立微分方程式となり，(1.11) 式を参考に行列・ベクトル表現するとつぎとなる．

$$\frac{\mathrm{d}}{\mathrm{d}t}\begin{bmatrix}h_1(t)\\h_2(t)\end{bmatrix}=\begin{bmatrix}-\dfrac{1}{R_1C_1} & 0\\ \dfrac{1}{R_1C_2} & -\dfrac{1}{R_2C_2}\end{bmatrix}\begin{bmatrix}h_1(t)\\h_2(t)\end{bmatrix}+\begin{bmatrix}\dfrac{1}{C_1}\\0\end{bmatrix}q_{i1}(t) \tag{1.21}$$

直列な 2 タンクシステムの場合，下段タンクの流入流量 $q_{i2}(t)$ は上段タンクの流出流量 $q_{o1}(t)$ であり，それが下段タンクの水位 $h_2(t)$ の変化の割合に影響を及ぼしている．よって，(1.19)，(1.20) 式より得られる行列・ベクトル表現 (1.21) 式において，行列部分は

$$\begin{bmatrix}-\dfrac{1}{R_1C_1} & 0\\ \dfrac{1}{R_1C_2} & -\dfrac{1}{R_2C_2}\end{bmatrix}$$

であり，対角行列にならないことに注意しよう．

1.5.3 システムの表現方法の違い

図 1.3 (b) の 2 タンクシステムの運動方程式を行列・ベクトル表現したものを (1.21) 式で示したが，システムのモデルを行列・ベクトル表現した場合と伝達関数表現した場合との違いについて考えよう．

直列な 2 タンクシステムの場合において，入力を $q_{i1}(t)=u(t)$，出力を $h_2(t)=y(t)$ としよう．このとき，直列な 2 タンクシステムの伝達関数は (1.19)，(1.20) 式の両辺をラプラス変換し，$U(s)=\mathcal{L}[u(t)]$，$Y(s)=\mathcal{L}[y(t)]$ とすると，つぎで表される（すべての初期値を 0 とする）[10]．

10) (1.22) 式の導出は演習問題 (2) で取り組む．ラプラス変換については 3.9 節を参照のこと．

$$G(s) = \frac{Y(s)}{U(s)} = \frac{R_2}{(R_2 C_2 s + 1)(R_1 C_1 s + 1)} \tag{1.22}$$

また，出力を $h_2(t) = y(t)$ としたということは，(1.21) 式に加えて，

$$y(t) = [0\ \ 1]\begin{bmatrix} h_1(t) \\ h_2(t) \end{bmatrix} \tag{1.23}$$

とすればよいことに注意しよう．さらに，(1.21) 式と (1.23) 式において，ともにベクトル $\begin{bmatrix} h_1(t) \\ h_2(t) \end{bmatrix}$ が現れ，このベクトルが (1.18)，(1.21) 式の両方に共通して現れていることにも注意しよう．このベクトルはシステムにおいて注目している変数（上下段タンクの水位）を要素とし，変数はシステム内で注目する物理量（水位など）の状態を表すことから状態変数（state variable）と呼ばれる．

これよりシステムの特性を調べる際のモデルの表現方法の違いとして，つぎのことがわかる．

- システムのモデルである (1.22) 式の伝達関数表現を用いた場合，システムの入力（上段タンクの流入流量 $q_{i1}(t)$）に応じたシステムの出力（下段タンクの水位 $h_2(t)$）の変化の様子を知ることができるが，上段タンクの水位 $h_1(t)$ の変化を知ることはできない．
- システムのモデルとして行列・ベクトル表現を用いた場合，(1.21) 式を解くことによりシステムの出力（下段タンクの水位 $h_2(t)$）のみならず上段タンクの水位 $h_1(t)$ の変化も知ることができる [11)]．

すなわち，システムのモデルの表現方法として運動方程式（微分方程式）を行列・ベクトル表現した場合，伝達関数表現の出力には現れない変数の変化を知ることができる，という特徴がある．

システムのモデルを行列・ベクトル表現したものを，システムの状態を表すという意味で状態空間表現（state space representation）と呼び，(1.21)，(1.23) 式はつぎで表される [12)]．

11） (1.21) 式の解き方は講義 07 で説明する．

12） もちろん (1.18)，(1.23) 式を使った場合も表現できる．

$$\frac{\mathrm{d}\boldsymbol{x}(t)}{\mathrm{d}t}=A\boldsymbol{x}(t)+\boldsymbol{b}u(t) \tag{1.24}$$

$$y(t)=\boldsymbol{c}\boldsymbol{x}(t) \tag{1.25}$$

ここで

$$\boldsymbol{x}(t)=\begin{bmatrix} h_1(t) \\ h_2(t) \end{bmatrix},\quad A=\begin{bmatrix} -\dfrac{1}{R_1C_1} & 0 \\ \dfrac{1}{R_1C_2} & -\dfrac{1}{R_2C_2} \end{bmatrix} \tag{1.26}$$

$$\boldsymbol{b}=\begin{bmatrix} \dfrac{1}{C_1} \\ 0 \end{bmatrix},\quad \boldsymbol{c}=[0\ \ 1] \tag{1.27}$$

である．このとき，$\boldsymbol{x}(t)$ を状態変数ベクトル（state variable vector），A をシステムの係数行列（coefficient matrix）（または状態行列，システム行列），$\boldsymbol{b}$ を入力ベクトル，$\boldsymbol{c}$ を出力ベクトルと呼び，(1.24) 式を状態方程式（state equation）と呼び，(1.25) 式を出力方程式（output equation）と呼ぶ．さらに (1.24) 式は注目する状態変数ベクトル $\boldsymbol{x}(t)$ に関して線形であり，行列 A，ベクトル $\boldsymbol{b}$，$\boldsymbol{c}$ の要素はすべて定数であるので，線形時不変システムと呼ぶ[13)]．また，状態変数ベクトルはただ単に状態ベクトル（state vector）と呼ぶことも多い．

図 1.3 (a) に示した並列な 2 タンクシステムの場合，流入流量 $q_{i1}(t)$ は両タンクで同量となるため，左右のタンクの水位はそれぞれの水位に依存するのみで，一方の水位が他方の水位に影響を及ぼすことはない．このとき (1.18) 式は微分方程式 (1.16)，(1.17) 式から状態方程式の作り方の一例を示したにすぎないが，この例はのちほど重要な意味を持つ[14)]．

現実のシステムを線形微分方程式によるモデルで表し，ラプラス変換を用

13) 線形時不変システムについては 1.6 節で説明する．

14) 講義 10 の例 10.2 を参照のこと．

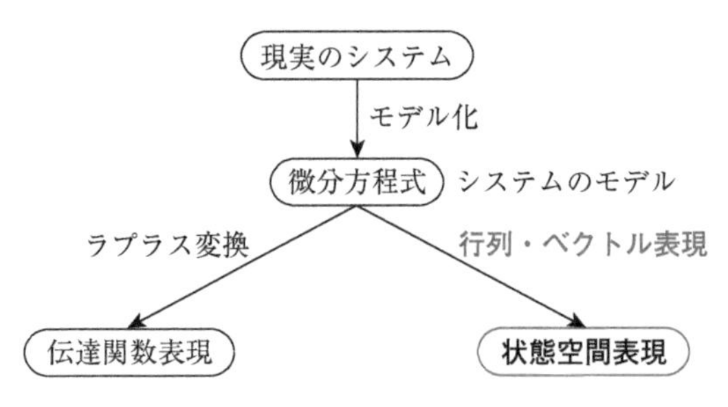

図 1.4　システムのモデルの表現方法の違い

いて伝達関数表現を求める，あるいは行列・ベクトル表現より状態空間表現を求める流れを図 1.4 に示す．いずれの表現方法の場合も，もとは同じ微分方程式であるが，**表現方法によって知ることのできるシステムの変化の様子が異なることに注目しよう**．

1.6　線形システムと非線形システム

(1.16) 式は水位 $h_1(t)$ の変化に着目した微分方程式であり，$h_1(t)$ に定数のみをかけた項と，システムの入力とみなす変数（流入流量 $q_i(t)$）に定数のみをかけた項により構成されている．このような微分方程式を**線形微分方程式**（linear differential equation）と呼ぶ．

(1.16) 式は (1.14) 式から導出されたが，これは流量変化が定常値より大きくずれないという仮定により，流出流量とタンクの水位の関係が (1.15) 式で与えられたためである．このとき，「(1.15) 式が成り立つには，どのくらい大きくずれなければよいのか？」という疑問が生じるかもしれない．実際，この仮定がない場合，流出流量とタンクの水位にはつぎの関係が成り立つことが知られている．

$$q_{o1}(t) = K\sqrt{h_1(t)} \tag{1.28}$$

ここで，K は定数であり，重力加速度，流出口の断面積，流量係数などで決まる．したがって，タンク単体の運動方程式 (1.14) 式はつぎとなる．

$$C_1 \frac{\mathrm{d}h_1(t)}{\mathrm{d}t} = -K\sqrt{h_1(t)} + q_{i1}(t) \tag{1.29}$$

(1.29) 式で表される水位 $h_1(t)$ の変化に着目した微分方程式は，右辺に $h_1(t)$

の平方根の項があるので**非線形微分方程式**（nonlinear differential equation）と呼ばれ，これを解くことは難しい場合が多い[15]．システムの運動方程式が（1.29）式のような非線形微分方程式で表される場合，**非線形システム**（nonlinear system）と呼ぶ．このとき，線形時不変システムのように（1.24），（1.25）式の状態空間表現で表すことはできず，つぎとなる．

$$\frac{\mathrm{d}\boldsymbol{x}(t)}{\mathrm{d}t} = \boldsymbol{f}(\boldsymbol{x}, u, t) \tag{1.30}$$

$$y(t) = \boldsymbol{h}(\boldsymbol{x}, t) \tag{1.31}$$

また入力に対してつぎで表されるときは**アフィンシステム**（affine system）と呼ぶ[16]．

$$\frac{\mathrm{d}\boldsymbol{x}(t)}{\mathrm{d}t} = \boldsymbol{f}(\boldsymbol{x}) + \boldsymbol{g}(\boldsymbol{x})\,u(t) \tag{1.32}$$

通常，システムの運動方程式は厳密には（1.29）式のような非線形微分方程式で表される．しかしタンク単体の例でも見たとおり，現実にそくした仮定を設けることで非線形微分方程式は線形微分方程式に**線形化**（linearization）できることが多い．一般にはシステムの想定した動作点（平衡点[17]とすることが多い）近傍で非線形関数を線形近似し，非線形微分方程式を線形微分方程式に線形化することを行う．たいていの場合，システムの動作範囲は動作点近傍であることが多いために，システムのモデルとして非線形微分方程式を線形化した線形微分方程式を考えておけば十分である．本節で例として考えたタンクシステムの基本となる運動方程式は非線形微分方程式（1.29）式となるが，前述の仮定に基づいて線形化すると線形微分方程式（1.16）式となる．また，並列・直列な2タンクシステムの状態方程式は（1.18），（1.21）式となり，一般形は（1.24），（1.25）式となる．このとき，線形微分方程式において注目する変数にかかっている係数や行列，入出力ベクトルの要素がすべて定数である場合，そのシステムは**線形時不変システム**（linear time invariant system）と呼ばれる．本書でも以後，システムのモデルは線形時不変システム（特に時不変であることを強調する必要がない場合は，ただ単に**線形シス**

15）これ以外にも右辺に $h^2(t)$，$\cos h(t)$ などの項がある場合も同様である．

16）（1.29）式はこれに相当する．

17）平衡点とは（1.30）式または（1.32）式でたとえば $u(t) = 0$ としたとき $\frac{\mathrm{d}\boldsymbol{x}(t)}{\mathrm{d}t} = \boldsymbol{0}$ となる点．すなわち状態ベクトル $\boldsymbol{x}(t)$ が変化しない点のことである．

テム（linear system）と記す）で与えられるものとして説明する．

場合によっては（1.30），（1.31）式の $\boldsymbol{f}$，$\boldsymbol{h}$ が状態ベクトル $\boldsymbol{x}(t)$ と入力 $u(t)$ の線形関数となる場合があり，（1.24），（1.25）式に対応してつぎで表されることがある．

$$\frac{\mathrm{d}\boldsymbol{x}(t)}{\mathrm{d}t} = A(t)\boldsymbol{x}(t) + \boldsymbol{b}(t)u(t) \tag{1.33}$$

$$y(t) = \boldsymbol{c}(t)\boldsymbol{x}(t) \tag{1.34}$$

このときシステムは**線形時変システム**（linear time varying system）と呼ばれ，係数行列や入力ベクトル，出力ベクトルの要素が時間関数となり，時間とともに要素の値が変化する（興味がある人は特別講義 15 を参照のこと）．

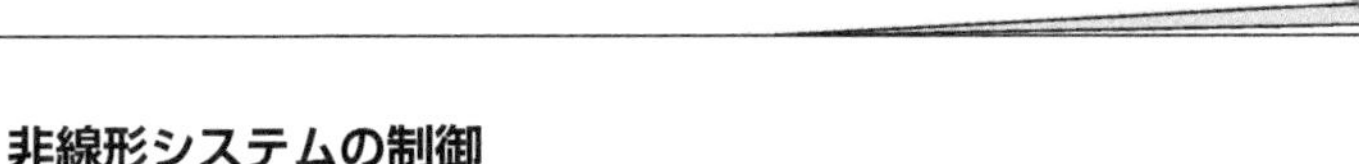

非線形システムの制御

非線形システムを動作点近傍で線形化し，システムのモデルを線形システムとして表した場合，しょせん近似モデルであるので制御系を設計して実際のシステムに組み入れても制御目的を達成できないと思うかもしれない．しかしながらシステムの動作範囲を動作点近傍に限った場合，近似された線形モデルはもとの非線形システムの特性とほぼ一致することが多く，実在するほとんどの制御系は線形システムをもとに制御系設計が行われ，その有効性が実証されている．近年ではロボット，船舶，飛翔体（飛行機やミサイルなど），移動体（自動車，ロボット車）の制御や，いままでより高精度な制御性能が求められた場合，非線形システムを近似することなく取り扱う必要があることが示され，**非線形制御システム**（nonlinear control system）に関する研究が活発に行われている．とはいえ，線形システムを出発点とした**線形制御システム**（linear control system）は非線形制御システムを勉強する際の非常に重要な基礎となる．

1.7 現代制御とは

古典制御と呼ばれる手法は，制御対象となるシステムのモデルが線形微分方程式で表されるとし，そのモデルを伝達関数表現で記述し，主に周波数領域における制御系の解析と設計を行う方法を与えている．1.3 節や 1.5.3 項で示したとおり，伝達関数表現は入力と出力の間の特性を記述したにすぎず，出力に現れないシステム内部の変数の変化の様子を知ることはできない．

一方，線形微分方程式で与えられるシステムのモデルを状態空間表現で表した場合，状態方程式はシステムの変化の様子を表す変数を含んだ状態ベクトルで構成されるため，これを解析することで入力と出力の間の関係のみならず，システム内部の変数の変化の様子を知ることができる．線形微分方程式で与えられたシステムのモデルを状態空間表現で記述し，主に時間領域における制御系の解析と設計を行う方法を与えるのが**現代制御**（modern control）である．このとき，古典制御の取り扱いでは実現が難しかった，出力に直接現れないシステム内部の変数の変化の様子も考慮して制御系を設計することが可能となる．また，「現代」という言葉による誤解を避けるために**状態空間アプローチ**による制御と呼ぶ場合もある．**本書では主に線形微分方程式で与えられるシステムを考えるので**，線形微分方程式をただ単に**微分方程式**と記す．

状態空間表現は別の表現をすれば，連立微分方程式の行列・ベクトル表現であるので，行列・ベクトルに関する数学的基本事項が重要となる．特に重要となるのは行列の**行列式**，**固有値**，**階数**（または**ランク**）である．またこれに関連した事項も重要となる．本書ではこれらの必要となる数学的基本事項

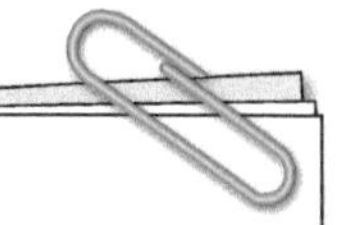

「古典」と「現代」

「古典」と「現代」という言葉を聞くと，なんとなく「古典」は古くて時代遅れで役立たず，といったイメージを持つ読者の方も多いであろう．実際，現代制御の成り立ちは制御対象を伝達関数で表すことの限界から生まれたものであり，特に 1960 年代の宇宙開発において大いに貢献している．また，先にも述べたようにロボット，市販されている自動車，宇宙関連分野の一部では現代制御に基づいた制御系が大いに使われ，人類の役に立っている．しかしながら，現実の工場や製品製造現場において用いられているほとんどの制御系は古典制御に基づいた制御法によって構成されているのも実状である．要は対象となるシステムは種々様々であり，それに適した制御系の設計法を適用するのがよい，ということである．「古典だから役に立たない」「現代だから素晴らしい」ということではなく，どちらの手法も理解しておくことが必要である．

について講義 03 にて説明する.

【講義 01 のまとめ】

・方程式の行列・ベクトル表現は行列とベクトルのかけ算がポイントである.

・伝達関数表現では出力に現れないシステム内部の変数の変化を考慮した制御系設計は難しい.

・連立微分方程式から状態空間表現を求めるには，注目する変数の関係に注意することが必要である.

・現代制御はシステムの状態空間表現を用いた時間領域における制御系の解析・設計法である.

演習問題

(1) (1.14) 式より (1.16) 式を導出せよ.

(2) (1.22) 式を導出せよ.

(3) 状態ベクトルを $\boldsymbol{x}(t)=\begin{bmatrix} x_1(t) \\ x_2(t) \end{bmatrix}$ として，つぎの連立微分方程式を状態方程式に変換せよ.

(i)
$$\begin{cases} \dfrac{\mathrm{d}x_1(t)}{\mathrm{d}t} = x_1(t) + 2x_2(t) + 2u(t) \\ \dfrac{\mathrm{d}x_2(t)}{\mathrm{d}t} = 3x_1(t) + 2x_2(t) + u(t) \end{cases}$$

(ii)
$$\begin{cases} \dfrac{\mathrm{d}x_1(t)}{\mathrm{d}t} = x_2(t) \\ \dfrac{\mathrm{d}x_2(t)}{\mathrm{d}t} = -6x_1(t) - 5x_2(t) + u(t) \end{cases}$$

(4) 状態方程式 (1.21) において，出力 $y(t)$ を (1.15) 式の $q_{o1}(t)$ としたときの出力方程式を示せ.

(5) 状態方程式 (1.21) において，出力 $y(t)$ を (1.15) 式の $q_{o2}(t)$ としたときの出力方程式を示せ.

講義 02
状態空間表現

システムのモデルとなる運動方程式が微分方程式で表され，それを状態空間表現で表す方法を講義 01 で説明した．実際のシステムはマス－ばね－ダンパシステムのように運動方程式が 2 階微分方程式，またはそれよりも高階の微分方程式で表されることが多い．本講では 2 階以上の微分方程式でシステムのモデルが与えられた場合について，状態空間表現で表す方法について説明する．

【講義 02 のポイント】

・さまざまなシステムの状態空間表現に慣れよう．

・2 階以上の微分方程式を状態空間表現で表す方法を理解しよう．

2.1　直流モータの状態空間表現

講義 01 で説明した 2 タンクシステムより複雑なシステムの状態空間表現を求めよう．ここでは，制御工学の適用例としてよく知られる直流（direct current: DC）モータのモデルを導出することで，伝達関数表現では埋もれてしまう特性について明らかにし，さらに状態空間表現を求める．

直流モータの等価回路は図 2.1 のように表される．電機子回路の部分は RL 回路と等価であるので，回路内の抵抗を R [Ω]，インダクタンスを L [H]，回路に加える電圧を $v_i(t)$，回路内を流れる電流を $i(t)$ とするとつぎで表される．

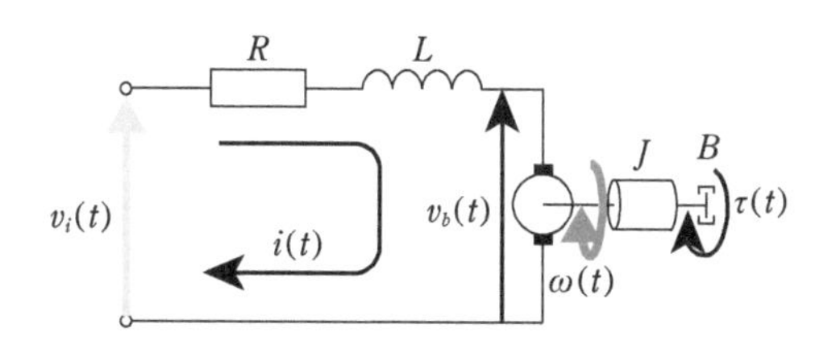

図 2.1　直流モータの等価回路

$$L\frac{\mathrm{d}i(t)}{\mathrm{d}t}+Ri(t)=v_i(t)-v_b(t) \tag{2.1}$$

ここで，(2.1) 式右辺第 2 項の $v_b(t)$ は，磁界の中でコイルが動くことによりフレミングの右手の法則に基づいて発生する誘導起電力（逆起電力）であり，入力電圧 $v_i(t)$ と逆向きの電圧を持ち，つぎで表される．

$$v_b(t)=K_b\omega(t) \tag{2.2}$$

$$\omega(t)=\frac{\mathrm{d}\theta(t)}{\mathrm{d}t} \tag{2.3}$$

ここで，K_b [V·s/rad] は逆起電力定数，$\omega(t)$ [rad/s] は電機子コイルの回転角速度，$\theta(t)$ [rad] は電機子コイルの回転角である．したがって，誘導起電力 $v_b(t)$ は電機子コイルの回転角速度に応じて変化することがわかる．

電機子コイルの回転運動に作用するトルク $\tau(t)$ はつぎで表される．

$$\tau(t)=K_\tau i(t) \tag{2.4}$$

ここで，K_τ [N·m/A] はトルク定数である．したがって，電機子コイルへのトルク $\tau(t)$ は電機子回路内を流れる電流に比例することがわかる．

電機子コイルへのトルク $\tau(t)$ によって電機子コイルが回転するので，電機子コイルの慣性モーメントを J [kg·m^2]，直流モータのブラシなどによる粘性摩擦係数を B [N·m·s/rad] とすると，その運動方程式はつぎで表される．

$$J\frac{\mathrm{d}\omega(t)}{\mathrm{d}t}+B\omega(t)=\tau(t) \tag{2.5}$$

よって，直流モータに電圧 $v_i(t)$ を加えると，最終的に電機子コイルのトルク $\tau(t)$ により電機子コイルが回転角速度 $\omega(t)$ で回転運動をすることがわかった．さらに (2.2) 式を (2.1) 式に代入し，(2.4) 式を (2.5) 式に代入すると，

$$L\frac{\mathrm{d}i(t)}{\mathrm{d}t}+Ri(t)=-K_b\omega(t)+v_i(t) \tag{2.6}$$

$$J\frac{\mathrm{d}\omega(t)}{\mathrm{d}t}+B\omega(t)=K_\tau i(t) \tag{2.7}$$

となり，直流モータのモデルは回路内の電流 $i(t)$ と回転角速度 $\omega(t)$ に関する連立微分方程式で表されることがわかる．ここで，すべての初期値を 0 と

して (2.6)，(2.7) 式の両辺をラプラス変換すると[1]，モータへの入力を $V_i(s)$，出力を $\omega(s)$ とする伝達関数 $G(s)$ はつぎで表される．

$$G(s) = \frac{\omega(s)}{V_i(s)} = \frac{K_\tau}{(Js + B)(Ls + R) + K_\tau K_b} \tag{2.8}$$

得られた伝達関数表現による直流モータのモデルにより，入力と出力の間の特性はわかるが，電機子回路内の電流 $i(t)$ の変化の様子を知ることはできない．モータへの入力を $v_i(t)$，出力を回路内の電流 $i(t)$ とし，その伝達関数を (2.6)，(2.7) 式から導出することもできるが，新たに導出する必要がある．

一方，(2.6)，(2.7) 式において状態ベクトルを $\boldsymbol{x}(t) = \begin{bmatrix} i(t) \\ \omega(t) \end{bmatrix}$，入力を $v_i(t) = \boldsymbol{u}(t)$，出力を $\omega(t) = \boldsymbol{y}(t)$ と選べば，つぎの状態空間表現が得られる．

$$\frac{\mathrm{d}}{\mathrm{d}t}\begin{bmatrix} i(t) \\ \omega(t) \end{bmatrix} = \begin{bmatrix} -\dfrac{R}{L} & -\dfrac{K_b}{L} \\ \dfrac{K_\tau}{J} & -\dfrac{B}{J} \end{bmatrix}\begin{bmatrix} i(t) \\ \omega(t) \end{bmatrix} + \begin{bmatrix} \dfrac{1}{L} \\ 0 \end{bmatrix}\boldsymbol{u}(t) \tag{2.9}$$

$$y(t) = [0 \;\; 1]\begin{bmatrix} i(t) \\ \omega(t) \end{bmatrix} \tag{2.10}$$

ここで

$$\boldsymbol{x}(t) = \begin{bmatrix} x_1(t) \\ x_2(t) \end{bmatrix} = \begin{bmatrix} i(t) \\ \omega(t) \end{bmatrix}, \quad A = \begin{bmatrix} -\dfrac{R}{L} & -\dfrac{K_b}{L} \\ \dfrac{K_\tau}{J} & -\dfrac{B}{J} \end{bmatrix} \tag{2.11}$$

$$\boldsymbol{b} = \begin{bmatrix} \dfrac{1}{L} \\ 0 \end{bmatrix}, \quad \boldsymbol{c} = [0 \;\; 1] \tag{2.12}$$

とすれば，(2.9)，(2.10) 式はつぎで表される．

$$\frac{\mathrm{d}\boldsymbol{x}(t)}{\mathrm{d}t} = A\boldsymbol{x}(t) + \boldsymbol{b}u(t) \tag{2.13}$$

$$y(t) = \boldsymbol{c}\boldsymbol{x}(t) \tag{2.14}$$

---

1) ラプラス変換については 3.9 節を参照のこと．$V_i(s) = \mathcal{L}[v_i(t)]$，$\omega(s) = \mathcal{L}[\omega(t)]$ である．

これより，直流モータのシステムを (2.9)，(2.10) 式の状態空間表現で表した場合，状態方程式 (2.9) 式を解くことにより，電機子コイルの回転角速度 $\omega(t)$ のみならず電機子回路内の電流 $i(t)$ の変化の様子を知ることができることがわかる [2]．これはシステムの伝達関数表現にはない特徴となる．

2.2 マス－ばね－ダンパシステムの状態空間表現

1.2 節に示したとおり，図 2.2 に示すマス－ばね－ダンパシステムの運動方程式 (微分方程式) はつぎで表される．

$$M\ddot{y}(t) + D\dot{y}(t) + Ky(t) = f(t) \tag{2.15}$$

物体 (マス) に加える力 $f(t) = u(t)$ を入力とし，物体の変位 $y(t)$ を出力としよう．このシステムの伝達関数表現を (1.2) 式に示し，その表現方法の問題点として出力 (変位) は伝達関数より求めることができるが，物体の速度変化の様子を知ることはできないことを説明した．ここでは，(2.15) 式を状態空間表現である (2.13)，(2.14) 式の形式で表すことを考えよう．2.1 節で説明した直流モータのモデルや，講義 01 で示した 2 タンクシステムと違い，(2.15) 式は 2 階微分方程式であるので，状態空間表現を求める際に注意が必要である．

まず，つぎの重要な事項から確認しよう．

- 物体の変位 $y(t)$ の時間微分は $\dot{y}(t)$ もしくは $\dfrac{\mathrm{d}y(t)}{\mathrm{d}t}$ と表され，これは物体の速度を表す．
- 物体の速度 $\dot{y}(t)$ の時間微分は $\ddot{y}(t)$ もしくは $\dfrac{\mathrm{d}\dot{y}(t)}{\mathrm{d}t}$ と表され，これは物

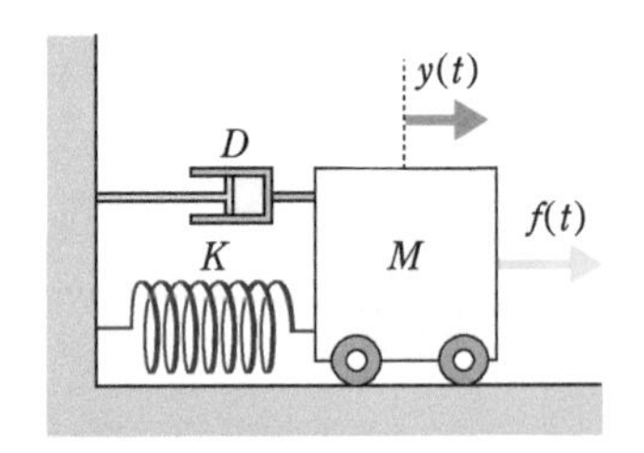

図 2.2　マス－ばね－ダンパシステム

2) 状態方程式 (2.9) 式または (2.13) 式の具体的な解き方は講義 07 で説明する．

体の加速度を表す．

いま，物体の変位$y(t)$を$y(t) = x_1(t)$とする．このとき$\dot{y}(t) = \dot{x}_1(t)$であり，さらに$\dot{y}(t) = x_2(t)$とおくと，

$$\dot{x}_1(t) = x_2(t) \text{もしくは} \frac{\mathrm{d}x_1(t)}{\mathrm{d}t} = x_2(t) \tag{2.16}$$

と表される．さらに，

$$\dot{x}_2(t) = \ddot{x}_1(t) = \ddot{y}(t) \tag{2.17}$$

となる．このとき，(2.15) 式はつぎのとおり変形できる．

$$\ddot{y}(t) = -\frac{D}{M}\dot{y}(t) - \frac{K}{M}y(t) + \frac{1}{M}u(t) \tag{2.18}$$

よって，(2.16)，(2.17) 式に注意すれば，(2.18) 式はつぎで表される．

$$\dot{x}_2(t) = \frac{\mathrm{d}x_2(t)}{\mathrm{d}t} = -\frac{D}{M}x_2(t) - \frac{K}{M}x_1(t) + \frac{1}{M}u(t) \tag{2.19}$$

ここで，(2.16) 式と (2.19) 式はそれぞれ$x_1(t)$，$x_2(t)$に関して 1 階の微分方程式であるので，これらを連立させて状態ベクトルを$\boldsymbol{x}(t) = \begin{bmatrix} x_1(t) \\ x_2(t) \end{bmatrix}$と選べば，つぎの状態空間表現が得られる．

$$\frac{\mathrm{d}}{\mathrm{d}t}\begin{bmatrix} x_1(t) \\ x_2(t) \end{bmatrix} = \begin{bmatrix} 0 & 1 \\ -\frac{K}{M} & -\frac{D}{M} \end{bmatrix}\begin{bmatrix} x_1(t) \\ x_2(t) \end{bmatrix} + \begin{bmatrix} 0 \\ \frac{1}{M} \end{bmatrix}u(t) \tag{2.20}$$

$$y(t) = [1 \ \ 0]\begin{bmatrix} x_1(t) \\ x_2(t) \end{bmatrix} \tag{2.21}$$

よって，(2.15) 式の状態空間表現は (2.20)，(2.21) 式となり，

$$\boldsymbol{x}(t) = \begin{bmatrix} x_1(t) \\ x_2(t) \end{bmatrix} = \begin{bmatrix} y(t) \\ \dot{y}(t) \end{bmatrix}, \quad A = \begin{bmatrix} 0 & 1 \\ -\frac{K}{M} & -\frac{D}{M} \end{bmatrix} \tag{2.22}$$

$$\boldsymbol{b} = \begin{bmatrix} 0 \\ \frac{1}{M} \end{bmatrix}, \quad \boldsymbol{c} = [1 \ \ 0] \tag{2.23}$$

とすれば，(2.20)，(2.21) 式はつぎで表される．

$$\frac{\mathrm{d}\boldsymbol{x}(t)}{\mathrm{d}t} = A\boldsymbol{x}(t) + \boldsymbol{b}u(t) \tag{2.24}$$

$$y(t) = \boldsymbol{c}\boldsymbol{x}(t) \tag{2.25}$$

これより，マス－ばね－ダンパシステムを (2.20)，(2.21) 式の状態空間表現で表した場合，状態方程式 (2.20) 式を解くことにより，物体の変位 $y(t)$ のみならず速度 $\dot{y}(t)$ の変化の様子を知ることができることがわかる．これはシステムの伝達関数表現にはない特徴となる．

2.3　2 階微分方程式で表されるシステムの状態空間表現

2.2 節で説明したとおり，2 階微分方程式で表されるマス－ばね－ダンパシステムの状態空間表現を求めることができた．2 階微分方程式で表されるシステムは，マス－ばね－ダンパシステムに限らず *RLC* 回路などもあり，それらも状態空間表現で表すことができる．工学の分野でよく現れるつぎの 2 階微分方程式を考えよう [3)]．

$$\ddot{y}(t) + a_1\dot{y}(t) + a_0 y(t) = b_0 u(t) \tag{2.26}$$

ここで，a_0，a_1，b_0 は定数であり，マス－ばね－ダンパシステムの場合は $a_1 = \dfrac{D}{M}$，$a_0 = \dfrac{K}{M}$，$b_0 = \dfrac{1}{M}$ となる [4)]．前節と同様に $y(t) = x_1(t)$，$\dot{y}(t) = x_2(t)$ とし，状態ベクトルを $\boldsymbol{x}(t) = \begin{bmatrix} x_1(t) \\ x_2(t) \end{bmatrix}$，入力を $u(t)$，出力を $x_1(t)$ (= $y(t)$) と選べば，(2.26) 式の状態空間表現はつぎで与えられる．

$$\frac{\mathrm{d}}{\mathrm{d}t}\begin{bmatrix} x_1(t) \\ x_2(t) \end{bmatrix} = \begin{bmatrix} 0 & 1 \\ -a_0 & -a_1 \end{bmatrix}\begin{bmatrix} x_1(t) \\ x_2(t) \end{bmatrix} + \begin{bmatrix} 0 \\ b_0 \end{bmatrix} u(t) \tag{2.27}$$

$$y(t) = [1\ \ 0]\begin{bmatrix} x_1(t) \\ x_2(t) \end{bmatrix} \tag{2.28}$$

ここで

3) ここで，(2.26) 式は具体的なシステムを想定していないので $y(t)$ は変位ではなくシステムのある状態（変数）であることに注意する．
4) *RLC* 回路のモデルも (2.26) 式で表される．

$$\boldsymbol{x}(t) = \begin{bmatrix} x_1(t) \\ x_2(t) \end{bmatrix}, \quad A = \begin{bmatrix} 0 & 1 \\ -a_0 & -a_1 \end{bmatrix} \tag{2.29}$$

$$\boldsymbol{b} = \begin{bmatrix} 0 \\ b_0 \end{bmatrix}, \quad \boldsymbol{c} = [1\ \ 0] \tag{2.30}$$

とすれば，(2.27)，(2.28) 式はつぎで表される．

$$\frac{\mathrm{d}\boldsymbol{x}(t)}{\mathrm{d}t} = A\boldsymbol{x}(t) + \boldsymbol{b}u(t) \tag{2.31}$$

$$y(t) = \boldsymbol{c}\boldsymbol{x}(t) \tag{2.32}$$

ここで，(2.29) 式の係数行列 A の 2 行目に注目すると，(2.26) 式の $y(t)$ にかかっている係数 a_0 にマイナスをつけたものが 2 行 1 列に，$\dot{y}(t)$ にかかっている係数 a_1 にマイナスをつけたものが 2 行 2 列の要素となることに注意しよう[5)]．これは状態変数を $x_1(t) = y(t)$，$x_2(t) = \dot{y}(t)$ と選んだためである．

また，2 階微分方程式を状態空間表現した場合，状態変数を 2 個導入したので状態ベクトル $\boldsymbol{x}(t)$ は 2×1 のベクトル（2 行 1 列），係数行列 A は 2×2 の行列（2 行 2 列）となっていることに注意しよう．

(2.26) 式において，入力を $u(t)$，出力を $y(t)$ とした場合，両辺をラプラス変換し $U(s) = \mathcal{L}[u(t)]$，$Y(s) = \mathcal{L}[y(t)]$ とすると，伝達関数 $G(s)$ は

$$G(s) = \frac{Y(s)}{U(s)} = \frac{b_0}{s^2 + a_1 s + a_0} \tag{2.33}$$

となる．ここで，(2.33) 式の「分母多項式」＝ 0 の根は**極** (pole) と呼ばれ，システムのパラメータである a_1 や a_0 の値が変わるとシステムの極が変わり，それに応じてシステムの特性（応答）が変化することが知られている[6)]．

つぎに，(2.33) 式の分母多項式の係数 (a_0，a_1) とシステムの係数行列 A の要素の配置について注目する．いま，考えているシステムの特性が 2 階微分方程式 (2.26) 式で表され，それを変形したものが状態空間表現 (2.27) 式，ラプラス変換したものが伝達関数表現 (2.33) 式で与えられる．このとき，**システムの極を決定するパラメータ (a_1，a_0) は状態空間表現の係数行列 A のみに含まれていることに注意しよう．**

---

5) ベクトル，行列の行，列については講義 03 で説明する．

6) 参考文献 [2] の「6.3 節 応答と極の関係」を参照のこと．

2.4　3階微分方程式で表されるシステムの状態空間表現

システムのモデルが3階微分方程式で表された場合，その状態空間表現を求める方法について説明する．つぎの3階微分方程式を考えよう．

$$\frac{\mathrm{d}^3 x(t)}{\mathrm{d}t^3} + a_2 \frac{\mathrm{d}^2 x(t)}{\mathrm{d}t^2} + a_1 \frac{\mathrm{d}x(t)}{\mathrm{d}t} + a_0 x(t) = b_0 u(t) \tag{2.34}$$

ここで，a_0，a_1，a_2，b_0 は定数とする．マス－ばね－ダンパシステムの場合と同様に $x(t) = x_1(t)$ としよう[7]．つぎに

$$\frac{\mathrm{d}x(t)}{\mathrm{d}t} = \dot{x}_1(t) = \frac{\mathrm{d}x_1(t)}{\mathrm{d}t} = x_2(t) \tag{2.35}$$

とする．さらに

$$\frac{\mathrm{d}^2 x(t)}{\mathrm{d}t^2} = \ddot{x}_1(t) = \dot{x}_2(t) = \frac{\mathrm{d}x_2(t)}{\mathrm{d}t} = x_3(t) \tag{2.36}$$

とする．このとき (2.34) 式はつぎで表される．

$$\begin{aligned}\frac{\mathrm{d}^3 x(t)}{\mathrm{d}t^3} &= -a_2 \frac{\mathrm{d}^2 x(t)}{\mathrm{d}t^2} - a_1 \frac{\mathrm{d}x(t)}{\mathrm{d}t} - a_0 x(t) + b_0 u(t) \\ &= -a_2 x_3(t) - a_1 x_2(t) - a_0 x_1(t) + b_0 u(t) \end{aligned} \tag{2.37}$$

さらに (2.36) 式より，

$$\frac{\mathrm{d}^3 x(t)}{\mathrm{d}t^3} = \dot{x}_3(t) \tag{2.38}$$

となるので，(2.37) 式はつぎで表される．

$$\dot{x}_3(t) = \frac{\mathrm{d}x_3(t)}{\mathrm{d}t} = -a_2 x_3(t) - a_1 x_2(t) - a_0 x_1(t) + b_0 u(t) \tag{2.39}$$

よって，(2.35)，(2.36)，(2.39) 式より，状態ベクトルを $\boldsymbol{x}(t) = \begin{bmatrix} x_1(t) \\ x_2(t) \\ x_3(t) \end{bmatrix}$，入力を $u(t)$，出力を $x_1(t)$ $(= y(t))$ と選べば，(2.34) 式の状態空間表現はつぎで与えられる．

7) ここで，(2.34) 式もシステムを特定していないので $x(t)$ はシステムのある状態であることに注意する．また (2.34) 式は $x(t)$ に関する微分方程式であることにも注意しよう．

$$\frac{\mathrm{d}}{\mathrm{d}t}\begin{bmatrix} x_1(t) \\ x_2(t) \\ x_3(t) \end{bmatrix} = \begin{bmatrix} 0 & 1 & 0 \\ 0 & 0 & 1 \\ -a_0 & -a_1 & -a_2 \end{bmatrix}\begin{bmatrix} x_1(t) \\ x_2(t) \\ x_3(t) \end{bmatrix} + \begin{bmatrix} 0 \\ 0 \\ b_0 \end{bmatrix} u(t) \tag{2.40}$$

$$y(t) = [1\ \ 0\ \ 0]\begin{bmatrix} x_1(t) \\ x_2(t) \\ x_3(t) \end{bmatrix} \tag{2.41}$$

ここで

$$\boldsymbol{x}(t) = \begin{bmatrix} x_1(t) \\ x_2(t) \\ x_3(t) \end{bmatrix}, \quad A = \begin{bmatrix} 0 & 1 & 0 \\ 0 & 0 & 1 \\ -a_0 & -a_1 & -a_2 \end{bmatrix} \tag{2.42}$$

$$\boldsymbol{b} = \begin{bmatrix} 0 \\ 0 \\ b_0 \end{bmatrix}, \quad \boldsymbol{c} = [1\ \ 0\ \ 0] \tag{2.43}$$

とすれば，(2.40)，(2.41) 式はつぎで表される．

$$\frac{\mathrm{d}\boldsymbol{x}(t)}{\mathrm{d}t} = A\boldsymbol{x}(t) + \boldsymbol{b}u(t) \tag{2.44}$$

$$y(t) = \boldsymbol{cx}(t) \tag{2.45}$$

ここで，(2.42) 式の係数行列 A の 3 行に注目すると，(2.34) 式の $x(t)$ にかかっている係数 a_0 にマイナスをつけたものが 3 行 1 列に，$\dot{x}(t)$にかかっている係数 a_1 にマイナスをつけたものが 3 行 2 列に，$\ddot{x}(t)$にかかっている係数 a_2 にマイナスをつけたものが 3 行 3 列の要素となることに注意しよう．これは状態変数を $x_1(t) = x(t)$，$x_2(t) = \dot{x}(t)$，$x_3(t) = \ddot{x}(t)$と選んだためである．

ここで，3 階微分方程式を状態空間表現した場合，状態変数を 3 個導入したので状態ベクトル $\boldsymbol{x}(t)$ は 3 × 1 のベクトル (3 行 1 列)，係数行列 A は 3 × 3 の行列 (3 行 3 列) となっていることに注意しよう．

また (2.34) 式において，入力を $u(t)$，出力を $x(t)$ とした場合，両辺をラプラス変換し $U(s) = \mathcal{L}[u(t)]$，$X(s) = \mathcal{L}[x(t)]$ とすると，伝達関数 $G(s)$ は

$$G(s) = \frac{X(s)}{U(s)} = \frac{b_0}{s^3 + a_2 s^2 + a_1 s + a_0} \tag{2.46}$$

となり，$G(s)$ の極は分母多項式の係数（a_0，a_1，a_2）によって変わるが，この係数が係数行列 A に配置されていることにも注目しよう．

2.3 節の最後の考察と同様，3 階微分方程式で表されるシステムにおいても，システムの極を決定するパラメータ a_0，a_1，a_2 が係数行列 A のみに現れていることに注意しよう．

2.5　状態空間表現の特徴

連立 1 階微分方程式または (2.26)，(2.34) 式で表される 2，3 階微分方程式でシステムのモデルが表された場合，状態空間表現はつぎで与えられた．

$$\frac{\mathrm{d}\boldsymbol{x}(t)}{\mathrm{d}t} = A\boldsymbol{x}(t) + \boldsymbol{b}u(t) \tag{2.47}$$

$$y(t) = \boldsymbol{c}\boldsymbol{x}(t) \tag{2.48}$$

(2.47) 式はベクトル $\boldsymbol{x}(t)$ に関する 1 階微分方程式である．このように，もとのシステムのモデルが連立 1 階，もしくは 2，3 階微分方程式で表されても，システムの状態をベクトルで表すことにより 1 階微分方程式でモデルを記述できることが状態空間表現（状態方程式）の特徴となる．また，いずれの場合もシステムのモデルを伝達関数表現した場合と比較すると，つぎの特徴を持っていることがわかる．

- 状態空間表現では出力以外に，状態として選んだシステムの変数すべての変化を知ることができる．
- 伝達関数表現においてシステムの特性を表す極を決定するパラメータが，状態空間表現では係数行列 A のみに現れている．
- 微分方程式の階数が増えるに応じて，状態空間表現の状態ベクトル $\boldsymbol{x}(t)$ とシステムパラメータ A，$\boldsymbol{b}$，$\boldsymbol{c}$ のサイズ（行や列の数）が増える．

いま，つぎで与えられる $x(t)$ に関する 1 階微分方程式について考えよう[8]．

$$\frac{\mathrm{d}x(t)}{\mathrm{d}t} = a_1 x(t) + b_1 u(t) \tag{2.49}$$

8) (2.49) 式は講義 01 で示した 2 タンクシステム（タンク単体の場合）や回転運動，RL 回路のモデルを表すことに注意する．

ここで，$x(t)$，a_1，b_1，$u(t)$ はスカラーであることに注意する．(2.49) 式で与えられるシステムのモデルにおいて，注目する変数 $x(t)$ の変化の様子は主にパラメータ a_1 に依存し，$a_1 < 0$ であれば「システムは安定である」と呼び，システムを制御する観点において最も重要な事項であった[9]．

では，(2.47) 式で表されるシステムが安定であるとはどのような条件が必要であろうか？　(2.47) 式と (2.49) 式を比較した場合，注目する変数がスカラー，ベクトルの違いはあるものの，システムの係数行列 A がシステムの安定性に影響を及ぼしていることが予想される．

また，システムの特性を微分方程式ではなく伝達関数表現を用いて調べる理由の 1 つとして，「システムの極を求める（代数方程式を解く）ことにより，システムの安定性を知ることができる」ということがあった．システムが安定であるとは，「分母多項式」$= 0$ として得られる根，すなわちシステムのすべての極の実部が負であることであった．このとき，システムの極を決定するパラメータは状態空間表現においては係数行列 A のみに現れるので，システムの安定性は係数行列 A に特徴づけられることが予想される．

では，スカラーではない係数行列 A よりどのようにしてシステムの安定性が判別できるのであろうか？　その疑問を解く鍵となるのが，「線形代数学」で学んだ行列の固有値である．行列の固有値については講義 03 で，システムの安定性と係数行列 A の関連については講義 08 で説明する．

【講義 02 のまとめ】

- 状態ベクトルの変数を適切に選ぶことにより，2 階以上の微分方程式も状態空間表現で表される．
- 状態空間表現の係数行列 A がシステムの重要な特性である安定性に影響を及ぼしていることが予想される．

演習問題

(1) 図 2.3 に示す RLC 回路において，回路に加える電圧 $v_i(t)$ を入力としたときのコンデンサの両端の電圧 $v_o(t)$ の変化の様子はつぎの微分方程式で与えられる．

---

9) 参考文献 [2] の「8.3 節　制御系の設計」を参照のこと．

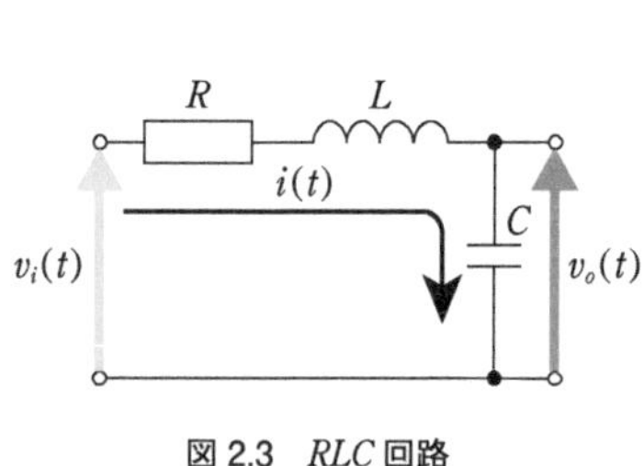

図 2.3　*RLC* 回路

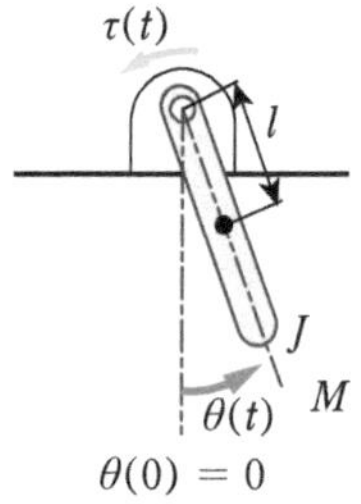

図 2.4　垂直駆動アーム

$$LC\frac{\mathrm{d}^2 v_o(t)}{\mathrm{d}t^2}+RC\frac{\mathrm{d}v_o(t)}{\mathrm{d}t}+v_o(t)=v_i(t)$$

状態ベクトルを $\boldsymbol{x}(t)=\begin{bmatrix}x_1(t)\\x_2(t)\end{bmatrix}$，$x_1(t)=v_o(t)$，$x_2(t)=\dot{v}_o(t)$，入力を $u(t)=v_i(t)$，出力を $y(t)=v_o(t)$ として微分方程式の状態空間表現を示せ．

(2) 図 2.4 に示す垂直駆動アームにおいて，アームの基準位置（$\theta(0)=0$）から反時計回りの変位を $\theta(t)$ [rad]，アームに加えるトルクを $\tau(t)$ [N·m]，アームの軸から重心位置までの長さを l [m]，慣性モーメントを J [kg·m^2]，アームの回転軸の粘性摩擦係数を B [kg·m^2/s]，アームの質量を M [kg]，重力加速度を g [m/s^2] とする．このとき，アームの特性は $\theta(t)=0$ 近傍においてつぎの微分方程式で与えられる．

$$J\frac{\mathrm{d}^2\theta(t)}{\mathrm{d}t^2}+B\frac{\mathrm{d}\theta(t)}{\mathrm{d}t}+Mgl\theta(t)=\tau(t)$$

状態ベクトルを $\boldsymbol{x}(t)=\begin{bmatrix}x_1(t)\\x_2(t)\end{bmatrix}$，$x_1(t)=\theta(t)$，$x_2(t)=\dot{\theta}(t)$，入力を $u(t)=\tau(t)$，出力を $y(t)=\theta(t)$ として微分方程式の状態空間表現を示せ．

(3) 図 2.5 に示す結合した 2 タンクシステムを考える．物理定数は 1.5 節に示したとおりとする．このとき，各タンクの水位 $h_1(t)$，$h_2(t)$ の変化の割合を示した微分方程式はつぎで与えられる．

$$\frac{\mathrm{d}h_1(t)}{\mathrm{d}t}=-\frac{1}{C_1R_1}(h_1(t)-h_2(t))+\frac{1}{C_1}q_{i1}(t)$$
$$\frac{\mathrm{d}h_2(t)}{\mathrm{d}t}=\frac{1}{C_2R_1}(h_1(t)-h_2(t))-\frac{1}{C_2R_2}h_2(t)$$

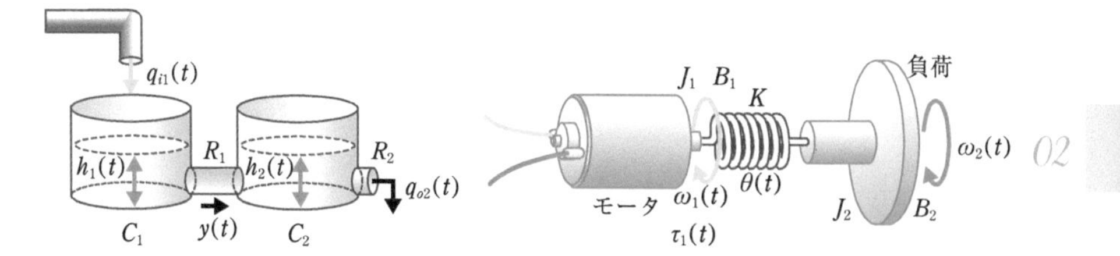

図 2.5　結合した 2 タンクシステム

図 2.6　2 慣性システム

状態ベクトルを $\boldsymbol{x}(t) = \begin{bmatrix} x_1(t) \\ x_2(t) \end{bmatrix}$，$x_1(t) = h_1(t)$，$x_2(t) = h_2(t)$，入力を $u(t) = q_{i1}(t)$，出力を $y(t) = \dfrac{1}{R_1}(h_1(t) - h_2(t))$（両タンク間の水の移動量）として微分方程式の状態空間表現を示せ．

(4) 図 2.6 に示す 2 慣性システムを考える．入力トルク $\tau_1(t)$ [N·m] によってモータが回転角速度 $\omega_1(t)$ で回転し，ねじりばね定数 K のカップリングを介して負荷を回転角速度 $\omega_2(t)$ で回転させている．また，$\theta(t)$ [rad] はねじれ角，J_1 [kg·m^2] はモータの慣性モーメント，J_2 [kg·m^2] は負荷の慣性モーメント，B_1 [kg·m^2/s] はモータの粘性摩擦係数，B_2 [kg·m^2/s] は負荷の粘性摩擦係数とする．このとき，システムの微分方程式はつぎで与えられる．

$$\frac{\mathrm{d}\theta(t)}{\mathrm{d}t} = \omega_1(t) - \omega_2(t)$$

$$J_1\frac{\mathrm{d}\omega_1(t)}{\mathrm{d}t} = -B_1\omega_1(t) - K\theta(t) + \tau_1(t)$$

$$J_2\frac{\mathrm{d}\omega_2(t)}{\mathrm{d}t} = -B_2\omega_2(t) + K\theta(t)$$

状態ベクトルを $\boldsymbol{x}(t) = \begin{bmatrix} x_1(t) \\ x_2(t) \\ x_3(t) \end{bmatrix}$，$x_1(t) = \theta(t)$，$x_2(t) = \omega_1(t)$，$x_3(t) = \omega_2(t)$，入力を $u(t) = \tau_1(t)$，出力を $y(t) = \omega_2(t)$ として微分方程式の状態空間表現を示せ．

(5) 図 2.7 に示すマス－ばね－ダンパ＋ダンパシステムを考える．図において，$y_1(t)$ はマスの変位，$y_2(t)$ は端点の変位，M_1 はマスの質量，K_1 はばね定数，D_1，D_2 はダンパ定数である．また，各変位とその速度が 0 のとき，システムは平衡状態であるとする．このとき，システムの運動方程式はつぎとなる．

$$M\ddot{y}_1(t) + D_1\dot{y}_1(t) + K_1 y_1(t) = D_2(\dot{y}_2(t) - \dot{y}_1(t))$$

このとき，つぎの問いに答えよ．

(i) 与式を $\ddot{y}_1(t) = \cdots$ の形に変形せよ．

(ii) 端点の速度 $\dot{y}_2(t)$ を入力とした場合，(i) で求めた式から状態方程式を導出せよ．ただし，状態ベクトルの成分（要素）と与えられた変数との関係を明示すること．

(iii) (ii) で得られた状態方程式より，出力を $\dot{y}_1(t)$ とした場合の出力方程式を求めよ．

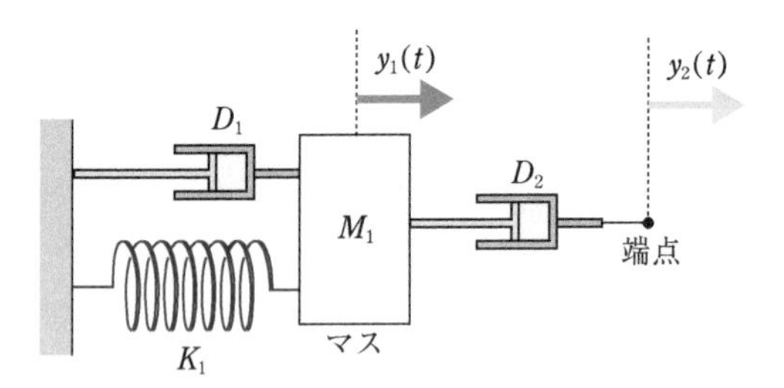

図 2.7　マス－ばね－ダンパ＋ダンパシステム

講義 03
行列とベクトルの基本事項

システムのモデルとなる運動方程式が連立1階もしくは2，3階の微分方程式で表される場合，伝達関数表現ではなく状態空間表現で表せることを説明した．またシステムの極を決定するパラメータが状態方程式の係数行列 A を構成すること，それがシステムの安定性にかかわることが予想されることを説明した．本講では現代制御理論を用いてシステムのモデルを解析するうえで重要となる行列・ベクトルの基本事項について説明する．

【講義 03 のポイント】

- 行列の行列式の計算に慣れよう．
- 行列の固有値・固有ベクトルの計算に慣れよう．
- 行列の対角化の計算に慣れよう．
- 行列の階数（ランク）について理解しよう．

3.1 行列とベクトル

n 個の変数や定数 $a_1, a_2, \cdots, a_n$ をつぎの形式で組にしたものをベクトル（vector）と呼ぶ．

$$\boldsymbol{a}_c = \begin{bmatrix} a_1 \\ a_2 \\ \vdots \\ a_n \end{bmatrix}, \quad \boldsymbol{a}_r = [a_1 \ \ a_2 \ \ \cdots \ \ a_n] \tag{3.1}$$

ここで，$\boldsymbol{a}_c$ を列ベクトル（column vector），$\boldsymbol{a}_r$ を行ベクトル（row vector）と呼ぶ．ベクトル内の変数または定数のことを要素（element）または成分という．ベクトルの要素数は縦の数 × 横の数として表す．列ベクトルは縦の数が n，横の数が1なので $n \times 1$ ベクトルと表す．行ベクトルは縦の数が1，横の数が n なので $1 \times n$ ベクトルと表す．要素がすべて実数のベクトルを実ベクトル（real vector）と呼ぶ．すべての要素が0であるベクトルのことを零ベクトル（zero vector）と呼び $\boldsymbol{a} = \boldsymbol{0}$ と表す．

いま，m 個の $n \times 1$ の列ベクトル $\boldsymbol{a}_j$（$j = 1, 2, \cdots, m$）が $[\boldsymbol{a}_1, \boldsymbol{a}_2, \cdots, \boldsymbol{a}_m]$ と並んだつぎの形を考えよう．

$$A = [\boldsymbol{a}_1 \ \ \boldsymbol{a}_2 \ \ \cdots \ \ \boldsymbol{a}_m] = \begin{bmatrix} a_{11} & a_{12} & \cdots & a_{1m} \\ a_{21} & a_{22} & \cdots & a_{2m} \\ \vdots & \vdots & \ddots & \vdots \\ a_{n1} & a_{n2} & \cdots & a_{nm} \end{bmatrix} \tag{3.2}$$

このとき，(3.2) 式の最右辺を行列（matrix）と呼ぶ．また，行列の要素の横の並びを行（row），縦の並びを列（column）と呼ぶ．(3.2) 式の行列は，n 個の行，m 個の列なので $n \times m$ 行列といい，a_{ij}（$i = 1, 2, \cdots, n$，$j = 1, 2, \cdots, m$）は行列の i 行 j 列の要素と呼ぶ．行と列の数が同じ行列を正方行列（square matrix）と呼ぶ．行列・ベクトルの要素数の表し方にならうと，正方行列は $n \times n$ の行列（n 行 n 列の行列）と表せ，n 次正方行列とも呼ぶ．

3.1.1 対角行列

正方行列において，行と列の番号が同じ要素を対角要素（diagonal element）と呼ぶ．また，対角要素のみに値があり他の要素は 0 である行列を対角行列（diagonal matrix）といい，たとえば

$$\begin{bmatrix} a_{11} & 0 \\ 0 & a_{22} \end{bmatrix}, \quad \begin{bmatrix} a_{11} & 0 & 0 \\ 0 & a_{22} & 0 \\ 0 & 0 & a_{33} \end{bmatrix}$$

は対角行列である．

3.1.2 転置行列

2 次正方行列 A について考えよう．

$$A = \begin{bmatrix} a_{11} & a_{12} \\ a_{21} & a_{22} \end{bmatrix} \tag{3.3}$$

(3.3) 式で与えられる 2 次正方行列 A の転置行列（transposed matrix）を A^{T} と書き，つぎで与えられる[1]．

1）行列 A の転置行列にはいくつかの記法があるが，本書では A^{T} と書く．

$$A^{\mathsf{T}} = \begin{bmatrix} a_{11} & a_{21} \\ a_{12} & a_{22} \end{bmatrix} \tag{3.4}$$

このように，転置行列はもとの行列の要素の行と列の位置を入れ替えて作った行列であり，対角要素は変わらないことがわかる．3 次正方行列 A の転置行列はつぎとなる．

03

$$A = \begin{bmatrix} a_{11} & a_{12} & a_{13} \\ a_{21} & a_{22} & a_{23} \\ a_{31} & a_{32} & a_{33} \end{bmatrix} \Rightarrow A^{\mathsf{T}} = \begin{bmatrix} a_{11} & a_{21} & a_{31} \\ a_{12} & a_{22} & a_{32} \\ a_{13} & a_{23} & a_{33} \end{bmatrix} \tag{3.5}$$

ベクトルの転置も同様に考えることができ，(3.1) 式より列ベクトルの転置は行ベクトルに，行ベクトルの転置は列ベクトルとなる．

また 2 つの行列 A，B の積の転置行列について，つぎの性質が知られている．

$$(AB)^{\mathsf{T}} = B^{\mathsf{T}} A^{\mathsf{T}} \tag{3.6}$$

3.1.3 ベクトルの微分

要素が時間関数であるベクトル

$$\boldsymbol{x}(t) = \begin{bmatrix} x_1(t) \\ x_2(t) \\ \vdots \\ x_n(t) \end{bmatrix} \tag{3.7}$$

の微分はつぎで定義される．

$$\frac{\mathrm{d}\boldsymbol{x}(t)}{\mathrm{d}t} = \begin{bmatrix} \dfrac{\mathrm{d}x_1(t)}{\mathrm{d}t} \\ \dfrac{\mathrm{d}x_2(t)}{\mathrm{d}t} \\ \vdots \\ \dfrac{\mathrm{d}x_n(t)}{\mathrm{d}t} \end{bmatrix} \tag{3.8}$$

また，(3.8) 式左辺の代わりに $\dot{\boldsymbol{x}}(t)$ と記すこともある．

3.2 ベクトルの内積とノルム

つぎに実用上重要となる，実ベクトルの内積とノルムについて説明する[2]．

3.2.1 ベクトルの内積

$n \times 1$ の2つの列ベクトル $\boldsymbol{x}$，$\boldsymbol{y}$ がつぎで与えられたとしよう．

$$\boldsymbol{x} = \begin{bmatrix} x_1 \\ x_2 \\ \vdots \\ x_n \end{bmatrix}, \quad \boldsymbol{y} = \begin{bmatrix} y_1 \\ y_2 \\ \vdots \\ y_n \end{bmatrix} \tag{3.9}$$

このとき，ベクトル $\boldsymbol{x}$，$\boldsymbol{y}$ の内積 (inner product) $\langle \boldsymbol{x}, \boldsymbol{y} \rangle$ はつぎで定義される[3]．

$$\langle \boldsymbol{x}, \boldsymbol{y} \rangle = \boldsymbol{x}^{\mathsf{T}} \boldsymbol{y} = \sum_{i=1}^{n} x_i y_i \tag{3.10}$$

例 3.1

つぎの2つのベクトル $\boldsymbol{x}$，$\boldsymbol{y}$ の内積を求めよう．

$$\boldsymbol{x} = \begin{bmatrix} 1 \\ 2 \\ 3 \end{bmatrix}, \quad \boldsymbol{y} = \begin{bmatrix} 3 \\ 2 \\ 1 \end{bmatrix}$$

(3.10) 式より，ベクトル $\boldsymbol{x}$，$\boldsymbol{y}$ の内積はつぎで求められる．

$$\begin{aligned} \langle \boldsymbol{x}, \boldsymbol{y} \rangle = \boldsymbol{x}^{\mathsf{T}} \boldsymbol{y} &= [1 \ \ 2 \ \ 3] \begin{bmatrix} 3 \\ 2 \\ 1 \end{bmatrix} \\ &= 1 \times 3 + 2 \times 2 + 3 \times 1 = 10 \end{aligned}$$

ベクトルの内積について，つぎの基本的な性質が知られている．

- $\langle \boldsymbol{x}, \boldsymbol{x} \rangle \geq 0$ であり，等号が成り立つのは $\boldsymbol{x} = \boldsymbol{0}$ のときに限る．
- $\langle \boldsymbol{x}, \boldsymbol{y} \rangle = \langle \boldsymbol{y}, \boldsymbol{x} \rangle$

2) 行列やベクトルの要素が複素数となる場合は，別の定義がなされる．
3) 内積は $\boldsymbol{x} \cdot \boldsymbol{y}$ や $(\boldsymbol{x}, \boldsymbol{y})$ などと書く場合もあるが，本書では $\langle \boldsymbol{x}, \boldsymbol{y} \rangle$ と表す．

- $\langle \alpha\boldsymbol{x}, \boldsymbol{y}\rangle = \langle \boldsymbol{x}, \alpha\boldsymbol{y}\rangle = \alpha\langle \boldsymbol{x}, \boldsymbol{y}\rangle$
- $\langle \boldsymbol{x}, \boldsymbol{y}_1 + \boldsymbol{y}_2\rangle = \langle \boldsymbol{x}, \boldsymbol{y}_1\rangle + \langle \boldsymbol{x}, \boldsymbol{y}_2\rangle$，$\langle \boldsymbol{x}_1 + \boldsymbol{x}_2, \boldsymbol{y}\rangle = \langle \boldsymbol{x}_1, \boldsymbol{y}\rangle + \langle \boldsymbol{x}_2, \boldsymbol{y}\rangle$

ここで，α はスカラーであり，$\boldsymbol{x}_i, \boldsymbol{y}_i$ $(i=1, 2)$ は $n \times 1$ の列ベクトルである．

また，2つのベクトル $\boldsymbol{x}$，$\boldsymbol{y}$ の内積が $\langle \boldsymbol{x}, \boldsymbol{y}\rangle = 0$ となる場合，2つのベクトル $\boldsymbol{x}$，$\boldsymbol{y}$ は互いに直交（orthogonal）しているという．

さらに，n 次正方行列 A と $n \times 1$ の実（列）ベクトル $\boldsymbol{x}$，$\boldsymbol{y}$ に対して，つぎの性質が知られている．

$$\langle \boldsymbol{x}, A\boldsymbol{y}\rangle = \langle A^{\top}\boldsymbol{x}, \boldsymbol{y}\rangle, \quad \langle A\boldsymbol{x}, \boldsymbol{y}\rangle = \langle \boldsymbol{x}, A^{\top}\boldsymbol{y}\rangle \tag{3.11}$$

3.2.2 ノルム

$n \times 1$ の実ベクトル $\boldsymbol{x}$ について $\sqrt{\langle \boldsymbol{x}, \boldsymbol{x}\rangle}$ を $\boldsymbol{x}$ のノルム（norm）と呼び，つぎの記号を使って表す．

$$\|\boldsymbol{x}\| = \sqrt{\langle \boldsymbol{x}, \boldsymbol{x}\rangle} = \sqrt{x_1^2 + x_2^2 + \cdots + x_n^2} \tag{3.12}$$

ベクトルのノルムはベクトルの大きさ（長さ）を表しており，実数（スカラー）の絶対値とは意味が違うことに注意しよう．

ベクトルのノルムについて，つぎの基本的な性質が知られている．

- $||\boldsymbol{x}|| \geq 0$ であり，等号が成り立つのは $\boldsymbol{x} = \boldsymbol{0}$ のときに限る．
- $||\alpha\boldsymbol{x}|| = |\alpha|\,||\boldsymbol{x}||$
- $|\langle \boldsymbol{x}, \boldsymbol{y}\rangle| \leq ||\boldsymbol{x}||\,||\boldsymbol{y}||$
- $||\boldsymbol{x} + \boldsymbol{y}|| \leq ||\boldsymbol{x}|| + ||\boldsymbol{y}||$

ここで，α は実数であり，$|\alpha|$ は α の絶対値である．また3つ目の性質の不等式はシュヴァルツの不等式（Schwarz's inequality）と呼ばれる．

これまでは実ベクトルの内積，ノルムについての説明であり，ベクトルの要素は実数とした．しかし，上記の内容はベクトルの要素が時間関数になっても成り立ち，$\langle \boldsymbol{x}(t), \boldsymbol{y}(t)\rangle$ や $||\boldsymbol{x}(t)||$ なども同様に求めることができることに注意しよう．また内積，ノルムの計算方法は(3.10)，(3.12)式だけではなく，他にもあることが知られている．

n 次元ユークリッド空間

(3.10) 式で定義されるベクトルの内積を標準内積 (standard inner product) と呼ぶこともある．内積が定義された空間のことを n 次元ユークリッド空間 (Euclidean space) と呼ぶ．また，内積の定義のもとで与えられたノルムのことをノルム空間 (norm space) と呼び，(3.12) 式で定義されたノルムをユークリッドノルム (Euclidean norm) と呼ぶ．

3.3 行列の余因子と行列式

行列式の定義にはいくつかの種類があるが，ここでは再帰（帰納）的といわれるもので定義を与える．

(3.3) 式で与えられる 2 次正方行列 A において，つぎの計算で得られる値を行列式 (determinant) と定義し，$|A|$ で表す [4]．

$$|A| = a_{11}a_{22} - a_{12}a_{21} \tag{3.13}$$

では，3 次以上の正方行列の行列式はどうなるかを考えよう．準備のために，行列における余因子 (cofactor) について説明する．いま $n \times n$ の行列を考えたとき，その i 行 j 列を省いてつめてできた $(n-1) \times (n-1)$ 行列を作り，その行列の行列式に符号 $(-1)^{i+j}$ をかけたものを行列の (i, j) 余因子と呼ぶ．つぎの具体例で余因子を計算してみよう．

例 3.2

(3.5) 式で与えられる 3 次正方行列を A とすると，たとえばつぎの余因子が計算できる．他の行と列の組み合わせでも余因子は計算でき，3 次正方行列 A では合計 9 個の余因子がある．3 次正方行列のすべての余因子の計算方法は付録 (➡ 245 ページ) に示す．

行列 A の 1 行 1 列に関する余因子 A_{11}：

$$A_{11} = (-1)^{1+1}\begin{vmatrix} a_{22} & a_{23} \\ a_{32} & a_{33} \end{vmatrix} = a_{22}a_{33} - a_{23}a_{32} \tag{3.14}$$

行列 A の 1 行 2 列に関する余因子 A_{12}：

4) $|A|$ を $\det(A)$ と書くこともある．

$$A_{12} = (-1)^{1+2}\begin{vmatrix} a_{21} & a_{23} \\ a_{31} & a_{33} \end{vmatrix} = -(a_{21}a_{33} - a_{23}a_{31}) \tag{3.15}$$

行列 A の 1 行 3 列に関する余因子 A_{13}：

$$A_{13} = (-1)^{1+3}\begin{vmatrix} a_{21} & a_{22} \\ a_{31} & a_{32} \end{vmatrix} = a_{21}a_{32} - a_{22}a_{31} \tag{3.16}$$

一般に n 次正方行列 A の行列式は，第 i 行の余因子を用いてつぎで定義される．

$$|A| = \sum_{j=1}^{n} a_{ij}A_{ij} \tag{3.17}$$

ここで，i は $i = 1, 2, \cdots, n$ の任意の整数であり，A_{ij} は行列 A の (i, j) 余因子である．

例 3.3

(3.5) 式で与えられる 3 次正方行列 A の行列式を求めよう．(3.17) 式の関係において $i = 1$ とすれば，

$$\begin{aligned} |A| &= \sum_{j=1}^{3} a_{1j}A_{1j} \\ &= a_{11}A_{11} + a_{12}A_{12} + a_{13}A_{13} \\ &= a_{11}(a_{22}a_{33} - a_{23}a_{32}) - a_{12}(a_{21}a_{33} - a_{23}a_{31}) + a_{13}(a_{21}a_{32} - a_{22}a_{31}) \\ &= a_{11}a_{22}a_{33} + a_{12}a_{23}a_{31} + a_{13}a_{21}a_{32} - a_{11}a_{23}a_{32} - a_{12}a_{21}a_{33} - a_{13}a_{22}a_{31} \end{aligned} \tag{3.18}$$

となる [5]．

例 3.3 は行列式 $|A|$ を第 1 行に関して余因子展開して求めた，とも呼ばれる．また，(3.18) 式をサラスの方法と呼ぶこともある．余因子展開の方法を逐次用いることで，4 × 4 以上の行列の行列式を計算することができる．

3.4 逆行列

正方行列 A に対して，つぎを満たす行列 B が存在するとき，行列 B を行列 A の逆行列 (inverse matrix) と呼ぶ．

5) 別の行 ($i = 2$ または 3) でも行列式を求めることができ，結果は同じとなる (➡演習問題 (2))．

$$AB = BA = I \tag{3.19}$$

ここで，Iは**単位行列**（unit matrix）であり[6]，たとえば2, 3次の単位行列は

$$\begin{bmatrix} 1 & 0 \\ 0 & 1 \end{bmatrix}, \quad \begin{bmatrix} 1 & 0 & 0 \\ 0 & 1 & 0 \\ 0 & 0 & 1 \end{bmatrix}$$

となる．行列Aの逆行列BをA^{-1}と書く[7]．

行列Aが逆行列を持つためには，行列Aの行列式が0でないことが必要である．逆行列が存在する行列を**正則行列**（nonsingular matrix）と呼ぶ．

（3.3）式の2次正方行列Aの逆行列は（3.13）式よりつぎで求められることが知られている．

$$A^{-1} = \frac{1}{a_{11}a_{22} - a_{12}a_{21}} \begin{bmatrix} a_{22} & -a_{12} \\ -a_{21} & a_{11} \end{bmatrix} \tag{3.20}$$

では，3次以上の正方行列の逆行列はどうなるかを考えよう．準備のために，行列における**余因子行列**（cofactor matrix）について説明する．余因子行列とは，(i, j)余因子を並べてできた行列の転置行列であり，adj(A)と書く．つぎの具体例で余因子行列を計算してみよう．

例 3.4

（3.3）式で与えられる2次正方行列Aの余因子行列を求める．まず余因子はつぎとなる．

行列Aの1行1列に関する余因子A_{11}：

$$A_{11} = (-1)^{1+1} a_{22} = a_{22} \tag{3.21}$$

行列Aの1行2列に関する余因子A_{12}：

$$A_{12} = (-1)^{1+2} a_{21} = -a_{21} \tag{3.22}$$

行列Aの2行1列に関する余因子A_{21}：

$$A_{21} = (-1)^{2+1} a_{12} = -a_{12} \tag{3.23}$$

6）単位行列の記号としてEを用いることもあるが，本書ではIを用いる．
7）行列Aのインバースと呼ぶこともある．

行列 A の 2 行 2 列に関する余因子 A_{22}：

$$A_{22} = (-1)^{2+2} a_{11} = a_{11} \tag{3.24}$$

2 次正方行列の場合，(i, j) 余因子の計算において i 行 j 列を省いてつめると，要素は行列ではなくスカラーであることに注意しよう[8]．これらを並べてできる行列の転置行列が余因子行列であるので，余因子行列はつぎとなる．

$$\mathrm{adj}(A) = \begin{bmatrix} A_{11} & A_{12} \\ A_{21} & A_{22} \end{bmatrix}^{\mathrm{T}} = \begin{bmatrix} a_{22} & -a_{21} \\ -a_{12} & a_{11} \end{bmatrix}^{\mathrm{T}} = \begin{bmatrix} a_{22} & -a_{12} \\ -a_{21} & a_{11} \end{bmatrix} \tag{3.25}$$

03

よって，(3.25) 式が 2 次正方行列 A の余因子行列であり，(3.20) 式の行列部分は行列 A の余因子行列であることがわかる．(3.13) 式で得られた行列式を用いると，(3.20) 式はつぎのように書き換えることができる．

$$A^{-1} = \frac{1}{a_{11}a_{22} - a_{12}a_{21}} \begin{bmatrix} a_{22} & -a_{12} \\ -a_{21} & a_{11} \end{bmatrix} = \frac{1}{|A|}\mathrm{adj}(A) \tag{3.26}$$

例 3.5

(3.5) 式で与えられる 3 次正方行列 A の余因子行列は，余因子を付録 (245 ページ) にしたがって求め，これらを並べてできる行列の転置行列を求めることでつぎで与えられる．

$$\mathrm{adj}(A) = \begin{bmatrix} A_{11} & A_{12} & A_{13} \\ A_{21} & A_{22} & A_{23} \\ A_{31} & A_{32} & A_{33} \end{bmatrix}^{\mathrm{T}} = \begin{bmatrix} A_{11} & A_{21} & A_{31} \\ A_{12} & A_{22} & A_{32} \\ A_{13} & A_{23} & A_{33} \end{bmatrix} \tag{3.27}$$

(3.27) 式で得られた余因子行列より，(3.5) 式で与えられる 3 次正方行列 A の逆行列は (3.18) 式で得られた行列式を用いてつぎで表される．

$$A^{-1} = \frac{1}{|A|}\mathrm{adj}(A) \tag{3.28}$$

これまでの議論を拡張することにより，n 次正方行列の逆行列は (3.28) 式より求めることができる．

8) 行列式の計算は要素の絶対値を求めることではないことにも注意しよう．

例 3.6

つぎの行列の逆行列を求めよう．

$$A=\begin{bmatrix}2 & -2 & 3\\ 1 & 1 & 1\\ 1 & 3 & -1\end{bmatrix}$$

行列 A の行列式の値は (3.18) 式にしたがってつぎで求められる．

$$|A|=\begin{vmatrix}2 & -2 & 3\\ 1 & 1 & 1\\ 1 & 3 & -1\end{vmatrix}=-2+9-2-6-2-3=-6$$

つぎに，余因子は付録にしたがって求めると，つぎが得られる．

$$A_{11}=(-1)^{1+1}\begin{vmatrix}1 & 1\\ 3 & -1\end{vmatrix}=-4,\quad A_{12}=(-1)^{1+2}\begin{vmatrix}1 & 1\\ 1 & -1\end{vmatrix}=2,\quad A_{13}=(-1)^{1+3}\begin{vmatrix}1 & 1\\ 1 & 3\end{vmatrix}=2$$

$$A_{21}=(-1)^{2+1}\begin{vmatrix}-2 & 3\\ 3 & -1\end{vmatrix}=7,\quad A_{22}=(-1)^{2+2}\begin{vmatrix}2 & 3\\ 1 & -1\end{vmatrix}=-5,\quad A_{23}=(-1)^{2+3}\begin{vmatrix}2 & -2\\ 1 & 3\end{vmatrix}=-8$$

$$A_{31}=(-1)^{3+1}\begin{vmatrix}-2 & 3\\ 1 & 1\end{vmatrix}=-5,\quad A_{32}=(-1)^{3+2}\begin{vmatrix}2 & 3\\ 1 & 1\end{vmatrix}=1,\quad A_{33}=(-1)^{3+3}\begin{vmatrix}2 & -2\\ 1 & 1\end{vmatrix}=4$$

よって，余因子行列はつぎとなる．

$$\mathrm{adj}(A)=\begin{bmatrix}-4 & 2 & 2\\ 7 & -5 & -8\\ -5 & 1 & 4\end{bmatrix}^{\mathrm{T}}=\begin{bmatrix}-4 & 7 & -5\\ 2 & -5 & 1\\ 2 & -8 & 4\end{bmatrix}$$

したがって，行列 A の逆行列はつぎとなる．

$$A^{-1}=\frac{1}{|A|}\mathrm{adj}(A)=-\frac{1}{6}\begin{bmatrix}-4 & 7 & -5\\ 2 & -5 & 1\\ 2 & -8 & 4\end{bmatrix}$$

また，3 つの正則な n 次正方行列 P，Q，R の積 PQR の逆行列について，つぎが成り立つことが知られている．

$$(PQR)^{-1}=R^{-1}Q^{-1}P^{-1} \tag{3.29}$$

3.5 行列の固有値

状態空間表現で表されたシステムのモデルを用いて，特性を解析する際に最も重要となる行列の固有値について説明する．

n 次正方行列 A に対して，

$$A\boldsymbol{v} = \lambda\boldsymbol{v} \tag{3.30}$$

を満たす $n \times 1$ の列ベクトル $\boldsymbol{v} \neq \boldsymbol{0}$ と定数 λ が存在するとき，

- λ を行列 A の固有値（eigenvalue）
- $\boldsymbol{v}$ を固有値 λ に対応した固有ベクトル（eigenvector）

という[9]．このとき，(3.30) 式を満たす λ，$\boldsymbol{v}$ を同時に求めるのではなく，まず λ を求めて，それに対応したベクトル $\boldsymbol{v}$ を求めるという手順となる．まず，I を n 次単位行列として $\lambda\boldsymbol{v} = \lambda I\boldsymbol{v}$ であることに注意し，(3.30) 式をつぎのとおり変形する．

$$(\lambda I - A)\boldsymbol{v} = \boldsymbol{0} \tag{3.31}$$

ここで，(3.31) 式右辺の $\boldsymbol{0}$ は零ベクトルである．また，$\boldsymbol{v}$ は固有ベクトルであり，$\boldsymbol{v} \neq \boldsymbol{0}$ であるので，(3.31) 式左辺のカッコ内が $\boldsymbol{0}$ になればよいと思うかもしれないが，カッコ内は行列であり，しかも A は n 次正方行列，λI は対角行列なので，基本的にこの考えは間違いである．

$(\lambda I - A)$ が行列であることを考慮すると，$\boldsymbol{v} \neq \boldsymbol{0}$ となる条件のもとで (3.31) 式を満たすためにはつぎの条件が成り立つことが必要となる[10]．

$$|\lambda I - A| = 0 \tag{3.32}$$

(3.32) 式は λ に関する n 次方程式となり，その根が固有値となる．(3.32) 式のことを，行列 A の特性方程式（characteristic equation）と呼ぶ．これより

9) λ とベクトル $\boldsymbol{v}$ の要素は実数や複素数となる．

10) この条件は (3.31) 式を斉次（同次）連立1次方程式とみなした場合に導出される条件である．詳しくは線形代数学の教科書を参照のこと．また線形代数学の教科書では $|A - \lambda I| = 0$ となっているものが多いが求めているものは同じである．

n 次正方行列 A の固有値 λ は行列 $\lambda I - A$ を求め，その行列の行列式を計算することで求められることがわかった．つぎの具体例で固有値，固有ベクトルを求めてみよう．

例 3.7

行列 $A = \begin{bmatrix} 0 & 1 \\ -6 & -5 \end{bmatrix}$ の固有値・固有ベクトルを求めよう．$|\lambda I - A|$ を計算するとつぎとなる．

$$|\lambda I - A| = \begin{vmatrix} \lambda & -1 \\ 6 & \lambda + 5 \end{vmatrix} = \lambda(\lambda + 5) + 6 = \lambda^2 + 5\lambda + 6$$

よって，求める固有値はつぎの方程式を満たす λ となる．

$$\lambda^2 + 5\lambda + 6 = 0$$

$$\therefore \ (\lambda + 2)(\lambda + 3) = 0$$

これより，固有値は $\lambda = -2,\ -3$ となることがわかる．つぎに固有ベクトルを求めよう．$\lambda = -2$ を (3.31) 式に代入し，$\boldsymbol{v}$ が 2×1 の列ベクトルであるので $\boldsymbol{v} = \begin{bmatrix} v_1 \\ v_2 \end{bmatrix}$ とすると，つぎとなる．

$$\left(\begin{bmatrix} -2 & 0 \\ 0 & -2 \end{bmatrix} - \begin{bmatrix} 0 & 1 \\ -6 & -5 \end{bmatrix}\right)\begin{bmatrix} v_1 \\ v_2 \end{bmatrix} = \begin{bmatrix} 0 \\ 0 \end{bmatrix}$$

$$\therefore \ \begin{bmatrix} -2 & -1 \\ 6 & 3 \end{bmatrix}\begin{bmatrix} v_1 \\ v_2 \end{bmatrix} = \begin{bmatrix} 0 \\ 0 \end{bmatrix}$$

よって，つぎの連立方程式が得られる．

$$\begin{cases} -2v_1 - v_2 = 0 \\ 6v_1 + 3v_2 = 0 \end{cases} \tag{3.33}$$

(3.33) 式の第 1，2 式に注意すると，これら 2 式は

$$v_2 = -2v_1 \tag{3.34}$$

となっていることがわかる．このとき (3.34) 式を満たす v_1，v_2 を唯一に定めることはできないが，$v_1 = 0$ とすると $v_2 = 0$ となるので，固有ベクトルの条件 ($\boldsymbol{v} \neq \boldsymbol{0}$) に適さないことがわかる．そこで，$v_1$ を 0 でない任意の実数とすれば $v_2 \neq 0$ となるので，たとえば $v_1 = 1$ とすれば $v_2 = -2$ となり，これは固有ベクトルとして適している．よって，固有値 $\lambda = -2$ に対応した固有ベクトルは $\begin{bmatrix} 1 \\ -2 \end{bmatrix}$ とできることがわかった．また同様に $\lambda = -3$ に対応した固有ベクトルは $\begin{bmatrix} 1 \\ -3 \end{bmatrix}$ とできることがわかる [11]．

例 3.8

行列 $A=\begin{bmatrix}0 & 1 & 0\\ 0 & 0 & 1\\ 6 & -11 & 6\end{bmatrix}$ の固有値・固有ベクトルを求めよう．$|\lambda I - A|$ を計算するとつぎとなる．

$$|\lambda I-A|=\begin{vmatrix}\lambda & -1 & 0\\ 0 & \lambda & -1\\ -6 & 11 & \lambda-6\end{vmatrix}=\lambda^2(\lambda-6)-6+11\lambda$$

$$=\lambda^3-6\lambda^2+11\lambda-6=(\lambda-1)(\lambda-2)(\lambda-3)$$

よって，求める固有値は $\lambda=1,\ 2,\ 3$ となる．つぎに固有ベクトルを求めよう．$\lambda=1$ を (3.31) 式に代入し，$\boldsymbol{v}$ が 3×1 の列ベクトルであるので $\boldsymbol{v}=\begin{bmatrix}v_1\\ v_2\\ v_3\end{bmatrix}$ とすると，つぎとなる．

$$\begin{bmatrix}1 & -1 & 0\\ 0 & 1 & -1\\ -6 & 11 & -5\end{bmatrix}\begin{bmatrix}v_1\\ v_2\\ v_3\end{bmatrix}=\begin{bmatrix}0\\ 0\\ 0\end{bmatrix}$$

よって，つぎの連立方程式が得られる．

$$\begin{cases}v_1-v_2=0\\ v_2-v_3=0\\ -6v_1+11v_2-5v_3=0\end{cases} \tag{3.35}$$

(3.35) 式の第 1，2 式に注意すると，これら 3 式は

$$\begin{cases}v_1=v_2\\ v_2=v_3\end{cases} \tag{3.36}$$

となっていることがわかる．例 3.7 と同様に考えると，(3.36) 式を満たすものとして $v_1=1,\ v_2=1,\ v_3=1$ を選ぶことができ，これは固有ベクトルとして適している．よって，固有値 $\lambda=1$ に対応した固有ベクトルは $\begin{bmatrix}1\\ 1\\ 1\end{bmatrix}$ とできる．同様に固有値 $\lambda=2$ に対応した固有ベクトルは $\begin{bmatrix}1\\ 2\\ 4\end{bmatrix}$，固有値 $\lambda=3$ に対応した固有ベクトルは $\begin{bmatrix}1\\ 3\\ 9\end{bmatrix}$ とできることがわかる．

例では固有値 λ は実数のみとなったが，行列 A の値によっては固有値が複

11） もちろん $\lambda=-2$ に対応した固有ベクトルを $\begin{bmatrix}-1\\ 2\end{bmatrix}$，$\lambda=-3$ に対応した固有ベクトルを $\begin{bmatrix}-1\\ 3\end{bmatrix}$ としてもかまわない．

素数になる場合や，固有値が重複する場合も考えられる．特に固有値が重複した場合を考えることは重要であるが，議論を簡単にするために本書では重複した固有値を持つ行列は考えない[12)]．

また固有ベクトルは，固有値λを (3.31) 式に代入したあとの方程式を満たす$\boldsymbol{v}$である．これまでの例では固有ベクトルとして適した候補を示したが，たとえば例 3.7 では固有値$\lambda = -2$に対応した固有ベクトルの一般形は$\boldsymbol{k}$を0でない任意の実数として$\boldsymbol{v} = \begin{bmatrix} k \\ -2k \end{bmatrix}$を満たす$\boldsymbol{v}$であればよい．このように，固有ベクトルは唯一に定めることはできない．あるベクトルが固有ベクトルであるとき，零ベクトルにならないように任意に選ぶことができる定数が存在する．これを**固有ベクトルの自由度**と呼ぶ．実際の問題を考える場合は，ある固有ベクトルを定める必要があるので，固有ベクトルの一般形において$\boldsymbol{k}$が0でない適当な実数を選べばよい．

$\boldsymbol{n}$次正方行列Aの固有値λ_i ($i = 1, 2, \cdots, n$) は，行列Aの行列式の値$|A|$とつぎの関係があることが知られている．

$$|A| = \lambda_1 \lambda_2 \cdots \lambda_n \tag{3.37}$$

すなわち，行列Aの行列式の値$|A|$は行列Aの固有値λ_i ($i = 1, 2, \cdots, n$) の積と等しくなる[13)]．

3.6 行列の対角化

状態空間表現で与えられたシステムのモデルを用いて，制御系を解析・設計する場合に重要となる行列の対角化について説明する．

行列Aは$\boldsymbol{n}$次正方行列とし，固有値は重複しないものと仮定する．行列Aの固有値をλ_i ($i = 1, 2, \cdots, n$)，対応する固有ベクトルをそれぞれ$\boldsymbol{v}_i$ ($i = 1, 2, \cdots, n$) としよう．ここで，$\boldsymbol{n}$次正方行列Tを

$$T = [\boldsymbol{v}_1 \ \ \boldsymbol{v}_2 \ \ \cdots \ \ \boldsymbol{v}_n] \tag{3.38}$$

とすると，行列Aの固有値が重複しないので，行列Tには逆行列T^{-1}が存在する[14)]．このとき，(3.30) 式の固有値・固有ベクトルの定義に注意すると，

12) より詳しく勉強する場合は参考文献 [1] を読むとよい．

13) 講義 13 (201 ページ) で用いる．

14) 行列Aの固有値が重複しないので，固有ベクトル$\boldsymbol{v}_1, \boldsymbol{v}_2, \cdots, \boldsymbol{v}_n$は互いに 1 次独立である．

$$
\begin{aligned}
AT &= A[\boldsymbol{v}_1\ \boldsymbol{v}_2\ \cdots\ \boldsymbol{v}_n] = [A\boldsymbol{v}_1\ A\boldsymbol{v}_2\ \cdots\ A\boldsymbol{v}_n] \\
&= [\lambda_1\boldsymbol{v}_1\ \lambda_2\boldsymbol{v}_2\ \cdots\ \lambda_n\boldsymbol{v}_n] \\
&= [\boldsymbol{v}_1\ \boldsymbol{v}_2\ \cdots\ \boldsymbol{v}_n]\begin{bmatrix} \lambda_1 & 0 & \cdots & 0 \\ 0 & \lambda_2 & \cdots & 0 \\ \vdots & \vdots & \ddots & \vdots \\ 0 & 0 & \cdots & \lambda_n \end{bmatrix}
\end{aligned} \tag{3.39}
$$

が成り立つ（最後の等式において，λ_i はスカラー，$\boldsymbol{v}_i$ はベクトルであることに注意）．したがって，

$$
\Lambda = \begin{bmatrix} \lambda_1 & 0 & \cdots & 0 \\ 0 & \lambda_2 & \cdots & 0 \\ \vdots & \vdots & \ddots & \vdots \\ 0 & 0 & \cdots & \lambda_n \end{bmatrix} \tag{3.40}
$$

とおくと，(3.39) 式より $AT = T\Lambda$ となるので，

$$
T^{-1}AT = \Lambda = \begin{bmatrix} \lambda_1 & 0 & \cdots & 0 \\ 0 & \lambda_2 & \cdots & 0 \\ \vdots & \vdots & \ddots & \vdots \\ 0 & 0 & \cdots & \lambda_n \end{bmatrix} \tag{3.41}
$$

となる．これは行列 A が行列 T と T^{-1} によって行列 A の固有値が対角成分となる対角行列 Λ に変換できることを意味し，これを**行列の対角化**（matrix diagonalization）と呼ぶ．またこの変換を行列の**対角変換**（diagonalization）という．

例 3.9

例 3.7 で示した行列 $A = \begin{bmatrix} 0 & 1 \\ -6 & -5 \end{bmatrix}$ を対角化しよう．この行列 A の固有値は $\lambda = -2,\ -3$，それに対応した固有ベクトルは $\begin{bmatrix} 1 \\ -2 \end{bmatrix}$，$\begin{bmatrix} 1 \\ -3 \end{bmatrix}$ とできた．よって，(3.38) 式の行列 T とその逆行列 T^{-1} はつぎとなる．

$$
T = \begin{bmatrix} 1 & 1 \\ -2 & -3 \end{bmatrix}
$$

$$
T^{-1} = \begin{bmatrix} 1 & 1 \\ -2 & -3 \end{bmatrix}^{-1} = \frac{1}{-1}\begin{bmatrix} -3 & -1 \\ 2 & 1 \end{bmatrix}
$$

よって，行列 A はつぎのとおり対角化される．

$$T^{-1}AT=\frac{1}{-1}\begin{bmatrix}-3 & -1\\ 2 & 1\end{bmatrix}\begin{bmatrix}0 & 1\\ -6 & -5\end{bmatrix}\begin{bmatrix}1 & 1\\ -2 & -3\end{bmatrix}$$
$$=-\begin{bmatrix}6 & 2\\ -6 & -3\end{bmatrix}\begin{bmatrix}1 & 1\\ -2 & -3\end{bmatrix}$$
$$=-\begin{bmatrix}2 & 0\\ 0 & 3\end{bmatrix}=\begin{bmatrix}-2 & 0\\ 0 & -3\end{bmatrix}$$

これより，対角化された行列はもとの行列 A の固有値が対角要素に並んだ形となっていることがわかる．

3.7 行列の階数

講義 09 で説明する状態フィードバック制御や講義 11 で説明するオブザーバの構成など，状態空間表現をベースとする制御工学において，行列の**階数**（またはランク（rank））という考えが重要となる．本書では正方行列について調べることが必要となるが，正方行列の階数とは，行列の各列（または行）をそれぞれベクトルとみなしたとき，そのベクトルの組のうち 1 次（線形）独立なベクトルの本数のことである．すなわち，n 次正方行列の場合，階数は $1\sim n$ のうちのいずれかの整数となる．

いま，n 次正方行列として，つぎが与えられたとしよう．

$$A=\begin{bmatrix}a_{11} & a_{12} & \cdots & a_{1n}\\ a_{21} & a_{22} & \cdots & a_{2n}\\ \vdots & \vdots & \ddots & \vdots\\ a_{n1} & a_{n2} & \cdots & a_{nn}\end{bmatrix} \tag{3.42}$$

行列 A は (3.2) 式にしたがって，つぎで表される．

$$A=[\boldsymbol{a}_1\ \boldsymbol{a}_2\ \cdots\ \boldsymbol{a}_n] \tag{3.43}$$

ここで

$$\boldsymbol{a}_1 = \begin{bmatrix} a_{11} \\ a_{21} \\ \vdots \\ a_{n1} \end{bmatrix}, \quad \boldsymbol{a}_2 = \begin{bmatrix} a_{12} \\ a_{22} \\ \vdots \\ a_{n2} \end{bmatrix}, \quad \boldsymbol{a}_n = \begin{bmatrix} a_{1n} \\ a_{2n} \\ \vdots \\ a_{nn} \end{bmatrix} \tag{3.44}$$

である.

(3.43) 式を構成するベクトル $\boldsymbol{a}_1, \boldsymbol{a}_2, \cdots, \boldsymbol{a}_n$ が 1 次独立であるための条件はつぎで与えられる.

ベクトル $\boldsymbol{a}_1, \boldsymbol{a}_2, \cdots, \boldsymbol{a}_n$ が 1 次独立であるための条件

ある実数 $k_1, k_2, \cdots, k_n$ に対して,

$$k_1 \boldsymbol{a}_1 + k_2 \boldsymbol{a}_2 + \cdots + k_n \boldsymbol{a}_n = \boldsymbol{0} \tag{3.45}$$

が成り立つのは, $k_1 = k_2 = \cdots = k_n = 0$ のときに限る.

(3.43) 式の行列 A を構成するベクトル $\boldsymbol{a}_1, \boldsymbol{a}_2, \cdots, \boldsymbol{a}_n$ のうち 1 次独立なベクトルの本数を m とするとき, その行列 A の階数は m であるといい,

$$\mathrm{rank}(A) = m \tag{3.46}$$

と書く. また, ベクトル $\boldsymbol{a}_1, \boldsymbol{a}_2, \cdots, \boldsymbol{a}_n$ が 1 次独立であれば, (3.42) 式の n 次正方行列 A の階数は n となり, 行列 A はフルランク (full rank) であるという. n 次正方行列 A の階数が n となる条件としてつぎの関係が知られている[15].

n 次正方行列 A がフルランクとなる条件

n 次正方行列 A の階数が n となることと,

$$|A| \neq 0 \tag{3.47}$$

となることは等価である. また, その条件は行列 A が正則行列となるための条件と同じである.

15) 斉次 (同次) 連立 1 次方程式が自明解のみを持つ場合の条件となる. 詳しくは線形代数学の教科書を参照のこと.

よって，n 次正方行列 A がフルランクであるか，そうでないかを調べるには，行列 A の行列式の値を計算し，その値が 0 になるかどうかを調べればよいことがわかる．

本書において，階数を調べることが必要となる行列は正方行列のみであり，しかも行列がフルランクであるかどうかのみを判定すればよいため，(3.47) 式で示したとおり，調べたい行列の行列式の値を計算し，0 となるかどうかを判定すればよい．

3.8 対称行列と正定行列

本節では対称行列について説明し，つづいて講義 14 で重要となる正定行列について説明する．

$A^\top = A$ を満たす行列 A を**対称行列** (symmetric matrix) と呼ぶ [16]．2 次正方行列 A が対称行列であるとは，

$$A = \begin{bmatrix} a_{11} & a_{12} \\ a_{12} & a_{22} \end{bmatrix} \tag{3.48}$$

となることであり，3 次正方行列であれば，

$$A = \begin{bmatrix} a_{11} & a_{12} & a_{13} \\ a_{12} & a_{22} & a_{23} \\ a_{13} & a_{23} & a_{33} \end{bmatrix} \tag{3.49}$$

となる [17]．

それでは，つぎの式を考えよう．

$$a_{11}x_1^2 + 2a_{12}x_1x_2 + a_{22}x_2^2 \tag{3.50}$$

ここで，a_{11}，a_{12}，a_{22} は実数の定数とする．(3.50) 式は各項が変数 x_1，x_2 の 2 次式のみであることに注意しよう．行列・ベクトル表現によって (3.50) 式を書き換えるとつぎとなる．

16) 対称行列は正方行列の特殊な例である．
17) 要素番号に注意しよう．

$$a_{11}x_1^2 + 2a_{12}x_1x_2 + a_{22}x_2^2 = [x_1 \ \ x_2]\begin{bmatrix} a_{11} & a_{12} \\ a_{12} & a_{22} \end{bmatrix}\begin{bmatrix} x_1 \\ x_2 \end{bmatrix} = \boldsymbol{x}^{\top} A\boldsymbol{x} \qquad (3.51)$$

03

ここで，$\boldsymbol{x} = \begin{bmatrix} x_1 \\ x_2 \end{bmatrix}$，$A = \begin{bmatrix} a_{11} & a_{12} \\ a_{12} & a_{22} \end{bmatrix}$とした．このとき，(3.50) 式あるいは (3.51) 式を **2 次形式** (quadratic form) と呼ぶ．

(3.51) 式では変数が 2 個であったが，n 個の場合も同様の形式が成り立ち，そのとき行列 A は $n \times n$ となる．また 2 次形式における行列 A は対称行列となることに注意しよう．

2 次形式が一定の符号をとる場合，つぎの 4 つにわけることができる．

- $\boldsymbol{x}^{\top} A\boldsymbol{x} > 0,\ \forall \boldsymbol{x} \neq \boldsymbol{0}$ のとき正定であり [18]，行列 A を**正定行列** (positive definite matrix) と呼び $A > 0$ と表す
- $\boldsymbol{x}^{\top} A\boldsymbol{x} \geq 0,\ \forall \boldsymbol{x} \neq \boldsymbol{0}$ のとき半正定であり，行列 A を**半正定行列** (semi-positive definite matrix) と呼び $A \geq 0$ と表す
- $\boldsymbol{x}^{\top} A\boldsymbol{x} < 0,\ \forall \boldsymbol{x} \neq \boldsymbol{0}$ のとき負定であり，行列 A を**負定行列** (negative definite matrix) と呼び $A < 0$ と表す
- $\boldsymbol{x}^{\top} A\boldsymbol{x} \leq 0,\ \forall \boldsymbol{x} \neq \boldsymbol{0}$ のとき半負定であり，行列 A を**半負定行列** (semi-negative definite matrix) と呼び $A \leq 0$ と表す

このとき，行列 A が正定行列である場合 $A > 0$ と表したが，これは**行列 A の要素がすべて正という意味ではない**ことに注意しよう．半正定行列，負定行列の場合も同様である．

例 3.10

つぎの 2 次形式が正定かどうかを判定しよう．

$$3x_1^2 - 4x_1x_2 + 2x_2^2 \left(= [x_1 \ \ x_2]\begin{bmatrix} 3 & -2 \\ -2 & 2 \end{bmatrix}\begin{bmatrix} x_1 \\ x_2 \end{bmatrix} \right) \qquad (3.52)$$

18) 数学記号 $\forall$ は「任意の」という意味．この場合，「$\boldsymbol{x} \neq \boldsymbol{0}$ を満たすどのような $\boldsymbol{x}$ においても，$\boldsymbol{x}^{\top} A\boldsymbol{x} > 0$ が成り立つとき」という意味になる．

(3.52) 式を変形するとつぎとなる.

$$3x_1^2 - 4x_1x_2 + 2x_2^2 = x_1^2 + 2(x_1 - x_2)^2 \geq 0 \tag{3.53}$$

(3.53) 式が 0 となるのは $x_1 = x_2 = 0$ のときだけであり，それ以外では必ず正となるので，この 2 次形式は正定となり，行列 $A = \begin{bmatrix} 3 & -2 \\ -2 & 2 \end{bmatrix}$ は正定行列となる.

2 次形式が正定かどうかの判定は，(3.53) 式のように平方完成しなくても，2 次形式を行列・ベクトル表現した際の行列 A を調べることでつぎのとおり判定できる [19].

2 次形式の正定・負定の判定

2 次形式 $\boldsymbol{x}^{\top}A\boldsymbol{x}$ の符号は対称行列 A の固有値を調べることで，つぎのとおり判定できる.

- **A のすべての固有値が正の値 ⇔ $A > 0$**
- **A のすべての固有値が 0 以上の値 ⇔ $A \geq 0$**
- **A のすべての固有値が負の値 ⇔ $A < 0$**
- **A のすべての固有値が 0 以下の値 ⇔ $A \leq 0$**

上記判定は，対称行列 A のすべての固有値は必ず実数となるという性質から成り立っている．例 3.10 の場合，対称行列 $A = \begin{bmatrix} 3 & -2 \\ -2 & 2 \end{bmatrix}$ の固有値は $\dfrac{5 \pm \sqrt{17}}{2}$ となり，ともに正であるので与えられた対称行列 A は正定行列であることが確認できる．さらに，すべての要素が正である対角行列は正定行列となることに注意しよう.

3.9 ベクトルのラプラス変換

古典制御の内容を理解するためのみならず，現代制御においてもラプラス変換の概念を知っておくことは重要となる．本書の内容を理解するために必要となる事項について説明する.

19) そもそも，平方完成は 3 次以上になると難しい.

時間 $t \geq 0$ で定義された実数値および複素数値関数 $f(t)$ においてつぎの積分を考える．

$$\int_0^\infty f(t)\,\mathrm{e}^{-st}\mathrm{d}t$$

ここで，s は複素数とする．この積分値を

$$F(s) = \int_0^\infty f(t)\,\mathrm{e}^{-st}\mathrm{d}t \tag{3.54}$$

と定義し，s の関数 $F(s)$ を $f(t)$ のラプラス変換（Laplace transform）と呼ぶ[20]．要は時間 t で変化する関数の値 $f(t)$ を複素数 s で変化する関数の値 $F(s)$ に変換するということである．(3.54) 式は通常

$$F(s) = \mathcal{L}[f(t)] \tag{3.55}$$

と略記する．$\mathcal{L}$ はカッコ内の時間関数をラプラス変換するという意味の記号であり，ラプラス変換したあとの変数は変換前と区別するため原則的に大文字で書く[21]．重要なのはカッコの中身である．

時間変数（関数）$x(t)$ の微分，積分のラプラス変換はつぎとなる．

- 時間関数 $x(t)$ の時間微分 $\dfrac{\mathrm{d}x(t)}{\mathrm{d}t}$ のラプラス変換：

$$\mathcal{L}\left[\frac{\mathrm{d}x(t)}{\mathrm{d}t}\right] = sX(s) - x(0) \tag{3.56}$$

- 時間関数 $x(t)$ の時間積分 $\int_0^t x(\tau)\,\mathrm{d}\tau$ のラプラス変換：

$$\mathcal{L}\left[\int_0^t x(\tau)\,\mathrm{d}\tau\right] = \frac{1}{s}X(s) \tag{3.57}$$

ここで，(3.56) 式の $x(0)$ は時間関数 $x(t)$ の初期値，すなわち $t = 0$ の値で

---

20) (3.54) 式の右辺があるsについて収束するとき，$f(t)$ はラプラス変換可能であるといい，本書ではラプラス変換可能な $f(t)$ のみを取り扱う．

21) ギリシャ文字を変数にした場合は小文字のままにすることが多い．また $x(s)$ とする場合もある．

あり定数である．(3.56) 式より，時間関数 $x(t)$ の時間微分をラプラス変換すると，独立変数 s を変数 $X(s)$ にかけた形になることに注意しよう．ここで，独立変数 s はまさに独立に，言い換えるとただの変数として方程式の中で扱えるのである．また，ラプラス変換の重要な性質としてつぎがある．

- ラプラス変換の線形性：

$$\begin{aligned}\mathcal{L}[a_1x_1(t)+\cdots+a_nx_n(t)]&=a_1\mathcal{L}[x_1(t)]+\cdots+a_n\mathcal{L}[x_n(t)]\\&=a_1X_1(s)+\cdots+a_nX_n(s)\end{aligned}\tag{3.58}$$

ここで，a_i ($i = 1, \cdots, n$) は任意の定数，$x_i(t)$ ($i = 1, \cdots, n$) は任意の時間関数である．この性質より，時間関数 $x_i(t)$ が足し合わさった式のラプラス変換はそれぞれの時間関数に対応したラプラス変換を行えばよいことがわかる．

つぎに，時間関数 $x(t)$ のラプラス変換が $X(s)$ であるので，その逆，すなわち $X(s)$ を $x(t)$ の形に変換する，**逆ラプラス変換** (inverse Laplace transform) について説明する．まずつぎの関係が成り立つ．

- $X(s)$ の逆ラプラス変換：

$$\mathcal{L}^{-1}[X(s)] = x(t)\tag{3.59}$$

すなわち (3.55) 式を逆にした形となる．

さらに，時間関数 $x(t)$ の時間微分のラプラス変換について補足する[22)]．

- 時間関数 $x(t)$ の 2 階微分 $\dfrac{\mathrm{d}^2x(t)}{\mathrm{d}t^2}$ のラプラス変換：

$$\mathcal{L}\left[\frac{\mathrm{d}^2x(t)}{\mathrm{d}t^2}\right] = s^2X(s) - sx(0) - \dot{x}(0)\tag{3.60}$$

- 時間関数 $x(t)$ の n 階微分 $\dfrac{\mathrm{d}^nx(t)}{\mathrm{d}t^n}$ のラプラス変換：

22) 伝達関数を求める際は，すべての初期値を 0 とするのが慣例である．

$$\mathcal{L}\left[\frac{\mathrm{d}^n x(t)}{\mathrm{d}t^n}\right] = s^n X(s) - s^{n-1}x(0) - s^{n-2}x^{(1)}(0) - \cdots - x^{(n-1)}(0) \tag{3.61}$$

(3.56)，(3.60)，(3.61) 式からわかるように，時間関数 $x(t)$ を n 回微分することは，ラプラス変換後の s を n 回かけることに対応する．

時間関数 $x(t)$ を要素とするベクトルのラプラス変換についても考えることができる．時間関数 $x_i(t)$ $(i = 1, 2, \cdots, n)$ を要素に持つベクトル

$$\boldsymbol{x}(t) = \begin{bmatrix} x_1(t) \\ x_2(t) \\ \vdots \\ x_n(t) \end{bmatrix} \tag{3.62}$$

を考えよう．ベクトル $\boldsymbol{x}(t)$ のラプラス変換を各要素 $x_i(t)$ のラプラス変換 $X_i(s)$ をベクトルとして並べたものを，

$$\boldsymbol{X}(s) = \mathcal{L}[\boldsymbol{x}(t)] = \begin{bmatrix} \mathcal{L}[x_1(t)] \\ \mathcal{L}[x_2(t)] \\ \vdots \\ \mathcal{L}[x_n(t)] \end{bmatrix} = \begin{bmatrix} X_1(s) \\ X_2(s) \\ \vdots \\ X_n(s) \end{bmatrix} \tag{3.63}$$

と定義する．このとき，(3.56) 式の関係がベクトルについても成り立ち，

$$\mathcal{L}[\dot{\boldsymbol{x}}(t)] = \begin{bmatrix} sX_1(s) - x_1(0) \\ sX_2(s) - x_2(0) \\ \vdots \\ sX_n(s) - x_n(0) \end{bmatrix} = s\boldsymbol{X}(s) - \boldsymbol{x}(0) \tag{3.64}$$

となる．ここで $\boldsymbol{x}(0)$ はベクトル $\boldsymbol{x}(t)$ の各要素に初期値 $x_i(0)$ $(i = 1, 2, \cdots, n)$ を与えたものであり，**初期ベクトル** (initial vector) と呼ぶ．また，(3.64) 式最右辺の $\boldsymbol{X}(s)$ にかかっている s はスカラーとして取り扱うことに注意しよう．(3.60)，(3.61) 式の高階微分のラプラス変換に関しても，(3.64) 式と同様の議論が成り立つ．

【講義 03 のまとめ】

- ベクトルと行列の表現方法，対角行列，転置行列，対称行列，ベクトルの微分について学んだ．
- 行列の余因子と行列式，逆行列の求め方を学んだ．
- 行列の固有値・固有ベクトルの求め方と行列の対角化を学んだ．固有値の求め方は本書で最も重要となる．
- ベクトルのラプラス変換はベクトルの各要素をラプラス変換すればよい．

演習問題

(1) ベクトル $\boldsymbol{x}=\begin{bmatrix}1\\2\\3\end{bmatrix}$ と $\boldsymbol{y}=\begin{bmatrix}3\\2\\2\end{bmatrix}$ について，つぎの問いに答えよ．

(i) $\boldsymbol{x}^{\top}\boldsymbol{y}$ と $\boldsymbol{x}\boldsymbol{y}^{\top}$ を求めよ．

(ii) $\boldsymbol{x}\boldsymbol{y}^{\top}$ の転置行列を求めよ．

(2) (3.17) 式に基づき，行列 A の行列式 $|A|$ を第 2 行，第 3 行に関して，それぞれ余因子展開して求めよ．

(3) 行列とベクトルが $A=\begin{bmatrix}2 & -1\\2 & 5\end{bmatrix}$, $\boldsymbol{b}=\begin{bmatrix}1\\2\end{bmatrix}$, $\boldsymbol{c}=[1\ \ 0]$ で与えられるとき，つぎの問いに答えよ．

(i) 行列 A の固有値・固有ベクトルを求めよ．

(ii) s をあるスカラー変数，I を単位行列としたとき，$sI-A$ を求めよ．また求めた行列 $sI-A$ の逆行列を求めよ．

(iii) $\boldsymbol{c}(sI-A)^{-1}\boldsymbol{b}$ を求めよ．

(4) (3) で与えられた行列 A を対角化せよ．

(5) 2 次形式 $4x_1^2+4x_1x_2+4x_2^2$ について，つぎの問いに答えよ．

(i) 与えられた 2 次形式の行列・ベクトル表現を求めよ．

(ii) (i) の表現における行列の行列式を求め，さらに逆行列を求めよ．

(iii) (i) の表現を (3.51) 式の表現にした際の行列 A の固有値・固有ベクトルを求め，さらに対角化せよ．

講義 04 状態空間表現と伝達関数表現の関係

システムのモデルとなる運動方程式が連立 1 階もしくは 2，3 階の微分方程式で表される場合，伝達関数表現と状態空間表現の 2 種類の表現方法があることを説明した．本講ではより一般的な高階微分方程式で表されるシステムの伝達関数表現を状態空間表現に変換する方法，これら 2 つの表現方法の関係について説明する．

【講義 04 のポイント】

- システムの伝達関数表現の特徴を理解しよう．
- システムの状態空間表現より伝達関数表現を求める方法を理解しよう．
- 伝達関数表現から状態空間表現への変換方法を理解しよう．

4.1　伝達関数表現から状態空間表現への変換

講義 02 では，(2.26)，(2.34) 式のような 2，3 階微分方程式でシステムのモデルが表されるとして，伝達関数表現の特徴について説明した．これらの微分方程式を含む一般的なシステムは入力を $u(t)$，出力を $y(t)$ として，つぎの n 階定数係数微分方程式で表される．

$$\frac{\mathrm{d}^n y(t)}{\mathrm{d}t^n} + a_{n-1}\frac{\mathrm{d}^{n-1} y(t)}{\mathrm{d}t^{n-1}} + a_{n-2}\frac{\mathrm{d}^{n-2} y(t)}{\mathrm{d}t^{n-2}} + \cdots + a_1\frac{\mathrm{d}y(t)}{\mathrm{d}t} + a_0 y(t)$$
$$= b_m\frac{\mathrm{d}^m u(t)}{\mathrm{d}t^m} + b_{m-1}\frac{\mathrm{d}^{m-1} u(t)}{\mathrm{d}t^{m-1}} + b_{m-2}\frac{\mathrm{d}^{m-2} u(t)}{\mathrm{d}t^{m-2}} + \cdots$$
$$+ b_1\frac{\mathrm{d}u(t)}{\mathrm{d}t} + b_0 u(t) \tag{4.1}$$

ここで，$n \geq m$ であり，$a_0, a_1, \cdots, a_{n-1}$，$b_0, b_1, \cdots, b_m$ はシステムのパラメータとする．(4.1) 式のすべての初期値を 0 とし，両辺をラプラス変換して $U(s) = \mathcal{L}[u(t)]$，$Y(s) = \mathcal{L}[y(t)]$ とするとつぎが得られる．

$$(s^n + a_{n-1}s^{n-1} + \cdots + a_1 s + a_0)\,Y(s)$$
$$= (b_m s^m + b_{m-1}s^{m-1} + \cdots + b_1 s + b_0)\,U(s) \tag{4.2}$$

よって，システムの伝達関数 $G(s)$ は

$$G(s) = \frac{Y(s)}{U(s)} = \frac{b_m s^m + b_{m-1} s^{m-1} + \cdots + b_1 s + b_0}{s^n + a_{n-1} s^{n-1} + \cdots + a_1 s + a_0} \tag{4.3}$$

と表される．システムの伝達関数 (4.3) 式において，システムの特徴を示すものとしてつぎが知られている．

- (4.3) 式の「分母多項式」$= 0$，すなわち $s^n + a_{n-1}s^{n-1} + \cdots + a_1 s + a_0 = 0$ の根を**極** (pole) と呼ぶ．
- (4.3) 式の「分子多項式」$= 0$，すなわち $b_m s^m + b_{m-1}s^{m-1} + \cdots + b_1 s + b_0 = 0$ の根を**零点** (zero) と呼ぶ．

以後，伝達関数 (4.3) 式の極はすべて異なるものとし，また分母と分子が共通因子を持たないと仮定する．この場合，**既約** (coprime) な伝達関数と呼ぶ[1)]．

伝達関数 (4.3) 式の分母は s に関して n 次多項式，分子は s に関して m 次多項式であり，$n - m$ で得られる値をシステムの**相対次数** (relative degree) と呼ぶ．相対次数に応じて，システムの伝達関数表現はつぎのとおり分類できる．

- $n - m > 0$ のとき：厳密にプロパーな伝達関数
- $n - m \geq 0$ のとき：プロパーな伝達関数
- $n - m < 0$ のとき：プロパーでない伝達関数

本書ではプロパー，または厳密にプロパーな場合のみを取り扱う．一般的なシステムの伝達関数 (4.3) 式を状態空間表現に変換する方法について説明しよう．(4.3) 式において，$n = 3$，$m = 3$ の場合で説明する．

1) 分母，分子を因数分解した際に互いに共通因子がない，すなわち同じ値の極と零点がないという意味である．

例 4.1

つぎの既約な伝達関数 $G(s)$ を考えよう．

$$G(s) = \frac{Y(s)}{U(s)} = \frac{b_3 s^3 + b_2 s^2 + b_1 s + b_0}{s^3 + a_2 s^2 + a_1 s + a_0} \tag{4.4}$$

$G(s)$ の分母は 3 次多項式，分子も 3 次多項式である．よって相対次数は 0 であり，プロパーな伝達関数である．ここで，(4.4) 式の分子を分母で割るとつぎとなる．

$$G(s) = b_3 + \frac{\beta_2 s^2 + \beta_1 s + \beta_0}{s^3 + a_2 s^2 + a_1 s + a_0} \tag{4.5}$$

ここで，$\beta_0 = b_0 - a_0 b_3$，$\beta_1 = b_1 - a_1 b_3$，$\beta_2 = b_2 - a_2 b_3$ である．

よって，システムの入力 $U(s)$ と出力 $Y(s)$ の関係はつぎで表される．

$$\begin{aligned} Y(s) &= b_3 U(s) + \frac{\beta_2 s^2 + \beta_1 s + \beta_0}{s^3 + a_2 s^2 + a_1 s + a_0} U(s) \\ &= Y_1(s) + Y_2(s) \end{aligned} \tag{4.6}$$

ここで

$$Y_1(s) = b_3 U(s) \tag{4.7}$$

$$Y_2(s) = \frac{\beta_2 s^2 + \beta_1 s + \beta_0}{s^3 + a_2 s^2 + a_1 s + a_0} U(s) = G_2(s) U(s) \tag{4.8}$$

である．(4.5) 式より $G(s)$ は定数 b_3 と相対次数 1，すなわち厳密にプロパーな伝達関数の和で表されることがわかる．

このとき，(4.6) 式をブロック線図（block diagram）で表すと図 4.1 となる．(4.8) 式の $G_2(s)$ は $U(s)$ を入力，$Y_2(s)$ を出力とする伝達関数とみなすことができ，相対次数は 1，すなわち厳密にプロパーとなる．さらに，$U(s)$ から $Y_2(s)$ の経路は図 4.2 のとおり表されることがわかる．このとき，つぎの関係が成り立つ．

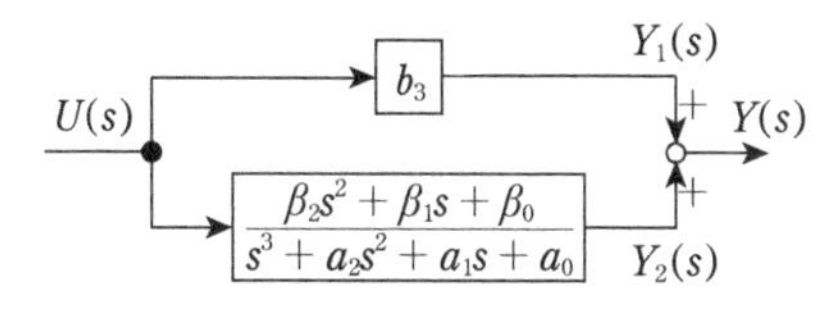

図 4.1　(4.6) 式のブロック線図

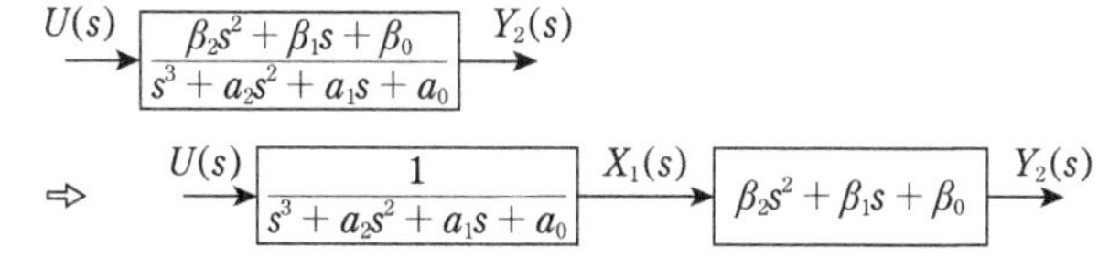

図 4.2　$U(s)$ から $Y_2(s)$ の経路のブロック線図

04

$$X_1(s)=\frac{1}{s^3+a_2s^2+a_1s+a_0}U(s) \tag{4.9}$$

$$Y_2(s)=(\beta_2s^2+\beta_1s+\beta_0)X_1(s) \tag{4.10}$$

ここで，(4.9) 式は 24 ページの 2.4 節より，つぎの状態空間表現で表されることがわかる．

$$\frac{\mathrm{d}}{\mathrm{d}t}\begin{bmatrix}x_1(t)\\x_2(t)\\x_3(t)\end{bmatrix}=\begin{bmatrix}0&1&0\\0&0&1\\-a_0&-a_1&-a_2\end{bmatrix}\begin{bmatrix}x_1(t)\\x_2(t)\\x_3(t)\end{bmatrix}+\begin{bmatrix}0\\0\\1\end{bmatrix}u(t) \tag{4.11}$$

また，(4.10) 式の両辺を逆ラプラス変換すると，つぎが得られる．

$$y_2(t)=\beta_2\frac{\mathrm{d}^2x_1(t)}{\mathrm{d}t^2}+\beta_1\frac{\mathrm{d}x_1(t)}{\mathrm{d}t}+\beta_0x_1(t) \tag{4.12}$$

ここで，(4.11) 式の導出の際に，

$$\frac{\mathrm{d}^2x_1(t)}{\mathrm{d}t^2}=x_3(t),\quad \frac{\mathrm{d}x_1(t)}{\mathrm{d}t}=x_2(t) \tag{4.13}$$

としていることに注意すると，(4.12) 式はつぎとなる．

$$\begin{aligned}y_2(t)&=\beta_2x_3(t)+\beta_1x_2(t)+\beta_0x_1(t)\\&=[\beta_0\ \ \beta_1\ \ \beta_2]\begin{bmatrix}x_1(t)\\x_2(t)\\x_3(t)\end{bmatrix}\end{aligned} \tag{4.14}$$

よって，(4.8) 式の伝達関数表現は (4.11) 式を状態方程式，(4.14) 式を出力方程式とする状態空間表現に変換できることがわかる．

また，(4.7) 式は

$$y_1(t)=b_3u(t) \tag{4.15}$$

であるので，与えられた伝達関数 (4.4) 式の出力は

$$\begin{aligned}y(t)&=y_1(t)+y_2(t)\\&=[\beta_0\ \ \beta_1\ \ \beta_2]\begin{bmatrix}x_1(t)\\x_2(t)\\x_3(t)\end{bmatrix}+b_3u(t)\end{aligned} \tag{4.16}$$

で表される．これまでをまとめると，(4.4) 式の伝達関数表現で表されるシステムのモデルは，つぎの状態空間表現で表される．

$$\frac{\mathrm{d}}{\mathrm{d}t}\begin{bmatrix}x_1(t)\\x_2(t)\\x_3(t)\end{bmatrix}=\begin{bmatrix}0&1&0\\0&0&1\\-a_0&-a_1&-a_2\end{bmatrix}\begin{bmatrix}x_1(t)\\x_2(t)\\x_3(t)\end{bmatrix}+\begin{bmatrix}0\\0\\1\end{bmatrix}u(t)$$

$$y(t) = [\beta_0 \ \ \beta_1 \ \ \beta_2]\begin{bmatrix} x_1(t) \\ x_2(t) \\ x_3(t) \end{bmatrix} + b_3 u(t)$$

また行列，ベクトル，スカラーを適宜文字で置き換えれば，つぎとなる．

$$\frac{\mathrm{d}\boldsymbol{x}(t)}{\mathrm{d}t} = A\boldsymbol{x}(t) + \boldsymbol{b}u(t) \tag{4.17}$$

$$y(t) = \boldsymbol{c}\boldsymbol{x}(t) + du(t) \tag{4.18}$$

ここで，講義 02 までに示した状態空間表現との違いは，出力方程式 (4.18) において $du(t)$ の項が含まれていることである．これはシステムの伝達関数表現において，相対次数が 0 であるために現れる項である．

04

(4.3) 式において，$G(s)$ の相対次数が 1 の場合 ($m = n - 1$)，システムの伝達関数表現を状態空間表現すると，つぎで表される[2]．

$$\frac{\mathrm{d}}{\mathrm{d}t}\begin{bmatrix} x_1(t) \\ x_2(t) \\ \vdots \\ x_{n-1}(t) \\ x_n(t) \end{bmatrix} = \begin{bmatrix} 0 & 1 & 0 & \cdots & 0 & 0 \\ 0 & 0 & 1 & \cdots & 0 & 0 \\ \vdots & \vdots & \vdots & \ddots & \vdots & \vdots \\ 0 & 0 & 0 & \cdots & 0 & 1 \\ -a_0 & -a_1 & -a_2 & \cdots & -a_{n-2} & -a_{n-1} \end{bmatrix}\begin{bmatrix} x_1(t) \\ x_2(t) \\ \vdots \\ x_{n-1}(t) \\ x_n(t) \end{bmatrix} + \begin{bmatrix} 0 \\ 0 \\ \vdots \\ 0 \\ 1 \end{bmatrix} u(t) \tag{4.19}$$

$$y(t) = [b_0 \ \ b_1 \ \cdots \ b_{n-2} \ \ b_{n-1}]\begin{bmatrix} x_1(t) \\ x_2(t) \\ \vdots \\ x_{n-1}(t) \\ x_n(t) \end{bmatrix} \tag{4.20}$$

(4.19)，(4.20) 式においても，行列，ベクトルを適宜文字で置き換えれば，つぎとなる．

$$\frac{\mathrm{d}\boldsymbol{x}(t)}{\mathrm{d}t} = A\boldsymbol{x}(t) + \boldsymbol{b}u(t) \tag{4.21}$$

$$y(t) = \boldsymbol{c}\boldsymbol{x}(t) \tag{4.22}$$

2) $m < n - 1$ の場合は状況に応じて b_i が 0 になる．

また，$m = n$ の場合は例 4.1 同様に伝達関数の分子を分母で割ることで，

$$G(s) = b_n + \text{厳密にプロパーな伝達関数} \tag{4.23}$$

の形にすることができるので，厳密にプロパーな伝達関数の部分の状態方程式は (4.19) 式と同じとなり，出力方程式はつぎとなることがわかる[3]．

$$y(t) = [\beta_0 \ \ \beta_1 \ \cdots \ \beta_{n-2} \ \ \beta_{n-1}] \begin{bmatrix} x_1(t) \\ x_2(t) \\ \vdots \\ x_{n-1}(t) \\ x_n(t) \end{bmatrix} + b_n u(t) \tag{4.24}$$

これまでの例からわかるとおり，既約な伝達関数表現を状態空間表現に変換した場合，伝達関数の分母多項式の次数と状態空間表現の状態ベクトルの次数を一致させることができる[4]．また状態変数の選び方は，変数間の関係を満たしていれば 24 ページの 2.4 節に示した以外の選び方もできる．したがって，伝達関数表現から状態空間表現に変換した際の表し方は 1 通りではなく，さまざまな表現方法があることが知られている．

4.2 状態空間表現から伝達関数表現への変換

いま，システムのモデルが状態空間表現

$$\dot{\boldsymbol{x}}(t) = A\boldsymbol{x}(t) + \boldsymbol{b}u(t) \tag{4.25}$$

$$y(t) = \boldsymbol{c}\boldsymbol{x}(t) + du(t) \tag{4.26}$$

で与えられているとしよう．ここで，システムの状態ベクトル $\boldsymbol{x}(t)$ は $n \times 1$ の列ベクトル，A は n 次正方行列，$\boldsymbol{b}$ は $n \times 1$ の列ベクトル，$\boldsymbol{c}$ は $1 \times n$ の行ベクトル，d はスカラーとする．また $u(t)$ は入力，$y(t)$ は出力で，ともにスカラーとする．このとき (4.25)，(4.26) 式で与えられるシステムは **n 次元 1 入力 1 出力システム** (n-th order single-input single-output system) と呼び，SISO システムと呼ぶこともある．

(4.25) 式を 53 ページの (3.63) 式に示したベクトルのラプラス変換を用い

3) $\beta_0 \sim \beta_{n-1}$ は例 4.1 での β_0 などと同様に導出できる．
4) 一致させない，すなわち状態ベクトルの次数を大きくする表現も可能である．

て変換し，$\boldsymbol{X}(s) = \mathcal{L}[\boldsymbol{x}(t)]$，$U(s) = \mathcal{L}[u(t)]$ とすると，つぎが得られる．

$$s\boldsymbol{X}(s) - \boldsymbol{x}(0) = A\boldsymbol{X}(s) + \boldsymbol{b}U(s)$$
$$s\boldsymbol{X}(s) - A\boldsymbol{X}(s) = \boldsymbol{x}(0) + \boldsymbol{b}U(s) \tag{4.27}$$

ここで，$\boldsymbol{x}(0)$ は状態ベクトルの初期ベクトルである．(4.27) 式において，左辺の $\boldsymbol{X}(s)$ にかかっている s は算法上スカラーであり，I を n 次単位行列とすると $s\boldsymbol{X}(s) = sI\boldsymbol{X}(s)$ の関係が成り立つ．さらに，左辺の A は n 次正方行列であること，ベクトル $\boldsymbol{X}(s)$ が行列 A の右からかかっていることに注意して (4.27) 式を変形するとつぎとなる．

04

$$(sI - A)\boldsymbol{X}(s) = \boldsymbol{x}(0) + \boldsymbol{b}U(s) \tag{4.28}$$

ここで，状態方程式 (4.25) 式の初期ベクトルの要素がすべて 0，すなわち $\boldsymbol{x}(0) = \boldsymbol{0}$ とすると，(4.28) 式はつぎとなる．

$$(sI - A)\boldsymbol{X}(s) = \boldsymbol{b}U(s) \tag{4.29}$$

ここで (4.29) 式左辺において，カッコ内の $sI - A$ は n 次正方行列であり，この行列が正則行列であるとするとつぎが成り立つ．

$$\boldsymbol{X}(s) = (sI - A)^{-1}\boldsymbol{b}U(s) \tag{4.30}$$

また，(4.26) 式の両辺をラプラス変換し，$Y(s) = \mathcal{L}[y(t)]$ とすると，

$$Y(s) = \boldsymbol{c}\boldsymbol{X}(s) + dU(s) \tag{4.31}$$

となるので，(4.30) 式の $\boldsymbol{X}(s)$ を (4.31) 式に代入するとつぎが得られる．

$$Y(s) = \boldsymbol{c}(sI - A)^{-1}\boldsymbol{b}U(s) + dU(s) \tag{4.32}$$

よって，$U(s)$ から $Y(s)$ までの伝達関数 $G(s)$ は

$$G(s) = \frac{Y(s)}{U(s)} = \boldsymbol{c}(sI - A)^{-1}\boldsymbol{b} + d \tag{4.33}$$

となることがわかる．ここで $(sI - A)^{-1}$ は，

$$(sI - A)^{-1} = \frac{1}{|sI - A|}\mathrm{adj}(sI - A) \tag{4.34}$$

で得られる．3.4 節で説明したとおり，逆行列において $\dfrac{1}{|sI - A|}$ はスカラーとなり，$\mathrm{adj}(sI - A)$ は n 次正方行列となる．よって，(4.33) 式の実際の計算はつぎとなる．

$$G(s) = \boldsymbol{c}(sI - A)^{-1}\boldsymbol{b} + d = \frac{1}{|sI - A|}\boldsymbol{c}\,\mathrm{adj}(sI - A)\,\boldsymbol{b} + d \quad (4.35)$$

ここで，$\boldsymbol{c}$ は $1 \times n$ の行ベクトル，$\mathrm{adj}(sI - A)$ は n 次正方行列，$\boldsymbol{b}$ は $n \times 1$ の列ベクトル，d はスカラーであるので，$G(s)$ がスカラーとなることがわかる．また，得られる伝達関数の分母多項式は $|sI - A|$ で与えられるので，分子多項式と共通因子がない場合，分母多項式は s に関して n 次多項式となる．ここで，(4.29) 式の前でも説明したとおり，伝達関数を求める際は初期ベクトルを $\boldsymbol{x}(0) = \boldsymbol{0}$ とすることにも注意しよう．つぎの具体例で状態空間表現から伝達関数を求めよう．

例 4.2

つぎの 2 次元システムについて考えよう．

$$\begin{cases} \dfrac{\mathrm{d}}{\mathrm{d}t}\begin{bmatrix} x_1(t) \\ x_2(t) \end{bmatrix} = \begin{bmatrix} 0 & 1 \\ -6 & -5 \end{bmatrix}\begin{bmatrix} x_1(t) \\ x_2(t) \end{bmatrix} + \begin{bmatrix} 0 \\ 1 \end{bmatrix} u(t) \\ y(t) = [1 \;\; 0]\begin{bmatrix} x_1(t) \\ x_2(t) \end{bmatrix} \end{cases} \quad (4.36)$$

(4.36) 式で表される状態空間表現を入力を $u(t)$，出力を $y(t)$ として伝達関数表現に変換しよう．まず，$(sI - A)^{-1}$ の計算を行うとつぎとなる．

$$(sI - A)^{-1} = \begin{bmatrix} s & -1 \\ 6 & s+5 \end{bmatrix}^{-1} = \frac{1}{s(s+5)+6}\begin{bmatrix} s+5 & 1 \\ -6 & s \end{bmatrix} = \frac{1}{s^2+5s+6}\begin{bmatrix} s+5 & 1 \\ -6 & s \end{bmatrix}$$

ここで，(4.36) 式は (4.25)，(4.26) 式で $d = 0$ とした形であるので，(4.33) 式より伝達関数 $G(s)$ はつぎで得られる．

$$\begin{aligned} G(s) &= \boldsymbol{c}(sI - A)^{-1}\boldsymbol{b} \\ &= [1 \;\; 0]\frac{1}{s^2+5s+6}\begin{bmatrix} s+5 & 1 \\ -6 & s \end{bmatrix}\begin{bmatrix} 0 \\ 1 \end{bmatrix} \\ &= \frac{1}{s^2+5s+6}[1 \;\; 0]\begin{bmatrix} s+5 & 1 \\ -6 & s \end{bmatrix}\begin{bmatrix} 0 \\ 1 \end{bmatrix} \\ &= \frac{1}{s^2+5s+6}[s+5 \;\; 1]\begin{bmatrix} 0 \\ 1 \end{bmatrix} = \frac{1}{s^2+5s+6} \end{aligned}$$

得られた伝達関数 $G(s)$ の分母多項式は s に関して 2 次多項式となっていることがわかる．

例 4.3

例 4.2 において，出力方程式がつぎの場合を考えよう．

$$y(t)=[0\ \ 1]\begin{bmatrix}x_1(t)\\x_2(t)\end{bmatrix}$$

このとき，入力を $u(t)$，出力を $y(t)$ とした伝達関数表現はつぎとなる．

$$\begin{aligned}G(s)&=\boldsymbol{c}(sI-A)^{-1}\boldsymbol{b}\\&=\frac{1}{s^2+5s+6}[0\ \ 1]\begin{bmatrix}s+5&1\\-6&s\end{bmatrix}\begin{bmatrix}0\\1\end{bmatrix}\\&=\frac{1}{s^2+5s+6}[-6\ \ s]\begin{bmatrix}0\\1\end{bmatrix}=\frac{s}{s^2+5s+6}\end{aligned}\tag{4.37}$$

これまでの例は，状態空間表現の状態ベクトルが 2 次元で，その伝達関数表現の分母多項式も 2 次（s に関して 2 次多項式）となっている．場合によっては状態空間表現の状態ベクトルが n 次元でも，その伝達関数表現の分母多項式が n 次より小さくなることもある（講義 10 を参照のこと）．

また，例 4.2，例 4.3 のように 1 入力 1 出力システムであることが明らかな場合，以後，ただ単に n 次元システムと呼ぶことがある．

4.3 伝達関数表現と状態空間表現の特徴

1.3 節でも説明したとおり，システムのモデルとして伝達関数表現を用いるのは，システムの応答が簡単に求められるという理由があった．また PID 制御法に代表されるとおり，制御系設計法（制御器の設計法）の多くはシステムが伝達関数表現されていることを前提としている．

ここで，2.1 節で説明したとおり，直流モータのモデルは (2.8) 式により伝達関数表現できるが，制御系設計において考慮できるのは出力である直流モータの回転角速度 $\omega(t)$ のみであり，電機子回路内の電流 $i(t)$ の応答は考慮できない．本講で示したとおり，伝達関数表現を状態空間表現に変換したとしてもシステムの応答に関与する状態をすべて考慮できない．たとえば，伝達関数表現 (2.8) 式を状態空間表現に変換した場合，状態ベクトルは $\boldsymbol{x}(t)=\begin{bmatrix}x_1(t)\\x_2(t)\end{bmatrix}=\begin{bmatrix}\omega(t)\\\dot{\omega}(t)\end{bmatrix}$ となり，この場合も電機子回路内の電流 $i(t)$ の応答は考慮できないことがわかる．すなわち，伝達関数表現は入力と出力というシステムの外部から見た変数のみによってシステムの特性を表しており，**外部記述**（external description）と呼ばれる．

一方，(2.9)，(2.10) 式に示したとおり，直流モータの状態空間表現において状態ベクトルは $\boldsymbol{x}(t)=\begin{bmatrix} x_1(t) \\ x_2(t) \end{bmatrix}=\begin{bmatrix} i(t) \\ \omega(t) \end{bmatrix}$ であり，このモデルをもとにすれば $\omega(t)$ のみならず $i(t)$ の応答も考慮した制御系設計が可能となる．すなわち，状態空間表現はシステムを構成する時間関数の応答を知ることができ，さらに設計も考慮できるという意味で**内部記述**（internal description）と呼ばれる．

例 4.2，4.3 は 20 ページの 2.2 節で示したマス－ばね－ダンパシステムの状態空間表現に相当している（たとえば $M=1$，$K=6$，$D=5$ とした場合）．ここで，例 4.2 と例 4.3 の違いは出力方程式の $\boldsymbol{c}$ の部分であり，例 4.2 は物体の変位 $y(t)$ を出力とした場合，例 4.3 は物体の速度 $\dot{y}(t)$ を出力とした場合となっている．出力の違いにより伝達関数表現が違うことがわかるが，状態方程式は共通していることがわかる．このように状態方程式さえ定めておけば，状態ベクトルに含まれている変数の定数倍の和を出力として解析できることが状態空間表現の特徴ともいえる．このときシステムの特性は，状態空間表現を伝達関数表現に変換することなく，状態空間表現を直接調べることにより解析できることを講義 06 以降で説明する．

図 4.3 に現実のシステムを微分方程式でモデル化し，さらにシステムを伝達関数表現，または状態空間表現する際の流れを示す．伝達関数表現と状態空間表現はもとをたどれば同じ微分方程式で表されたシステムであるが，伝

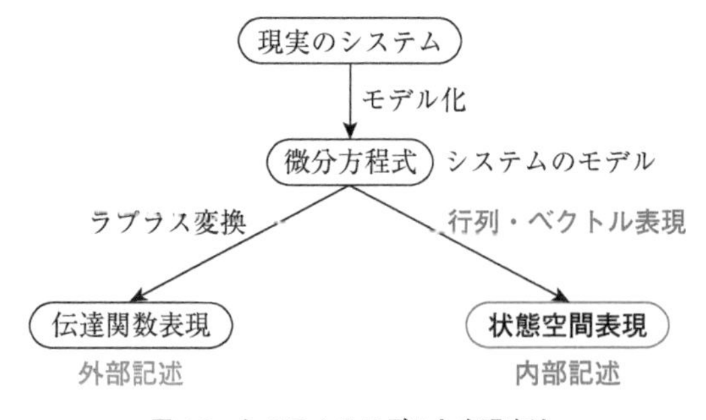

図 4.3　システムのモデルと表現方法

達関数表現の場合，入出力関係のみを考慮して伝達関数を得るためにシステム内部の状態に関する情報が欠落する場合もある．

伝達関数行列という，より発展的なシステムの表現方法を用いれば，伝達関数表現においてもシステム内のすべての状態の変化を知ることも可能であるが，上述の状態空間表現の方が簡便に解析することが可能となる．

【講義 04 のまとめ】

- 伝達関数表現から状態空間表現への変換において，伝達関数の分母と分子の次数が等しい場合は変換の際に注意が必要である．
- 状態空間表現から伝達関数表現への変換において，行列とベクトルのかけ算，正方行列の逆行列の計算が必要となる．

04

演習問題

(1) つぎで与えられるシステムの状態空間表現を求めよ．

(i) $G(s) = \dfrac{1}{s^2 + 2s + 3}$

(ii) $G(s) = \dfrac{1}{s^3 + 2s^2 + s + 1}$

(iii) $G(s) = \dfrac{2s^3 + 5s^2 + 5s + 5}{s^3 + 2s^2 + s + 1}$

(iv) $G(s) = \dfrac{3s^2 + 2s + 3}{s^3 + 4s^2 + 5}$

(2) システムの状態空間表現 $\dot{\boldsymbol{x}}(t) = A\boldsymbol{x}(t) + \boldsymbol{b}u(t)$，$y(t) = \boldsymbol{c}\boldsymbol{x}(t)$ の $A, \boldsymbol{b}, \boldsymbol{c}$ がつぎで与えられるとき，システムの伝達関数表現を求めよ．

(i) $A = \begin{bmatrix} 2 & -4 \\ 7 & -9 \end{bmatrix}, \boldsymbol{b} = \begin{bmatrix} 0 \\ 1 \end{bmatrix}, \boldsymbol{c} = [1 \quad 0]$

(ii) $A = \begin{bmatrix} 4 & 2 \\ -1 & 1 \end{bmatrix}, \boldsymbol{b} = \begin{bmatrix} 2 \\ -1 \end{bmatrix}, \boldsymbol{c} = [1 \quad 0]$

(3) システムの状態空間表現がつぎで与えられたとき，$u(t)$ を入力，$y(t)$ を出力として，つぎの場合の伝達関数表現を求めよ．

$$\dot{\boldsymbol{x}}(t)=\begin{bmatrix}-3 & 1\\ 2 & -2\end{bmatrix}\boldsymbol{x}(t)+\boldsymbol{b}u(t),\quad y(t)=\begin{bmatrix}0 & 1\end{bmatrix}\boldsymbol{x}(t)$$

(i) $\boldsymbol{b}=\begin{bmatrix}2\\0\end{bmatrix}$の場合

(ii) $\boldsymbol{b}=\begin{bmatrix}0\\1\end{bmatrix}$の場合

(4) システムの状態空間表現$\dot{\boldsymbol{x}}(t)=A\boldsymbol{x}(t)+\boldsymbol{b}u(t)$，$y(t)=\boldsymbol{c}\boldsymbol{x}(t)+du(t)$の$A$，$\boldsymbol{b}$，$\boldsymbol{c}$，$d$がつぎで与えられるとき，システムの伝達関数表現を求めよ．

(i) (2) (i) の場合で$d=1$とした場合

(ii) (3) (ii) の場合で$d=2$とした場合

(5) 例 4.2，4.3 は，いずれも 20 ページ の 2.2 節で考えたマス－ばね－ダンパシステムにおいて，たとえば$M=1$，$D=5$，$K=6$とした場合である．それぞれの例の伝達関数を考えた場合，例 4.3 の (4.37) 式において伝達関数の分子にsが現れている理由を説明せよ．

講義 05 状態変数線図と状態変数変換

システムを伝達関数表現，あるいは状態空間表現した場合の相互関係について講義 04 で説明した．本講では状態空間表現されたシステムの状態がどのような関係を持っているかを図的に理解するために有用な，状態変数線図について説明する．線形システムのみならず，非線形システムの状態変数線図についても示し，制御系 CAD を利用する際にも必要な知識について説明する．また，状態ベクトルを変数変換し，システムの特性を際立たせた表現にする状態変数変換について説明する．

【講義 05 のポイント】

- システムの構造を理解するうえで重要となる状態変数線図について理解しよう．
- システムの状態変数変換について学び，その利点について理解しよう．

5.1 状態変数線図

状態空間表現されたシステムの状態変数間の関係や，システムの構造を知るうえで重要な表現となる状態変数線図について説明する．伝達関数表現におけるブロック線図と比べて，線図の表し方が少し異なるので注意しよう．

時間関数（変数）$x(t)$ を時間 t で微分したものは $\dot{x}(t)$ と表されるが，$\dot{x}(t)$ を時間 t で積分したものが $x(t)$ であるとも解釈でき，つぎで表される．

$$x(t) = \int_0^t \dot{x}(\tau)\,\mathrm{d}\tau \tag{5.1}$$

この関係は図 5.1 で表される．変数をシステムの状態とみなして，図 5.1 を状態変数線図（state variable diagram）と呼ぶ [1]．

つぎに，スカラーの時間関数 $x(t)$ によりシステムがつぎの微分方程式で表されるとする．

1）制御系 CAD では記号 $\int$ の代わりに $\dfrac{1}{s}$ を用いている場合もある．

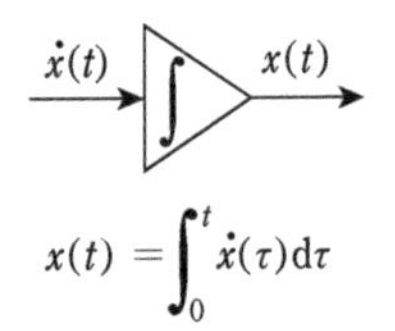

図 5.1　時間関数の積分を表す状態変数線図

$$\dot{x}(t) = ax(t) \tag{5.2}$$

ここで，a は定数である．このとき (5.2) 式は $\dot{x}(t)$ が $ax(t)$ に等しいことを意味するので，(5.2) 式は図 5.2 右で表される．

n 次元システムの状態方程式がつぎで表されるとする．

$$\dot{\boldsymbol{x}}(t) = A\boldsymbol{x}(t) \tag{5.3}$$

ここで，状態ベクトル $\boldsymbol{x}(t)$ は時間関数（変数）$x_i(t)$ $(i = 1, 2, \cdots, n)$ を要素とする $n \times 1$ の列ベクトル，A は n 次正方行列である．この場合も図 5.2 と同様に状態変数線図は図 5.3 左で表される．ここで，図 5.2 と比べて図 5.3 では二重線の矢印を用いているが，これはシステムの状態がベクトルであることを強調するためである．また，図 5.3 右では積分ブロックの上方から矢印があるが，これは状態ベクトル $\boldsymbol{x}(t)$ の初期ベクトル $\boldsymbol{x}(0)$ を考慮する場合に付け加える．

つぎに，60 ページの (4.25)，(4.26) 式の n 次元 1 入力 1 出力システムに

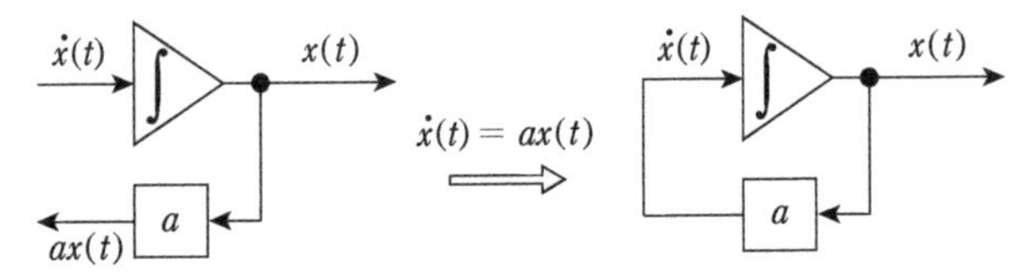

図 5.2　(5.2) 式の状態変数線図

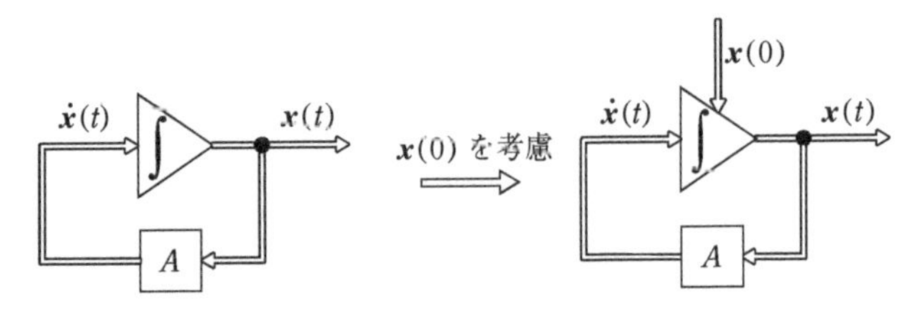

図 5.3　(5.3) 式の状態変数線図

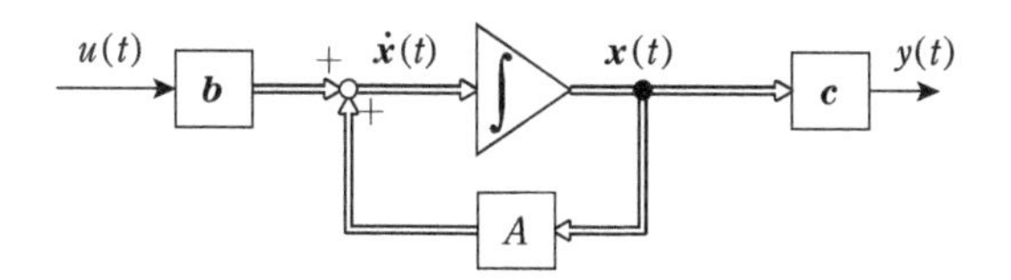

図 5.4 (5.4), (5.5) 式の状態変数線図

おいて $d = 0$ とした状態空間表現がつぎで表されるとする.

$$\dot{\boldsymbol{x}}(t) = A\boldsymbol{x}(t) + \boldsymbol{b}u(t) \tag{5.4}$$
$$y(t) = \boldsymbol{c}\boldsymbol{x}(t) \tag{5.5}$$

このとき (5.3) 式と違い, (5.4) 式は右辺に $\boldsymbol{b}u(t)$ を含むことと, (5.5) 式に注意すると状態変数線図は図 5.4 で表される. ここで図 5.4 において, 入力 $u(t)$ と出力 $y(t)$ はスカラーであるのでその矢印は細い線で表し, その他の矢印はベクトルとなるために二重線の矢印で表されていることに注意しよう. つぎの具体例で状態変数線図を作図しよう.

例 5.1

2.2, 2.3 節で示したつぎの 2 次元システム (マス－ばね－ダンパシステム) における状態変数線図を作図しよう.

$$\frac{\mathrm{d}}{\mathrm{d}t}\begin{bmatrix} x_1(t) \\ x_2(t) \end{bmatrix} = \begin{bmatrix} 0 & 1 \\ -6 & -5 \end{bmatrix}\begin{bmatrix} x_1(t) \\ x_2(t) \end{bmatrix} + \begin{bmatrix} 0 \\ 1 \end{bmatrix} u(t) \tag{5.6}$$

$$y(t) = [1 \ \ 0]\begin{bmatrix} x_1(t) \\ x_2(t) \end{bmatrix} \tag{5.7}$$

(5.6), (5.7) 式の行列, ベクトルをそのまま図 5.4 にあてはめて状態変数線図を描くこともできるが, ここではスカラーの時間変数 $x_1(t)$, $x_2(t)$ の組み合わせとして 2 次元システムが構成されていることを見ていこう.

(5.6), (5.7) 式の状態空間表現はつぎのとおり書き直すことができる.

$$\begin{cases} \dot{x}_1(t) = x_2(t) \\ \dot{x}_2(t) = -6x_1(t) - 5x_2(t) + u(t) \\ y(t) = x_1(t) \end{cases} \tag{5.8}$$

(5.8) 式の各微分方程式はスカラーなシステムを表している. また 2.2 節で説明したとおり, 状態変数のうち $x_1(t)$ は物体 (マス) の変位 (位置の変化量), $x_2(t)$ は物体の速度を表しており, $\dot{x}_2(t)$は物体の加速度を表している. (5.2) 式のシステムを状態変数線図で表した場合を参考にすると, (5.6), (5.7) 式で表されるシステムの状態変数線図は図 5.5 で表される.

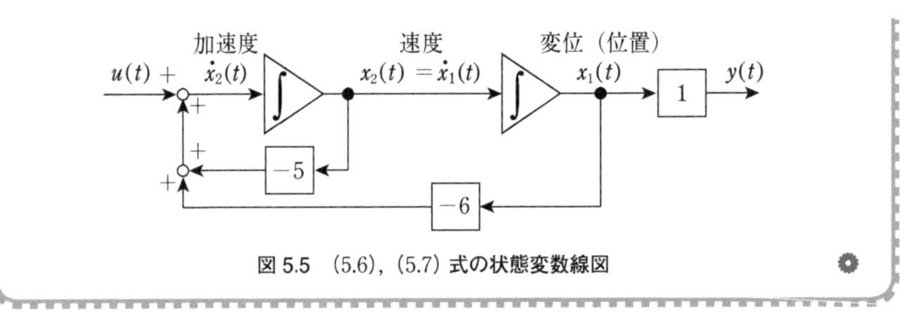

図 5.5 (5.6), (5.7) 式の状態変数線図

例 5.2

つぎの 2 次元システムの一般形に対する状態変数線図を作図しよう.

$$\frac{\mathrm{d}}{\mathrm{d}t}\begin{bmatrix} x_1(t) \\ x_2(t) \end{bmatrix} = \begin{bmatrix} a_{11} & a_{12} \\ a_{21} & a_{22} \end{bmatrix}\begin{bmatrix} x_1(t) \\ x_2(t) \end{bmatrix} + \begin{bmatrix} b_1 \\ b_2 \end{bmatrix} u(t) \tag{5.9}$$

$$y(t) = [c_1 \;\; c_2]\begin{bmatrix} x_1(t) \\ x_2(t) \end{bmatrix} \tag{5.10}$$

(5.9), (5.10) 式の状態空間表現はつぎのとおり書き直すことができる.

$$\begin{cases} \dot{x}_1(t) = a_{11}x_1(t) + a_{12}x_2(t) + b_1 u(t) \\ \dot{x}_2(t) = a_{21}x_1(t) + a_{22}x_2(t) + b_2 u(t) \\ y(t) = c_1 x_1(t) + c_2 x_2(t) \end{cases} \tag{5.11}$$

例 5.1 と同様にして (5.9), (5.10) 式で表されるシステムの状態変数線図を作図すると図 5.6 で表される.

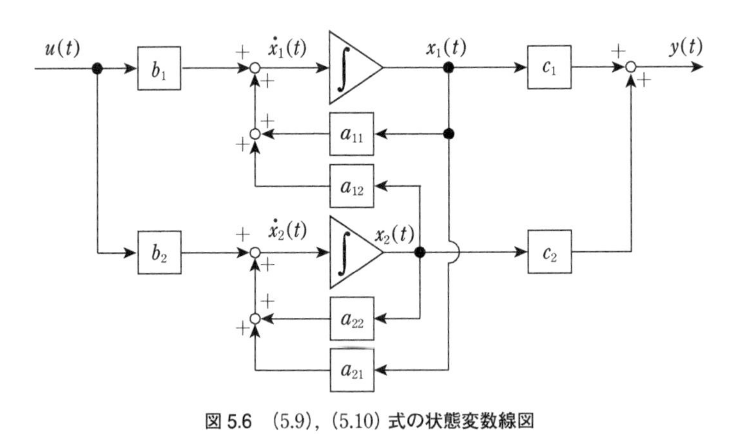

図 5.6 (5.9), (5.10) 式の状態変数線図

状態変数線図は旧来より，システムの伝達関数表現より与えられるブロック線図から状態空間表現を求める際に用いられている．状態変数線図を用いることによりシステムの構造が視覚的かつ直感的にわかることが特徴であるが，近年は制御系CADを使って制御系解析・設計をする際に重要な知識となる[2]．

5.2 状態変数変換

システムの状態変数線図に関連して，状態ベクトルを変換してシステムが有する特性を際立たせた表現に変換する方法について説明する．

60ページの(4.25)，(4.26)式と同様に，n次元1入力1出力システムの状態空間表現がつぎで表されるとする．

$$\dot{\boldsymbol{x}}(t) = A\boldsymbol{x}(t) + \boldsymbol{b}u(t) \tag{5.12}$$
$$y(t) = \boldsymbol{c}\boldsymbol{x}(t) + du(t) \tag{5.13}$$

ここでn次正則行列であるTを使ってつぎを考えよう．

$$\boldsymbol{x}(t) = T\boldsymbol{z}(t) \tag{5.14}$$

またTが正則行列であるので，

$$\boldsymbol{z}(t) = T^{-1}\boldsymbol{x}(t) \tag{5.15}$$

となることもわかる．このとき，$\boldsymbol{z}(t)$は状態ベクトル$\boldsymbol{x}(t)$をT^{-1}により変換した新たなベクトルであるとみなすことができる．また行列Tは時間tに無関係の一定な行列であるので，

$$\dot{\boldsymbol{x}}(t) = T\dot{\boldsymbol{z}}(t) \tag{5.16}$$

が成り立つ．

ここで，(5.14)，(5.16)式を(5.12)，(5.13)式に代入すると，つぎとなる．

$$\dot{\boldsymbol{x}}(t) = A\boldsymbol{x}(t) + \boldsymbol{b}u(t)$$
$$T\dot{\boldsymbol{z}}(t) = AT\boldsymbol{z}(t) + \boldsymbol{b}u(t)$$
$$\dot{\boldsymbol{z}}(t) = T^{-1}AT\boldsymbol{z}(t) + T^{-1}\boldsymbol{b}u(t) \tag{5.17}$$
$$y(t) = \boldsymbol{c}\boldsymbol{x}(t) + du(t) = \boldsymbol{c}T\boldsymbol{z}(t) + du(t) \tag{5.18}$$

---

2) 本書で扱う線形時不変システムの場合のみならず，線形時変システムや非線形システムを考える際に役に立つ．

これより状態ベクトル $\boldsymbol{x}(t)$ で表されたシステム (5.12), (5.13) 式が, 新たな状態ベクトル $\boldsymbol{z}(t)$ で表されるシステム

$$\dot{\boldsymbol{z}}(t) = T^{-1}AT\boldsymbol{z}(t) + T^{-1}\boldsymbol{b}u(t) \tag{5.19}$$

$$y(t) = \boldsymbol{c}T\boldsymbol{z}(t) + du(t) \tag{5.20}$$

に変換されることがわかる. これを**状態変数変換** (state variable transformation) と呼び, T を**状態変換行列** (state transformation matrix) と呼ぶ. 初期ベクトルに関しても $\boldsymbol{z}(0) = T^{-1}\boldsymbol{x}(0)$ となる.

では, 状態変数変換されたシステム (5.19), (5.20) 式において, 入力 $u(t)$ から出力 $y(t)$ までの伝達関数を求めよう. 60 ページの 4.2 節での計算と同様にして伝達関数を求める. まず, 状態ベクトル $\boldsymbol{z}(t)$ の初期ベクトルを $\boldsymbol{z}(0)=\boldsymbol{0}$ として (5.19) 式の両辺をラプラス変換し $\boldsymbol{Z}(s)=\mathcal{L}[\boldsymbol{z}(t)]$ とすると,

$$\begin{aligned} s\boldsymbol{Z}(s) &= T^{-1}AT\boldsymbol{Z}(s) + T^{-1}\boldsymbol{b}U(s) \\ \boldsymbol{Z}(s) &= (sI - T^{-1}AT)^{-1}T^{-1}\boldsymbol{b}U(s) \end{aligned} \tag{5.21}$$

となる. s はスカラーであること, $T^{-1}T = TT^{-1} = I$ であること, 40 ページの (3.29) 式よりつぎが得られる.

$$\begin{aligned} \boldsymbol{Z}(s) &= (sI - T^{-1}AT)^{-1}T^{-1}\boldsymbol{b}U(s) \\ &= \{T^{-1}(sTT^{-1} - A)T\}^{-1}T^{-1}\boldsymbol{b}U(s) \\ &= \{T^{-1}(sI - A)T\}^{-1}T^{-1}\boldsymbol{b}U(s) \\ &= T^{-1}(sI - A)^{-1}TT^{-1}\boldsymbol{b}U(s) \\ &= T^{-1}(sI - A)^{-1}\boldsymbol{b}U(s) \end{aligned} \tag{5.22}$$

(5.20) 式の両辺をラプラス変換すると,

$$Y(s) = \boldsymbol{c}T\boldsymbol{Z}(s) + dU(s) \tag{5.23}$$

となるので, (5.23) 式に (5.22) 式を代入すると伝達関数はつぎが得られる.

$$G(s) = \frac{Y(s)}{U(s)} = \boldsymbol{c}(sI - A)^{-1}\boldsymbol{b} + d \tag{5.24}$$

よって, (5.24) 式は (4.33) 式と同じとなることがわかる. すなわち, 状態ベクトル $\boldsymbol{x}(t)$ で表されたシステム (5.12), (5.13) 式を, (5.14) 式の関係を満

たす状態ベクトル $\boldsymbol{z}(t)$ で表されるシステム (5.19), (5.20) 式に変換しても入力 $u(t)$ から出力 $y(t)$ までの伝達関数は変わらないことを示している．ここで，4.2 節に示した状態空間表現を伝達関数表現に変換する方法と，(5.24) 式で得られた結果より，システムの状態空間表現を伝達関数表現に変換した場合，その表現は 1 通りに定まることがわかる．一方，与えられた伝達関数表現に対応する状態空間表現は状態変換行列 T の選び方に応じて，無数に存在する．

また，$\tilde{A} = T^{-1}AT$ とおくと，つぎの関係が成り立つ．

$$|sI - A| = |sI - \tilde{A}| \tag{5.25}$$

これはシステムを状態変数変換してもシステムの極は変わらないことを意味している．

05

例 5.3

例 4.2, 5.1 で示したシステム

$$\begin{cases} \dfrac{\mathrm{d}}{\mathrm{d}t}\begin{bmatrix} x_1(t) \\ x_2(t) \end{bmatrix} = \begin{bmatrix} 0 & 1 \\ -6 & -5 \end{bmatrix}\begin{bmatrix} x_1(t) \\ x_2(t) \end{bmatrix} + \begin{bmatrix} 0 \\ 1 \end{bmatrix} u(t) \\ y(t) = [1 \ \ 0]\begin{bmatrix} x_1(t) \\ x_2(t) \end{bmatrix} \end{cases} \tag{5.26}$$

の状態変数変換を行おう．変換後のシステムをどのような形にするかについてはさまざまであるが，ここでは変換後の係数行列が対角行列になるように変換を行う．ここで，45 ページの例 3.9 で行った行列の対角化を参照しよう．いま (5.26) 式の係数行列は例 3.9 の行列と同じであり，固有値は $\{-2, \ -3\}$，それに対応する固有ベクトルは $\begin{bmatrix} 1 \\ -2 \end{bmatrix}$ と $\begin{bmatrix} 1 \\ -3 \end{bmatrix}$ であるので，(5.14) 式の状態変換行列 T を，固有ベクトルを並べた

$$T = \begin{bmatrix} 1 & 1 \\ -2 & -3 \end{bmatrix}$$

とする．ここで，$|T| = -1 \neq 0$ であるので T は正則行列であり，

$$T^{-1} = \frac{1}{-1}\begin{bmatrix} -3 & -1 \\ 2 & 1 \end{bmatrix}$$

である．まず (5.15) 式より (5.26) 式のシステムの状態ベクトル $\boldsymbol{x}(t)$ はつぎのとおり変換されることがわかる．

$$\begin{bmatrix} z_1(t) \\ z_2(t) \end{bmatrix} = \frac{1}{-1}\begin{bmatrix} -3 & -1 \\ 2 & 1 \end{bmatrix}\begin{bmatrix} x_1(t) \\ x_2(t) \end{bmatrix} = \begin{bmatrix} 3x_1(t) + x_2(t) \\ -2x_1(t) - x_2(t) \end{bmatrix}$$

このとき，(5.26) 式のシステムの状態変数は

$x_1(t)$：物体の変位，$x_2(t)$：物体の速度

という物理的な意味を持っていたが，変換後の状態変数 $z_1(t)$，$z_2(t)$ はそのような意味は持たない．しかしながら，この変換によってシステムが有している特徴が明確な形で表されることを見てみよう．

(5.19)，(5.20) 式にしたがって (5.26) 式の行列とベクトルはつぎのとおり変換される．

$$T^{-1}AT = \frac{1}{-1}\begin{bmatrix} -3 & -1 \\ 2 & 1 \end{bmatrix}\begin{bmatrix} 0 & 1 \\ -6 & -5 \end{bmatrix}\begin{bmatrix} 1 & 1 \\ -2 & -3 \end{bmatrix} = \begin{bmatrix} -2 & 0 \\ 0 & -3 \end{bmatrix}$$

$$T^{-1}\boldsymbol{b} = \frac{1}{-1}\begin{bmatrix} -3 & -1 \\ 2 & 1 \end{bmatrix}\begin{bmatrix} 0 \\ 1 \end{bmatrix} = \begin{bmatrix} 1 \\ -1 \end{bmatrix}$$

$$\boldsymbol{c}T = [1 \ \ 0]\begin{bmatrix} 1 & 1 \\ -2 & -3 \end{bmatrix} = [1 \ \ 1]$$

よって，状態変数変換後のシステムはつぎで表される．

$$\begin{cases} \dfrac{\mathrm{d}}{\mathrm{d}t}\begin{bmatrix} z_1(t) \\ z_2(t) \end{bmatrix} = \begin{bmatrix} -2 & 0 \\ 0 & -3 \end{bmatrix}\begin{bmatrix} z_1(t) \\ z_2(t) \end{bmatrix} + \begin{bmatrix} 1 \\ -1 \end{bmatrix}u(t) \\ y(t) = [1 \ \ 1]\begin{bmatrix} z_1(t) \\ z_2(t) \end{bmatrix} \end{cases} \tag{5.27}$$

変換後の係数行列が対角行列となる状態空間表現を対角正準形 (diagonal canonical form) と呼ぶ．(5.27) 式より入力を $u(t)$，出力を $y(t)$ とした伝達関数を求めるとつぎとなる (➡演習問題 (2))．

$$G(s) = \frac{1}{s^2 + 5s + 6} \tag{5.28}$$

これは例 4.2 の結果と同じになる．よって，状態変数変換を行ってもシステムの伝達関数表現は 1 通りに定まることがわかる．また，変換後の係数行列 $\begin{bmatrix} -2 & 0 \\ 0 & -3 \end{bmatrix}$ の固有値は $\{-2,\ -3\}$ であり，これも変換前の係数行列 $\begin{bmatrix} 0 & 1 \\ -6 & -5 \end{bmatrix}$ の固有値と変わらないこと

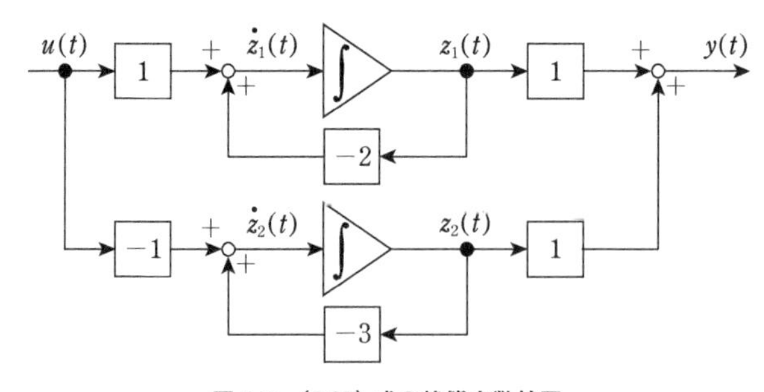

図 5.7　(5.27) 式の状態変数線図

がわかる．さらに，(5.27) 式の状態変数線図を描くと図 5.7 となる．

図 5.6 と図 5.7 を比べると対角正準形はつぎの特徴を持つことがわかる．

- $\dot{z}_i(t)$ は $z_i(t)$ のみに依存する（変換された状態変数の微分値に他の状態変数が関与しない）．
- 変換後の係数行列が対角行列となり，しかも変換前の係数行列の固有値が対角成分となる．

この特徴は状態空間表現で表されたシステムの応答と密接に関係しており，システムの解析をするうえで重要な事項となる．

例 5.3 の場合，対角正準形のみならず (5.26) 式で表されるシステムの係数行列の固有値 $\{-2, -3\}$ と (5.28) 式で表される伝達関数の「分母多項式」＝ 0 の根，すなわち極 $\{-2, -3\}$ が一致しており，この関連については講義 06 にて詳しく説明する．ここで，伝達関数より得られる極とシステムの係数行列の固有値が必ずしも一致するとは限らないことに注意する．このことについては講義 10 で説明する．

実際には，(5.12) 式で表される状態方程式は $\boldsymbol{x}(t)$ に関する微分方程式であるので，その解を求め，さらにその解と係数行列の固有値の関係を調べる必要がある．

5.3 さまざまなシステムの状態変数線図

例 5.2 で示したとおり，2 次元システムの一般形 (5.9)，(5.10) 式を状態変数線図で表すと図 5.6 で表されることがわかった．2 次元の状態空間表現で表される具体的なシステムとして，ここでは慣性モーメントを J [kg·m^2]，粘性摩擦係数を B [N·m·s/rad] とする回転運動系の回転角度 $\theta(t)$ に関するつぎの微分方程式について考えよう [3]．

$$J\frac{\mathrm{d}^2\theta(t)}{\mathrm{d}t^2} + B\frac{\mathrm{d}\theta(t)}{\mathrm{d}t} = \tau(t) \tag{5.29}$$

(5.29) 式で出力を $\theta(t)$ としたときの状態変数線図を作図しよう．(5.29) 式

3) (2.5) 式において $\omega(t) = \dfrac{\mathrm{d}\theta(t)}{\mathrm{d}t}$ の関係より導くことができる．

は状態ベクトルを$\boldsymbol{x}(t)=\begin{bmatrix}\theta(t)\\ \dot{\theta}(t)\end{bmatrix}$とおくことで，(5.6) 式と同様な状態空間表現に変換することができ，状態変数線図を描くことができるが，ここでは状態空間表現によらない方法について説明する．

まず (5.29) 式に含まれる時間関数 $\theta(t)$，$\dot{\theta}(t)$，$\ddot{\theta}(t)$の関係より状態変数線図を描くと図 5.8 となる．また，(5.29) 式をつぎのとおり変形する．

$$\frac{\mathrm{d}^2\theta(t)}{\mathrm{d}t^2}=-\frac{B}{J}\frac{\mathrm{d}\theta(t)}{\mathrm{d}t}+\frac{1}{J}\tau(t) \tag{5.30}$$

(5.30) 式において，左辺 ($\frac{\mathrm{d}^2\theta(t)}{\mathrm{d}t^2}=\ddot{\theta}(t)$) と右辺が等しいことに注意すると，図 5.9 を描くことができる．図 5.9 に示したとおり，(5.29) 式の状態変数線図は，考え方がわかれば比較的簡単に描くことができる．

つぎに，講義 02 の演習問題 (2) で考えた垂直駆動アームの状態変数線図を作図しよう．ただし，ここでは $\theta(t)=0$ の近傍ではなく，すべての $\theta(t)$ で成り立つ，つぎの非線形微分方程式を考える．

$$J\frac{\mathrm{d}^2\theta(t)}{\mathrm{d}t^2}+B\frac{\mathrm{d}\theta(t)}{\mathrm{d}t}+Mgl\sin\theta(t)=\tau(t) \tag{5.31}$$

(5.31) 式は $\theta(t)=0$ の近傍で線形化せずに，垂直駆動アームの非線形特性をそのまま表しており非線形微分方程式である．よって，(5.31) 式をこれまでの形式の状態空間表現で表すことはできない．しかし，状態変数線図を描くことは比較的簡単であり，(5.30) 式の場合を参照することにより図 5.10 の

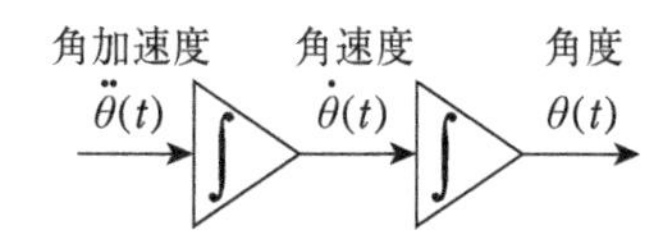

図 5.8　時間関数 $\theta(t)$，$\dot{\theta}(t)$，$\ddot{\theta}(t)$の関係

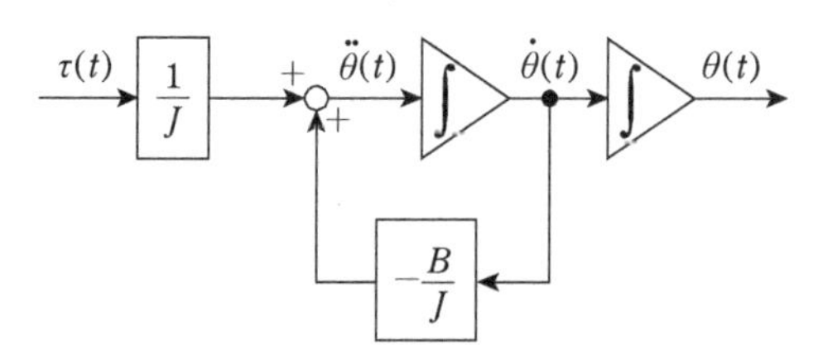

図 5.9　(5.29) 式の状態変数線図

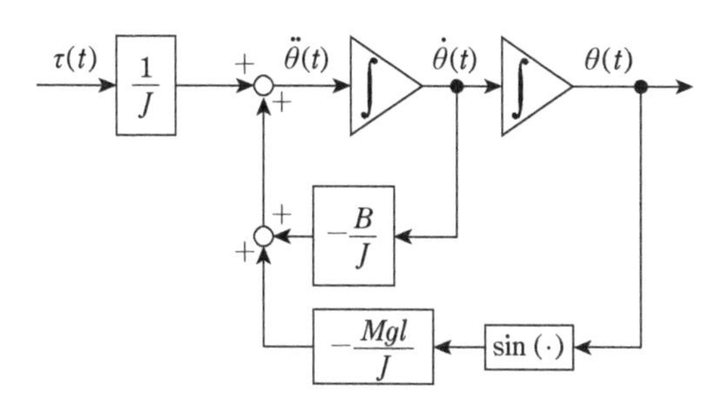

図 5.10 (5.31) 式の状態変数線図

とおり描くことができる．図 5.10 において，sin(·) はそのブロックへの入力 ($\theta(t)$) を "·" に対応させ，sin ($\theta(t)$) を出力とするという意味である．(5.31) 式を図 5.10 で表せる，すなわち**非線形システムも状態変数線図で表すことが可能であり，このことは特に制御系 CAD を用いて制御系設計を行う際に重要となる．**

【講義 05 のまとめ】

- 状態変数線図を作図することにより，システムの状態の関係がわかりやすくなる．
- 状態変数変換によりシステムが有する特性がわかりやすくなる．特に対角正準形に変換した場合，係数行列は固有値を対角成分に持つ対角行列となる．
- 非線形システムも状態変数線図を用いて表すことができる．

演習問題

(1) つぎのシステムの状態変数線図を描け．

$$\frac{\mathrm{d}}{\mathrm{d}t}\begin{bmatrix} x_1(t) \\ x_2(t) \end{bmatrix} = \begin{bmatrix} 2 & 0 \\ 0 & 3 \end{bmatrix}\begin{bmatrix} x_1(t) \\ x_2(t) \end{bmatrix} + \begin{bmatrix} 2 \\ -2 \end{bmatrix} u(t)$$

$$y(t) = [1 \ \ 1]\begin{bmatrix} x_1(t) \\ x_2(t) \end{bmatrix}$$

(2) (5.27) 式より (5.28) 式が得られることを確かめよ．

(3) つぎのシステムに関する問いに答えよ.

$$\frac{\mathrm{d}}{\mathrm{d}t}\begin{bmatrix} x_1(t) \\ x_2(t) \end{bmatrix} = \begin{bmatrix} 4 & 1 \\ 2 & 3 \end{bmatrix}\begin{bmatrix} x_1(t) \\ x_2(t) \end{bmatrix} + \begin{bmatrix} 2 \\ -1 \end{bmatrix} u(t)$$

$$y(t) = [1 \ \ 0]\begin{bmatrix} x_1(t) \\ x_2(t) \end{bmatrix}$$

(i) システムの状態変数線図を描け.

(ii) 係数行列の固有値・固有ベクトルを求めよ.

(iii) システムを対角化せよ.

(iv) 対角化したシステムの状態変数線図を描け.

(4) つぎのシステムに関して(3)と同じ問い (i) ～ (iv) に答えよ.

$$\frac{\mathrm{d}}{\mathrm{d}t}\begin{bmatrix} x_1(t) \\ x_2(t) \end{bmatrix} = \begin{bmatrix} -2 & -1 \\ 3 & -6 \end{bmatrix}\begin{bmatrix} x_1(t) \\ x_2(t) \end{bmatrix} + \begin{bmatrix} 0 \\ 1 \end{bmatrix} u(t)$$

$$y(t) = [1 \ \ 1]\begin{bmatrix} x_1(t) \\ x_2(t) \end{bmatrix}$$

(5) つぎのシステムに関して(3)と同じ問い (i) ～ (iv) に答えよ.

$$\frac{\mathrm{d}}{\mathrm{d}t}\begin{bmatrix} x_1(t) \\ x_2(t) \end{bmatrix} = \begin{bmatrix} 4 & 2 \\ -1 & 1 \end{bmatrix}\begin{bmatrix} x_1(t) \\ x_2(t) \end{bmatrix} + \begin{bmatrix} 2 \\ -1 \end{bmatrix} u(t)$$

$$y(t) = [1 \ \ 0]\begin{bmatrix} x_1(t) \\ x_2(t) \end{bmatrix}$$

講義06
状態方程式の自由応答

これまでに，微分方程式で与えられた動的システムの特性を状態空間表現で表す方法，伝達関数表現との相互関係などについて説明した．本講では，動的システムの特性を知るうえで重要となる応答について説明する．特に，入力を加えない場合，応答が初期ベクトルからどのように変化するのかを知ることのできる自由応答について説明する．その際重要となるのは，係数行列の固有値である．

【講義06のポイント】

・システムの自由応答とは何かを理解しよう．
・状態遷移行列の性質について理解しよう．
・係数行列の固有値が応答にどのように対応しているかを理解しよう．

6.1　自由システムの応答

これまでにさまざまなシステムのモデルが60ページの(4.25)，(4.26)式で表される n 次元1入力1出力システムの状態空間表現

$$\dot{\boldsymbol{x}}(t) = A\boldsymbol{x}(t) + \boldsymbol{b}u(t)$$
$$y(t) = \boldsymbol{c}\boldsymbol{x}(t) + du(t)$$

で表されることがわかった．ただし，状態ベクトル $\boldsymbol{x}(t)$ は $n \times 1$ の列ベクトル，A は n 次正方行列，$\boldsymbol{b}$ は $n \times 1$ の列ベクトル，$\boldsymbol{c}$ は $1 \times n$ の行ベクトル，d はスカラーとする．また $u(t)$ は入力，$y(t)$ は出力で，ともにスカラーとする．

本講では操作量（入力）$u(t)$ が加えられない，すなわちすべての t について $u(t) = 0$ である場合の状態方程式

$$\dot{\boldsymbol{x}}(t) = A\boldsymbol{x}(t) \tag{6.1}$$

で表されるシステムを考える．各状態変数に初期値 $x_i(0)$ $(i = 1, 2, \cdots, n)$ が

与えられたとき，すなわち初期ベクトル $\boldsymbol{x}(0)$ が与えられたときの解 $\boldsymbol{x}(t)$ を求める．(6.1) 式のシステムを**自由システム** (free system) と呼ぶ．また，与えられた初期ベクトル $\boldsymbol{x}(0)$ に対する (6.1) 式の解を状態方程式の**自由応答** (free response, response for free system) あるいは**零入力応答** (zero-input response) という．

まず，つぎの例よりスカラーの時間関数 $x(t)$ に関する状態方程式についてその自由応答を求めよう．

例 6.1

スカラーの時間関数 $x(t)$ に関する状態方程式

$$\dot{x}(t) = ax(t) \tag{6.2}$$

の自由応答 $x(t)$ を求めよう．ただし，a は実数とし，初期値 $x(0)$ は与えられているとする．3.9 節で示したとおり，$x(t)$ をラプラス変換したものを $\mathcal{L}[x(t)] = X(s)$ とし，(6.2) 式の両辺をラプラス変換するとつぎとなる．

$$sX(s) - x(0) = aX(s)$$

$$(s-a)X(s) = x(0)$$

$$X(s) = \frac{1}{s-a}x(0) = (s-a)^{-1}x(0) \tag{6.3}$$

(6.3) 式の両辺を逆ラプラス変換すると

$$x(t) = \mathcal{L}^{-1}[(s-a)^{-1}]x(0) \tag{6.4}$$

すなわち，

$$x(t) = \mathrm{e}^{at}x(0) \tag{6.5}$$

である[1]．ここで，$x(0) = 1$ として $a = -0.1,\ -1.0,\ -5.0$ とした際の $x(t)$ の応答を図 6.1 に示す．a の値に応じて $x(t)$ が 0 に収束する速さが違うことがわかる．

1) $\mathcal{L}^{-1}\left[\frac{1}{s-a}\right] = \mathrm{e}^{at}$ である．

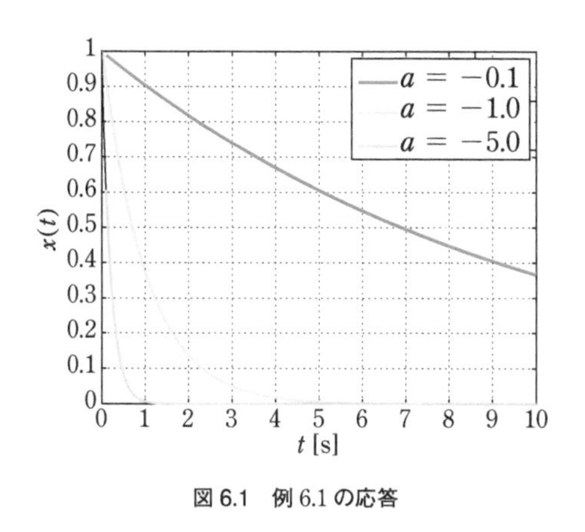

図 6.1　例 6.1 の応答

例 6.1 の (6.4) 式と (6.5) 式を比較すると，$\mathcal{L}^{-1}[(s-a)^{-1}]$ と e^{at} が対応していることにも注意しよう．

例 6.1 をもとに，初期ベクトル $\boldsymbol{x}(0)$ が与えられたときの $\boldsymbol{n}$ 次元自由システム

$$\dot{\boldsymbol{x}}(t) = A\boldsymbol{x}(t) \tag{6.6}$$

の解 $\boldsymbol{x}(t)$ を求める．ベクトルのラプラス変換や逆ラプラス変換は 50 ページの 3.9 節に示したとおり，各要素をそれぞれラプラス変換あるいは逆ラプラス変換すればよい．

$\boldsymbol{x}(t)$ のラプラス変換を $\mathcal{L}[\boldsymbol{x}(t)] = \boldsymbol{X}(s)$ とし，(6.6) 式の両辺をラプラス変換すると，

$$s\boldsymbol{X}(s) - \boldsymbol{x}(0) = A\boldsymbol{X}(s) \tag{6.7}$$

となる．(6.7) 式において，左辺の $\boldsymbol{X}(s)$ にかかっている s は算法上スカラーであり，I を $\boldsymbol{n}$ 次単位行列とすると $s\boldsymbol{X}(s) = sI\boldsymbol{X}(s)$ の関係が成り立つ．さらに右辺の A は $\boldsymbol{n}$ 次正方行列であること，ベクトル $\boldsymbol{X}(s)$ が行列 A の右からかかっていることに注意して変形すると，つぎが得られる．

$$(sI - A)\boldsymbol{X}(s) = \boldsymbol{x}(0) \tag{6.8}$$

(6.8) 式の両辺に，$\boldsymbol{n}$ 次正方行列 $sI - A$ の逆行列 $(sI - A)^{-1}$ を左からかけると，

$$\boldsymbol{X}(s) = (sI - A)^{-1}\boldsymbol{x}(0) \tag{6.9}$$

となる．(6.9) 式の両辺を逆ラプラス変換すると，

$$\boldsymbol{x}(t) = \mathcal{L}^{-1}[(sI - A)^{-1}]\boldsymbol{x}(0) \tag{6.10}$$

が得られる．ここで，例 6.1 のスカラーの場合に $\mathcal{L}^{-1}[(s-a)^{-1}]$ が e^{at} に対応していたのと同様の考え方で，(6.10) 式の $\mathcal{L}^{-1}[(sI-A)^{-1}]$ を

$$\mathcal{L}^{-1}[(sI - A)^{-1}] = \mathrm{e}^{At} \tag{6.11}$$

と表す．ここで，e^{At} は n 次正方行列となり，**状態遷移（推移）行列**（state transition matrix）あるいは**行列指数関数**（matrix exponential function）と呼ぶ．したがって，与えられた初期ベクトル $\boldsymbol{x}(0)$ に対し，(6.6) 式の解 $\boldsymbol{x}(t)$ はつぎとなる．

$$\boldsymbol{x}(t) = \mathrm{e}^{At}\boldsymbol{x}(0) \tag{6.12}$$

ここで，状態遷移行列 e^{At} について，つぎの性質が成り立つことが知られている．

状態遷移行列 e^{At} の性質

（性質 1）	$\dfrac{\mathrm{d}}{\mathrm{d}t}\mathrm{e}^{At} = A\mathrm{e}^{At} = \mathrm{e}^{At}A$
（性質 2）	$A = O$（零行列）[2] あるいは $t = 0$ のとき，$\mathrm{e}^{At} = I$（単位行列）となる．
（性質 3）	$AB = BA$ を満足する正方行列 A，B に対し，$\mathrm{e}^{At}\mathrm{e}^{Bt} = \mathrm{e}^{(A+B)t}$
（性質 4）	実数 t_1，t_2 に対し，$\mathrm{e}^{At_1}\mathrm{e}^{At_2} = \mathrm{e}^{A(t_1+t_2)}$
（性質 5）	$(\mathrm{e}^{At})^{-1} = \mathrm{e}^{-At}$

特に，(性質 5) は行列 A に逆行列 A^{-1} が存在するしないにかかわらず，e^{At} は常に逆行列が存在し，その逆行列が e^{-At} であることを意味する．

それでは，状態方程式 (6.6) 式の解 (6.12) 式を具体的に求めよう．すなわち，与えられた行列 A に対して，状態遷移行列 e^{At} と自由応答 $\boldsymbol{x}(t)$ を求めよう．

2）すべての成分が 0 の行列を零行列と呼ぶ．

例 6.2

つぎの2次元システム

$$\frac{\mathrm{d}}{\mathrm{d}t}\begin{bmatrix} x_1(t) \\ x_2(t) \end{bmatrix} = \begin{bmatrix} 0 & 1 \\ -6 & -5 \end{bmatrix}\begin{bmatrix} x_1(t) \\ x_2(t) \end{bmatrix}$$

の解（自由応答）$\boldsymbol{x}(t)$ を求めよう．ここで，$\boldsymbol{x}(t) = \begin{bmatrix} x_1(t) \\ x_2(t) \end{bmatrix}$，$A = \begin{bmatrix} 0 & 1 \\ -6 & -5 \end{bmatrix}$であり，初期ベクトルを$\boldsymbol{x}(0) = \begin{bmatrix} x_1(0) \\ x_2(0) \end{bmatrix}$とする（$x_1(0)$，$x_2(0)$ は実数）．求める解は (6.12) 式となるので，まず，与えられた行列 A に対して $(sI - A)^{-1}$ を求める．

$$(sI - A)^{-1} = \begin{bmatrix} s & -1 \\ 6 & s+5 \end{bmatrix}^{-1} = \frac{1}{s^2+5s+6}\begin{bmatrix} s+5 & 1 \\ -6 & s \end{bmatrix}$$

$$= \begin{bmatrix} \dfrac{s+5}{(s+2)(s+3)} & \dfrac{1}{(s+2)(s+3)} \\ -\dfrac{6}{(s+2)(s+3)} & \dfrac{s}{(s+2)(s+3)} \end{bmatrix}$$

$$= \begin{bmatrix} \dfrac{3}{s+2} - \dfrac{2}{s+3} & \dfrac{1}{s+2} - \dfrac{1}{s+3} \\ -\dfrac{6}{s+2} + \dfrac{6}{s+3} & -\dfrac{2}{s+2} + \dfrac{3}{s+3} \end{bmatrix}$$

となるので，(6.11) 式より行列内の各要素をそれぞれ逆ラプラス変換すると，

$$\mathrm{e}^{At} = \begin{bmatrix} 3\mathrm{e}^{-2t} - 2\mathrm{e}^{-3t} & \mathrm{e}^{-2t} - \mathrm{e}^{-3t} \\ -6\mathrm{e}^{-2t} + 6\mathrm{e}^{-3t} & -2\mathrm{e}^{-2t} + 3\mathrm{e}^{-3t} \end{bmatrix}$$

が得られる[3)]．したがって，求める自由応答 $\boldsymbol{x}(t)$ は

$$\boldsymbol{x}(t) = \mathrm{e}^{At}\boldsymbol{x}(0) = \begin{bmatrix} (3x_1(0) + x_2(0))\,\mathrm{e}^{-2t} + (-2x_1(0) - x_2(0))\,\mathrm{e}^{-3t} \\ (-6x_1(0) - 2x_2(0))\,\mathrm{e}^{-2t} + (6x_1(0) + 3x_2(0))\,\mathrm{e}^{-3t} \end{bmatrix} \tag{6.13}$$

となる．すなわち

$$x_1(t) = (3x_1(0) + x_2(0))\,\mathrm{e}^{-2t} + (-2x_1(0) - x_2(0))\,\mathrm{e}^{-3t} \tag{6.14}$$

$$x_2(t) = (-6x_1(0) - 2x_2(0))\,\mathrm{e}^{-2t} + (6x_1(0) + 3x_2(0))\,\mathrm{e}^{-3t} \tag{6.15}$$

となることがわかる．これより，状態方程式を構成する変数 $x_1(t)$，$x_2(t)$ がそれぞれ初期値 $x_1(0)$，$x_2(0)$ から時間経過とともにどのような応答になるのかがわかる．$x_1(0) = 1$，$x_2(0) = 1$ すなわち，$\boldsymbol{x}(0) = \begin{bmatrix} 1 \\ 1 \end{bmatrix}$とした場合の $x_1(t)$，$x_2(t)$ の応答を図 6.2 に示す．

3）$\mathcal{L}^{-1}\left[\dfrac{b}{s+a}\right] = b\mathrm{e}^{-at}$である．

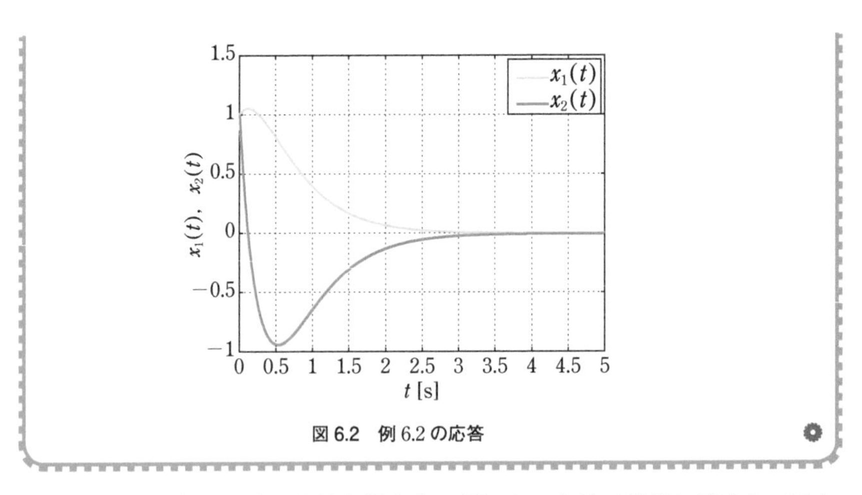

図 6.2　例 6.2 の応答

図 6.1 の 1 次遅れ系の応答と異なり，図 6.2 の応答は単調に減少して 0 に収束していない．なぜなら，(6.14)，(6.15) 式において $x_1(t)$，$x_2(t)$ はそれぞれ e^{-2t} と e^{-3t} の定数倍の和で表されるので，図 6.2 に示すとおり，極大値あるいは極小値を持ちながら 0 に収束している[4]．

6.2　自由応答のモード展開

例 6.2 の結果をもとに，状態方程式の自由応答について考える．(6.13) 式はつぎのように書き直すことができる．

$$\boldsymbol{x}(t) = \begin{bmatrix} 3x_1(0) + x_2(0) \\ -6x_1(0) - 2x_2(0) \end{bmatrix} \mathrm{e}^{-2t} + \begin{bmatrix} -2x_1(0) - x_2(0) \\ 6x_1(0) + 3x_2(0) \end{bmatrix} \mathrm{e}^{-3t} \quad (6.16)$$

(6.16) 式において，$\begin{bmatrix} 3x_1(0) + x_2(0) \\ -6x_1(0) - 2x_2(0) \end{bmatrix}$ や $\begin{bmatrix} -2x_1(0) - x_2(0) \\ 6x_1(0) + 3x_2(0) \end{bmatrix}$ は初期ベクトル $\boldsymbol{x}(0) = \begin{bmatrix} x_1(0) \\ x_2(0) \end{bmatrix}$ により決まる時間的に成分が一定値のベクトルである．そこで，(6.16) 式において時間的に変化する e^{-2t} や e^{-3t} に注目し，特にべき指数 −2，−3 について考える．この −2，−3 は例 6.2 の係数行列 $A = \begin{bmatrix} 0 & 1 \\ -6 & -5 \end{bmatrix}$ の固有値である．実際，システムの係数行列 A の固有値を計算すると，

4) ただし，応答は振動していないことに注意しよう．

$$|\lambda I - A| = \begin{vmatrix} \lambda & -1 \\ 6 & \lambda + 5 \end{vmatrix} = \lambda^2 + 5\lambda + 6 = (\lambda + 2)(\lambda + 3) = 0$$

となり，システムの係数行列Aの固有値は(6.16)式に現れるべき指数-2，-3と一致することがわかる．したがって，(6.16)式より，状態方程式の自由応答には与えられたシステムの係数行列Aの固有値が関係していることがわかる．一般に，システムの係数行列Aの固有値をそのシステムの**極**(pole)という．

与えられたシステムの係数行列Aの固有値が状態方程式の自由応答に関係していることをより明確にするために，例6.2のシステムに対し，例5.3に示した状態変数変換を行う．

まず，係数行列$A = \begin{bmatrix} 0 & 1 \\ -6 & -5 \end{bmatrix}$の固有値$\{-2,\ -3\}$に対応する固有ベクトルをそれぞれ

$$\boldsymbol{v}_1 = \begin{bmatrix} 1 \\ -2 \end{bmatrix},\quad \boldsymbol{v}_2 = \begin{bmatrix} 1 \\ -3 \end{bmatrix}$$

とする．いま，行列Tを$T = [\boldsymbol{v}_1\ \boldsymbol{v}_2]$と定義すると，

$$T = \begin{bmatrix} 1 & 1 \\ -2 & -3 \end{bmatrix}$$

であり，$|T| = -1 \neq 0$よりTの逆行列は，

$$T^{-1} = \begin{bmatrix} 3 & 1 \\ -2 & -1 \end{bmatrix}$$

である．新しい状態ベクトル$\boldsymbol{z}(t) = \begin{bmatrix} z_1(t) \\ z_2(t) \end{bmatrix}$を

$$\boldsymbol{x}(t) = T\boldsymbol{z}(t)\ （または，\ \boldsymbol{z}(t) = T^{-1}\boldsymbol{x}(t)） \tag{6.17}$$

と定義する．このとき，

$$\dot{\boldsymbol{x}}(t) = A\boldsymbol{x}(t) \tag{6.18}$$

に(6.17)式を代入すると

$$\dot{\boldsymbol{z}}(t) = T^{-1}AT\boldsymbol{z}(t) = \begin{bmatrix} -2 & 0 \\ 0 & -3 \end{bmatrix}\boldsymbol{z}(t) \tag{6.19}$$

という新しい状態ベクトル $\boldsymbol{z}(t)$（新しい状態変数 $z_1(t)$，$z_2(t)$）に関する状態方程式に変換される．また，$\boldsymbol{z}(t)$ の初期ベクトル $\boldsymbol{z}(0)$ は

$$\boldsymbol{z}(0) = T^{-1}\boldsymbol{x}(0)$$

となる．ここで，行列 $T^{-1}AT$ を $\tilde{A}$ とおくと，$\tilde{A} = \begin{bmatrix} -2 & 0 \\ 0 & -3 \end{bmatrix}$ は係数行列 A の固有値が対角要素に並んだ対角行列となり，これが（6.19）式の特徴である．また，状態ベクトル $\boldsymbol{z}(t)$ での初期ベクトルを $\boldsymbol{z}(0) = \begin{bmatrix} z_1(0) \\ z_2(0) \end{bmatrix}$ とおくと，（6.11）式より

$$\mathrm{e}^{\tilde{A}t} = \mathcal{L}^{-1}[(sI - \tilde{A})^{-1}] = \mathcal{L}^{-1}\left[\begin{bmatrix} \dfrac{1}{s+2} & 0 \\ 0 & \dfrac{1}{s+3} \end{bmatrix}\right] = \begin{bmatrix} \mathrm{e}^{-2t} & 0 \\ 0 & \mathrm{e}^{-3t} \end{bmatrix}$$

となる．（6.19）式の解 $\boldsymbol{z}(t)$ は（6.12）式より

$$\boldsymbol{z}(t) = \mathrm{e}^{\tilde{A}t}\boldsymbol{z}(0) = \begin{bmatrix} z_1(0)\,\mathrm{e}^{-2t} \\ z_2(0)\,\mathrm{e}^{-3t} \end{bmatrix} \tag{6.20}$$

である．ここで，$\boldsymbol{x}(t) = T\boldsymbol{z}(t)$，$T = [\boldsymbol{v}_1\ \boldsymbol{v}_2]$ なので，（6.20）式より

$$\begin{aligned} \boldsymbol{x}(t) &= z_1(0)\,\mathrm{e}^{-2t}\boldsymbol{v}_1 + z_2(0)\,\mathrm{e}^{-3t}\boldsymbol{v}_2 \qquad (6.21) \\ &= \begin{bmatrix} z_1(0)\,\mathrm{e}^{-2t} + z_2(0)\,\mathrm{e}^{-3t} \\ -2z_1(0)\,\mathrm{e}^{-2t} - 3z_2(0)\,\mathrm{e}^{-3t} \end{bmatrix} \end{aligned}$$

と表される．（6.21）式を**自由応答のモード展開**（modal extension of free response）と呼ぶ．ここで，（6.21）式の右辺第 1 項 $z_1(0)\mathrm{e}^{-2t}\boldsymbol{v}_1$ を固有値 -2 に対応する**モード**（mode）といい，右辺第 2 項 $z_2(0)\mathrm{e}^{-3t}\boldsymbol{v}_2$ を固有値 -3 に対応するモードという．

一般に，n 次元自由システム

$$\dot{\boldsymbol{x}}(t) = A\boldsymbol{x}(t) \tag{6.22}$$

においても，行列 A の固有値を用いて同様のモード展開ができる．（6.22）式

の $\boldsymbol{n}$ 次正方行列 A の固有値すなわち，システムの極は重複しないものと仮定し，その固有値を λ_i $(i = 1, 2, \cdots, n)$，対応する固有ベクトルをそれぞれ $\boldsymbol{v}_i$ $(i = 1, 2, \cdots, n)$ とする．また $\boldsymbol{n}$ 次正方行列 T を

$$T = [\boldsymbol{v}_1 \ \ \boldsymbol{v}_2 \ \ \cdots \ \ \boldsymbol{v}_n]$$

とおき，新しい状態ベクトル $\boldsymbol{z}(t) = \begin{bmatrix} z_1(t) \\ z_2(t) \\ \vdots \\ z_n(t) \end{bmatrix}$ を $\boldsymbol{x}(t) = T\boldsymbol{z}(t)$ とする．さらに，$\boldsymbol{z}(0) = \begin{bmatrix} z_1(0) \\ z_2(0) \\ \vdots \\ z_n(0) \end{bmatrix}$ とする．このとき，(6.22) 式の $\boldsymbol{x}(t)$ は

$$\boldsymbol{x}(t) = z_1(0)\,\mathrm{e}^{\lambda_1 t}\boldsymbol{v}_1 + z_2(0)\,\mathrm{e}^{\lambda_2 t}\boldsymbol{v}_2 + \cdots + z_n(0)\,\mathrm{e}^{\lambda_n t}\boldsymbol{v}_n \qquad (6.23)$$

とモード展開でき，(6.23) 式右辺の $z_i(0)\,\mathrm{e}^{\lambda_i t}\boldsymbol{v}_i$ $(i = 1, 2, \cdots, n)$ を固有値 λ_i に対応するモードと呼ぶ．(6.23) 式において初期値 $z_i(0)$ や固有ベクトル $\boldsymbol{v}_i$ はそれぞれ時間 t に無関係な定数もしくは成分が一定値のベクトルである．時間 t に関係があるのは $\mathrm{e}^{\lambda_i t}$ の部分のみである．λ_i は行列 A の固有値であるので，(6.23) 式の自由応答の時間的変化に行列 A の固有値が影響していることがわかる．

なお，行列 A の固有値が重複している場合は別の方法で対角正準形に近い形式に変換でき，同様の議論を行うことができる．

状態遷移行列

状態遷移行列 e^{At} は (6.11) 式に示したとおり，逆ラプラス変換を用いて $\mathcal{L}^{-1}[(sI - A)^{-1}]$ を計算して求めることができる．これとは別に，状態遷移行列 e^{At} はつぎのようにスカラーの指数関数 e^x をもとにして定義することができる．

$x = 0$ のまわりで e^x をテーラー級数に展開すると，

$$e^x = 1 + x + \frac{1}{2!}x^2 + \cdots + \frac{1}{n!}x^n + \cdots \tag{6.24}$$

となる．この x に正方行列 At (t はスカラー) を代入した

$$e^{At} = I + At + \frac{1}{2!}A^2t^2 + \cdots + \frac{1}{n!}A^nt^n + \cdots \tag{6.25}$$

を状態遷移行列 e^{At} の定義として採用することもできる．(6.24) 式の右辺はすべての実数 x について収束するので，(6.25) 式の右辺もすべての正方行列 A とすべての実数 t について収束することがわかっている．

(6.25) 式を用いることで，6.1 節で述べた状態遷移行列の性質を示すことができる．たとえば，(6.25) 式を各項別に t で微分すると，

$$\begin{aligned}\frac{d}{dt}e^{At} &= A + A^2t + \cdots + \frac{1}{(n-1)!}A^nt^{n-1} + \cdots \\ &= A\left(I + At + \frac{1}{2!}A^2t^2 + \cdots + \frac{1}{n!}A^nt^n + \cdots\right) = Ae^{At} \\ &= \left(I + At + \frac{1}{2!}A^2t^2 + \cdots + \frac{1}{n!}A^nt^n + \cdots\right)A = e^{At}A\end{aligned}$$

となり，(性質 1) を示すことができた．

【講義 06 のまとめ】

- ラプラス変換を用いて状態方程式の自由応答が計算できる．
- 自由応答は与えられたシステムの係数行列 A の固有値に関係している．
- 自由応答は固有値に対応するモードの和として表される．

演習問題

つぎの自由システムについて問いに答えよ．

$$\dot{\boldsymbol{x}}(t) = A\boldsymbol{x}(t)$$

(1) $A=\begin{bmatrix}-3 & -2\\ -2 & -3\end{bmatrix}$，$\boldsymbol{x}(0)=\begin{bmatrix}2\\ 1\end{bmatrix}$のとき，与えられたシステムの自由応答を求めよ．

(2) (1)の行列Aと初期ベクトル$\boldsymbol{x}(0)$を考える．このとき，与えられたシステムに対して6.2節で述べた状態変数変換を行い，行列Aの各固有値に対応するモードを求めよ．

(3) $A=\begin{bmatrix}0 & 1\\ -2 & -2\end{bmatrix}$，$\boldsymbol{x}(0)=\begin{bmatrix}1\\ 1\end{bmatrix}$のとき，与えられたシステムの自由応答を求めよ．

(4) $A=\begin{bmatrix}a & 1\\ 1 & a\end{bmatrix}$，$\boldsymbol{x}(0)=\begin{bmatrix}2\\ 1\end{bmatrix}$のとき，与えられたシステムの自由応答を求めよ．ただしaは実数とする．

(5) (4)と同じ行列Aと初期ベクトル$\boldsymbol{x}(0)$となるシステムに対して6.2節で述べた状態変数変換を行い，(4)で求めた自由応答のモード展開を求めよ．また$t \to \infty$のとき，$\boldsymbol{x}(t) \to \boldsymbol{0}$（零ベクトル）となるための$a$の値の範囲を求めよ．

講義07 システムの応答 ～状態方程式の解～

講義06ではシステムの特性を表す状態方程式において，操作量（入力）を0（すべてのtに対して$u(t)=0$）とした場合の自由応答について説明した．自由応答は状態遷移行列の要素となる指数関数のべき指数の値に応じて変化し，そのべき指数は状態方程式における係数行列Aの固有値，すなわち極に一致した．本講では状態空間表現（状態方程式）において操作量を0としない，すなわち入力が加わる場合の状態方程式の解（応答）の求め方について説明する．この場合も，係数行列Aの固有値（極）が応答に大きな影響を及ぼすことに注意しよう．

【講義07のポイント】

- 操作量（入力）が加えられる場合の状態方程式の解を理解しよう．
- 初期ベクトルの影響と操作量（入力）の影響に関する重ね合わせの原理を理解しよう．
- 操作量（入力）の影響はたたみ込み積分で表されることを理解しよう．

7.1 状態空間表現の解

60ページの(4.25)，(4.26)式と同様に，n次元1入力1出力システムの状態空間表現がつぎで表されるとする．

$$\dot{\boldsymbol{x}}(t)=A\boldsymbol{x}(t)+\boldsymbol{b}u(t) \tag{7.1}$$

$$y(t)=\boldsymbol{c}\boldsymbol{x}(t)+du(t) \tag{7.2}$$

まず，つぎのスカラーの時間関数$x(t)$に関する状態方程式について，その解$x(t)$を求める．

例7.1

スカラーの時間関数$x(t)$に関する状態方程式

$$\dot{x}(t)=ax(t)+bu(t) \tag{7.3}$$

の解 $x(t)$ を求めよう．ただし，a，b は実数とし，初期値 $x(0)$ および操作量（入力）$u(t)$ は与えられているとする．まず，(7.3) 式の両辺に e^{-at} をかける[1]．

$$\mathrm{e}^{-at}\dot{x}(t) = \mathrm{e}^{-at}ax(t) + \mathrm{e}^{-at}bu(t)$$

$$\mathrm{e}^{-at}\dot{x}(t) - \mathrm{e}^{-at}ax(t) = \mathrm{e}^{-at}bu(t) \tag{7.4}$$

ここで，積の微分の公式 $\dot{f}g + f\dot{g} = \dfrac{\mathrm{d}}{\mathrm{d}t}(fg)$ を用いると，(7.4) 式は

$$\frac{\mathrm{d}}{\mathrm{d}\tau}(\mathrm{e}^{-a\tau}x(\tau)) = \mathrm{e}^{-a\tau}bu(\tau) \tag{7.5}$$

となる．(7.5) 式の両辺を τ について 0 から t まで積分すると，

$$\int_0^t \frac{\mathrm{d}}{\mathrm{d}\tau}(\mathrm{e}^{-a\tau}x(\tau))\,\mathrm{d}\tau = \int_0^t \mathrm{e}^{-a\tau}bu(\tau)\,\mathrm{d}\tau$$

$$[\mathrm{e}^{-a\tau}x(\tau)]_0^t = \int_0^t \mathrm{e}^{-a\tau}bu(\tau)\,\mathrm{d}\tau$$

$$\mathrm{e}^{-at}x(t) = x(0) + \int_0^t \mathrm{e}^{-a\tau}bu(\tau)\,\mathrm{d}\tau \tag{7.6}$$

となる．よって，(7.6) 式の両辺に e^{at} をかけると，

$$x(t) = \mathrm{e}^{at}x(0) + \mathrm{e}^{at}\int_0^t \mathrm{e}^{-a\tau}bu(\tau)\,\mathrm{d}\tau = \mathrm{e}^{at}x(0) + \int_0^t \mathrm{e}^{a(t-\tau)}bu(\tau)\,\mathrm{d}\tau \tag{7.7}$$

となる．すなわち，(7.3) 式の解は (7.7) 式である．

例 7.1 をもとに，6.1 節で述べた状態遷移行列 e^{At} の性質を用いて，初期ベクトル $\boldsymbol{x}(0)$ および操作量（入力）$u(t)$ が与えられた場合の n 次元 1 入力 1 出力システムの状態方程式

$$\dot{\boldsymbol{x}}(t) = \boldsymbol{A}\boldsymbol{x}(t) + \boldsymbol{b}u(t) \tag{7.8}$$

の解 $\boldsymbol{x}(t)$ を求める．(7.8) 式の両辺に左から e^{-At} をかける[2]．

$$\mathrm{e}^{-At}\dot{\boldsymbol{x}}(t) = \mathrm{e}^{-At}\boldsymbol{A}\boldsymbol{x}(t) + \mathrm{e}^{-At}\boldsymbol{b}u(t)$$

$$\mathrm{e}^{-At}\dot{\boldsymbol{x}}(t) - \mathrm{e}^{-At}\boldsymbol{A}\boldsymbol{x}(t) = \mathrm{e}^{-At}\boldsymbol{b}u(t)$$

$$\frac{\mathrm{d}}{\mathrm{d}t}(\mathrm{e}^{-At}\boldsymbol{x}(t)) = \mathrm{e}^{-At}\boldsymbol{b}u(t) \quad \boxed{\text{状態遷移行列 } \mathrm{e}^{At} \text{ の性質 1 より}}$$

$$\frac{\mathrm{d}}{\mathrm{d}\tau}(\mathrm{e}^{-A\tau}\boldsymbol{x}(\tau)) = \mathrm{e}^{-A\tau}\boldsymbol{b}u(\tau) \quad \boxed{\text{記号 } t \text{ を } \tau \text{ に変更}} \tag{7.9}$$

(7.9) 式の両辺を τ について 0 から t まで積分すると，

1) e^{-at} は，微分方程式 (7.3) 式の積分因子といわれる．
2) e^{-At} は，微分方程式 (7.8) 式の積分因子といわれる．

$$\int_0^t \frac{\mathrm{d}}{\mathrm{d}\tau}(\mathrm{e}^{-A\tau}\boldsymbol{x}(\tau))\,\mathrm{d}\tau = \int_0^t \mathrm{e}^{-A\tau}\boldsymbol{b}u(\tau)\,\mathrm{d}\tau$$

$$[\mathrm{e}^{-A\tau}\boldsymbol{x}(\tau)]_0^t = \int_0^t \mathrm{e}^{-A\tau}\boldsymbol{b}u(\tau)\,\mathrm{d}\tau$$

$$\mathrm{e}^{-At}\boldsymbol{x}(t) = \boldsymbol{x}(0) + \int_0^t \mathrm{e}^{-A\tau}\boldsymbol{b}u(\tau)\,\mathrm{d}\tau \quad \boxed{\text{状態遷移行列 } \mathrm{e}^{At} \text{ の性質2より}} \tag{7.10}$$

となる．さらに，状態遷移行列 e^{At} の性質 5 より $(\mathrm{e}^{At})^{-1} = \mathrm{e}^{-At}$ であることに注意して，(7.10) 式の両辺に左から状態遷移行列 e^{At} をかけると，

$$\begin{aligned}\boldsymbol{x}(t) &= \mathrm{e}^{At}\boldsymbol{x}(0) + \mathrm{e}^{At}\int_0^t \mathrm{e}^{-A\tau}\boldsymbol{b}u(\tau)\,\mathrm{d}\tau \\ &= \mathrm{e}^{At}\boldsymbol{x}(0) + \int_0^t \mathrm{e}^{A(t-\tau)}\boldsymbol{b}u(\tau)\,\mathrm{d}\tau\end{aligned} \tag{7.11}$$

07

となる[3]．すなわち，(7.8) 式の解は (7.11) 式である．また，

$$y(t) = \boldsymbol{c}\boldsymbol{x}(t) + du(t) = \boldsymbol{c}\mathrm{e}^{At}\boldsymbol{x}(0) + \int_0^t \boldsymbol{c}\mathrm{e}^{A(t-\tau)}\boldsymbol{b}u(\tau)\,\mathrm{d}\tau + du(t) \tag{7.12}$$

である．つぎの具体例より，(7.11) 式を求めよう．

例 7.2

つぎの 2 次元システム

$$\frac{\mathrm{d}}{\mathrm{d}t}\begin{bmatrix} x_1(t) \\ x_2(t) \end{bmatrix} = \begin{bmatrix} 0 & 1 \\ -6 & -5 \end{bmatrix}\begin{bmatrix} x_1(t) \\ x_2(t) \end{bmatrix} + \begin{bmatrix} 0 \\ 1 \end{bmatrix}u(t)$$

の解 $\boldsymbol{x}(t)$ を求めよう．ここで，$\boldsymbol{x}(t) = \begin{bmatrix} x_1(t) \\ x_2(t) \end{bmatrix}$，$A = \begin{bmatrix} 0 & 1 \\ -6 & -5 \end{bmatrix}$，$\boldsymbol{b} = \begin{bmatrix} 0 \\ 1 \end{bmatrix}$とし，初期ベクトルを $\boldsymbol{x}(0) = \begin{bmatrix} 1 \\ 0 \end{bmatrix}$とする．また，操作量（入力）$u(t)$ は単位ステップ信号（すべての t に対し，$u(t) = 1$）とする．

例 6.2 より，与えられた行列 A に対する状態遷移行列 e^{At} は，

$$\mathrm{e}^{At} = \begin{bmatrix} 3\mathrm{e}^{-2t} - 2\mathrm{e}^{-3t} & \mathrm{e}^{-2t} - \mathrm{e}^{-3t} \\ -6\mathrm{e}^{-2t} + 6\mathrm{e}^{-3t} & -2\mathrm{e}^{-2t} + 3\mathrm{e}^{-3t} \end{bmatrix}$$

3）(7.11) 式の導出において，状態遷移行列の性質 4 を用いている．

となる．よって，(7.11) 式の右辺第 1 項は，

$$\mathrm{e}^{At}\boldsymbol{x}(0)=\begin{bmatrix}3\mathrm{e}^{-2t}-2\mathrm{e}^{-3t}\\-6\mathrm{e}^{-2t}+6\mathrm{e}^{-3t}\end{bmatrix} \tag{7.13}$$

となる．また，(7.11) 式の右辺第 2 項の被積分関数は，操作量 (入力) $\boldsymbol{u(t)}$ が単位ステップ信号 (すべての t に対し，$u(t)=1$) であることに注意すると，

$$\begin{aligned}\mathrm{e}^{A(t-\tau)}\boldsymbol{b}u(\tau)&=\begin{bmatrix}3\mathrm{e}^{-2(t-\tau)}-2\mathrm{e}^{-3(t-\tau)} & \mathrm{e}^{-2(t-\tau)}-\mathrm{e}^{-3(t-\tau)}\\-6\mathrm{e}^{-2(t-\tau)}+6\mathrm{e}^{-3(t-\tau)} & -2\mathrm{e}^{-2(t-\tau)}+3\mathrm{e}^{-3(t-\tau)}\end{bmatrix}\begin{bmatrix}0\\1\end{bmatrix}u(\tau)\\&=\begin{bmatrix}\mathrm{e}^{-2(t-\tau)}-\mathrm{e}^{-3(t-\tau)}\\-2\mathrm{e}^{-2(t-\tau)}+3\mathrm{e}^{-3(t-\tau)}\end{bmatrix}\end{aligned}$$

となる．各成分を τ について 0 から t まで積分すると，

$$\int_0^t(\mathrm{e}^{-2(t-\tau)}-\mathrm{e}^{-3(t-\tau)})\,\mathrm{d}\tau=\left[\frac{1}{2}\mathrm{e}^{-2(t-\tau)}-\frac{1}{3}\mathrm{e}^{-3(t-\tau)}\right]_0^t=\frac{1}{6}-\frac{1}{2}\mathrm{e}^{-2t}+\frac{1}{3}\mathrm{e}^{-3t}$$

$$\int_0^t(-2\mathrm{e}^{-2(t-\tau)}+3\mathrm{e}^{-3(t-\tau)})\,\mathrm{d}\tau=\left[-\mathrm{e}^{-2(t-\tau)}+\mathrm{e}^{-3(t-\tau)}\right]_0^t=\mathrm{e}^{-2t}-\mathrm{e}^{-3t}$$

となるので，

$$\int_0^t\mathrm{e}^{A(t-\tau)}\boldsymbol{b}u(\tau)\,\mathrm{d}\tau=\begin{bmatrix}\frac{1}{6}-\frac{1}{2}\mathrm{e}^{-2t}+\frac{1}{3}\mathrm{e}^{-3t}\\\mathrm{e}^{-2t}-\mathrm{e}^{-3t}\end{bmatrix} \tag{7.14}$$

となる．よって，(7.11) 式で与えられる解 $\boldsymbol{x}(t)$ は，(7.13)，(7.14) 式より，

$$\boldsymbol{x}(t)=\begin{bmatrix}\frac{1}{6}+\frac{5}{2}\mathrm{e}^{-2t}-\frac{5}{3}\mathrm{e}^{-3t}\\-5\mathrm{e}^{-2t}+5\mathrm{e}^{-3t}\end{bmatrix}$$

となる．すなわち

$$\begin{cases}x_1(t)=\frac{1}{6}+\frac{5}{2}\mathrm{e}^{-2t}-\frac{5}{3}\mathrm{e}^{-3t}\\x_2(t)=-5\mathrm{e}^{-2t}+5\mathrm{e}^{-3t}\end{cases} \tag{7.15}$$

となることがわかる．これを図示すると図 7.1 となる．例 6.2 と同様，入力が加えられた場合もシステムの極は $\{-2,\ -3\}$ であり，入力を考慮した状態方程式の解においても極が応答の形を決めていることがわかる．

また，初期ベクトルを $\boldsymbol{x}(0)=\begin{bmatrix}0\\0\end{bmatrix}$ とした場合の応答を求めよう．このとき (7.11) 式において，右辺第 2 項のみを考えればよいので，求める解 $\boldsymbol{x}(t)$ は (7.14) 式より

$$\boldsymbol{x}(t)=\begin{bmatrix}\frac{1}{6}-\frac{1}{2}\mathrm{e}^{-2t}+\frac{1}{3}\mathrm{e}^{-3t}\\\mathrm{e}^{-2t}-\mathrm{e}^{-3t}\end{bmatrix}$$

となる．すなわち，

$$\begin{cases} x_1(t) = \dfrac{1}{6} - \dfrac{1}{2}\mathrm{e}^{-2t} + \dfrac{1}{3}\mathrm{e}^{-3t} \\ x_2(t) = \mathrm{e}^{-2t} - \mathrm{e}^{-3t} \end{cases} \tag{7.16}$$

となることがわかる．これを図示すると図 7.2 となる．図 7.1 との違いは初期ベクトルの値のみであり，いずれの場合も $x_1(t)$ は $\dfrac{1}{6}$ に，$x_2(t)$ は 0 に収束していることがわかる．

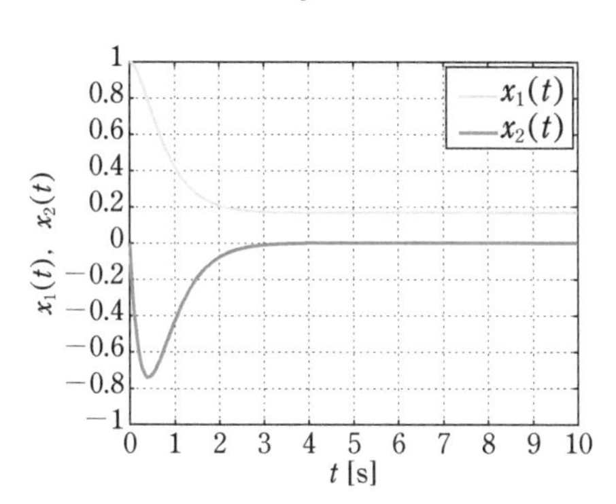

図 7.1　(7.15) 式の応答

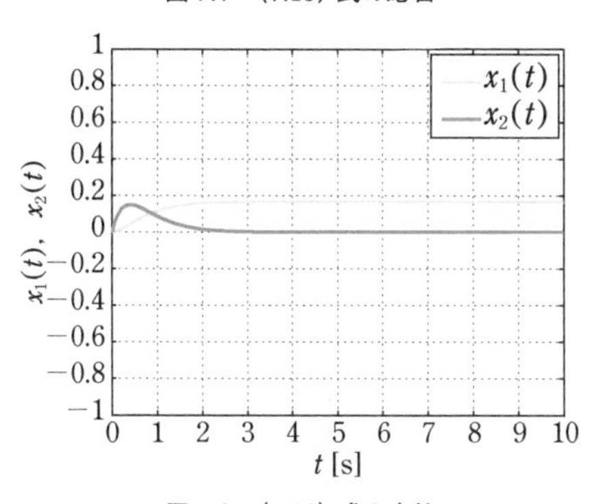

図 7.2　(7.16) 式の応答

例 7.3

つぎの 2 次元システム

$$\frac{\mathrm{d}}{\mathrm{d}t}\begin{bmatrix} x_1(t) \\ x_2(t) \end{bmatrix} = \begin{bmatrix} 0 & 1 \\ 6 & -1 \end{bmatrix}\begin{bmatrix} x_1(t) \\ x_2(t) \end{bmatrix} + \begin{bmatrix} 0 \\ 1 \end{bmatrix} u(t)$$

の解 $\boldsymbol{x}(t)$ を求めよう．ここで，$\boldsymbol{x}(t) = \begin{bmatrix} x_1(t) \\ x_2(t) \end{bmatrix}$，$A = \begin{bmatrix} 0 & 1 \\ 6 & -1 \end{bmatrix}$，$\boldsymbol{b} = \begin{bmatrix} 0 \\ 1 \end{bmatrix}$ とし，初期ベ

クトルを$\boldsymbol{x}(0)=\begin{bmatrix}1\\0\end{bmatrix}$とする．また，操作量（入力）$\boldsymbol{u}(t)$ は単位ステップ信号（すべての t に対し，$\boldsymbol{u}(t)=1$）とする．

例 6.2 と同様の計算により，与えられた行列 A に対する状態遷移行列 e^{At} は

$$\mathrm{e}^{At}=\begin{bmatrix}\frac{3}{5}\mathrm{e}^{2t}+\frac{2}{5}\mathrm{e}^{-3t} & \frac{1}{5}\mathrm{e}^{2t}-\frac{1}{5}\mathrm{e}^{-3t}\\ \frac{6}{5}\mathrm{e}^{2t}-\frac{6}{5}\mathrm{e}^{-3t} & \frac{2}{5}\mathrm{e}^{2t}+\frac{3}{5}\mathrm{e}^{-3t}\end{bmatrix}$$

となる．よって，(7.11) 式の右辺第 1 項は，

$$\mathrm{e}^{At}\boldsymbol{x}(0)=\begin{bmatrix}\frac{3}{5}\mathrm{e}^{2t}+\frac{2}{5}\mathrm{e}^{-3t}\\ \frac{6}{5}\mathrm{e}^{2t}-\frac{6}{5}\mathrm{e}^{-3t}\end{bmatrix} \tag{7.17}$$

となる．また，(7.11) 式の右辺第 2 項の被積分関数は，

$$\mathrm{e}^{A(t-\tau)}\boldsymbol{bu}(\tau)=\begin{bmatrix}\frac{1}{5}\mathrm{e}^{2(t-\tau)}-\frac{1}{5}\mathrm{e}^{-3(t-\tau)}\\ \frac{2}{5}\mathrm{e}^{2(t-\tau)}+\frac{3}{5}\mathrm{e}^{-3(t-\tau)}\end{bmatrix}$$

である．各成分を τ について 0 から t まで積分すると

$$\int_0^t\left(\frac{1}{5}\mathrm{e}^{2(t-\tau)}-\frac{1}{5}\mathrm{e}^{-3(t-\tau)}\right)\mathrm{d}\tau=\left[-\frac{1}{10}\mathrm{e}^{2(t-\tau)}-\frac{1}{15}\mathrm{e}^{-3(t-\tau)}\right]_0^t=-\frac{1}{6}+\frac{1}{10}\mathrm{e}^{2t}+\frac{1}{15}\mathrm{e}^{-3t}$$

$$\int_0^t\left(\frac{2}{5}\mathrm{e}^{2(t-\tau)}+\frac{3}{5}\mathrm{e}^{-3(t-\tau)}\right)\mathrm{d}\tau=\left[-\frac{1}{5}\mathrm{e}^{2(t-\tau)}+\frac{1}{5}\mathrm{e}^{-3(t-\tau)}\right]_0^t=\frac{1}{5}\mathrm{e}^{2t}-\frac{1}{5}\mathrm{e}^{-3t}$$

なので，

$$\int_0^t\mathrm{e}^{A(t-\tau)}\boldsymbol{bu}(\tau)\,\mathrm{d}\tau=\begin{bmatrix}-\frac{1}{6}+\frac{1}{10}\mathrm{e}^{2t}+\frac{1}{15}\mathrm{e}^{-3t}\\ \frac{1}{5}\mathrm{e}^{2t}-\frac{1}{5}\mathrm{e}^{-3t}\end{bmatrix} \tag{7.18}$$

となる．(7.11) 式で与えられる解 $\boldsymbol{x}(t)$ は，(7.17)，(7.18) 式より，

$$\boldsymbol{x}(t)=\begin{bmatrix}-\frac{1}{6}+\frac{7}{10}\mathrm{e}^{2t}+\frac{7}{15}\mathrm{e}^{-3t}\\ \frac{7}{5}\mathrm{e}^{2t}-\frac{7}{5}\mathrm{e}^{-3t}\end{bmatrix}$$

となる．すなわち

$$\begin{cases}x_1(t)=-\frac{1}{6}+\frac{7}{10}\mathrm{e}^{2t}+\frac{7}{15}\mathrm{e}^{-3t}\\ x_2(t)=\frac{7}{5}\mathrm{e}^{2t}-\frac{7}{5}\mathrm{e}^{-3t}\end{cases} \tag{7.19}$$

となることがわかる．これを図示すると図 7.3 となる．

$\lim_{t\to\infty} e^{2t} = \infty$なので，(7.19) 式より $x_1(t)$ も $x_2(t)$ も $t \to \infty$のとき，$x_1(t) \to \infty$，$x_2(t) \to \infty$である．このことは，図 7.3 からも確認できる．すなわち，例 7.3 において，システムの極は {2，−3} であり，入力を考慮した状態方程式の解においても極が応答の形を決めていることがわかる．

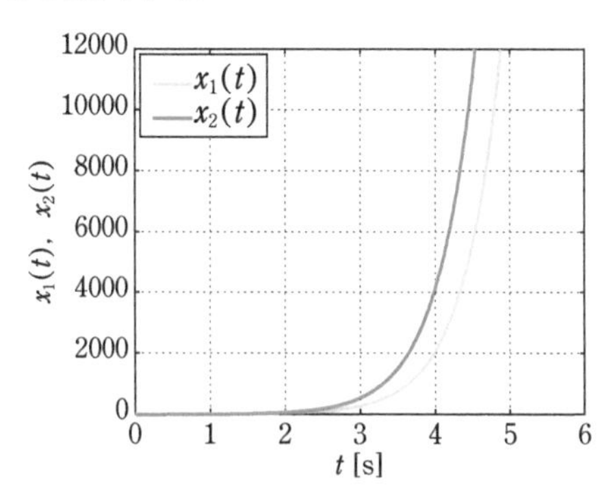

図 7.3　(7.19) 式の応答

07

例 7.4

つぎの 2 次元システム

$$\frac{\mathrm{d}}{\mathrm{d}t}\begin{bmatrix} x_1(t) \\ x_2(t) \end{bmatrix} = \begin{bmatrix} 0 & 1 \\ -5 & -2 \end{bmatrix}\begin{bmatrix} x_1(t) \\ x_2(t) \end{bmatrix} + \begin{bmatrix} 0 \\ 1 \end{bmatrix} u(t)$$

の解 $\boldsymbol{x}(t)$ を求めよう．ここで$\boldsymbol{x}(t) = \begin{bmatrix} x_1(t) \\ x_2(t) \end{bmatrix}$，$A = \begin{bmatrix} 0 & 1 \\ -5 & -2 \end{bmatrix}$，$\boldsymbol{b} = \begin{bmatrix} 0 \\ 1 \end{bmatrix}$とし，初期ベクトルを$\boldsymbol{x}(0) = \begin{bmatrix} 1 \\ 0 \end{bmatrix}$とする．また，操作量（入力）$\boldsymbol{u}(t)$ は単位ステップ信号（すべての t に対し，$u(t) = 1$）とする．与えられた行列 A より，

$$(sI - A)^{-1} = \begin{bmatrix} \dfrac{s+2}{s^2+2s+5} & \dfrac{1}{s^2+2s+5} \\ -\dfrac{5}{s^2+2s+5} & \dfrac{s}{s^2+2s+5} \end{bmatrix}$$

$$= \begin{bmatrix} \dfrac{s+1}{(s+1)^2+4} + \dfrac{1}{2}\dfrac{2}{(s+1)^2+4} & \dfrac{1}{2}\dfrac{2}{(s+1)^2+4} \\ -\dfrac{5}{2}\dfrac{2}{(s+1)^2+4} & \dfrac{s+1}{(s+1)^2+4} - \dfrac{1}{2}\dfrac{2}{(s+1)^2+4} \end{bmatrix}$$

なので，例 6.2 と同様の計算により，与えられたシステムの係数行列 A に対する状態遷移行列 e^{At} は

$$e^{At} = \mathcal{L}^{-1}[(sI-A)^{-1}] = \begin{bmatrix} e^{-t}\cos 2t + \frac{1}{2}e^{-t}\sin 2t & \frac{1}{2}e^{-t}\sin 2t \\ -\frac{5}{2}e^{-t}\sin 2t & e^{-t}\cos 2t - \frac{1}{2}e^{-t}\sin 2t \end{bmatrix}$$

となる[4]．よって，(7.11) 式の右辺第 1 項は，

$$e^{At}\boldsymbol{x}(0) = \begin{bmatrix} e^{-t}\cos 2t + \frac{1}{2}e^{-t}\sin 2t \\ -\frac{5}{2}e^{-t}\sin 2t \end{bmatrix} \tag{7.20}$$

となる．また，(7.11) 式の右辺第 2 項の被積分関数は，

$$e^{A(t-\tau)}\boldsymbol{b}u(\tau) = \begin{bmatrix} \frac{1}{2}e^{-(t-\tau)}\sin 2(t-\tau) \\ e^{-(t-\tau)}\cos 2(t-\tau) - \frac{1}{2}e^{-(t-\tau)}\sin 2(t-\tau) \end{bmatrix}$$

となる．各成分を τ について 0 から t まで積分すると，

$$\int_0^t \frac{1}{2}e^{-(t-\tau)}\sin 2(t-\tau)\,d\tau$$

$$= \left[\frac{1}{5}e^{-(t-\tau)}\cos 2(t-\tau) + \frac{1}{10}e^{-(t-\tau)}\sin 2(t-\tau)\right]_0^t$$

$$= \frac{1}{5} - \frac{1}{5}e^{-t}\cos 2t - \frac{1}{10}e^{-t}\sin 2t$$

$$\int_0^t \left(e^{-(t-\tau)}\cos 2(t-\tau) - \frac{1}{2}e^{-(t-\tau)}\sin 2(t-\tau)\right)d\tau$$

$$= \left[-\frac{1}{2}e^{-(t-\tau)}\sin 2(t-\tau)\right]_0^t = \frac{1}{2}e^{-t}\sin 2t$$

なので，

$$\int_0^t e^{A(t-\tau)}\boldsymbol{b}u(\tau)\,d\tau = \begin{bmatrix} \frac{1}{5} - \frac{1}{5}e^{-t}\cos 2t - \frac{1}{10}e^{-t}\sin 2t \\ \frac{1}{2}e^{-t}\sin 2t \end{bmatrix} \tag{7.21}$$

となる．(7.11) 式で与えられる解 $\boldsymbol{x}(t)$ は，(7.20)，(7.21) 式より，

$$\boldsymbol{x}(t) = \begin{bmatrix} \frac{1}{5} + \frac{4}{5}e^{-t}\cos 2t + \frac{2}{5}e^{-t}\sin 2t \\ -2e^{-t}\sin 2t \end{bmatrix}$$

となる．すなわち

4) $\mathcal{L}^{-1}\left[\frac{s+a}{(s+a)^2+\omega^2}\right] = e^{-at}\cos\omega t$，$\mathcal{L}^{-1}\left[\frac{\omega}{(s+a)^2+\omega^2}\right] = e^{-at}\sin\omega t$ である．

$$
\begin{cases}
x_1(t) = \dfrac{1}{5} + \dfrac{4}{5}\mathrm{e}^{-t}\cos 2t + \dfrac{2}{5}\mathrm{e}^{-t}\sin 2t \\
x_2(t) = -2\mathrm{e}^{-t}\sin 2t
\end{cases}
\tag{7.22}
$$

となることがわかる．これを図示すると図 7.4 となる．

さらに，初期ベクトルを $\boldsymbol{x}(0) = \begin{bmatrix} 0 \\ 0 \end{bmatrix}$ とした場合の応答を求めよう．(7.11) 式において，右辺第 2 項のみを考えればよいので，求める解 $\boldsymbol{x}(t)$ は (7.21) 式より

$$
\boldsymbol{x}(t) = \begin{bmatrix} \dfrac{1}{5} - \dfrac{1}{5}\mathrm{e}^{-t}\cos 2t - \dfrac{1}{10}\mathrm{e}^{-t}\sin 2t \\ \dfrac{1}{2}\mathrm{e}^{-t}\sin 2t \end{bmatrix}
$$

である．すなわち

$$
\begin{cases}
x_1(t) = \dfrac{1}{5} - \dfrac{1}{5}\mathrm{e}^{-t}\cos 2t - \dfrac{1}{10}\mathrm{e}^{-t}\sin 2t \\
x_2(t) = \dfrac{1}{2}\mathrm{e}^{-t}\sin 2t
\end{cases}
\tag{7.23}
$$

となることがわかる．これを図示すると図 7.5 となる．図 7.4 との違いは初期ベクトルの値のみであり，いずれの場合も $x_1(t)$ は $\dfrac{1}{5}$ に，$x_2(t)$ は 0 に収束していることがわかる．この例 7.4 において入力が加えられた場合のシステムの極は，加えられない場合と同様の $\{-1 + j2,\ -1 - j2\}$ である（ここで j は虚数単位である）．この極は複素数であるが，入力を考慮した状態方程式の解においても極が応答の形を決めていることがわかる．

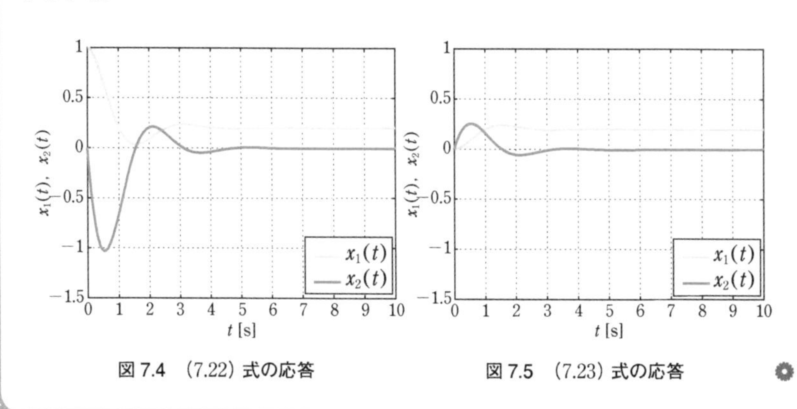

図 7.4 (7.22) 式の応答　　図 7.5 (7.23) 式の応答

図 7.6 に例 7.2 〜例 7.4 で示したような 2 次元システムの場合について，係数行列 A の固有値による (7.8) 式のシステムの応答の違いを示している．

07

$\dot{\boldsymbol{x}}(t) = A\boldsymbol{x}(t) + \boldsymbol{b}u(t)$ の応答の違い（2次元システムの場合）

★行列 A の固有値が2つの異なる実数（α, β）の場合

$$\Longrightarrow \boldsymbol{x}(t) = \mathrm{e}^{At}\boldsymbol{x}(0) + \int_0^t \mathrm{e}^{A(t-\tau)}\boldsymbol{b}u(\tau)\mathrm{d}t \qquad A = \begin{bmatrix} 0 & 1 \\ -\alpha\beta & \alpha+\beta \end{bmatrix} \text{の場合}$$

$$\mathrm{e}^{At} = \mathcal{L}^{-1}[(sI-A)^{-1}] = \begin{bmatrix} \frac{1}{\alpha-\beta}(-\beta\mathrm{e}^{\alpha t} + \alpha\mathrm{e}^{\beta t}) & \frac{1}{\alpha-\beta}(\mathrm{e}^{\alpha t} - \mathrm{e}^{\beta t}) \\ \frac{1}{\alpha-\beta}(-\alpha\beta\mathrm{e}^{\alpha t} + \alpha\beta\mathrm{e}^{\beta t}) & \frac{1}{\alpha-\beta}(\alpha\mathrm{e}^{\alpha t} - \beta\mathrm{e}^{\beta t}) \end{bmatrix}$$

$\mathrm{e}^{A(t-\tau)}$ は $\mathcal{L}^{-1}[(sI-A)^{-1}]$ の計算結果において t を $t-\tau$ に置き換えただけ

α, β がともに負ならば，行列 e^{At} のすべての要素は $t \to \infty$ で 0 に収束する

⇨ α, β がともに負ならば，$u(t)$ に応じて $\boldsymbol{x}(t)$ はある値またはある範囲内に収まる

★行列 A の固有値が共役複素数（$\alpha \pm j\beta$）の場合

$$\Longrightarrow \boldsymbol{x}(t) = \mathrm{e}^{At}\boldsymbol{x}(0) + \int_0^t \mathrm{e}^{A(t-\tau)}\boldsymbol{b}u(\tau)\mathrm{d}t \qquad A = \begin{bmatrix} 0 & 1 \\ -(\alpha^2+\beta^2) & 2\alpha \end{bmatrix} \text{の場合}$$

$$\mathrm{e}^{At} = \mathcal{L}^{-1}[(sI-A)^{-1}] = \begin{bmatrix} \mathrm{e}^{\alpha t}\left(\cos\beta t - \frac{\alpha}{\beta}\sin\beta t\right) & \frac{1}{\beta}\mathrm{e}^{\alpha t}\sin\beta t \\ -\frac{\alpha^2+\beta^2}{\beta}\mathrm{e}^{\alpha t}\sin\beta t & \mathrm{e}^{\alpha t}\left(\cos\beta t + \frac{\alpha}{\beta}\sin\beta t\right) \end{bmatrix}$$

2つの異なる実数解の場合と同様

α が負ならば，行列 e^{At} のすべての要素は $t \to \infty$ で 0 に収束する

⇨ α が負（極の実部が負）ならば，$u(t)$ に応じて $\boldsymbol{x}(t)$ はある値またはある範囲内に収まる

★行列 A の固有値が重複（α）の場合

$$\Longrightarrow \boldsymbol{x}(t) = \mathrm{e}^{At}\boldsymbol{x}(0) + \int_0^t \mathrm{e}^{A(t-\tau)}\boldsymbol{b}u(\tau)\mathrm{d}t \qquad A = \begin{bmatrix} 0 & 1 \\ -\alpha^2 & 2\alpha \end{bmatrix} \text{の場合}$$

$$\mathrm{e}^{At} = \mathcal{L}^{-1}[(sI-A)^{-1}] = \begin{bmatrix} \mathrm{e}^{\alpha t} - \alpha t\mathrm{e}^{\alpha t} & t\mathrm{e}^{\alpha t} \\ -\alpha^2 t\mathrm{e}^{\alpha t} & \mathrm{e}^{\alpha t} + \alpha t\mathrm{e}^{\alpha t} \end{bmatrix}$$

2つの異なる実数解の場合と同様

α が負ならば，行列 e^{At} のすべての要素は $t \to \infty$ で 0 に収束する

⇨ α が負（極の実部が負）ならば，$u(t)$ に応じて $\boldsymbol{x}(t)$ はある値またはある範囲内に収まる

⇨ いずれの場合も，行列 A の固有値の実部が負ならば，入力 $u(t)$ に応じて応答 $\boldsymbol{x}(t)$ はある値またはある範囲内に収まる

図 7.6　2次元システムの極と応答の関係

7.2　状態方程式の解の性質

(7.8) 式で与えられる n 次元 1 入力 1 出力システムの状態方程式

$$\dot{\boldsymbol{x}}(t) = A\boldsymbol{x}(t) + \boldsymbol{b}u(t) \tag{7.24}$$

において初期ベクトル $\boldsymbol{x}(0)$ および操作量（入力）$u(t)$ が与えられた際の解 $\boldsymbol{x}(t)$ は (7.11) 式，すなわち

$$\boldsymbol{x}(t) = \mathrm{e}^{At}\boldsymbol{x}(0) + \int_0^t \mathrm{e}^{A(t-\tau)}\boldsymbol{b}u(\tau)\,\mathrm{d}\tau \tag{7.25}$$

である．(7.25) 式において，操作量（入力）$u(t)$ が加えられない場合の応答，すなわち零入力応答（自由応答）は (7.25) 式の右辺第 1 項の $\mathrm{e}^{At}\boldsymbol{x}(0)$ に等しいことがわかる．これは，6.1 節の結論と一致する．また，この項は初期状態の影響を表す項である．

これに対して，すべての初期状態を 0，すなわち初期ベクトルを $\boldsymbol{x}(0) = \boldsymbol{0}$ とみなしたときの解は，(7.25) 式の右辺第 2 項の $\int_0^t \mathrm{e}^{A(t-\tau)}\boldsymbol{b}u(\tau)\,d\tau$ に等しい．これを**零状態応答**（zero-state response）という．この零状態応答は，操作量（入力）$u(t)$ の影響を表す項である．

さらに，(7.25) 式より解 $\boldsymbol{x}(t)$ はそれら初期ベクトル $\boldsymbol{x}(0)$ の影響を表す零入力応答と操作量（入力）$u(t)$ の影響を表す零状態応答の和として構成されていることがわかる．このことは，零入力応答と零状態応答について重ね合わせの原理が成立していることを示している．このように，零入力応答と零状態応答について重ね合わせの原理が成立しているのは (7.24) 式の線形システムの重要な性質の 1 つである．

つぎに，$\boldsymbol{x}(t)$ および $u(t)$ をラプラス変換したものをそれぞれ $\mathcal{L}[\boldsymbol{x}(t)] = \boldsymbol{X}(s)$，$\mathcal{L}[u(t)] = U(s)$ とし，(7.24) 式の両辺をラプラス変換すると，

$$s\boldsymbol{X}(s) - \boldsymbol{x}(0) = A\boldsymbol{X}(s) + \boldsymbol{b}U(s)$$

$$\boldsymbol{X}(s) = (sI - A)^{-1}\boldsymbol{x}(0) + (sI - A)^{-1}\boldsymbol{b}U(s) \tag{7.26}$$

となり，(7.26) 式を逆ラプラス変換すると，

$$\boldsymbol{x}(t) = \mathcal{L}^{-1}[(sI - A)^{-1}]\boldsymbol{x}(0) + \mathcal{L}^{-1}[(sI - A)^{-1}\boldsymbol{b}U(s)] \tag{7.27}$$

となる．(7.25) 式と (7.27) 式を比較すると，

$$\mathcal{L}^{-1}[(sI-A)^{-1}] = \mathrm{e}^{At} \tag{7.28}$$

$$\mathcal{L}^{-1}[(sI-A)^{-1}\boldsymbol{b}U(s)] = \int_0^t \mathrm{e}^{A(t-\tau)}\boldsymbol{b}u(\tau)\,\mathrm{d}\tau \tag{7.29}$$

が得られる．(7.27) 式は，操作量（入力）$\boldsymbol{u(t)}$ の影響である零状態応答が周波数領域では，e^{At} をラプラス変換した $(sI - A)^{-1}$ と $\boldsymbol{bu(t)}$ をラプラス変換した $\boldsymbol{b}U(s)$ の積となることを示している．また，(7.29) 式より時間領域では e^{At} と $\boldsymbol{bu(t)}$ の**たたみ込み積分**（convolution）となることを示している．

たたみ込み積分

ラプラス変換可能な 2 つの関数 $f(t)$，$g(t)$ をラプラス変換したものをそれぞれ $F(s)$，$G(s)$ とすると，次式が成り立つことが知られている．

$$\mathcal{L}^{-1}[F(s)\,G(s)] = \int_0^t f(t-\tau)\,g(\tau)\,\mathrm{d}\tau \tag{7.30}$$

(7.30) 式の右辺を $f(t)$，$g(t)$ のたたみ込み積分という．

【講義 07 のまとめ】

- 操作量（入力）が加えられた場合の状態方程式の解は，自由応答と零状態応答の和で表される．
- 与えられたシステムの係数行列 A の固有値により状態方程式の解（応答）が変わる．
- 操作量（入力）が応答に及ぼす影響はたたみ込み積分で表される．

演習問題

つぎのシステムについて以下の問いに答えよ．

$$\dot{\boldsymbol{x}}(t) = A\boldsymbol{x}(t) + \boldsymbol{b}u(t)$$

(1) $A = \begin{bmatrix} 0 & 1 \\ -6 & -5 \end{bmatrix}$，$\boldsymbol{b} = \begin{bmatrix} 0 \\ 1 \end{bmatrix}$，$\boldsymbol{x}(0) = \begin{bmatrix} 1 \\ 0 \end{bmatrix}$，$u(t) = t$ のとき，与えられたシステムの応答を，(7.11) 式を用いて求めよ．

(2) (1) と同じ A，$\boldsymbol{b}$，$\boldsymbol{x}(0)$，$u(t)$ に対し，与えられたシステムの応答を，逆ラプラス変換を用いた (7.27) 式より求めよ．

(3) $A = \begin{bmatrix} -4 & -2 \\ -1 & -3 \end{bmatrix}$，$\boldsymbol{b} = \begin{bmatrix} 0 \\ 1 \end{bmatrix}$，$\boldsymbol{x}(0) = \begin{bmatrix} 1 \\ 0 \end{bmatrix}$，すべての t に対し $\boldsymbol{u}(t) = 1$ のとき，与えられたシステムの応答を (7.11) 式を用いて求めよ．

(4) (3) と同じ A，$\boldsymbol{b}$，$\boldsymbol{x}(0)$，$u(t)$ に対し，与えられたシステムの応答を，逆ラプラス変換を用いた (7.27) 式より求めよ．

(5) $I_a = \int_0^t \mathrm{e}^{a\tau} \sin \tau \, \mathrm{d}\tau$（$a$ は実数）とする．I_a を求めよ．また，(1) と同じ A，$\boldsymbol{b}$ を考える．$u(t) = \sin t$，$\boldsymbol{x}(0) = \begin{bmatrix} 0 \\ 0 \end{bmatrix}$ に対し，与えられたシステムの応答を，(7.11) 式を用いて求めよ．

07

講義 08
システムの応答と安定性

講義 06，07 ではシステムの特性を表す状態方程式の自由応答，操作量（入力）が加わった場合の応答を求め，応答が状態方程式の係数行列 A の固有値によって大きく変わることを説明した．線形時不変システムと呼ばれる本書で取り扱う状態方程式の応答は，システムの係数行列 A の固有値によって特徴づけられる．本講では制御工学を学ぶうえで重要となる状態空間表現での「安定性」と固有値の関係，さらには安定性の分類について学ぶ．またシステムの係数行列の固有値だけではなく，システムに加わる入力と出力に注目した安定性についても説明する．

【講義 08 のポイント】

・自由システムの漸近安定性の定義を理解しよう．

・自由システムの漸近安定性の条件を理解しよう．

・有界入力有界出力安定性を理解しよう．

8.1 自由システムの漸近安定性

本講では，講義 06 の（6.1）式で与えられたつぎの自由システムの安定性について考える．

$$\dot{\boldsymbol{x}}(t) = A\boldsymbol{x}(t) \tag{8.1}$$

ここで，状態ベクトル $\boldsymbol{x}(t)$ は $n \times 1$ の列ベクトル，A は n 次正方行列とする．初期ベクトル $\boldsymbol{x}(0)$ が与えられたときの（8.1）式の解，すなわち，零入力応答（自由応答）$\boldsymbol{x}(t)$ は

$$\boldsymbol{x}(t) = \mathrm{e}^{At}\boldsymbol{x}(0) \tag{8.2}$$

である．（8.1）式の自由システムの**安定性**（stability）とは，時間が十分経過したあと（$t \to \infty$ のとき），（8.2）式の自由応答がどのような挙動を示すかということで，制御を考えるうえで重要である．（8.1）式の自由システムの応答，すなわち $\boldsymbol{x}(t)$ についてつぎの定義を与える．

自由システムの漸近安定性の定義

すべての初期ベクトル $\boldsymbol{x}(0)$ に対し，(8.1) 式の自由システムの解 $\boldsymbol{x}(t)$ が

$$\lim_{t\to\infty}\boldsymbol{x}(t) = \boldsymbol{0} \tag{8.3}$$

を満足するとき，(8.1) 式の自由システムは（大域的）漸近安定（asymptotically stable）という．(8.3) 式は，

$$\lim_{t\to\infty}\|\boldsymbol{x}(t)\| = 0 \tag{8.4}$$

が成り立つことと等価である[1]．

例 6.2 の 2 次元システムを用いて，漸近安定性の定義について考えよう．

例 8.1

つぎの 2 次元システム

$$\frac{\mathrm{d}}{\mathrm{d}t}\begin{bmatrix} x_1(t) \\ x_2(t) \end{bmatrix} = \begin{bmatrix} 0 & 1 \\ -6 & -5 \end{bmatrix}\begin{bmatrix} x_1(t) \\ x_2(t) \end{bmatrix}$$

が漸近安定であるかを判別しよう．ここで，$\boldsymbol{x}(t) = \begin{bmatrix} x_1(t) \\ x_2(t) \end{bmatrix}$，$A = \begin{bmatrix} 0 & 1 \\ -6 & -5 \end{bmatrix}$であり，初期ベクトルを $\boldsymbol{x}(t) = \begin{bmatrix} x_1(0) \\ x_2(0) \end{bmatrix}$とする（$x_1(0)$，$x_2(0)$ は実数）．

例 6.2 より，与えられたシステムの自由応答は

$$\boldsymbol{x}(t) = \mathrm{e}^{At}\boldsymbol{x}(0) = \begin{bmatrix} (3x_1(0) + x_2(0))\,\mathrm{e}^{-2t} + (-2x_1(0) - x_2(0))\,\mathrm{e}^{-3t} \\ (-6x_1(0) - 2x_2(0))\,\mathrm{e}^{-2t} + (6x_1(0) + 3x_2(0))\,\mathrm{e}^{-3t} \end{bmatrix} \tag{8.5}$$

である．(8.5) 式において，$\lim_{t\to\infty}\mathrm{e}^{-2t} = 0$，$\lim_{t\to\infty}\mathrm{e}^{-3t} = 0$なので，すべての初期値 $x_1(0)$，$x_2(0)$，すなわち，すべての初期ベクトル $\boldsymbol{x}(0)$ に対して $\lim_{t\to\infty}\boldsymbol{x}(t) = \boldsymbol{0}$ が成り立ち，漸近安定性の定義を満足する．したがって，与えられた 2 次元システムは漸近安定なシステムであることがわかる．

また，$\boldsymbol{x}(t)$ のノルム $\|\boldsymbol{x}(t)\|$ は

$$\begin{aligned}\|\boldsymbol{x}(t)\|^2 &= \{(3x_1(0) + x_2(0))\,\mathrm{e}^{-2t} + (-2x_1(0) - x_2(0))\,\mathrm{e}^{-3t}\}^2 \\ &\quad + \{(-6x_1(0) - 2x_2(0))\,\mathrm{e}^{-2t} + (6x_1(0) + 3x_2(0))\,\mathrm{e}^{-3t}\}^2\end{aligned}$$

である．$\lim_{t\to\infty}\mathrm{e}^{-2t} = 0$，$\lim_{t\to\infty}\mathrm{e}^{-3t} = 0$ より，すべての初期ベクトル $\boldsymbol{x}(0)$ に対して

1）$\|\boldsymbol{x}(t)\|$ は 3.2 節に示したベクトルのノルムである．

$\lim_{t\to\infty}\|\boldsymbol{x}(t)\| = 0$となる．よって，(8.3) 式と (8.4) 式が等価であることがわかる．(8.5) 式において，$x_1(0) = 1$，$x_2(0) = 1$とした場合の応答を図 8.1 に示す．図 8.1 からも状態ベクトルの各要素$x_1(t)$，$x_2(t)$が時間の経過とともに 0 に収束していることが確認できる．

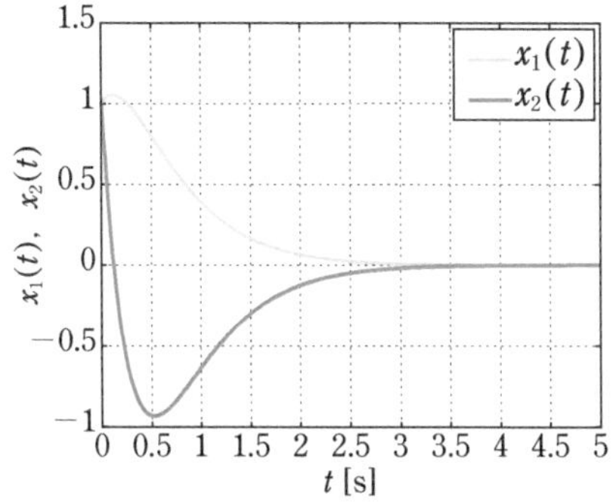

図 8.1　(8.5) 式の応答 ($x_1(0) = x_2(0) = 1$ の場合)

例 8.1 のシステムが漸近安定性の定義を満足したのは，(8.5) 式のe^{-2t}，e^{-3t}のべき指数が -2，-3 と負であり，$\lim_{t\to\infty}\mathrm{e}^{-2t} = 0$，$\lim_{t\to\infty}\mathrm{e}^{-3t} = 0$が成り立つからである．また，6.2 節で述べたとおり，このべき指数 -2，-3 は係数行列 $A = \begin{bmatrix} 0 & 1 \\ -6 & -5 \end{bmatrix}$の固有値である．このことから，(8.1) 式の自由システムの漸近安定性には係数行列Aの固有値が関係していることがわかる．

例 8.1 の係数行列Aの固有値は実数であるが，行列の固有値は一般に複素数になることがある．そこで，固有値が複素数である場合も含めて (8.1) 式の自由システムが漸近安定性の定義を満足するための条件を考える．その前に，条件を導くためにつぎの事柄を説明する．

I.　指数関数の性質

aを実数とすると，指数関数の性質から$\lim_{t\to\infty}\mathrm{e}^{at} = 0$であるための必要十分条件は$a < 0$であることがわかっている (➡図 6.1)．これに対し複素数$\lambda = a + jb$ (a，bは実数) の場合，実数の場合と同様に$\lim_{t\to\infty}\mathrm{e}^{\lambda t} = 0$であるための条件を求める．指数関数の性質とオイラーの公式 ($\mathrm{e}^{jbt} = \cos bt + j\sin bt$) より，

$$\mathrm{e}^{\lambda t} = \mathrm{e}^{(a+jb)t} = \mathrm{e}^{at}\,\mathrm{e}^{jbt} = \mathrm{e}^{at}(\cos bt + j\sin bt) \tag{8.6}$$

である．ここで，$|e^{\lambda t}| = e^{at}\sqrt{(\cos bt)^2 + (\sin bt)^2} = e^{at}$ が成り立つ．したがって，$\lim_{t\to\infty} e^{\lambda t} = 0$ は $\lim_{t\to\infty} |e^{\lambda t}| = 0$ と等価で，さらにこのことは $\lim_{t\to\infty} e^{at} = 0$ と等価であるので，複素数 $\lambda = a + jb$ に対し，$\lim_{t\to\infty} e^{\lambda t} = 0$ であるための必要十分条件は，複素数 λ の実部（$= a$）が負であることとなる．

II. 行列の対角化を利用した状態遷移行列の計算方法

6.1 節では，ラプラス変換を用いた状態遷移行列の計算方法を示した．ここでは，3.6 節で説明した行列の対角化を用いた計算方法を示す．

n 次正方行列 A において，固有値が重複しないとき，各固有値 λ_i ($i = 1, 2, \cdots, n$) に対応した固有ベクトル $\boldsymbol{v}_i$ ($i = 1, 2, \cdots, n$) が存在する．このとき，固有ベクトル $\boldsymbol{v}_i$ は $n \times 1$ の列ベクトルであるので，これらを並べてできるつぎの行列

$$T = [\boldsymbol{v}_1 \ \boldsymbol{v}_2 \ \cdots \ \boldsymbol{v}_n] \tag{8.7}$$

は n 次正方行列となり，逆行列 T^{-1} が存在する（T は正則行列となる）ことがわかっている．この行列 T を用いるとつぎの結果が得られる．

$$T^{-1}AT = \begin{bmatrix} \lambda_1 & 0 & \cdots & 0 \\ 0 & \lambda_2 & \cdots & 0 \\ \vdots & \vdots & \ddots & \vdots \\ 0 & 0 & \cdots & \lambda_n \end{bmatrix} \tag{8.8}$$

ここで，(8.8) 式の右辺の対角行列を Λ とおく．これより，状態遷移行列 e^{At} は

$$e^{At} = \mathcal{L}^{-1}[(sI - A)^{-1}] = \mathcal{L}^{-1}[(sI - T\Lambda T^{-1})^{-1}] \tag{8.9}$$

とできる．また，

$$\begin{aligned}(sI - T\Lambda T^{-1})^{-1} &= \{T(sT^{-1} - \Lambda T^{-1})\}^{-1} \\ &= \{T(sI - \Lambda)T^{-1}\}^{-1} \\ &= (T^{-1})^{-1}(sI - \Lambda)^{-1}T^{-1} \quad \boxed{\text{(3.29) 式より}} \\ &= T(sI - \Lambda)^{-1}T^{-1} \end{aligned} \tag{8.10}$$

となる．したがって

$$
\begin{aligned}
e^{At} &= \mathcal{L}^{-1}[(sI - T\Lambda T^{-1})^{-1}] \\
&= \mathcal{L}^{-1}[T(sI - \Lambda)^{-1} T^{-1}] \\
&= T\mathcal{L}^{-1}[(sI - \Lambda)^{-1}] T^{-1}
\end{aligned} \tag{8.11}
$$

である．さらに，

$$
(sI - \Lambda)^{-1} = \begin{bmatrix} \frac{1}{s-\lambda_1} & 0 & \cdots & 0 \\ 0 & \frac{1}{s-\lambda_2} & \cdots & 0 \\ \vdots & \vdots & \ddots & \vdots \\ 0 & 0 & \cdots & \frac{1}{s-\lambda_n} \end{bmatrix} \tag{8.12}
$$

となるので，

$$
\mathcal{L}^{-1}[(sI - \Lambda)^{-1}] = \begin{bmatrix} e^{\lambda_1 t} & 0 & \cdots & 0 \\ 0 & e^{\lambda_2 t} & \cdots & 0 \\ \vdots & \vdots & \ddots & \vdots \\ 0 & 0 & \cdots & e^{\lambda_n t} \end{bmatrix} \tag{8.13}
$$

である．(8.11) 式より，固有値が重複しない $\boldsymbol{n}$ 次正方行列 A の状態遷移行列 e^{At} は

$$
e^{At} = T \begin{bmatrix} e^{\lambda_1 t} & 0 & \cdots & 0 \\ 0 & e^{\lambda_2 t} & \cdots & 0 \\ \vdots & \vdots & \ddots & \vdots \\ 0 & 0 & \cdots & e^{\lambda_n t} \end{bmatrix} T^{-1} \tag{8.14}
$$

である．ただし，T は (8.7) 式に示した行列である．

それでは，これらを利用して，(8.1) 式の自由システムが漸近安定であるための条件を求める．つぎでは，(8.1) 式の行列 A が対角化可能な場合について説明するが，得られる条件は対角化可能でない場合も成り立つ．与えられた初期ベクトル $\boldsymbol{x}(0)$ に対し，(8.1) 式の解 $\boldsymbol{x}(t)$ は (8.2) 式となる．また，(8.14) 式を用いると，

$$\boldsymbol{x}(t) = T\begin{bmatrix} e^{\lambda_1 t} & 0 & \cdots & 0 \\ 0 & e^{\lambda_2 t} & \cdots & 0 \\ \vdots & \vdots & \ddots & \vdots \\ 0 & 0 & \cdots & e^{\lambda_n t} \end{bmatrix} T^{-1}\boldsymbol{x}(0) \tag{8.15}$$

となる．(8.15) 式より，

$$\lim_{t\to\infty}\boldsymbol{x}(t) = \lim_{t\to\infty}\left(T\begin{bmatrix} e^{\lambda_1 t} & 0 & \cdots & 0 \\ 0 & e^{\lambda_2 t} & \cdots & 0 \\ \vdots & \vdots & \ddots & \vdots \\ 0 & 0 & \cdots & e^{\lambda_n t} \end{bmatrix} T^{-1}\boldsymbol{x}(0) \right) \tag{8.16}$$

が得られる．ここで，行列 T とその逆行列 T^{-1} および初期ベクトル $\boldsymbol{x}(0)$ の各要素は定数で，極限の計算には無関係であるので極限の計算の外に出すことができる．ただし，T, T^{-1}, $\boldsymbol{x}(0)$ は行列やベクトルなので T は左側に，$T^{-1}\boldsymbol{x}(0)$ は右側に出さなければいけないことに注意すると，(8.16) 式はつぎのようになる．

$$\begin{aligned} \lim_{t\to\infty}\boldsymbol{x}(t) &= T\left(\lim_{t\to\infty}\begin{bmatrix} e^{\lambda_1 t} & 0 & \cdots & 0 \\ 0 & e^{\lambda_2 t} & \cdots & 0 \\ \vdots & \vdots & \ddots & \vdots \\ 0 & 0 & \cdots & e^{\lambda_n t} \end{bmatrix} \right) T^{-1}\boldsymbol{x}(0) \\ &= T\left(\begin{bmatrix} \lim\limits_{t\to\infty} e^{\lambda_1 t} & 0 & \cdots & 0 \\ 0 & \lim\limits_{t\to\infty} e^{\lambda_2 t} & \cdots & 0 \\ \vdots & \vdots & \ddots & \vdots \\ 0 & 0 & \cdots & \lim\limits_{t\to\infty} e^{\lambda_n t} \end{bmatrix} \right) T^{-1}\boldsymbol{x}(0) \end{aligned} \tag{8.17}$$

(8.17) 式よりすべての初期ベクトル $\boldsymbol{x}(0)$ に対し，$\lim\limits_{t\to\infty}\boldsymbol{x}(t) = \boldsymbol{0}$ であることは，

$$\lim_{t\to\infty} e^{\lambda_1 t} = \lim_{t\to\infty} e^{\lambda_2 t} = \cdots = \lim_{t\to\infty} e^{\lambda_n t} = 0 \tag{8.18}$$

であることと等価である．さらに，このことは 107 ページの I. 指数関数の性質で述べた事柄より，係数行列 A のすべての固有値 λ_i $(i = 1, 2, \cdots, n)$ の実

部が負であることと等価である．よって，(8.1) 式の自由システムが漸近安定であるための条件はつぎのようにまとめることができる．

自由システムが漸近安定であるための条件その 1

(8.1) 式の自由システムが漸近安定であるための必要十分条件は，(8.1) 式のシステムの係数行列 A のすべての固有値の実部が負であることである．

(8.1) 式の自由システムが漸近安定であるとき，すなわちシステムの係数行列 A のすべての固有値の実部が負であるとき，そのシステムの係数行列 A を安定行列 (stable matrix) という．

また，行列の固有値は一般に複素数なので複素平面上の点と対応づけることができる．このことに注意すると自由システムが漸近安定であるための条件その 1 はつぎのようにまとめることもできる．

自由システムが漸近安定であるための条件その 2

(8.1) 式の自由システムが漸近安定であるための必要十分条件は，(8.1) 式のシステムの係数行列 A のすべての固有値が複素平面上の開左半平面 (虚軸を含まない左半平面) 内に存在することである．

8.2 安定性の分類

8.1 節では，(8.1) 式の自由システムの漸近安定性の定義とその条件について説明した．本節では，漸近安定でないシステムがどのような挙動を示すかについて例を通して説明する．

例 8.2

つぎの 2 次元システム

$$\frac{\mathrm{d}}{\mathrm{d}t}\begin{bmatrix} x_1(t) \\ x_2(t) \end{bmatrix} = \begin{bmatrix} 0 & 1 \\ 2 & 1 \end{bmatrix}\begin{bmatrix} x_1(t) \\ x_2(t) \end{bmatrix} \tag{8.19}$$

について考えよう．ここで，$\boldsymbol{x}(t) = \begin{bmatrix} x_1(t) \\ x_2(t) \end{bmatrix}$，$A = \begin{bmatrix} 0 & 1 \\ 2 & 1 \end{bmatrix}$ であり，初期ベクトルを

$\boldsymbol{x}(0)=\begin{bmatrix}x_1(0)\\x_2(0)\end{bmatrix}$とする（$x_1(0)$，$x_2(0)$ は実数）．

まず，与えられたシステムが漸近安定であるかを漸近安定性の条件を用いて調べよう．係数行列 A の特性方程式は

$$|\lambda I-A|=\begin{vmatrix}\lambda & -1\\-2 & \lambda-1\end{vmatrix}=\lambda^2-\lambda-2=(\lambda+1)(\lambda-2)=0$$

となるので，固有値は $\lambda=-1,\ 2$ である．$\lambda=2$ という固有値は実部が正であるので，与えられたシステムは漸近安定ではない．

それでは，(8.19) 式の解を求めて，その挙動を考えよう．与えられた係数行列 A に対し，状態遷移行列 e^{At} を求めると，

$$\mathrm{e}^{At}=\mathcal{L}^{-1}[(sI-A)^{-1}]=\frac{1}{3}\begin{bmatrix}2\mathrm{e}^{-t}+\mathrm{e}^{2t} & -\mathrm{e}^{-t}+\mathrm{e}^{2t}\\-2\mathrm{e}^{-t}+2\mathrm{e}^{2t} & \mathrm{e}^{-t}+2\mathrm{e}^{2t}\end{bmatrix}$$

となるので，

$$\boldsymbol{x}(t)=\mathrm{e}^{At}\boldsymbol{x}(0)=\frac{1}{3}\begin{bmatrix}(2x_1(0)-x_2(0))\,\mathrm{e}^{-t}+(x_1(0)+x_2(0))\,\mathrm{e}^{2t}\\-(2x_1(0)-x_2(0))\,\mathrm{e}^{-t}+2(x_1(0)+x_2(0))\,\mathrm{e}^{2t}\end{bmatrix}\tag{8.20}$$

となる．いま，$\lim_{t\to\infty}\mathrm{e}^{2t}=\infty$ なので，$x_1(0)+x_2(0)\neq 0$ であるような初期ベクトルに対しては，t が大きくなるにつれて，$\boldsymbol{x}(t)$ は零ベクトル $\boldsymbol{0}=\begin{bmatrix}0\\0\end{bmatrix}$ から限りなく離れていく．このことは，$\boldsymbol{x}(t)$ のノルム $\|\boldsymbol{x}(t)\|$ が

$$\|\boldsymbol{x}(t)\|^2=\frac{1}{9}\{(2x_1(0)-x_2(0))\,\mathrm{e}^{-t}+(x_1(0)+x_2(0))\,\mathrm{e}^{2t}\}^2+$$
$$+\frac{1}{9}\{-(2x_1(0)-x_2(0))\,\mathrm{e}^{-t}+2(x_1(0)+x_2(0))\,\mathrm{e}^{2t}\}^2$$

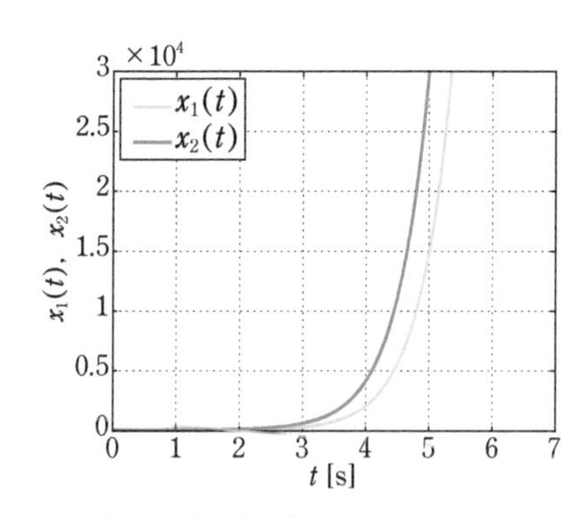

図 8.2　(8.20) 式の応答（$x_1(0)=x_2(0)=1$ の場合）

であり，$\lim_{t\to\infty}\mathrm{e}^{2t}=\infty$ であることより，$\lim_{t\to\infty}\|\boldsymbol{x}(t)\|=\infty$ となることからもわかる．(8.20)

式において，$x_1(0)=1$，$x_2(0)=1$ とした場合の応答を図 8.2 に示す．

一般に例 8.2 のように，行列 A の固有値に 1 つでも実部が正のものが存在する場合，ある初期ベクトル（例 8.2 の場合 $x_1(0)+x_2(0)\neq 0$ であるような初期ベクトル）$\boldsymbol{x}(0)$ に対して，(8.1) 式の解 $\boldsymbol{x}(t)$ は時間が経過するにつれて零ベクトル $\mathbf{0}$ から限りなく離れる，あるいは解 $\boldsymbol{x}(t)$ のノルム $\|\boldsymbol{x}(t)\|$ が $\lim_{t\to\infty}\|\boldsymbol{x}(t)\|=\infty$ となる．このような場合，(8.1) 式の自由システムは**不安定**（unstable）であるといい，その解 $\boldsymbol{x}(t)$ は $\lim_{t\to\infty}\|\boldsymbol{x}(t)\|=\infty$ の性質を持つことから**非有界な解**（unbounded solution）という．また，実部が正の固有値は複素平面の右半平面に位置する固有値なので，係数行列 A の固有値が 1 つでも複素平面の右半平面に位置する場合，(8.1) 式の自由システムは不安定であるということもできる．

例 8.3

つぎの 2 次元システム

$$\frac{\mathrm{d}}{\mathrm{d}t}\begin{bmatrix} x_1(t) \\ x_2(t) \end{bmatrix}=\begin{bmatrix} 0 & 1 \\ -1 & 0 \end{bmatrix}\begin{bmatrix} x_1(t) \\ x_2(t) \end{bmatrix} \tag{8.21}$$

について考えよう．ここで，$\boldsymbol{x}(t)=\begin{bmatrix} x_1(t) \\ x_2(t) \end{bmatrix}$，$A=\begin{bmatrix} 0 & 1 \\ -1 & 0 \end{bmatrix}$であり，初期ベクトルを $\boldsymbol{x}(0)=\begin{bmatrix} x_1(0) \\ x_2(0) \end{bmatrix}$とする（$x_1(0)$，$x_2(0)$ は実数）．

まず，与えられたシステムが漸近安定であるかを漸近安定性の条件を用いて調べよう．係数行列 A の特性方程式は

$$|\lambda I-A|=\begin{vmatrix} \lambda & -1 \\ 1 & \lambda \end{vmatrix}=\lambda^2+1=0$$

となるので，固有値は $\lambda=\pm j$ である．ともに固有値の実部が 0 であるので，与えられたシステムは漸近安定ではない．

それでは，(8.21) 式の解を求めて，その挙動を考えよう．与えられた係数行列 A に対して，状態遷移行列 e^{At} を求めると

$$\mathrm{e}^{At}=\mathcal{L}^{-1}[(sI-A)^{-1}]=\begin{bmatrix} \cos t & \sin t \\ -\sin t & \cos t \end{bmatrix}$$

となるので

$$\boldsymbol{x}(t)=\mathrm{e}^{At}\boldsymbol{x}(0)=\begin{bmatrix} x_1(0)\cos t+x_2(0)\sin t \\ -x_1(0)\sin t+x_2(0)\cos t \end{bmatrix} \tag{8.22}$$

となる．(8.22) 式より，解 $\boldsymbol{x}(t)$ は $x_1(0)$ と $x_2(0)$ がともに 0 でない，すなわち，$\boldsymbol{x}(0)$

08

$\neq \mathbf{0}$ である初期ベクトルに対して，振動が持続するような挙動を示すことがわかる．

(8.22) 式において，$x_1(0) = 1$，$x_2(0) = 1$ とした場合の応答を図 8.3 に示す．

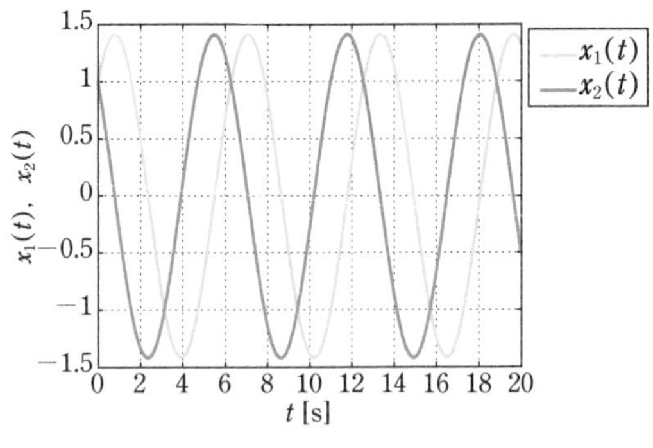

図 8.3　(8.22) 式の応答 ($x_1(0) = x_2(0) = 1$ の場合)

例 8.2 のシステムはシステムの係数行列 A の固有値のうち実部が正のものが存在し，例 8.3 のシステムはシステムの係数行列 A の固有値の実部が 0 なので，ともに漸近安定であるための条件を満足しない．したがって，漸近安定性の定義に基づくと不安定なシステムという分類になる．しかし，例 8.2 のシステムの解の挙動と例 8.3 のシステムの解の挙動は異なっている．

例 8.2 のシステムは，解 $\boldsymbol{x}(t)$ は時間が経過するにつれて零ベクトル $\mathbf{0}$ から限りなく離れていく．すなわち，$\lim_{t\to\infty}\|\boldsymbol{x}(t)\| = \infty$ となり非有界な解となった．これに対し，例 8.3 のシステムは，(8.22) 式より

$$
\begin{aligned}
\|\boldsymbol{x}(t)\|^2 &= (x_1(0)\cos t + x_2(0)\sin t)^2 \\
&\quad + (-x_1(0)\sin t + x_2(0)\cos t)^2 \\
&= x_1(0)^2 + x_2(0)^2
\end{aligned}
\tag{8.23}
$$

となるので，$\lim_{t\to\infty}\|\boldsymbol{x}(t)\| = \sqrt{x_1(0)^2 + x_2(0)^2}$ (一定) である．例 8.3 の解 $\boldsymbol{x}(t)$ は時間が経過しても零ベクトル $\mathbf{0}$ には近づかないので漸近安定ではない．しかし，例 8.2 のシステムとは異なり，時間が経過しても $\lim_{t\to\infty}\|\boldsymbol{x}(t)\| \neq \infty$ となるので，解 $\boldsymbol{x}(t)$ は零ベクトル $\mathbf{0}$ から限りなく離れていくわけでもないことがわかる．このような性質を持つ解を**有界な解** (bounded solution) という．

一般に，(8.1) 式の自由システムにおいて係数行列 A の固有値のうち実部

が 0 の固有値を持つ場合，すなわち，複素平面の虚軸上に位置する固有値を持つ場合，例 8.3 のように漸近安定性の定義に基づくと不安定なシステムに分類されるが，その解は有界な解であるという場合がある．このような解を持つ場合を**リアプノフの意味で安定なシステム**という 2)．

ところが，係数行列 A の固有値のうち実部が 0 の固有値を持つ場合には，例 8.3 のようにリアプノフの意味で安定なシステムになることもあるし，非有界な解を持ち不安定なシステムになる場合もある．

例 8.4

つぎの 2 次元システム

$$\frac{\mathrm{d}}{\mathrm{d}t}\begin{bmatrix} x_1(t) \\ x_2(t) \end{bmatrix} = \begin{bmatrix} 0 & 1 \\ 0 & 0 \end{bmatrix}\begin{bmatrix} x_1(t) \\ x_2(t) \end{bmatrix} \tag{8.24}$$

について考えよう．ここで，$\boldsymbol{x}(t) = \begin{bmatrix} x_1(t) \\ x_2(t) \end{bmatrix}$，$A = \begin{bmatrix} 0 & 1 \\ 0 & 0 \end{bmatrix}$であり，初期ベクトル $\boldsymbol{x}(0) = \begin{bmatrix} x_1(0) \\ x_2(0) \end{bmatrix}$とする（$x_1(0)$，$x_2(0)$ は実数）．

まず，与えられたシステムが漸近安定であるかを漸近安定性の条件を用いて調べよう．係数行列 A の特性方程式は

$$|\lambda I - A| = \begin{vmatrix} \lambda & -1 \\ 0 & \lambda \end{vmatrix} = \lambda^2 = 0$$

となるので，固有値は $\lambda = 0$（重解）である．ともに実部が 0 の固有値なので，与えられたシステムは漸近安定ではない．つぎに，(8.24) 式の解を求めて，その挙動について考えよう．与えられた係数行列 A に対して，状態遷移行列 e^{At} を求めると

$$\mathrm{e}^{At} = \mathcal{L}^{-1}[(sI - A)^{-1}] = \begin{bmatrix} 1 & t \\ 0 & 1 \end{bmatrix}$$

なので

$$\boldsymbol{x}(t) = \mathrm{e}^{At}\boldsymbol{x}(0) = \begin{bmatrix} x_1(0) + x_2(0)\,t \\ x_2(0) \end{bmatrix} \tag{8.25}$$

である．(8.25) 式より，解 $\boldsymbol{x}(t)$ は $x_2(0) \neq 0$ であるような $\boldsymbol{x}(0) \neq \boldsymbol{0}$ である初期ベクトルに対して，時間が経過するにつれて零ベクトル $\boldsymbol{0}$ から限りなく離れていく．すなわち，不安定なシステムである．このことは，解 $\boldsymbol{x}(t)$ のノルム $\|\boldsymbol{x}(t)\|$ が

$$\|\boldsymbol{x}(t)\|^2 = (x_1(0) + x_2(0)\,t)^2 + x_2(0)^2$$

2) リアプノフの安定論は参考文献 [1] を参照のこと．なお，例 8.1 はリアプノフの意味でも漸近安定である．

08

となり，$\lim_{t\to\infty}\|\boldsymbol{x}(t)\| = \infty$となることからもわかる．(8.25) 式において，$x_1(0) = 1$, $x_2(0) = 1$とした場合の応答を図 8.4 に示す．

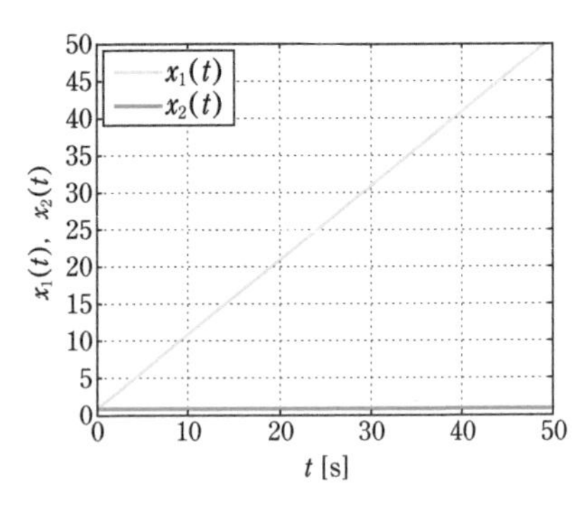

図 8.4　(8.25) 式の応答 ($x_1(0) = x_2(0) = 1$ の場合)

一般に，(8.1) 式の自由システムにおいてシステムの係数行列 A の固有値のうち実部が 0 の固有値を持つ場合，すなわち，複素平面の虚軸上に位置する固有値を持つ場合，例 8.3 のように漸近安定ではないが有界な解を持つ場合（リアプノフの意味で安定）もあるが，例 8.4 のように非有界な解を持ち不安定なシステムの場合もありうる．これまでの議論から，(8.1) 式の自由システムの安定性は係数行列 A の固有値により表 8.1 のように分類できる．

表 8.1　係数行列 A の固有値による安定性の分類

すべての固有値の実部が負	漸近安定
実部が 0 の固有値を含む場合	リアプノフの意味で安定
	不安定
1 つでも実部が正の固有値が存在する	不安定

8.3 有界入力有界出力安定性

前節までは，(8.1) 式の自由システムの安定性を説明した．本節では，60 ページの (4.25)，(4.26) 式の n 次元 1 入力 1 出力システムの状態空間表現

$$\dot{\boldsymbol{x}}(t) = A\boldsymbol{x}(t) + \boldsymbol{b}u(t) \tag{8.26}$$

$$y(t) = \boldsymbol{c}\boldsymbol{x}(t) + du(t) \tag{8.27}$$

についての安定性を考える．ただし，状態ベクトル $\boldsymbol{x}(t)$ は $n \times 1$ の列ベクトル，A は n 次正方行列，$\boldsymbol{b}$ は $n \times 1$ の列ベクトル，$\boldsymbol{c}$ は $1 \times n$ の行ベクトル，d はスカラーとする．また $u(t)$ は入力，$y(t)$ は出力で，ともにスカラーとする．(8.26)，(8.27) 式のシステムに対する安定性の説明の前に，つぎの性質を説明する．

I. 指数関数の性質

a を $a \neq 0$ である実数とすると，

$$\int_0^t \mathrm{e}^{a\tau}\,\mathrm{d}\tau = \frac{1}{a}(\mathrm{e}^{a\tau} - 1) \tag{8.28}$$

となるので，すべての $t \geq 0$ に対し，$\int_0^t \mathrm{e}^{a\tau}\,\mathrm{d}\tau$ が有界であるための必要十分条件は $a < 0$ であることである．

同様に，複素数 $\lambda = a + jb$（a，b は実数）に対し，

$$\int_0^t |\mathrm{e}^{\lambda\tau}|\mathrm{d}\tau = \int_0^t |\mathrm{e}^{a\tau}(\cos b\tau + j\sin b\tau)|\mathrm{d}\tau = \int_0^t \mathrm{e}^{a\tau}\mathrm{d}\tau \tag{8.29}$$

となるので，すべての $t \geq 0$ に対し，$\int_0^t |\mathrm{e}^{\lambda\tau}|\mathrm{d}\tau$ が有界であるための必要十分条件は λ の実部（$= a$）が負であることである．

II. 信号の大きさに関する性質

関数 $f(t)$，$g(t)$（$t \geq 0$）において，つぎの 2 つの不等式が成り立つ．

$$|f(t) + g(t)| \leq |f(t)| + |g(t)| \tag{8.30}$$

$$\left| \int_0^t f(\tau)\,\mathrm{d}\tau \right| \leq \int_0^t |f(\tau)|\mathrm{d}\tau \tag{8.31}$$

これらの性質を利用して，(8.26)，(8.27) 式のシステムに対する安定性について説明する．

操作量（入力）$u(t)$（$t \geq 0$）が，t に無関係な正の定数 M に対して，不等式

$$|u(t)| \leq M \tag{8.32}$$

を満足するとき**有界入力**（bounded input）という．同様に，制御量（出力）$y(t)$（$t \geq 0$）が，t に無関係な正の定数 N に対して，不等式

$$|y(t)| \leq N \tag{8.33}$$

を満足するとき有界出力（bounded output）という．

本節で考える安定性は，(8.26)，(8.27) 式のシステムに対する有界入力有界出力安定性（bounded-input bounded-output stability）（BIBO 安定性）といわれるもので，その定義はつぎで与えられる．

線形時不変システムの有界入力有界出力安定性の定義

$t \geq 0$ において，任意の有界入力 $u(t)$ に対し，その出力 $y(t)$ も有界出力であるとき，(8.26)，(8.27) 式のシステムは有界入力有界出力安定であるという．

7.2 節において，(8.26) 式の解は，

$$\boldsymbol{x}(t) = \mathrm{e}^{At}\boldsymbol{x}(0) + \int_0^t \mathrm{e}^{A(t-\tau)}\boldsymbol{b}u(\tau)\,\mathrm{d}\tau \tag{8.34}$$

で与えられ，初期ベクトルの影響を表す零入力応答（自由応答）と操作量（入力）の影響を表す零状態応答の和で表され，零入力応答と零状態応答について重ね合わせの原理が成立していることを述べた．本節で説明する安定性は操作量（入力）に関するものなので，操作量（入力）の影響を表す零状態応答にのみ注目することにする．すなわち，初期ベクトルを $\boldsymbol{x}(0) = \boldsymbol{0}$ とみなすので，

$$\boldsymbol{x}(t) = \int_0^t \mathrm{e}^{A(t-\tau)}\boldsymbol{b}u(\tau)\,\mathrm{d}\tau \tag{8.35}$$

となり，(8.27) 式より出力 $y(t)$ はつぎとなる．

$$y(t) = \boldsymbol{c}\boldsymbol{x}(t) + du(t) = \int_0^t \boldsymbol{c}\mathrm{e}^{A(t-\tau)}\boldsymbol{b}u(\tau)\,\mathrm{d}\tau + du(t) \tag{8.36}$$

ここで，システムの係数行列 A の固有値を $\lambda_i = a_i + jb_i\ (i = 1, 2, \cdots, n)$ とし，重複しないものと仮定する．また，対応する固有ベクトルをそれぞれ $\boldsymbol{v}_i\ (i = 1, 2, \cdots, n)$ とする．さらに，n 次正方行列 T を

$$T = [\boldsymbol{v}_1\ \boldsymbol{v}_2\ \cdots\ \boldsymbol{v}_n] \tag{8.37}$$

とすると，係数行列 A の固有値が重複しないので，逆行列 T^{-1} が存在し，(8.14) 式より，係数行列 A の状態遷移行列は

$$e^{At} = T\begin{bmatrix} e^{\lambda_1 t} & 0 & \cdots & 0 \\ 0 & e^{\lambda_2 t} & \cdots & 0 \\ \vdots & \vdots & \ddots & \vdots \\ 0 & 0 & \cdots & e^{\lambda_n t} \end{bmatrix}T^{-1} \tag{8.38}$$

となる．(8.38) 式を (8.36) 式に代入し，

$$T^{-1}\boldsymbol{b} = \begin{bmatrix} \tilde{b}_1 \\ \tilde{b}_2 \\ \vdots \\ \tilde{b}_n \end{bmatrix}$$

$$\boldsymbol{c}T = [\tilde{c}_1 \ \ \tilde{c}_2 \ \cdots \ \tilde{c}_n]$$

とし，さらに，$\beta_i = \tilde{b}_i \tilde{c}_i \neq 0 \ (i = 1, 2, \cdots, n)$ とおくと，(8.36) 式より，

$$y(t) = \int_0^t (\beta_1 e^{\lambda_1(t-\tau)} + \beta_2 e^{\lambda_2(t-\tau)} + \cdots + \beta_n e^{\lambda_n(t-\tau)}) u(\tau) d\tau + du(t) \tag{8.39}$$

が得られる．$u(t)$ は有界入力であるので，(8.32) 式の不等式が成り立つことと (8.30) 式と (8.31) 式の不等式を用いると，

$$\begin{aligned} |y(t)| &\leq |\beta_1| M \int_0^t |e^{\lambda_1(t-\tau)}| d\tau + |\beta_2| M \int_0^t |e^{\lambda_2(t-\tau)}| d\tau \\ &\quad + \cdots + |\beta_n| M \int_0^t |e^{\lambda_n(t-\tau)}| d\tau + |d| M \quad \boxed{|e^{(a_i + jb_i)t}| = e^{a_i t} \text{なので}} \\ &= |\beta_1| M \int_0^t e^{a_1(t-\tau)} d\tau + |\beta_2| M \int_0^t e^{a_2(t-\tau)} d\tau \\ &\quad + \cdots + |\beta_n| M \int_0^t e^{a_n(t-\tau)} d\tau + |d| M \end{aligned} \tag{8.40}$$

となる．(8.40) 式よりすべての $t \geq 0$ に対し，$y(t)$ が有界出力である．すなわち，(8.33) 式の不等式を満足する t に関係ない正の定数 N が存在することと $\int_0^t e^{a_1(t-\tau)} d\tau$, $\int_0^t e^{a_2(t-\tau)} d\tau$, $\cdots$, $\int_0^t e^{a_n(t-\tau)} d\tau$ が有界であることは等価である．さらに，これは係数行列 A のすべての固有値 $\lambda_i \ (i = 1, 2, \cdots, n)$ の実部 (a_i (i

$= 1, 2, \cdots, n)$）が負であることと等価である．よって，(8.26)，(8.27) 式のシステムが有界入力有界出力安定である条件はつぎのようにまとめることができる．

線形時不変システムが有界入力有界出力安定であるための条件

(8.26)，(8.27) 式のシステムが有界入力有界出力安定であるための必要十分条件はシステムの係数行列 A のすべての固有値の実部が負であることである (図 8.5)．

この条件は，自由システム (8.1) 式が漸近安定であることと等価であることがわかる．

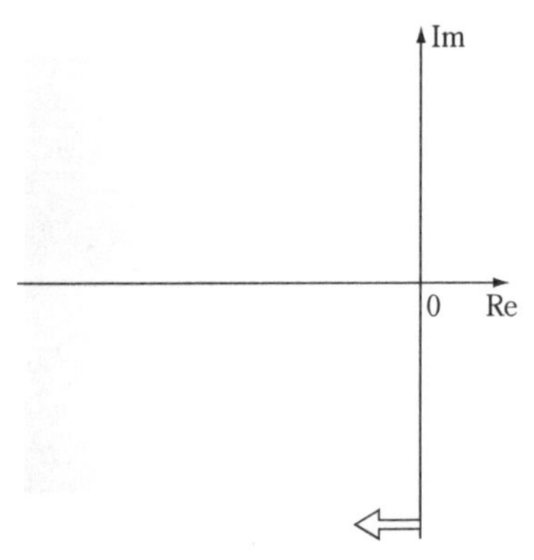

図 8.5　システムが安定となるための固有値の位置

安定判別とリアプノフ方程式

(8.1) 式の自由システムが漸近安定であるための条件や (8.26), (8.27) 式のシステムが有界入力有界出力安定であるための条件は係数行列 A のすべての固有値の実部が負である，すなわち係数行列 A が安定行列であることを述べた．

与えられた $\boldsymbol{n}$ 次正方行列 A が安定行列であるかを判別する条件として，つぎのことが知られている．

$\boldsymbol{n}$ 次正方行列 A が安定行列であるための必要十分条件は

$$PA + A^{\mathrm{T}}P = -Q \tag{8.41}$$

を満足する $\boldsymbol{n}$ 次正方行列 P が正定行列（固有値がすべて正の対称行列）であることである．ここで，Q は $\boldsymbol{n} \times \boldsymbol{n}$ の任意の正定行列（すべての固有値が正の対称行列）である．または，$(\boldsymbol{c}, A)$ が可観測となる $\boldsymbol{c}$ により $Q = \boldsymbol{c}^{\mathrm{T}}\boldsymbol{c}$ で表される半正定行列（すべての固有値が 0 以上の対称行列）である（「可観測」については講義 10 を参照のこと）．(8.41) 式をリアプノフ方程式（Lyapunov equation）と呼ぶ．

【講義 08 のまとめ】

- (8.1) 式で表される自由システムが漸近安定となるにはシステムの係数行列 A のすべての固有値の実部が負となることが必要である．
- 自由システムの安定性はシステムの係数行列 A の固有値により，「漸近安定」「リアプノフの意味で安定」「不安定」に分類される．
- 線形時不変システムが有界入力有界出力安定となるにはシステムの係数行列 A のすべての固有値の実部が負となることが必要である．

演習問題

(1) n 次元システム

$$\dot{\boldsymbol{x}}(t) = A\boldsymbol{x}(t)$$

を考える．ただし A は n 次正方行列とする．このシステムを正則行列 T を用いて $\boldsymbol{x}(t) = T\boldsymbol{z}(t)$ と状態変数変換したシステムを

$$\dot{\boldsymbol{z}}(t) = \tilde{A}\boldsymbol{z}(t)$$

とする．このとき両システムでシステムの安定性が変わらないことを示せ．

(2) 2 次元システム

$$\dot{\boldsymbol{x}}(t) = A\boldsymbol{x}(t) + \boldsymbol{b}u(t)$$

を考える．ただし $\boldsymbol{x}(t) = \begin{bmatrix} x_1(t) \\ x_2(t) \end{bmatrix}$，$A = \begin{bmatrix} -3 & -2 \\ -2 & -3 \end{bmatrix}$，$\boldsymbol{b} = \begin{bmatrix} 0 \\ 1 \end{bmatrix}$，$\boldsymbol{x}(0) = \begin{bmatrix} 1 \\ 0 \end{bmatrix}$ とし，操作量（入力）$u(t)$ は単位ステップ信号（すべての t に対して $u(t) = 1$）とする．このとき $\lim_{t\to\infty}\boldsymbol{x}(t)$ を求めよ．また $\lim_{t\to\infty}\boldsymbol{x}(t) = -A^{-1}\boldsymbol{b}$ であることを確かめよ．

(3) $A = \begin{bmatrix} 0 & 1 \\ -6 & -5 \end{bmatrix}$，$P = \begin{bmatrix} p_{11} & p_{12} \\ p_{12} & p_{22} \end{bmatrix}$ とする．また $\boldsymbol{c} = [1 \quad 1]$ とし $Q = \boldsymbol{c}^{\mathrm{T}}\boldsymbol{c}$ とする．このとき

$$PA + A^{\mathrm{T}}P = -Q$$

を満足する行列 P を求め（上式の両辺の各成分を比較し p_{11}，p_{12}，p_{22} についての連立方程式を解く），P の固有値がすべて正であることを確かめよ．

(4) (3) と同じ A，$\boldsymbol{c}$ および，$Q = \boldsymbol{c}^{\mathrm{T}}\boldsymbol{c}$ を考える．このとき，(3) で求めた行列 P は，$P = \int_0^\infty \mathrm{e}^{A^{\mathrm{T}}t} Q \mathrm{e}^{At} \mathrm{d}t$ と一致することを確かめよ．

(5) (3) と同じ A，$\boldsymbol{c}$ および，$Q = \boldsymbol{c}^{\mathrm{T}}\boldsymbol{c}$ を考える．初期ベクトル $\boldsymbol{x}(0) = \begin{bmatrix} 1 \\ 1 \end{bmatrix}$ に対する自由システム $\dot{\boldsymbol{x}}(t) = A\boldsymbol{x}(t)$ の自由応答 $\boldsymbol{x}(t)$ に対して，$J = \int_0^\infty \boldsymbol{x}^{\mathrm{T}}(t) Q \boldsymbol{x}(t)\, \mathrm{d}t$ とする．このとき，自由応答 $\boldsymbol{x}(t)$ を求め，J の値を求

めよ．また，J は $\boldsymbol{x}^\top(0)P\boldsymbol{x}(0)$ と一致することを確かめよ．ただし，P は
(3)で求めた行列 P とする．

講義 09

状態フィードバックと極配置

講義 08 では線形時不変システムの安定性について説明し，システムの係数行列 A の固有値，すなわちシステムの極が安定性に大きく影響していることを説明した．特に，すべての固有値の実部が負であればシステムは「安定」であるといい，システムを制御するために必要な性質となる．しかし，すべてのシステムが常に安定とは限らず，不安定なシステムを制御する必要もある．このとき操作量（入力）を使ってシステムを安定化する，すなわち制御することが重要である．本講では状態フィードバックと呼ばれる操作量の構成方法について説明し，不安定なシステムが状態フィードバック制御により安定化されることについて説明する．

【講義 09 のポイント】

- 状態フィードバック制御によるシステムの安定化を理解しよう．
- 状態フィードバック制御による速応性の改善を理解しよう．
- 状態フィードバック制御系が構成できない場合もありうることを理解しよう．

9.1　状態フィードバック制御による安定化法

60 ページの (4.25)，(4.26) 式と同様に，n 次元 1 入力 1 出力システムの状態方程式がつぎで表されるとする．

$$\dot{\boldsymbol{x}}(t) = A\boldsymbol{x}(t) + \boldsymbol{b}u(t) \tag{9.1}$$

(9.1) 式のシステムの係数行列 A の固有値のことをシステムの極と呼んだ．講義 08 の結論からシステムの係数行列 A の固有値，すなわちシステムの極は (9.1) 式の制御対象の安定性と密接に関係がある．すべての t に対し $u(t) = 0$ とした自由応答の場合，システムが安定な場合は状態ベクトル $\boldsymbol{x}(t)$ が任意の初期ベクトル $\boldsymbol{x}(0)$ から零ベクトル $\boldsymbol{0}$ に収束する．では，システムが不安定な場合に同様に状態ベクトル $\boldsymbol{x}(t)$ を零ベクトル $\boldsymbol{0}$ に収束させるにはどうすればよいだろうか．つぎの例を考えよう．

例 9.1

つぎの制御対象

$$\dot{\boldsymbol{x}}(t) = A\boldsymbol{x}(t) + \boldsymbol{b}u(t) \tag{9.2}$$

について考える．ここで，$\boldsymbol{x}(t) = \begin{bmatrix} x_1(t) \\ x_2(t) \end{bmatrix}$，$A = \begin{bmatrix} 0 & 1 \\ -2 & 3 \end{bmatrix}$，$\boldsymbol{b} = \begin{bmatrix} 0 \\ 1 \end{bmatrix}$であり，初期ベクトルを$\boldsymbol{x}(0) = \begin{bmatrix} 1 \\ 1 \end{bmatrix}$とする．さらに，状態変数$x_1(t)$，$x_2(t)$は直接計測可能で，計測した値をそのまま制御系の構成に利用できるとする．すなわち，操作量$u(t)$の構成に$x_1(t)$，$x_2(t)$が利用できることを意味する．ここで，係数行列Aの特性方程式は

$$|\lambda I - A| = \lambda^2 - 3\lambda + 2 = (\lambda - 1)(\lambda - 2) = 0$$

となるので，固有値は$\{1,\ 2\}$である．したがって，固有値の実部が正であるので，(9.2)式のシステムは不安定である．与えられた初期ベクトル$\boldsymbol{x}(0)$に対し，(9.2)式の自由応答を求めると，

$$\boldsymbol{x}(t) = \mathrm{e}^{At}\boldsymbol{x}(0) = \begin{bmatrix} 2\mathrm{e}^{t} - \mathrm{e}^{2t} & -\mathrm{e}^{t} + \mathrm{e}^{2t} \\ 2\mathrm{e}^{t} - 2\mathrm{e}^{2t} & -\mathrm{e}^{t} + 2\mathrm{e}^{2t} \end{bmatrix}\begin{bmatrix} 1 \\ 1 \end{bmatrix} = \begin{bmatrix} \mathrm{e}^{t} \\ \mathrm{e}^{t} \end{bmatrix}$$

となり，$t \to \infty$のとき$\boldsymbol{x}(t)$は零ベクトルから限りなく離れていく．ここで，状態変数を計測した値がそのまま制御系の構成に利用できるので，操作量$u(t)$を状態変数$x_1(t)$，$x_2(t)$それぞれの定数倍の和（の符号を変えたもの）としてつぎで与える．

$$u(t) = -f_1x_1(t) - f_2x_2(t) = -\begin{bmatrix} f_1 & f_2 \end{bmatrix}\begin{bmatrix} x_1(t) \\ x_2(t) \end{bmatrix} = -\boldsymbol{f}\boldsymbol{x}(t) \tag{9.3}$$

ただし，f_1，f_2は未定の定数で，ベクトル$\boldsymbol{f}$は1×2の行ベクトルで$\boldsymbol{f} = [f_1 \ \ f_2]$とする．

(9.3)式を(9.2)式に代入すると

$$\dot{\boldsymbol{x}}(t) = (A - \boldsymbol{b}\boldsymbol{f})\boldsymbol{x}(t) = \begin{bmatrix} 0 & 1 \\ -2 - f_1 & 3 - f_2 \end{bmatrix}\boldsymbol{x}(t) = A_f\boldsymbol{x}(t) \tag{9.4}$$

となる．ただし，$A_f = A - \boldsymbol{b}\boldsymbol{f} = \begin{bmatrix} 0 & 1 \\ -2 - f_1 & 3 - f_2 \end{bmatrix}$とする．

ここで，与えられた初期ベクトル$\boldsymbol{x}(0)$に対し，(9.4)式の解は，6.1節の結果より，

$$\boldsymbol{x}(t) = \mathrm{e}^{A_f t}\boldsymbol{x}(0) \tag{9.5}$$

となる．したがって，行列A_fのすべての固有値の実部が負になるように定数f_1，f_2，すなわちベクトル$\boldsymbol{f} = [f_1 \ \ f_2]$を定めると，すべての初期ベクトル$\boldsymbol{x}(0)$に対し，$\lim_{t \to \infty}\boldsymbol{x}(t) = 0$が成り立ち，操作量$u(t)$を加えなければ不安定であった(9.2)式のシステムを**安定化**（stabilization）することができる．

ここでは，行列A_fのすべての固有値の実部が負，たとえば$\{-2,\ -3\}$となるように定数f_1，f_2を求めよう．行列A_fの特性方程式は

$$|\lambda I - A_f| = \lambda^2 + (-3 + f_2)\lambda + 2 + f_1 = 0 \tag{9.6}$$

であり，この特性方程式が

$$(\lambda + 2)(\lambda + 3) = \lambda^2 + 5\lambda + 6 = 0 \tag{9.7}$$

と一致すれば，行列 A_f のすべての固有値の実部は $\{-2,\ -3\}$ となり負の値となる．したがって，(9.6) 式と (9.7) 式の係数を比較して，つぎの連立方程式を得る．

$$\begin{cases} -3 + f_2 = 5 \\ 2 + f_1 = 6 \end{cases}$$

これを解くと $f_1 = 4$, $f_2 = 8$ となる．よって $\boldsymbol{f} = [4\ 8]$ となり，操作量 $\boldsymbol{u(t)}$ は (9.3) 式より

$$\boldsymbol{u}(t) = -4x_1(t) - 8x_2(t) = -[4\ \ 8]\boldsymbol{x}(t) \tag{9.8}$$

となる．さらに，$A_f = \begin{bmatrix} 0 & 1 \\ -6 & -5 \end{bmatrix}$ なので，(9.8) 式の操作量を加えたシステムは，

$$\dot{\boldsymbol{x}}(t) = (A - \boldsymbol{bf})\boldsymbol{x}(t) = A_f\boldsymbol{x}(t) = \begin{bmatrix} 0 & 1 \\ -6 & -5 \end{bmatrix}\boldsymbol{x}(t) \tag{9.9}$$

となり，初期ベクトル $\boldsymbol{x}(0) = \begin{bmatrix} 1 \\ 1 \end{bmatrix}$ に対する (9.9) 式の解は，例 6.2 と同様にして

$$\boldsymbol{x}(t) = \begin{bmatrix} 4\mathrm{e}^{-2t} - 3\mathrm{e}^{-3t} \\ -8\mathrm{e}^{-2t} + 9\mathrm{e}^{-3t} \end{bmatrix} \tag{9.10}$$

となり，$\lim_{t\to\infty}\boldsymbol{x}(t) = \boldsymbol{0}$ となることがわかる．よって，(9.2) 式の制御対象は不安定なシステムであるが，(9.8) 式の操作量を加えた (9.9) 式のシステムは安定となることがわかる．また，(9.10) 式の応答は図 9.1 となり，各状態変数が 0 に収束していることが確認できる．

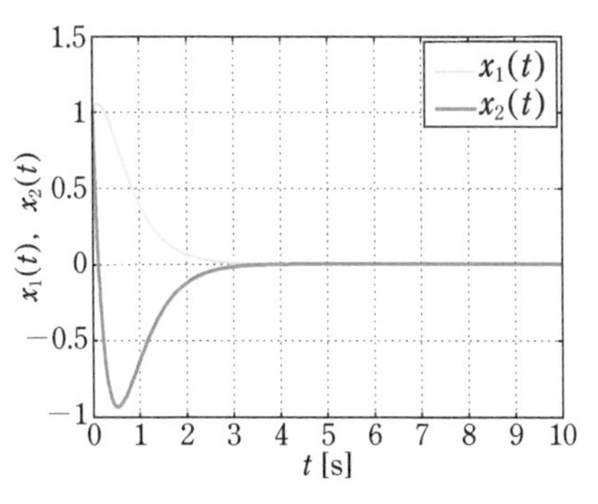

図 9.1　(9.10) 式の応答

例 9.1 で説明した内容を一般の n 次元 1 入力 1 出力システムについてまとめる．制御対象は (9.1) 式で表された n 次元 1 入力 1 出力システムである．ここで，初期ベクトル $\boldsymbol{x}(0)$ は与えられているとする．また，すべての状態変数 $x_i(t)$ ($i = 1, 2, \cdots, n$) は直接計測可能で，計測した値をそのまま制御系の構成，すなわち操作量 $u(t)$ の構成に利用できるものとする．

(9.1) 式において，操作量 $u(t)$ を状態変数 $x_i(t)$ ($i = 1, 2, \cdots, n$) の定数倍の和（の符号を変えたもの）として

$$u(t) = -f_1 x_1(t) - f_2 x_2(t) - \cdots - f_n x_n(t)$$
$$= -\begin{bmatrix} f_1 & f_2 & \cdots & f_n \end{bmatrix} \begin{bmatrix} x_1(t) \\ x_2(t) \\ \vdots \\ x_n(t) \end{bmatrix} = -\boldsymbol{f}\boldsymbol{x}(t) \tag{9.11}$$

とする．f_i ($i = 1, 2, \cdots, n$) は定数，ベクトル $\boldsymbol{f}$ は $1 \times n$ の行ベクトルで $\boldsymbol{f} = [f_1\ f_2\ \cdots\ f_n]$ とする．(9.11) 式を (9.1) 式に代入すると，

$$\dot{\boldsymbol{x}}(t) = (A - \boldsymbol{b}\boldsymbol{f})\boldsymbol{x}(t) = A_f \boldsymbol{x}(t) \tag{9.12}$$

となる．ただし，$A_f = A - \boldsymbol{b}\boldsymbol{f}$ である．与えられた初期ベクトル $\boldsymbol{x}(0)$ に対し，(9.12) 式の解は，6.1 節の結果より，

$$\boldsymbol{x}(t) = \mathrm{e}^{A_f t} \boldsymbol{x}(0) \tag{9.13}$$

となる．

ここで，(9.1) 式の制御対象は，不安定なシステムであることも考えられる（システムの係数行列 A の固有値の実部が正の場合）．しかし，(9.1) 式に (9.11) 式の操作量 $u(t)$ を適用し，行列 $A_f = A - \boldsymbol{b}\boldsymbol{f}$ のすべての固有値の実部が負，すなわちシステムが安定となる望ましい位置に行列 A_f の固有値を配置するようにベクトル $\boldsymbol{f}$ が求まれば[1]，すべての初期ベクトル $\boldsymbol{x}(0)$ に対して，$\lim_{t\to\infty} \boldsymbol{x}(t) = \boldsymbol{0}$ が成り立ち，(9.12) 式のシステムは安定となる．

1) 定数 $f_1, f_2, \cdots, f_n$ を求めることとなる．

制御対象 (9.1) 式と操作量 (9.11) 式による制御系の構成を状態変数線図にすると，図 9.2 のようになる．図 9.2 より，制御対象に対する操作量 $\boldsymbol{u}(t)$ は状態ベクトル $\boldsymbol{x}(t)$ にベクトル $\boldsymbol{f}$ をかけてフィードバックをする構成であるので，(9.11) 式の制御則を**状態フィードバック制御則** (state feedback control law) と呼び，それを用いる制御系の構成方法を**状態フィードバック制御系** (state feedback control system) という．操作量 (9.11) 式を制御対象 (9.1) 式に加えてできる (9.12) 式のシステムを**閉ループシステム** (closed-loop system)，行列 $A_f = A - \boldsymbol{bf}$ の固有値を**閉ループシステムの極** (poles of the closed-loop system)，ベクトル $\boldsymbol{f}$ を**状態フィードバックベクトル** (state feedback vector) と呼ぶ．特に，望ましい閉ループシステムの極の位置を定め，その位置に極を配置するような状態フィードバックベクトル $\boldsymbol{f}$ を求めることを**極配置** (pole assignment) という．

また，(9.13) 式で表される閉ループシステム (9.12) 式の応答において，零ベクトルでない初期ベクトル $\boldsymbol{x}(0)$ を初期外乱とみなそう．このとき，(9.13) 式の閉ループシステムが安定となっていれば，状態ベクトル $\boldsymbol{x}(t)$ は初期状態 (ベクトル) $\boldsymbol{x}(0)$ から速やかに零ベクトル $\boldsymbol{0}$ に戻る．その意味で，閉ループシステム (9.12) 式を**レギュレータ** (regulator) ともいい，行列 $A_f = A - \boldsymbol{bf}$ の固有値を**レギュレータの極** (poles of regulator system) ともいう．

指定する閉ループシステムの極に対する状態フィードバックベクトル $\boldsymbol{f}$ の決定方法はいくつかあるが，ここでは一番単純な方法を説明する．

閉ループシステム (9.13) 式の行列 A_f の特性多項式を

$$
\begin{aligned}
|\lambda I - A_f| = \lambda^n &+ \alpha_n(f_1, f_2, \cdots, f_n)\lambda^{n-1} \\
&+ \alpha_{n-1}(f_1, f_2, \cdots, f_n)\lambda^{n-2} + \cdots + \alpha_2(f_1, f_2, \cdots, f_n)\lambda \\
&+ \alpha_1(f_1, f_2, \cdots, f_n) \qquad (9.14)
\end{aligned}
$$

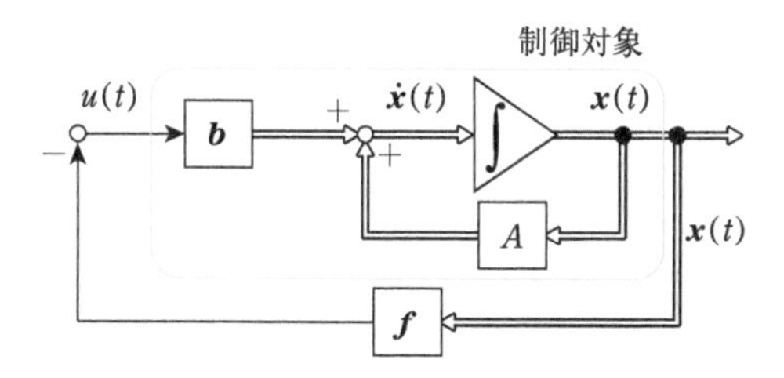

図 9.2　状態フィードバック制御系の状態変数線図

09

とする．ただし，$\alpha_i(f_1, f_2, \cdots, f_n)$ $(i = 1, 2, \cdots, n)$ は，f_i $(i = 1, 2, \cdots, n)$ を含む λ のべき乗の各係数である．(9.14) 式は，例 9.1 における (9.6) 式に対応する式である．また，指定する閉ループシステムの極を μ_i $(i = 1, 2, \cdots, n)$ とすると[2]，(9.14) 式と一致すべき特性多項式は

$$
\begin{aligned}
&(\lambda - \mu_1)(\lambda - \mu_2)\cdots(\lambda - \mu_n) \\
&= \lambda^n + \beta_n\lambda^{n-1} + \beta_{n-1}\lambda^{n-2} + \cdots + \beta_2\lambda + \beta_1
\end{aligned}
\tag{9.15}
$$

となる．β_i $(i = 1, 2, \cdots, n)$ は (9.15) 式の左辺を展開した際の λ のべき乗の係数である．(9.15) 式は，例 9.1 における (9.7) 式に対応する式である．(9.14) 式と (9.15) 式の各係数を比較すると，つぎに示す f_i $(i = 1, 2, \cdots, n)$ に関する連立方程式が得られる．

$$
\begin{cases}
\alpha_n(f_1, f_2, \cdots, f_n) = \beta_n \\
\alpha_{n-1}(f_1, f_2, \cdots, f_n) = \beta_{n-1} \\
\qquad \vdots \\
\alpha_1(f_1, f_2, \cdots, f_n) = \beta_1
\end{cases}
\tag{9.16}
$$

この連立方程式 (9.16) 式を解き，f_i $(i = 1, 2, \cdots, n)$ を決定することで，状態フィードバックベクトル $\boldsymbol{f}$ を求めることができる．

9.2 速応性の改善と極配置

9.1 節では，(9.1) 式のシステムが不安定である場合でも，状態フィードバック制御則 (9.11) 式を適用することで閉ループシステムを安定にできることを説明した．

ところで，指数関数 $\mathrm{e}^{\lambda t}$ のべき指数 λ の実部が負でその絶対値が大きい，すなわちべき指数 λ が複素平面の虚軸から遠い左半面に位置するほど，$t \to \infty$ のとき，より速く $\mathrm{e}^{\lambda t} \to 0$ となる．したがって，制御対象が安定なシステムであっても閉ループシステムの極の位置を適切に指定することで，より速く平衡状態（零ベクトル $\mathbf{0}$）へ戻るようにシステムの速応性 (fast response, convergence speed of response) を改善できることが期待される．つぎの例を考えよう．

2) 状態フィードバックベクトル $\boldsymbol{f}$ の要素を実数とするために，指定する閉ループシステムの極として複素数を指定する場合は，その極と共役な複素数も極として指定する．

例 9.2

例 9.1 と同じ制御対象の極に対し，閉ループシステムの極が例 9.1 の場合と比べて，複素平面のより左側となるように {−5, −6} と指定すると，状態フィードバックベクトル $\boldsymbol{f}$ は $\boldsymbol{f} = [28\ \ 14]$ となり，与えられた初期ベクトル $\boldsymbol{x}(0) = \begin{bmatrix} 1 \\ 1 \end{bmatrix}$ に対する (9.4) 式の解は,

$$\boldsymbol{x}(t) = \begin{bmatrix} 7\mathrm{e}^{-5t} - 6\mathrm{e}^{-6t} \\ -35\mathrm{e}^{-5t} + 36\mathrm{e}^{-6t} \end{bmatrix}$$

となる．すなわち

$$x_1(t) = 7\mathrm{e}^{-5t} - 6\mathrm{e}^{-6t} \tag{9.17}$$

$$x_2(t) = -35\mathrm{e}^{-5t} + 36\mathrm{e}^{-6t} \tag{9.18}$$

となる．(9.17) 式と例 9.1 の場合の $x_1(t)$ を図示すると図 9.3 (a) となり，(9.18) 式と例 9.1 の場合の $x_2(t)$ を図示すると図 9.3 (b) となる．図 9.3 (a) と図 9.3 (b) より，閉ループシステムの極を {−5, −6} と実部が負でその絶対値をより大きく指定すると，$x_1(t)$, $x_2(t)$ のどちらも速く 0 に収束することがわかる．

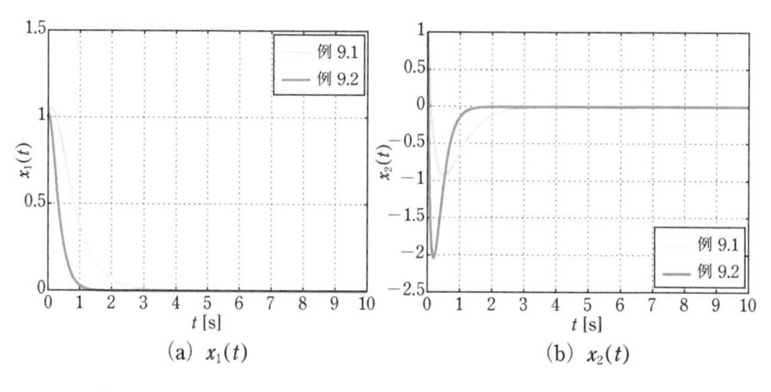

図 9.3 閉ループシステムの極による速応性の違い

つぎに，閉ループシステムの極として共役複素数を指定する場合を示す．

例 9.3

例 9.1 と同じ制御対象の極に対し，閉ループシステムの極を {−1 + j3, −1 − j3} と指定すると，状態フィードバックベクトル $\boldsymbol{f}$ は $\boldsymbol{f} = [8\ \ 5]$ となり，与えられた初期ベクトル $\boldsymbol{x}(0) = \begin{bmatrix} 1 \\ 1 \end{bmatrix}$ に対する (9.4) 式の解は,

$$\boldsymbol{x}(t) = \begin{bmatrix} \mathrm{e}^{-t}\cos 3t + \dfrac{2}{3}\mathrm{e}^{-t}\sin 3t \\ \mathrm{e}^{-t}\cos 3t - \dfrac{11}{3}\mathrm{e}^{-t}\sin 3t \end{bmatrix}$$

となる．すなわち

$$x_1(t) = \mathrm{e}^{-t}\cos 3t + \frac{2}{3}\mathrm{e}^{-t}\sin 3t \tag{9.19}$$

$$x_2(t) = \mathrm{e}^{-t}\cos 3t - \frac{11}{3}\mathrm{e}^{-t}\sin 3t \tag{9.20}$$

となる．(9.19) 式と例 9.1 の場合の $x_1(t)$ を図示すると図 9.4 (a) となり，(9.20) 式と例 9.1 の場合の $x_2(t)$ を図示すると図 9.4 (b) となる．図 9.4 より，閉ループシステムの極を実部が負である複素数に指定すると，$x_1(t)$，$x_2(t)$ のどちらも振動的な応答を示しながら 0 に収束することがわかる．

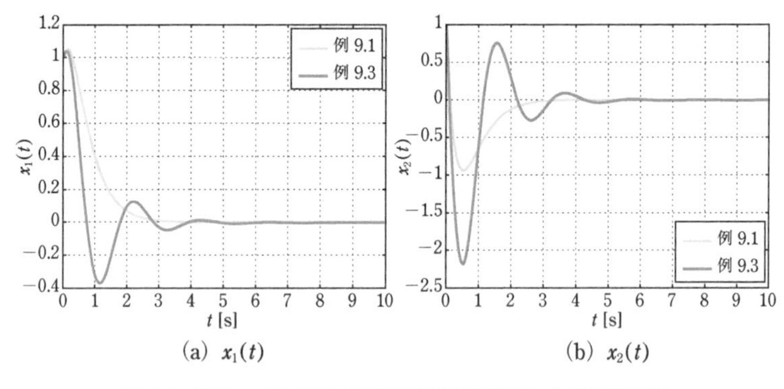

図 9.4　閉ループシステムの極に複素数を指定した場合の応答

例 9.1，9.2，9.3 より，閉ループシステムの極の配置に関する議論を図 9.5 にまとめる．まず，閉ループシステムのすべての極の実部が負となるように配置することで，不安定な制御対象も閉ループシステムとして安定に動作する制御システムを構成することができる．つぎに，閉ループシステムの極を実部が負でその絶対値をより大きく指定することで，より速く零ベクトル $\mathbf{0}$ に収束するように速応性を改善することができる．また，実部が負となる複素数の極を指定すると振動的な応答を示しながら零ベクトル $\mathbf{0}$ に収束していくことがわかった．

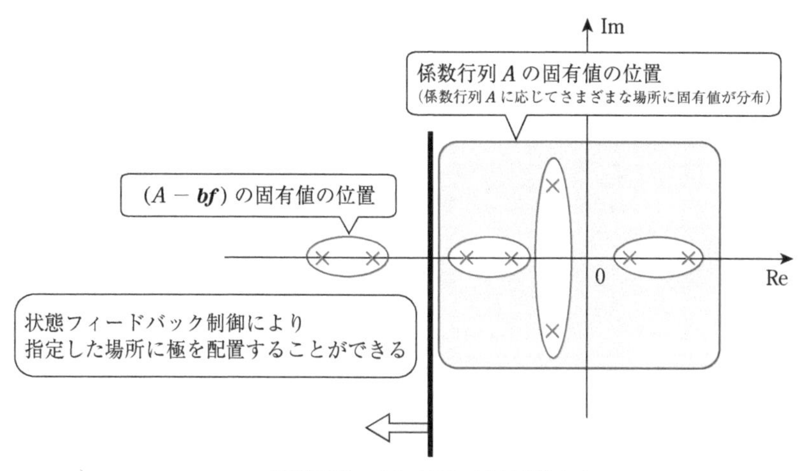

図 9.5　極配置のまとめ

9.3　状態フィードバック制御系が構成できない例

本節ではつぎの例を考えよう．

例 9.4

つぎの制御対象

$$\dot{\boldsymbol{x}}(t)=A\boldsymbol{x}(t)+\boldsymbol{b}u(t) \tag{9.21}$$

に対して状態フィードバック制御系を構成することを考える．ここで，$\boldsymbol{x}(t)=\begin{bmatrix}x_1(t)\\x_2(t)\end{bmatrix}$，$A=\begin{bmatrix}0&1\\-2&3\end{bmatrix}$，$\boldsymbol{b}=\begin{bmatrix}1\\2\end{bmatrix}$であり，初期ベクトルを$\boldsymbol{x}(0)=\begin{bmatrix}1\\1\end{bmatrix}$とする．さらに，状態変数 $x_1(t)$，$x_2(t)$ は直接計測可能で，計測した値をそのまま制御系の構成に利用できるとする．閉ループシステムの極を $\{-2,\ -3\}$ と指定する．

例 9.1 との違いは，$\boldsymbol{b}=\begin{bmatrix}0\\1\end{bmatrix}$であった入力ベクトル $\boldsymbol{b}$ が $\boldsymbol{b}=\begin{bmatrix}1\\2\end{bmatrix}$に変更されているところのみである．

状態フィードバックベクトル $\boldsymbol{f}=[f_1\quad f_2]$ を求めよう．与えられた A，$\boldsymbol{b}$ に対して $A_f=\begin{bmatrix}-f_1&1-f_2\\-2-2f_1&3-2f_2\end{bmatrix}$となり，特性方程式はつぎとなる．

$$|\lambda I-A_f|=\lambda^2+(f_1+2f_2-3)\lambda-f_1-2f_2+2=0 \tag{9.22}$$

この特性方程式が $(\lambda+2)(\lambda+3)=\lambda^2+5\lambda+6=0$ と一致すればよいので，係数を比較して，連立方程式を整理すると，

$$\begin{cases} f_1+2f_2=8 \\ f_1+2f_2=-4 \end{cases} \tag{9.23}$$

を得るが，連立方程式 (9.23) 式を満足する f_1，f_2 は存在しない（解 f_1，f_2 が見つからない）．したがって，(9.21) 式の制御対象に対し，閉ループシステムの極を $\{-2, -3\}$ に配置できる状態フィードバックベクトルは存在しないことがわかる．

例 9.4 では，(9.21) 式の制御対象に対して，閉ループシステムの極を $\{-2, -3\}$ に配置するような状態フィードバックベクトルは存在しないという結果を得た．例えば，閉ループシステムの極を $\{\mu_1, \mu_2\}$ と指定しても，状態フィードバックベクトルを決定するための連立方程式は

$$\begin{cases} f_1+2f_2=3-(\mu_1+\mu_2) \\ f_1+2f_2=2-\mu_1\mu_2 \end{cases}$$

となり，これを満足する f_1，f_2 は存在しない[3]．よって，(9.21) 式の制御対象に対して，閉ループシステムの極を任意の位置に配置する状態フィードバックベクトルを求めることはできず，状態フィードバック制御系は構成できない．**これは，指定した閉ループシステムの極の位置が原因ではなく，(9.21) 式の制御対象が状態フィードバック制御系を構成できない行列 A とベクトル $\boldsymbol{b}$ の組み合わせになっているためである．**状態フィードバック制御系が構成できる行列 A とベクトル $\boldsymbol{b}$ の組み合わせの判別については 10.2 節で説明する．

図 9.6 にこれまでの議論をまとめる．制御対象 (9.1) 式の係数行列 A の固有値に複素平面の右半平面に位置するものが存在した場合（システムが不安定）や複素平面の虚軸に近い左半平面に位置するものが存在した場合（速応性が悪い），(9.11) 式の状態フィードバック制御を行うことで，閉ループシステムとして安定に動作するシステムや速応性が改善されたシステムが構成できる．ただし，例 9.4 のように係数行列 A と入力ベクトル $\boldsymbol{b}$ の組み合わせによっては，(9.11) 式の状態フィードバックベクトル $\boldsymbol{f}$ が存在せず，状態フィードバック制御システムが構成できない場合もありうる．

3) 極を $\{1, \gamma\}$ または $\{\gamma, 1\}$（γ は任意の実数）と選べば，f_1, f_2 は存在する．しかし，ほかに指定した閉ループシステムの極に配置する f_1, f_2 は存在しない．

・係数行列 A の固有値が右半平面にある（システムは不安定）
もしくは左半平面の虚軸に近い場所にある（速応性が悪い）

⇩ 状態フィードバック制御を用いる：$u(t) = -\boldsymbol{f}\boldsymbol{x}(t)$

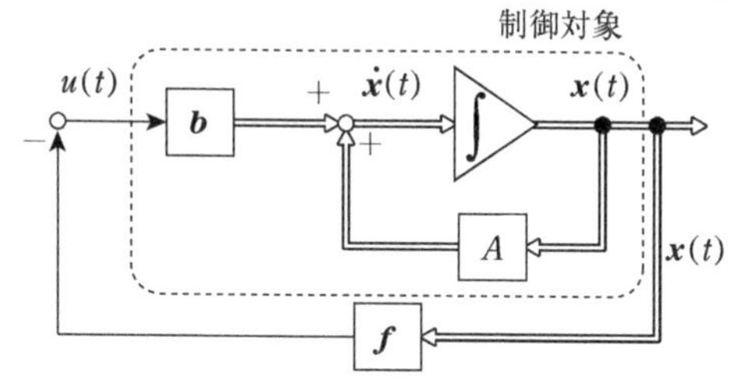

・状態ベクトル $\boldsymbol{x}(t)$ をフィードバックして入力 $u(t)$ としている
・矢印が一巡（ループ）して $\boldsymbol{x}(t)$ と $u(t)$ がつながった

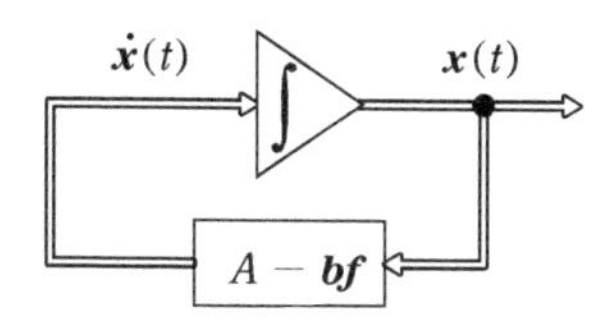

・$\dot{\boldsymbol{x}}(t) = (A - \boldsymbol{bf})\boldsymbol{x}(t)$ となり行列 $(A - \boldsymbol{bf})$ の固有値を適切な
位置（左半平面）に配置して望ましい応答を得る
⇒状態フィードバックベクトル $\boldsymbol{f}$ を適切に決めることで実現可能

⇩ いつも実現できるとは限らない？

・例 9.4 のように入力ベクトル $\boldsymbol{b}$ が変わるだけで行列 $(A - \boldsymbol{bf})$ の固有値を適切な
位置に配置する状態フィードバックベクトル $\boldsymbol{f}$ が見つけられない
⇒係数行列 A と入力ベクトル $\boldsymbol{b}$ の各要素の値に何か関係があるかもしれない

図 9.6　状態フィードバック制御系のまとめ

【講義 09 のまとめ】

- 不安定なシステムに対し，状態フィードバック制御を用いることで閉ループシステムを安定にできる．特に，望ましい位置に閉ループシステムの極を配置することを極配置という．
- 閉ループシステムとしての固有値（極）を複素平面上のより虚軸から遠いところに配置することで，システムの速応性が改善できる．
- 例 9.4 で示したように，制御対象のシステムの係数行列 A と入力ベクトル $\boldsymbol{b}$ の組み合わせによっては希望の極配置を実現する状態フィードバック制御系は構成できない場合もありうる．

演習問題

(1) つぎの A，$\boldsymbol{b}$ の組み合わせについて，状態フィードバック制御により閉ループシステムの極を指定されたものに配置できるかを判断し，配置できる場合は状態フィードバックベクトル $\boldsymbol{f}$ を求めよ．

(i) $A=\begin{bmatrix} 0 & 1 \\ -8 & 6 \end{bmatrix}$，$\boldsymbol{b}=\begin{bmatrix} 0 \\ 1 \end{bmatrix}$，閉ループシステムの極 $\{-3+j2,\ -3-j2\}$

(ii) $A=\begin{bmatrix} 1 & 1 \\ 1 & 1 \end{bmatrix}$，$\boldsymbol{b}=\begin{bmatrix} 1 \\ 1 \end{bmatrix}$，閉ループシステムの極 $\{-1,\ -2\}$

(2) つぎの式で表される制御対象について以下の問いに答えよ．

$$\dot{\boldsymbol{x}}(t)=A\boldsymbol{x}(t)+\boldsymbol{b}u(t) \tag{1}$$

$$y(t)=\boldsymbol{c}\boldsymbol{x}(t) \tag{2}$$

ただし，$A=\begin{bmatrix} -1 & 2 \\ -1 & 3 \end{bmatrix}$，$\boldsymbol{b}=\begin{bmatrix} 0 \\ 1 \end{bmatrix}$，$\boldsymbol{c}=[1\ \ 1]$ であり，初期ベクトル $\boldsymbol{x}(0)=\begin{bmatrix} 0 \\ 0 \end{bmatrix}$ とする．

(i) 与えられたシステムに対する伝達関数を求め，極と零点を求めよ．

(ii) 閉ループシステムの極が $\{-1,\ -4\}$ となるように状態フィードバックベクトル $\boldsymbol{f}$ を求めよ．

(iii) (ii) で求めた状態フィードバックベクトル $\boldsymbol{f}$ を用いて，$u(t)$ を

$$u(t)=-\boldsymbol{f}\boldsymbol{x}(t)+v(t)$$

とする．この $\boldsymbol{u}(t)$ を（1），（2）式の制御対象に加えた閉ループシステムは

$$\dot{\boldsymbol{x}}(t) = A_f\boldsymbol{x}(t) + \boldsymbol{b}v(t) \tag{3}$$

$$y(t) = \boldsymbol{c}\boldsymbol{x}(t) \tag{4}$$

という新しい操作量 $v(t)$ に関するシステムとなる．ただし，$A_f = A - \boldsymbol{b}\boldsymbol{f}$ である．この（3），（4）式で表されるシステムの伝達関数を求め，極と零点を求めよ [4]（伝達関数の極と零点については56ページの（4.3）式を参照のこと）．

(3) 例9.1の A，$\boldsymbol{b}$ に対して，状態フィードバック制御により指定された閉ループシステムの極に極配置できたのは，（9.6）式と（9.7）式の係数を比較して求められる f_1，f_2 についての連立1次方程式が1組の解 f_1，f_2 を持ったからである．このことを参考にしてつぎの問いに答えよ．

a を実数とし，$A = \begin{bmatrix} a & 1 \\ 1 & a \end{bmatrix}$，$\boldsymbol{b} = \begin{bmatrix} 2 \\ a \end{bmatrix}$ とする．状態フィードバック制御により配置される閉ループシステムの極を $\{\mu_1, \mu_2\}$（μ_1，μ_2 は実数，または共役複素数）とする．与えられた A，$\boldsymbol{b}$ に対して，状態フィードバック制御により極配置ができる a の条件を求めよ．

(4) つぎの手順は，指定された閉ループシステムの極に極配置を行う状態フィードバックベクトルを求める方法であり，講義09で説明した方法とは異なる方法である．(2) と同じ A，$\boldsymbol{b}$ を考える．配置する閉ループシステムの極も (2) (ii) と同じ $\{-1, -4\}$，$(\mu_1 = -1, \mu_2 = -4)$ とする．このとき，つぎの手順で求めた状態フィードバックベクトル $\boldsymbol{f}$ は (2) (ii) で求めたものと同じであることを確認せよ．

手順

Step1：A の特性方程式を $|\lambda I - A| = \lambda^2 + \alpha_2\lambda + \alpha_1 = 0$ としたときの α_1，α_2 の値を求める．配置する閉ループシステムの極 μ_1，μ_2 に対して，$(\lambda - \mu_1)(\lambda - \mu_2) = \lambda^2 + \beta_2\lambda + \beta_1$ としたときの β_1，β_2 の値を求める．ベクトル $\hat{\boldsymbol{f}}$ を $\hat{\boldsymbol{f}} = [\beta_1 - \alpha_1 \quad \beta_2 - \alpha_2]$ とする．

Step2：ベクトル $\boldsymbol{b}_0 = \boldsymbol{b}$，$\boldsymbol{b}_1 = A\boldsymbol{b}$ を求め，行列 U_c を $U_c = [\boldsymbol{b}_0 \quad \boldsymbol{b}_1]$ と

09

4）この問題の結果からもわかるように，状態フィードバック制御では極を配置することはできるが，零点を移動することはできない．

する．行列 W を Step1 の α_2 を用いて，$W=\begin{bmatrix}\alpha_2 & 1\\ 1 & 0\end{bmatrix}$ とする．

Step3：行列 T を $T=U_cW$ とし，T が正則行列であることを確かめて，逆行列 T^{-1} を求める．

Step4：求める状態フィードバックベクトル $\boldsymbol{f}$ は $\boldsymbol{f}=\hat{\boldsymbol{f}}T^{-1}$ である．

(5) 例 9.4 における A，$\boldsymbol{b}$ の組み合わせでは，指定された閉ループシステムの極に極配置できる状態フィードバックベクトル $\boldsymbol{f}$ が存在しなかった．このことは，(4) にある状態フィードバックベクトルを求める手順を，例 9.4 における A，$\boldsymbol{b}$ に対して適用すると，手順を最後まで実行できず，状態フィードバックベクトルが求められないことを意味する．

そこで，例 9.4 における A，$\boldsymbol{b}$ に対して (4) の手順を適用し，手順中のどこで手順が実行できなくなるかを明らかにし，なぜ状態フィードバックベクトルが求められないか，その理由を考察せよ．ただし，状態フィードバック制御により配置される閉ループシステムの極も例 9.4 と同じ $\{-2,\ -3\}$ ($\mu_1=-2$, $\mu_2=-3$) とする．

講義 10 システムの可制御性と可観測性

講義 09 では，状態フィードバック制御を用いたシステムの安定化，すなわち極配置法について説明した．また，システムの特性を表す係数行列 A，入力ベクトル $\boldsymbol{b}$ の組み合わせによっては，状態フィードバック制御で極配置ができない場合があることも説明した．ここで，システムが多数結合された複雑なシステムの状態空間表現は高次システムとなり状態フィードバック制御で安定化できるかどうか，すなわち制御できるかどうかの見極めが難しい．本講では，システムが制御できるかどうかを調べるためなど，システムが持つ構造を判定するためのいくつかの方法について説明する．

【講義 10 のポイント】

- 線形システムの構造について理解しよう．
- システムの可制御性・可観測性について理解しよう．
- 可制御性と可観測性の双対性について理解しよう．

10.1 線形システムの構造

本節では，5.2 節で説明した対角正準形を用いて線形システムをサブシステムに分解して，システムの構造について説明する．

60 ページの (4.25)，(4.26) 式と同様に，$\boldsymbol{n}$ 次元 1 入力 1 出力システムの状態方程式がつぎで表されるとする．

$$\dot{\boldsymbol{x}}(t) = A\boldsymbol{x}(t) + \boldsymbol{b}u(t) \tag{10.1}$$

$$y(t) = \boldsymbol{c}\boldsymbol{x}(t) \tag{10.2}$$

ここで，システムの係数行列 A の固有値を λ_i $(i = 1, 2, \cdots, n)$ とし，すべて相異なるとする．また，それぞれの固有値に対応する固有ベクトルを $\boldsymbol{v}_i$ $(i = 1, 2, \cdots, n)$ とし，行列 T を

$$T = [\boldsymbol{v}_1\ \boldsymbol{v}_2\ \cdots\ \boldsymbol{v}_n] \tag{10.3}$$

とする．システムの係数行列 A の固有値はすべて相異なるので，行列 T は正

則行列となり逆行列 T^{-1} が存在する[1]．この行列 T を用いて $\boldsymbol{x}(t) = T\boldsymbol{z}(t)$ として状態変数変換を行うと，変換後のシステムはつぎの対角正準形となる（➡ 5.2 節）．

$$\dot{\boldsymbol{z}}(t) = \hat{A}\boldsymbol{z}(t) + \hat{\boldsymbol{b}}u(t) \tag{10.4}$$

$$y(t) = \hat{\boldsymbol{c}}\boldsymbol{z}(t) \tag{10.5}$$

ただし，

$$\hat{A} = T^{-1}AT = \begin{bmatrix} \lambda_1 & 0 & \cdots & 0 \\ 0 & \lambda_2 & \cdots & 0 \\ \vdots & \vdots & \ddots & \vdots \\ 0 & 0 & \cdots & \lambda_n \end{bmatrix} \tag{10.6}$$

である．また，$\hat{\boldsymbol{b}} = T^{-1}\boldsymbol{b}$，$\hat{\boldsymbol{c}} = \boldsymbol{c}T$ で，

$$\hat{\boldsymbol{b}} = \begin{bmatrix} \hat{b}_1 \\ \hat{b}_2 \\ \vdots \\ \hat{b}_n \end{bmatrix}, \quad \hat{\boldsymbol{c}} = [\hat{c}_1 \ \ \hat{c}_2 \ \ \cdots \ \ \hat{c}_n] \tag{10.7}$$

とする．ここで，$\boldsymbol{z}(t) = \begin{bmatrix} z_1(t) \\ z_2(t) \\ \vdots \\ z_n(t) \end{bmatrix}$ とすると，(10.4)，(10.5) 式の対角正準形となったシステムは

$$\begin{cases} \dfrac{\mathrm{d}z_1(t)}{\mathrm{d}t} = \lambda_1 z_1(t) + \hat{b}_1 u(t) \\ \dfrac{\mathrm{d}z_2(t)}{\mathrm{d}t} = \lambda_2 z_2(t) + \hat{b}_2 u(t) \\ \quad \vdots \\ \dfrac{\mathrm{d}z_n(t)}{\mathrm{d}t} = \lambda_n z_n(t) + \hat{b}_n u(t) \\ y = \hat{c}_1 z_1(t) + \hat{c}_2 z_2(t) + \cdots + \hat{c}_n z_n(t) \end{cases} \tag{10.8}$$

1) 行列 T は n 次正方行列となる．

となる．(10.8) 式を状態変数線図にすると，図 10.1 のようになる．

(10.8) 式あるいは図 10.1 からわかるように，(10.1)，(10.2) 式の n 次元 1 入力 1 出力システムは係数行列 A の固有値 λ_i $(i = 1, 2, \cdots, n)$ に対応する n 個のサブシステム (sub-system) から構成されることがわかる．状態変数 z_i $(i = 1, 2, \cdots, n)$ に対応するサブシステムを固有値 λ_i に対応するモード (mode) あるいは固有値 λ_i に対応するサブシステムという．

図 10.1 における $\hat{b}_i$ $(i = 1, 2, \cdots, n)$，$\hat{c}_j$ $(j = 1, 2, \cdots, n)$ の中には $\hat{b}_i = 0$，$\hat{c}_j = 0$ となる場合もある．$\hat{b}_i = 0$ となるサブシステムは $\hat{b}_i$ のブロックが 0 になり，その 0 である $\hat{b}_i$ のブロックからは信号が出力されない．したがって，対応する状態変数 $z_i(t)$ が $u(t)$ からはつながっておらず，$u(t)$ をどのように

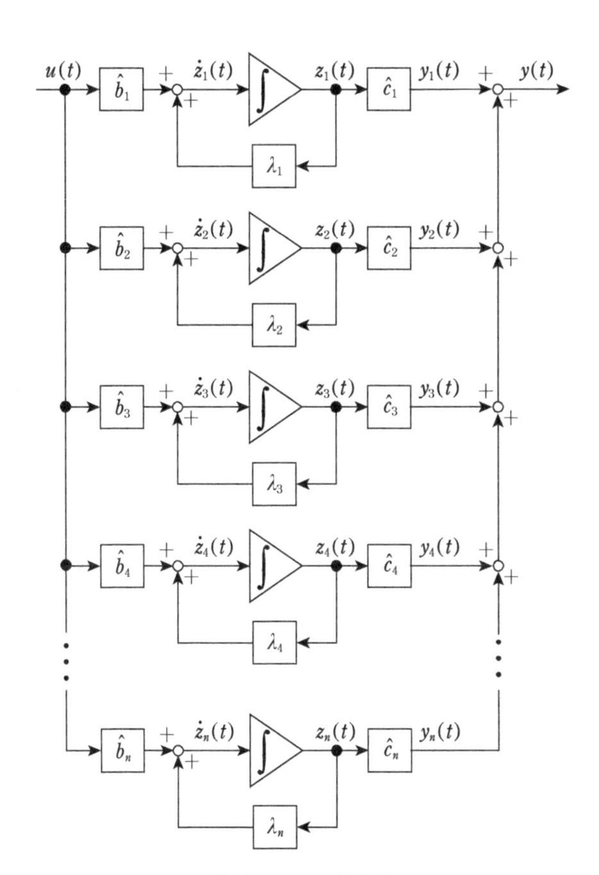

図 10.1　線形システムの構造その 1

変化させても $\hat{b}_i = 0$ に対応する状態変数 $z_i(t)$ を適切に制御できないサブシステムであるといえる．この意味で，$\hat{b}_i = 0$ であるサブシステムを**不可制御なサブシステム**という．

同様に，図 10.1 において，$\hat{c}_j = 0$ となるサブシステムは $\hat{c}_j$ のブロックが 0 になり，その 0 である $\hat{c}_j$ のブロックからは信号が出力されない．したがって，出力 $y(t)$ を観測しても $\hat{c}_j = 0$ に対応する状態変数 $z_j(t)$ の情報を得ることはできないサブシステムであるといえる．この意味で，$\hat{c}_j = 0$ であるサブシステムを**不可観測なサブシステム**という．

(10.7) 式の $\hat{b}_i$ と $\hat{c}_j$ が 0 であるかどうかに応じて，n 個のサブシステムをつぎの 4 種類のサブシステムに分類できる．よって，(10.1)，(10.2) 式の n 次元 1 入力 1 出力システムは図 10.2 に示す構造を持っていることがわかる．

- S_1：$\hat{b}_i \neq 0$ かつ $\hat{c}_j \neq 0$ であるサブシステム．この S_1 に属するサブシステムを**可制御かつ可観測なサブシステム**という．

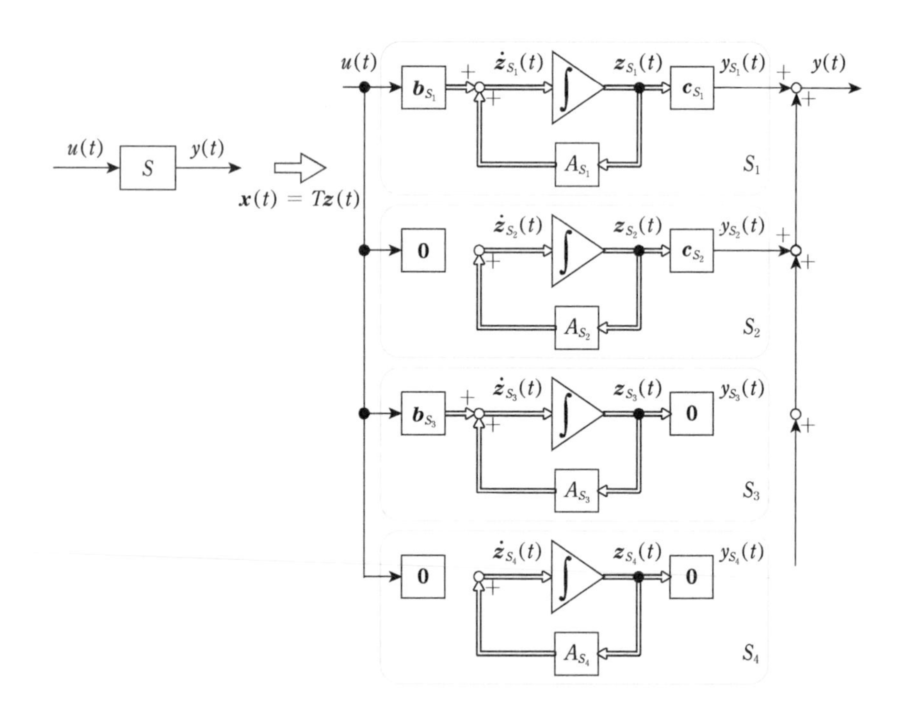

図 10.2　線形システムの構造その 2

- S_2 : $\hat{b}_i = 0$ かつ $\hat{c}_j \neq 0$ であるサブシステム．この S_2 に属するサブシステムを**不可制御かつ可観測なサブシステム**という．
- S_3 : $\hat{b}_i \neq 0$ かつ $\hat{c}_j = 0$ であるサブシステム．この S_3 に属するサブシステムを**可制御かつ不可観測なサブシステム**という．
- S_4 : $\hat{b}_i = 0$ かつ $\hat{c}_j = 0$ であるサブシステム．この S_4 に属するサブシステムを**不可制御かつ不可観測なサブシステム**という．

図 10.2 において，$\boldsymbol{z}_{S_i}(t)$ $(i = 1, 2, 3, 4)$ はサブシステム $S_1 \sim S_4$ に対応した状態ベクトル（スカラーの場合もある）である．また $\boldsymbol{b}_{S_1}$，$\boldsymbol{c}_{S_1}$，$\boldsymbol{c}_{S_2}$，$\boldsymbol{b}_{S_3}$ はサブシステム S_1，S_2，S_3 に対応した入力・出力ベクトル（スカラーの場合もある）である．

例 10.1

つぎの 3 次元システム

$$\dot{\boldsymbol{x}}(t) = A\boldsymbol{x}(t) + \boldsymbol{b}u(t) \tag{10.9}$$

$$y(t) = \boldsymbol{c}\boldsymbol{x}(t) \tag{10.10}$$

についてつぎのことを調べよう．ここで，$\boldsymbol{x}(0) = \begin{bmatrix} 0 \\ 0 \\ 0 \end{bmatrix}$，$\boldsymbol{x}(t) = \begin{bmatrix} x_1(t) \\ x_2(t) \\ x_3(t) \end{bmatrix}$，

$A = \begin{bmatrix} 2 & -2 & 3 \\ 1 & 1 & 1 \\ 1 & 3 & -1 \end{bmatrix}$，$\boldsymbol{b} = \begin{bmatrix} 5 \\ 3 \\ 0 \end{bmatrix}$，$\boldsymbol{c} = [1 \;\; 0 \;\; -1]$である．

(1) 与えられたシステムに対応する伝達関数を求めよう．

(2) 与えられたシステムを対角正準形に変換して，どのようなサブシステムから構成されるかを調べよう．

(3) **(1)** で求めた伝達関数と **(2)** で求めたサブシステムの関係を考えよう．

(1) について

求める伝達関数を $G(s)$ とすると

$$G(s) = \boldsymbol{c}(sI - A)^{-1}\boldsymbol{b} = \frac{\boldsymbol{c}\,\mathrm{adj}(sI - A)\,\boldsymbol{b}}{|sI - A|} \tag{10.11}$$

である．ここで，$|sI - A|$ は 3.3 節より，

$$|sI - A| = s^3 - 2s^2 - 5s + 6 = (s + 2)(s - 1)(s - 3) \tag{10.12}$$

10

と求められる．同様に，$\mathrm{adj}(sI-A)$ は，3.4 節の余因子行列の説明にしたがって

$$\mathrm{adj}(sI-A)=\begin{bmatrix} w_{11} & w_{12} & w_{13} \\ w_{21} & w_{22} & w_{23} \\ w_{31} & w_{32} & w_{33} \end{bmatrix}^{\mathsf{T}}=\begin{bmatrix} w_{11} & w_{21} & w_{31} \\ w_{12} & w_{22} & w_{32} \\ w_{13} & w_{23} & w_{33} \end{bmatrix} \tag{10.13}$$

とおき，与えられた $\boldsymbol{b}$，$\boldsymbol{c}$ を代入すると，

$$\boldsymbol{c}\,\mathrm{adj}(sI-A)\,\boldsymbol{b}=5(w_{11}-w_{13})+3(w_{21}-w_{23}) \tag{10.14}$$

となる．3.3 節の余因子の説明より，

$$w_{11}=s^2-4,\ w_{13}=s+2,\ w_{21}=-2s+7,\ w_{23}=3s-8 \tag{10.15}$$

となるので，(10.9)，(10.10) 式の状態空間表現に対応する伝達関数 $G(s)$ は，

$$G(s)=\frac{5s^2-20s+15}{(s+2)(s-1)(s-3)}=\frac{5(s-1)(s-3)}{(s+2)(s-1)(s-3)}=\frac{5}{s+2} \tag{10.16}$$

となる．(10.16) 式において，$s=1$ という極と零点および $s=3$ という極と零点がキャンセル（**極零相殺**（pole-zero cancellation））されていることに注意しよう．また，このキャンセルのため伝達関数の分母多項式の次数（$=1$）と与えられたシステムの次数（状態変数の個数（$=3$））が異なることにも注意しよう．

(2) について

例 3.8 と同様に計算し，係数行列 A の固有値は $\{-2,\ 1,\ 3\}$ であり，対応する固有ベクトルはそれぞれ $\boldsymbol{v}_1=\begin{bmatrix} -11 \\ -1 \\ 14 \end{bmatrix}$，$\boldsymbol{v}_2=\begin{bmatrix} -1 \\ 1 \\ 1 \end{bmatrix}$，$\boldsymbol{v}_3=\begin{bmatrix} 1 \\ 1 \\ 1 \end{bmatrix}$ である．状態変換行列 T を $T=[\boldsymbol{v}_1\ \boldsymbol{v}_2\ \boldsymbol{v}_3]=\begin{bmatrix} -11 & -1 & 1 \\ -1 & 1 & 1 \\ 14 & 1 & 1 \end{bmatrix}$ とする．また，$|T|=-30\neq 0$ なので，$T^{-1}=\dfrac{1}{30}\begin{bmatrix} 0 & -2 & 2 \\ -15 & 25 & -10 \\ 15 & 3 & 12 \end{bmatrix}$ である．$\boldsymbol{x}(t)=T\boldsymbol{z}(t)$ として状態変数を変換すると，変換後のシステム (10.4)，(10.5) 式は

$$\frac{\mathrm{d}\boldsymbol{z}(t)}{\mathrm{d}t}=\hat{A}\boldsymbol{z}(t)+\hat{\boldsymbol{b}}u(t) \tag{10.17}$$

$$y(t)=\hat{\boldsymbol{c}}\boldsymbol{z}(t) \tag{10.18}$$

となる．ただし，$\hat{A}=T^{-1}AT=\begin{bmatrix} -2 & 0 & 0 \\ 0 & 1 & 0 \\ 0 & 0 & 3 \end{bmatrix}$，$\hat{\boldsymbol{b}}=\begin{bmatrix} -\frac{1}{5} \\ 0 \\ \frac{14}{5} \end{bmatrix}$，$\hat{\boldsymbol{c}}=[-25\ \ -2\ \ 0]$ である．

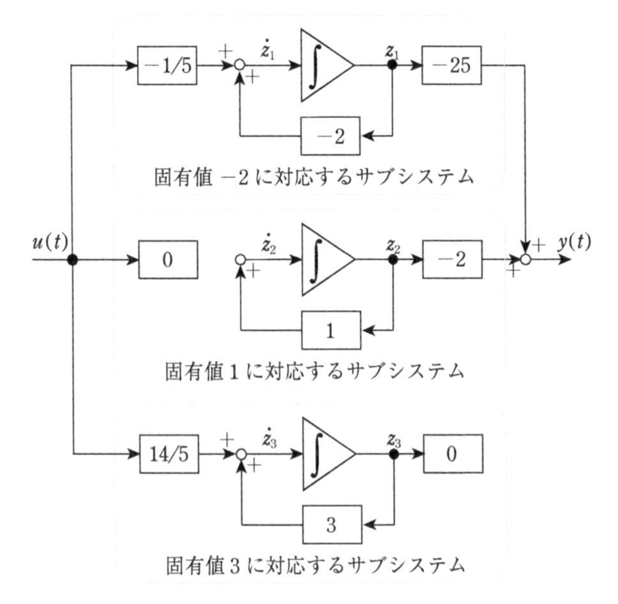

図 10.3 (10.9), (10.10) **式のシステムの構造**

新しい状態ベクトル $\boldsymbol{z}(t)$ を $\boldsymbol{z}(t)=\begin{bmatrix} z_1(t) \\ z_2(t) \\ z_3(t) \end{bmatrix}$ とおくと，(10.17)，(10.18) 式は

$$\frac{\mathrm{d}z_1(t)}{\mathrm{d}t}=-2z_1(t)-\frac{1}{5}u(t) \tag{10.19}$$

$$\frac{\mathrm{d}z_2(t)}{\mathrm{d}t}=z_2(t)+0u(t) \tag{10.20}$$

$$\frac{\mathrm{d}z_3(t)}{\mathrm{d}t}=3z_3(t)+\frac{14}{5}u(t) \tag{10.21}$$

$$y(t)=-25z_1(t)-2z_2(t)+0z_3(t) \tag{10.22}$$

となる．(10.19) 式～ (10.22) 式を状態変数線図にすると，図 10.3 となる．図 10.3 より，3 次元システム (10.9)，(10.10) 式はつぎの 3 つのサブシステムからなる構造を持っていることがわかる．

- 固有値 −2 に対応するサブシステムは可制御かつ可観測なサブシステムである．
- 固有値 1 に対応するサブシステムは不可制御かつ可観測なサブシステムである．
- 固有値 3 に対応するサブシステムは可制御かつ不可観測なサブシステムである．

(3) について

(1) で述べたように，$s=1$ である極と零点および $s=3$ である極と零点が極零相殺によって伝達関数 $G(s)$ には現れていない．この $s=1$ と $s=3$ である極と零点はシステムの係数行列 A の固有値の 1 と 3 に対応する．$s=1$，$s=3$ である極と零点の極零相殺が起こるのは固有値 1 に対応するサブシステムは状態変数 $z_2(t)$ が操作量（入力）$u(t)$ からつながっていない不可制御なサブシステムであり，固有値 3 に対応するサブシステムは状態変数 $z_3(t)$ が制御量（出力）$y(t)$ へつながっていない不可観測なサブシステムのためである．すなわち，伝達関数には，不可制御なサブシステムや不可観測なサブシステムは反映されず，操作量（入力）$u(t)$ から制御量（出力）$y(t)$ までつながっている固有値 -2 に対応するサブシステム，すなわち可制御かつ可観測なサブシステムのみが反映されることがわかる．実際，(10.19) 式～ (10.22) 式のうち固有値 -2 に対応するサブシステムのみを取り出すと，

$$\frac{\mathrm{d}z_1(t)}{\mathrm{d}t}=-2z_1(t)-\frac{1}{5}u(t),\quad y(t)=-25z_1(t) \tag{10.23}$$

である．初期値を $z_1(0)=0$ とし，$u(t)$，$y(t)$ をラプラス変換したものをそれぞれ $\mathcal{L}[u(t)]=U(s)$，$\mathcal{L}[y(t)]=Y(s)$ とし，(10.23) 式から $\dfrac{Y(s)}{U(s)}$ を求めると，

$$\frac{Y(s)}{U(s)}=\frac{5}{s+2}$$

となり，(10.16) 式で求めた伝達関数 $G(s)$ と一致する．

伝達関数 (10.16) 式は図 10.2 にあるサブシステムのうち，操作量（入力）$u(t)$ と制御量（出力）$y(t)$ がつながっている可制御かつ可観測なサブシステム (S_1) のみの入出力特性を表現しているにすぎない．他のサブシステムは，対応する固有値が極零相殺によってキャンセルされ伝達関数には現れないことがわかる．

例 10.1 では，$s=1$ と $s=3$ という実部が正の極と零点による極零相殺が起こることで，求めた伝達関数 $G(s)$ (10.16) 式の極は $s=-2$ となり，入出力関係に注目した場合は (10.9)，(10.10) 式のシステムは安定とみなされる．しかし，係数行列 A の固有値 $\{-2,\ 1,\ 3\}$ の中に実部が正の固有値が存在するので，システム内部の状態を含めて表現する状態空間表現によれば不安定なシステムといえる．

このように，伝達関数表現によりシステムの入出力関係のみに注目すると，不可制御なモードや不可観測なモードとして不安定なモードが隠れている場

合がありうる．

10.2　線形システムの可制御性・可観測性

10.1 節では与えられたシステムを，その構造がわかりやすい対角正準形に変換し，システムを構成するサブシステムが可制御あるいは可観測であるかを判別する方法を説明した．これは，システムの可制御性（controllability）や可観測性（observability）の意味をわかりやすく説明するためである．しかし，与えられたシステムの可制御性や可観測性を判別するには，必ずしも例 10.1 のように与えられたシステムを対角正準形に変換して判別する必要はない．

本節では，システムの可制御性と可観測性の定義，およびシステムが可制御あるいは可観測であるための条件について説明する．可制御と可観測であるための条件は，与えられたシステムの可制御性・可観測性を直接調べる際に大変有用である．

60 ページの (4.25)，(4.26) 式と同様に，n 次元 1 入力 1 出力システムの状態方程式がつぎで表されるとする．

$$\dot{\boldsymbol{x}}(t) = A\boldsymbol{x}(t) + \boldsymbol{b}u(t) \qquad (10.24)$$

$$y(t) = \boldsymbol{c}\boldsymbol{x}(t) \qquad (10.25)$$

まず，(10.24)，(10.25) 式のシステムの可制御性の定義はつぎで与えられる．

線形時不変システムの可制御性の定義

$\boldsymbol{x}_f$ を任意に与えられたベクトルとする．このとき，すべての初期ベクトル $\boldsymbol{x}(0)$ に対し，有限な時刻 t_f と操作量（入力）$u(t)$ $(0 \le t \le t_f)$ が存在し，$\boldsymbol{x}(t_f) = \boldsymbol{x}_f$ となるならば (10.24)，(10.25) 式のシステムは可制御であるという．

この可制御性の定義は，有限の時間区間 $(0 \le t \le t_f)$ の間に初期ベクトル $\boldsymbol{x}(0)$ から任意の状態ベクトル $\boldsymbol{x}_f$ へ変化させることのできる操作量（入力）$u(t)$ $(0 \le t \le t_f)$ が存在すれば，そのシステムは可制御であるという意味である．また，この定義を満足しないとき (10.24)，(10.25) 式のシステムは不可制御であるという．

(10.24)，(10.25) 式のシステムに対し，次式で定義される行列 U_c を

(10.24), (10.25) 式のシステムの可制御性行列 (controllability matrix) という[2].

$$U_c = \begin{bmatrix} \begin{bmatrix} \\ \boldsymbol{b} \\ \\ \end{bmatrix} & \begin{bmatrix} \\ A\boldsymbol{b} \\ \\ \end{bmatrix} & \begin{bmatrix} \\ A^2\boldsymbol{b} \\ \\ \end{bmatrix} & \cdots & \begin{bmatrix} \\ A^{n-1}\boldsymbol{b} \\ \\ \end{bmatrix} \end{bmatrix} \tag{10.26}$$

このとき, 可制御性の定義と等価な可制御性の条件はつぎで与えられる.

線形時不変システムの可制御性の条件

(10.24), (10.25) 式のシステムが可制御であるための必要十分条件は, (10.26) 式で定義される可制御性行列 U_c が,

$$\mathrm{rank}\, U_c = \boldsymbol{n} \tag{10.27}$$

を満足することである. ただし, $\boldsymbol{n}$ はシステムの次数 (状態変数の個数) である. 特に, 1 入力システムの場合, (10.26) 式の U_c は $\boldsymbol{n}$ 次正方行列となる. したがって, (10.27) 式の条件は次式と等価である.

$$|U_c| \neq 0 \tag{10.28}$$

この可制御性の条件より, 与えられたシステムの可制御性を調べる場合, (10.26) 式の可制御性行列を求め, $\mathrm{rank}\, U_c = \boldsymbol{n}$ を満足するかどうかを調べればよい (1 入力システムの場合は $|U_c| \neq 0$ であるかを調べればよい).

(10.24), (10.25) 式のシステムの可制御性は係数行列 A と入力ベクトル $\boldsymbol{b}$ の組み合わせのみで決まる. その意味で, (10.24), (10.25) 式のシステムが可制御であることを, 対 $(A, \boldsymbol{b})$ が可制御であるともいう.

例 10.2

1.5.1 項と 1.5.2 項の 2 タンクシステムにおいて $R_1 = 1$, $C_1 = 1$, $R_2 = 1$, $C_2 = 1$ とする. このとき, 1.5.1 項の並列な 2 タンクシステムの状態方程式は,

$$\frac{\mathrm{d}}{\mathrm{d}t}\begin{bmatrix} h_1(t) \\ h_2(t) \end{bmatrix} = \begin{bmatrix} -1 & 0 \\ 0 & -1 \end{bmatrix}\begin{bmatrix} h_1(t) \\ h_2(t) \end{bmatrix} + \begin{bmatrix} 1 \\ 1 \end{bmatrix} q_{i1}(t) \tag{10.29}$$

となる. また, 1.5.2 項の直列な 2 タンクシステムの状態方程式は,

2) 可制御性行列の導出については, 246 ページの付録に示す.

$$\frac{\mathrm{d}}{\mathrm{d}t}\begin{bmatrix} h_1(t) \\ h_2(t) \end{bmatrix} = \begin{bmatrix} -1 & 0 \\ 1 & -1 \end{bmatrix}\begin{bmatrix} h_1(t) \\ h_2(t) \end{bmatrix} + \begin{bmatrix} 1 \\ 0 \end{bmatrix} q_{i1}(t) \tag{10.30}$$

となる．(10.29) 式において $A_p = \begin{bmatrix} -1 & 0 \\ 0 & -1 \end{bmatrix}$，$\boldsymbol{b}_p = \begin{bmatrix} 1 \\ 1 \end{bmatrix}$ とし，可制御性行列を U_{cp} とすると，システムの次数が 2 なので，

$$U_{cp} = \left[\begin{bmatrix} \boldsymbol{b}_p \end{bmatrix} \begin{bmatrix} A_p \boldsymbol{b}_p \end{bmatrix} \right] = \begin{bmatrix} 1 & -1 \\ 1 & -1 \end{bmatrix}$$

である．$|U_{cp}| = 0$ なので，$\mathrm{rank}\, U_{cp} \neq 2$ である．したがって，1.5.1 項の並列な 2 タンクシステムは不可制御である．

同様に，(10.30) 式において $A_s = \begin{bmatrix} -1 & 0 \\ 1 & -1 \end{bmatrix}$，$\boldsymbol{b}_s = \begin{bmatrix} 1 \\ 0 \end{bmatrix}$ とし，可制御性行列を U_{cs} とすると，システムの次数が 2 なので，

$$U_{cs} = \left[\begin{bmatrix} \boldsymbol{b}_s \end{bmatrix} \begin{bmatrix} A_s \boldsymbol{b}_s \end{bmatrix} \right] = \begin{bmatrix} 1 & -1 \\ 0 & 1 \end{bmatrix}$$

である．$|U_{cs}| = 1 \neq 0$ なので，$\mathrm{rank}\, U_{cs} = 2$ である．したがって，1.5.2 項の直列な 2 タンクシステムは可制御である．

例 10.2 の物理的意味はつぎのように考えることができる．7 ページの図 1.3 (a) より並列な 2 タンクシステムの場合，操作量（入力）$q_{i1}(t)$ を変化させると状態変数の 1 つであるタンク 1 の水位 $h_1(t)$ を意図した値に変化させることはできるが，もう一方の状態変数であるタンク 2 の水位 $h_2(t)$ を意図した値に変化させることができないことがわかる．すなわち，状態ベクトル内の一部の変数を意図した値に変化させることができないという意味で，図 1.3 (a) の並列な 2 タンクシステムにおいて，例 10.2 の場合は不可制御である．

これに対し，図 1.3 (b) より直列な 2 タンクシステムの場合，操作量（入力）$q_{i1}(t)$ を変化させると，まず状態変数の 1 つであるタンク 1 の水位 $h_1(t)$ を意図した値に変化させることができる．さらに，$q_{i1}(t)$ の変化にともなってタンク 1 の出力 $q_{o1}(t)$ が変化する．この $q_{o1}(t)$ はタンク 2 の入力 $q_{i2}(t)$ に等しいので，もう一方の状態変数であるタンク 2 の水位 $h_2(t)$ も意図した値に変化させることができる．すなわち，状態ベクトル内のすべての変数を意図した値に変化させることができるという意味で，図 1.3 (b) の直列な 2 タンクシステムは可制御である．

10

例 10.3

可制御性の条件を用いて，状態フィードバック制御により閉ループシステムの極を指定したものに配置できた例 9.1 のシステムの可制御性を調べよう．(9.2) 式のシステムの A，$\boldsymbol{b}$ はつぎのとおりであった．

$$A=\begin{bmatrix}0 & 1\\ -2 & 3\end{bmatrix},\ \boldsymbol{b}=\begin{bmatrix}0\\ 1\end{bmatrix}$$

可制御性行列 U_c は，システムの次数が 2 なので，

$$U_c=\left[\begin{bmatrix}\boldsymbol{b}\end{bmatrix}\begin{bmatrix}A\boldsymbol{b}\end{bmatrix}\right]=\begin{bmatrix}0 & 1\\ 1 & 3\end{bmatrix}$$

である．$|U_c|=-1\neq 0$ なので，与えられたシステムは可制御である，あるいは，与えられた対 $(A,\ \boldsymbol{b})$ は可制御であると判定できる．

例 9.1 のシステムが可制御であるので，閉ループシステムの極を指定したものに配置できる状態フィードバックベクトル $\boldsymbol{f}$ が決定でき，操作量（入力）$\boldsymbol{u}(t)$ を状態フィードバック制御により構成できたのである．

例 10.4

可制御性の条件を用いて，状態フィードバック制御により閉ループシステムの極を指定したものに配置できなかった例 9.4 のシステムの可制御性を調べよう．(9.20) 式のシステムの A，$\boldsymbol{b}$ はつぎのとおりであった．

$$A=\begin{bmatrix}0 & 1\\ -2 & 3\end{bmatrix},\ \boldsymbol{b}=\begin{bmatrix}1\\ 2\end{bmatrix}$$

可制御性行列 U_c は，システムの次数が 2 なので，

$$U_c=\left[\begin{bmatrix}\boldsymbol{b}\end{bmatrix}\begin{bmatrix}A\boldsymbol{b}\end{bmatrix}\right]=\begin{bmatrix}1 & 2\\ 2 & 4\end{bmatrix}$$

である．$|U_c|=0$ なので，与えられたシステムは不可制御である，あるいは，与えられた対 $(A,\ \boldsymbol{b})$ は不可制御である．

例 9.4 のシステムが不可制御であるので，閉ループシステムの極を指定したものに配置できる状態フィードバックベクトル $\boldsymbol{f}$ が決定できない．すなわち，操作量（入力）$\boldsymbol{u}(t)$ を状態フィードバック制御により構成できなかったのである．

状態フィードバック制御系が構成できる一般的な条件をまとめる．n 次元1入力1出力システム (10.24)，(10.25) 式に対し，(9.11) 式の状態フィードバック制御を適用すると，閉ループシステムは (9.12) 式となる．このとき，(9.11) 式の状態フィードバック制御により，閉ループシステムの極を任意に配置できる条件はつぎのとおりである[3]．

状態フィードバック制御系が構成できる条件

(9.11) 式の状態フィードバック制御により閉ループシステムの極を任意に配置できる必要十分条件は，(10.24)，(10.25) 式のシステムが可制御であることである．すなわち，対 $(A,\ \boldsymbol{b})$ が可制御であることである．

つぎに，(10.24)，(10.25) 式のシステムの可観測性の定義はつぎで与えられる．

線形時不変システムの可観測性の定義

t_f を正の実数とする．(10.24)，(10.25) 式のシステムにおいて，有限な時間区間 $0 \leq t \leq t_f$ での制御量 $y(t)$ と操作量 $u(t)$ より，初期ベクトル $\boldsymbol{x}(0)$ が唯一に決定できるならば，(10.24)，(10.25) 式のシステムは可観測であるという．

この可観測性の定義は有限な時間区間 $0 \leq t \leq t_f$ での制御量 $y(t)$ の観測と操作量 $u(t)$ のデータよりその時間区間におけるすべての状態変数 $\boldsymbol{x}(t)$ の時間的変化を計算できるという意味である．この定義を満足しないとき (10.24)，(10.25) 式のシステムは不可観測であるという．

(10.24)，(10.25) 式のシステムに対し，次式で定義される行列 U_o を (10.24)，(10.25) 式のシステムの可観測性行列 (observability matrix) という．

3) 状態フィードバックベクトル $\boldsymbol{f}$ の要素を実数にするために，複素数の極を配置する場合はそれと共役な複素数の極も指定する必要がある．

$$U_o = \begin{bmatrix} [\boldsymbol{c}] \\ [\boldsymbol{c}A] \\ [\boldsymbol{c}A^2] \\ \vdots \\ [\boldsymbol{c}A^{n-1}] \end{bmatrix} \tag{10.31}$$

このとき，可観測性の定義と等価な可観測性の条件はつぎで与えられることがわかっている．

線形時不変システムの可観測性の条件

(10.24)，(10.25) 式のシステムが可観測であるための必要十分条件は，(10.31) 式で定義される可観測性行列 U_o が，

$$\mathrm{rank}\, U_o = n \tag{10.32}$$

を満足することである．ただし，n はシステムの次数（状態変数の個数）である．特に，1 出力システムの場合，(10.31) 式の U_o は n 次正方行列となる．したがって，(10.32) 式の条件は次式と等価である．

$$|U_o| \neq 0 \tag{10.33}$$

(10.24)，(10.25) 式のシステムの可観測性は出力ベクトル $\boldsymbol{c}$ と係数行列 A の組み合わせのみで決まるということである．その意味で，(10.24)，(10.25) 式のシステムが可観測であることを，対 $(\boldsymbol{c},\ A)$ が可観測であるともいう．この可観測性の条件は講義 11 で説明するオブザーバが構成できる条件となる．

例 10.5

(10.24)，(10.25) 式のシステムの A，$\boldsymbol{b}$，$\boldsymbol{c}$ が

$$A = \begin{bmatrix} 4 & 1 \\ 2 & 3 \end{bmatrix},\ \boldsymbol{b} = \begin{bmatrix} 2 \\ -1 \end{bmatrix},\ \boldsymbol{c} - [4\ \ 1]$$

のとき，可観測性の条件を用いてシステムの可観測性を調べよう．

可観測性行列 U_o は，システムの次数が 2 なので，

$$U_o = \begin{bmatrix} [\ \ \boldsymbol{c}\ \ ] \\ [\ \ \boldsymbol{c}A\ \ ] \end{bmatrix} = \begin{bmatrix} 4 & 1 \\ 18 & 7 \end{bmatrix}$$

である．$|U_o| = 10 \neq 0$ なので，与えられたシステムは可観測である．すなわち，与えられた対（$\boldsymbol{c}$，A）は可観測である．

10.3 双対なシステム

本節では，システムの可制御性と可観測性との重要な関係である**双対性**（duality）について説明する．

例 10.6

つぎの2つの2次元システムについて考える．

$$\text{システム1} \quad \begin{cases} \dot{\boldsymbol{x}}(t) = A\boldsymbol{x}(t) + \boldsymbol{b}u(t) \\ y(t) = \boldsymbol{c}\boldsymbol{x}(t) \end{cases} \tag{10.34}$$

$$\text{システム2} \quad \begin{cases} \dot{\boldsymbol{x}}(t) = A^{\top}\boldsymbol{x}(t) + \boldsymbol{c}^{\top}u(t) \\ y(t) = \boldsymbol{b}^{\top}\boldsymbol{x}(t) \end{cases} \tag{10.35}$$

ここで，$\boldsymbol{x}(t) = \begin{bmatrix} x_1(t) \\ x_2(t) \end{bmatrix}$，$A = \begin{bmatrix} 1 & 4 \\ -3 & 1 \end{bmatrix}$，$\boldsymbol{b} = \begin{bmatrix} 2 \\ -1 \end{bmatrix}$，$\boldsymbol{c} = [-3\ \ 1]$とする．(10.34)，(10.35) 式の関係にあるシステムを**互いに双対なシステム**という．

与えられたA，$\boldsymbol{b}$，$\boldsymbol{c}$に対し，可制御性行列と可観測性行列をシステム1ではU_{c1}，U_{o1}，システム2ではU_{c2}，U_{o2}とすると，

$$U_{c1} = \begin{bmatrix} 2 & -2 \\ -1 & -7 \end{bmatrix},\ U_{o1} = \begin{bmatrix} -3 & 1 \\ -6 & -11 \end{bmatrix} \tag{10.36}$$

$$U_{c2} = \begin{bmatrix} -3 & -6 \\ 1 & -11 \end{bmatrix},\ U_{o2} = \begin{bmatrix} 2 & -1 \\ -2 & -7 \end{bmatrix} \tag{10.37}$$

である．$|U_{c1}| = -16 \neq 0$，$|U_{o1}| = 39 \neq 0$，$|U_{c2}| = 39 \neq 0$，$|U_{o2}| = -16 \neq 0$ なので，システム1，システム2はいずれも可制御かつ可観測である．ここで，(10.36) 式と (10.37) 式を比較すると，

$$U_{c1} = {U_{o2}}^{\top},\ U_{o1} = {U_{c2}}^{\top} \tag{10.38}$$

が成り立っていることがわかる．一般に正方行列Pに対して，$|P^{\top}| = |P|$が成り立つので，(10.38) 式より，

$$|U_{c1}| = |{U_{o2}}^{\top}| = |U_{o2}|,\ |U_{o1}| = |{U_{c2}}^{\top}| = |U_{c2}| \tag{10.39}$$

となる．

例 10.6 で述べたことは，**双対性の定理**（duality theorem）という名前で知られている．一般に双対なシステム（10.34），（10.35）式において，$U_{c1} = U_{o2}{}^{\top}$，$U_{o1} = U_{c2}{}^{\top}$ が成り立つので，つぎのことが成り立つ．

双対なシステムの性質

- システム 1 が可制御であることはシステム 2 が可観測であることと等価である．
- システム 1 が可観測であることはシステム 2 が可制御であることと等価である．

このことは，つぎの定理として知られている．

双対性の定理

- 対 $(A,\ \boldsymbol{b})$ が可制御であることと，対 $(\boldsymbol{b}^{\top},\ A^{\top})$ が可観測であることは等価である．
- 対 $(\boldsymbol{c},\ A)$ が可観測であることと，対 $(A^{\top},\ \boldsymbol{c}^{\top})$ が可制御であることは等価である．

状態変数変換と可制御性・可観測性

5.2 節では，状態変数変換により不変なシステムの性質として伝達関数とシステムの極を説明した．本講で説明したシステムの可制御性・可観測性も状態変数変換により不変な性質の 1 つである．状態変数変換前のシステムに対する可制御性行列と可観測性行列をそれぞれ U_c，U_o とし，状態変数変換後のシステムに対する可制御性行列と可観測性行列をそれぞれ $\hat{U}_c$，$\hat{U}_o$ とすると，

$$\hat{U}_c = T^{-1} U_c,\ \hat{U}_o = U_o T \tag{10.40}$$

の関係がある．ただし，T は状態変換行列である．状態変換行列 T は正則行列，すなわち $|T| \neq 0$ なので，状態変数変換前のシステムと状態変数変換後のシステムで可制御性・可観測性は変わらない．

実現と最小実現

与えられた伝達関数 $G(s)$ に対応する状態空間表現を求めることを，与えられた伝達関数 $G(s)$ に対する**実現**という．5.2 節より伝達関数は状態変数変換に対して不変であることから，与えられた伝達関数 $G(s)$ に対する実現は状態変換行列の選び方により無数に存在する．

与えられた伝達関数 $G(s)$ に対する実現が可制御かつ可観測なシステムのとき，その実現を**最小実現**（minimal realization）という．最小実現は伝達関数を最も少ない状態変数の個数で表現しているという意味である．これは，求められた実現に不可制御なサブシステムあるいは不可観測なサブシステムが存在する場合，10.1 節で述べたとおり，それらのサブシステムは伝達関数には反映されず，それらのサブシステムを取り除いた状態変数の個数がより少ないシステムでも同じ伝達関数の実現となっている．この意味で，最小実現は伝達関数を最も少ない状態変数の個数で表現した実現になっている．

【講義 10 のまとめ】

- 線形システムの構造を知るためのシステムの形式として対角正準形がある．
- システムの可制御性・可観測性はそれぞれシステムの可制御性行列，可観測性行列の階数（rank）を調べることでわかる．
- システムの可制御性・可観測性は互いに双対な概念である．

10

演習問題

(1) 例 10.4 のシステムの対角正準形を求め，どのサブシステムが不可制御なのかを示せ．

(2) a_1，a_2，a_3 を実数とし，つぎの係数行列 A と入力ベクトル $\boldsymbol{b}$ を考える．このとき，対 $(A,\ \boldsymbol{b})$ は，a_1，a_2，a_3 にかかわらず可制御であることを示せ．

$$A=\begin{bmatrix}0 & 1 & 0\\ 0 & 0 & 1\\ -a_1 & -a_2 & -a_3\end{bmatrix},\quad \boldsymbol{b}=\begin{bmatrix}0\\0\\1\end{bmatrix}$$

(3) つぎのシステムが不可観測なシステムであることを確かめ，どのサブシステムが不可観測なのかを示せ．

$$\begin{cases}\dfrac{\mathrm{d}}{\mathrm{d}t}\begin{bmatrix}x_1\\x_2\end{bmatrix}=\begin{bmatrix}0 & 1\\ -2 & -3\end{bmatrix}\begin{bmatrix}x_1\\x_2\end{bmatrix}+\begin{bmatrix}0\\1\end{bmatrix}u\\ y=[2\ \ 1]\begin{bmatrix}x_1\\x_2\end{bmatrix}\end{cases}$$

(4) 例 10.6 の双対なシステムにおいて，双対性の定理が成り立つことを確かめよ．

(5) (10.1) 式，(10.2) 式の状態空間表現において $A, \boldsymbol{b}, \boldsymbol{c}$ を $A=\begin{bmatrix}1 & a\\ a & 1\end{bmatrix}$, $\boldsymbol{b}=\begin{bmatrix}p\\1\end{bmatrix}$, $\boldsymbol{c}=[1\quad q]$とする ($a, p, q$ は実数)．このとき，対 $(A,\ \boldsymbol{b})$ が可制御かつ対 $(\boldsymbol{c}, A)$ が可観測であるための a, p, q の条件を求めよ．また，$p=1$ のとき，与えられた状態空間表現に対応する伝達関数表現において，極零相殺を起こす極 (零点) を求めよ．

講義 11 オブザーバの設計

講義 09，10 で動的システムを状態空間表現で表した場合，状態フィードバック制御により閉ループシステムの極を望ましい位置に配置することで，システムの応答が制御できることを説明した．また，状態フィードバック制御が可能であるためには，システムが可制御でなければならないことを説明した．状態フィードバック制御により制御入力を構成するにはすべての状態変数，すなわちシステム内の時間関数で表される変数を計測する必要がある．しかし，すべての状態変数をいつも計測できるわけではない．そのような場合でも状態フィードバック制御を実現するために，状態変数を制御入力と出力から推定するシステム，すなわちオブザーバ（状態観測器）がある．本講ではオブザーバとは何か理解し，その設計手法について説明する．

【講義 11 のポイント】

- オブザーバとは何かを理解しよう．
- オブザーバの構成方法を理解しよう．
- オブザーバゲインの設計とオブザーバの特性の関係を理解しよう．

11.1　オブザーバとは

60 ページの (4.25)，(4.26) 式と同様に，n 次元 1 入力 1 出力システムの状態空間表現がつぎで表されるとする．

$$\dot{\boldsymbol{x}}(t) = A\boldsymbol{x}(t) + \boldsymbol{b}u(t) \tag{11.1}$$

$$y(t) = \boldsymbol{c}\boldsymbol{x}(t) \tag{11.2}$$

このとき，講義 09，10 で説明したとおり状態空間表現 (11.1)，(11.2) 式が可制御であれば，状態フィードバック制御

$$u(t) = -\boldsymbol{f}\boldsymbol{x}(t) \tag{11.3}$$

により，閉ループシステムの極が望ましい位置に配置されるように状態フィードバックベクトル $\boldsymbol{f}$ を決定し，閉ループシステムを安定化することができた．

ここで，(11.1)，(11.2) 式が 2 次元システムであるとすると，(11.3) 式はつぎのとおり書くことができる．

$$u(t) = -\boldsymbol{f}\boldsymbol{x}(t) = -[f_1 \ \ f_2]\begin{bmatrix} x_1(t) \\ x_2(t) \end{bmatrix} = -f_1 x_1(t) - f_2 x_2(t) \tag{11.4}$$

(11.4) 式より，状態フィードバック制御により入力 $u(t)$ を求めるには，すべての状態変数 $x_1(t)$，$x_2(t)$ の値が必要なことがわかる．

つぎに，2.1 節で説明した直流モータについて考えよう．状態変数として $i(t)$（電機子回路内の電流）と $\omega(t)$（電機子コイルの回転角速度），モータへの入力を $u(t) = v_i(t)$，出力を $y(t) = \omega(t)$ とすると，状態空間表現はつぎで与えられた．

$$\frac{\mathrm{d}}{\mathrm{d}t}\begin{bmatrix} i(t) \\ \omega(t) \end{bmatrix} = \begin{bmatrix} -\dfrac{R}{L} & -\dfrac{K_b}{L} \\ \dfrac{K_\tau}{J} & -\dfrac{B}{J} \end{bmatrix}\begin{bmatrix} i(t) \\ \omega(t) \end{bmatrix} + \begin{bmatrix} \dfrac{1}{L} \\ 0 \end{bmatrix} u(t) \tag{11.5}$$

$$y(t) = [0 \ \ 1]\begin{bmatrix} i(t) \\ \omega(t) \end{bmatrix} \tag{11.6}$$

(11.4) 式にならって，状態フィードバック制御により入力 $u(t)$ を求めると，つぎとなる．

$$u(t) = -f_1 i(t) - f_2 \omega(t) \tag{11.7}$$

ここで，直流モータの回転角速度 $\omega(t)$ はセンサ [1] を使って計測するが，回路内の電流 $i(t)$ は計測できない場合を考えよう．このとき，直流モータの状態方程式 (11.5) 式の状態変数のうち，$\omega(t)$ の測定値はわかるが，$i(t)$ の測定値はわからないことになる．これは (11.7) 式に示した入力 $u(t)$ が計算できないことを意味し，状態フィードバック制御により直流モータを制御できないことになる（図 11.1）．

一般の動的システムにおいて，状態空間表現での状態ベクトルの要素であるすべての時間変数（状態変数）をセンサなどを用いて直接計測していることはまれであり，実際にはコストや取り付け位置の制約上，一部の変数しか計測できない．すなわち，制御したいシステムの状態空間表現を求め，その可

1）タコジェネレータと呼ばれるセンサを使って計測することが多い．

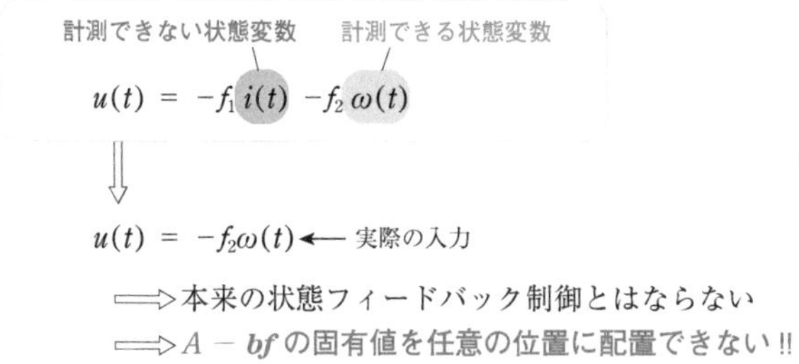

計測できない状態変数　計測できる状態変数

$$u(t) = -f_1 i(t) - f_2 \omega(t)$$

⇓

$u(t) = -f_2\omega(t)$ ← 実際の入力

⟹ 本来の状態フィードバック制御とはならない

⟹ $A - \boldsymbol{bf}$ の固有値を任意の位置に配置できない!!

図 11.1　(11.7) 式で状態フィードバック制御が構成できない

制御性をチェックしたにもかかわらず，状態変数のうち 1 つでも計測できない場合は状態フィードバック制御が行えないことになる．

そこで，この問題点を解決する方法として，すべての状態変数を推定するオブザーバ (状態観測器) (observer) が知られている[2]．オブザーバは，システムの状態空間表現 (11.1)，(11.2) 式のうち，行列 A とベクトル $\boldsymbol{b}$，$\boldsymbol{c}$，さらに入力 $u(t)$ と出力 $y(t)$ がわかれば，それらの情報から状態ベクトルが推定できるという特徴を持っている．オブザーバの設計において一番大切なことは，時間的に変化しているシステムのすべての状態変数 $x_i(t)$ $(i = 1, 2, \cdots, n)$ をできるだけ速く推定するオブザーバを構成すること，である．システムの制御を行う際に，A，$\boldsymbol{b}$，$\boldsymbol{c}$ の値を知ることは大切なことであり，またシステムに加える入力 $u(t)$ は必ず知ることができる．さらに，状態ベクトルの個々の状態変数の値が計測できなくても，出力 $y(t)$ は計測しているので[3]，オブザーバを構成するうえで現実離れした仮定は含まれていないことに注意しよう．

11.2　オブザーバの構成

11.2.1 オブザーバとして適切でない構成

オブザーバとして，つぎの構成を考えよう．状態変数を推定したいシステム (11.1) 式のシステムの係数行列 A と入力ベクトル $\boldsymbol{b}$ はわかり，システムに加える入力 $u(t)$ の値もわかるので，オブザーバの状態ベクトルを $n \times 1$ の列ベクトル $\hat{\boldsymbol{x}}(t)$ とし，システム (11.1) 式と同じ構成として，つぎで与える．

2) 正式には「同一次元オブザーバ」であるが，本書では単に「オブザーバ」とする．
3) 直流モータの場合は少なくとも電機子コイルの回転角速度は計測している．

$$\dot{\hat{\boldsymbol{x}}}(t) = A\hat{\boldsymbol{x}}(t) + \boldsymbol{b}u(t) \tag{11.8}$$

ここで，初期ベクトル $\hat{\boldsymbol{x}}(0)$ を適切に与えて，(11.8) 式を計算すれば $\hat{\boldsymbol{x}}(t)$ を求めることができそうである．

オブザーバによりシステムの状態ベクトル $\boldsymbol{x}(t)$ が推定できるということを数式で表現しよう．システムの状態ベクトル $\boldsymbol{x}(t)$ とオブザーバの状態ベクトル $\hat{\boldsymbol{x}}(t)$ より，推定誤差 (estimating error) としてつぎを考える．

$$\boldsymbol{e}(t) = \hat{\boldsymbol{x}}(t) - \boldsymbol{x}(t) \tag{11.9}$$

すなわち，時間が十分に経過したのち，この推定誤差 $\boldsymbol{e}(t)$ が零ベクトル $\boldsymbol{0}$ に近づけば，(11.8) 式の状態ベクトル $\hat{\boldsymbol{x}}(t)$ が (11.1) 式の状態ベクトル $\boldsymbol{x}(t)$ と一致することになる．

推定誤差の時間的変化を考えるために (11.9) 式の両辺を時間微分し，(11.1)，(11.8) 式を代入するとつぎとなる．

$$\begin{aligned}\dot{\boldsymbol{e}}(t) &= \dot{\hat{\boldsymbol{x}}}(t) - \dot{\boldsymbol{x}}(t) = A\hat{\boldsymbol{x}}(t) + \boldsymbol{b}u(t) - \{A\boldsymbol{x}(t) + \boldsymbol{b}u(t)\} \\ &= A\{\hat{\boldsymbol{x}}(t) - \boldsymbol{x}(t)\} = A\boldsymbol{e}(t)\end{aligned} \tag{11.10}$$

(11.10) 式は，81 ページの (6.6) 式において $\boldsymbol{x}(t)$ を $\boldsymbol{e}(t)$ に置き換えただけであるので，解くとつぎとなる．

$$\boldsymbol{e}(t) = \mathrm{e}^{At}\boldsymbol{e}(0) \tag{11.11}$$

ここで，$\boldsymbol{e}(0) = \hat{\boldsymbol{x}}(0) - \boldsymbol{x}(0)$ であり，$\boldsymbol{x}(0)$ が未知ベクトルであるので $\boldsymbol{e}(0)$ も未知ベクトルとなる．このとき (11.8) 式，(11.11) 式について，つぎが指摘できる．

- (11.1) 式で与えられるシステムが安定，すなわちシステムの係数行列 A のすべての固有値の実部が負であればどのような初期推定誤差 (initial estimating error) $\boldsymbol{e}(0)$ に対しても，$\lim_{t\to\infty}\boldsymbol{e}(t) = \boldsymbol{0}$ すなわち $t \to \infty$ のとき $\hat{\boldsymbol{x}}(t)$ と $\boldsymbol{x}(t)$ が一致する．しかし制御対象が常に安定であるとは限らず，不安定な場合は $e(t)$ は発散する．
- システムが安定な場合は $\boldsymbol{e}(t)$ は零ベクトル $\boldsymbol{0}$ に収束するが，収束の速さは係数行列 A の固有値に依存するので，状態変数を推定する速さを任意に選ぶことはできない．

2番目の理由についてもう少し詳しく説明しよう．システムが安定な場合を考える．オブザーバ (11.8) 式を使ってシステムの状態ベクトル $\boldsymbol{x}(t)$ を推定した場合の状態フィードバック制御則 (11.3) 式はつぎとなる．

$$u(t) = -\boldsymbol{f}\hat{\boldsymbol{x}}(t) \tag{11.12}$$

これを (11.1) 式に代入するとつぎとなる[4]．

$$\dot{\boldsymbol{x}}(t) = A\boldsymbol{x}(t) - \boldsymbol{b}\boldsymbol{f}\hat{\boldsymbol{x}}(t) \tag{11.13}$$

(11.13) 式において，オブザーバ (11.8) 式によって $\hat{\boldsymbol{x}}(t)$ が速やかに $\boldsymbol{x}(t)$ に収束すれば．すなわちできるだけ速やかに $\hat{\boldsymbol{x}}(t)$ と $\boldsymbol{x}(t)$ が一致すれば，(11.12) 式は本来の状態フィードバック制御則 (11.3) 式を用いているのとあまり変わらないことが予想される．しかし，オブザーバにより状態ベクトルを推定する速さはシステムの係数行列 A の固有値に依存するので，「できるだけ速くシステムの状態ベクトル $\boldsymbol{x}(t)$ を推定する」ことができない．さらに，システムが不安定である場合は $\hat{\boldsymbol{x}}(t)$ と $\boldsymbol{x}(t)$ が一致することはない．これが (11.8) 式はオブザーバとして適切に機能しない問題点である[5]．

11.2.2 オブザーバとして適切な構成

11.2.1 項ではオブザーバとして (11.8) 式を考えたが，システムの状態ベクトルを推定するという意味で適切でないことを説明した．本項ではオブザーバとして適切に機能する構成法について説明する．

(11.8) 式ではシステムの係数行列 A と入力ベクトル $\boldsymbol{b}$ と入力 $u(t)$ を使ってオブザーバを構成したが，さらに出力ベクトル $\boldsymbol{c}$ と出力 $y(t)$ も用いることにしよう．すなわち (11.8) 式に対し，つぎのオブザーバの構成を考えよう．

11

$$\dot{\hat{\boldsymbol{x}}}(t) = A\hat{\boldsymbol{x}}(t) + \boldsymbol{b}u(t) + \boldsymbol{h}\{y(t) - \boldsymbol{c}\hat{\boldsymbol{x}}(t)\} \tag{11.14}$$

ここで，$\boldsymbol{h}$ は $n \times 1$ の列ベクトルである[6]．(11.8) 式と比べて (11.14) 式では右辺第 3 項が加わっていることに注意しよう．

---

4) (11.13) 式の係数行列 A にかかっている $\boldsymbol{x}(t)$ はシステムの状態ベクトルであることに注意しよう．

5) この問題点に似た事例を講義 12 で説明する．

6) $y(t)$，$\boldsymbol{c}\hat{\boldsymbol{x}}(t)$ ともにスカラーであるので，$\boldsymbol{h}$ は $n \times 1$ の列ベクトルとなる必要がある．

11.2.1 項と同様に推定誤差を (11.9) 式で定めると，つぎが得られる[7].

$$
\begin{aligned}
\dot{\boldsymbol{e}}(t) &= \dot{\hat{\boldsymbol{x}}}(t) - \dot{\boldsymbol{x}}(t) \\
&= A\hat{\boldsymbol{x}}(t) + \boldsymbol{b}u(t) + \boldsymbol{h}\{y(t) - \boldsymbol{c}\hat{\boldsymbol{x}}(t)\} - \{A\boldsymbol{x}(t) + \boldsymbol{b}u(t)\} \\
&= A\{\hat{\boldsymbol{x}}(t) - \boldsymbol{x}(t)\} + \boldsymbol{h}\{y(t) - \boldsymbol{c}\hat{\boldsymbol{x}}(t)\} \\
&= A\{\hat{\boldsymbol{x}}(t) - \boldsymbol{x}(t)\} - \boldsymbol{h}\{\boldsymbol{c}\hat{\boldsymbol{x}}(t) - \boldsymbol{c}\boldsymbol{x}(t)\} \\
&= A\boldsymbol{e}(t) - \boldsymbol{hce}(t) = (A - \boldsymbol{hc})\boldsymbol{e}(t)
\end{aligned}
\tag{11.15}
$$

(11.15) 式は，81 ページの (6.6) 式において $\boldsymbol{x}(t)$ を $\boldsymbol{e}(t)$ に，A を $A - \boldsymbol{hc}$ に置き換えただけであるので，解くとつぎとなる．

$$
\boldsymbol{e}(t) = \mathrm{e}^{(A-\boldsymbol{hc})t}\boldsymbol{e}(0) \tag{11.16}
$$

ここで，$\boldsymbol{e}(0) = \hat{\boldsymbol{x}}(0) - \boldsymbol{x}(0)$ であり，(11.11) 式と同様に $\boldsymbol{e}(0)$ は未知ベクトルである．

行列 $A - \boldsymbol{hc}$ の固有値に応じて $\boldsymbol{e}(t)$ の応答の様子が変わることは，講義 09 の状態フィードバック制御による極配置によって $A - \boldsymbol{bf}$ の固有値を配置する問題であった (9.12) 式と (11.15) 式を見比べると予想ができるであろう．

推定誤差 (11.16) 式より，(11.14) 式で与えたオブザーバはつぎの特徴を持つことがわかる．

- **(11.1) 式で与えられるシステムの安定性にかかわらず，行列 $A - \boldsymbol{hc}$ のすべての固有値の実部を負 (複素平面の左半平面) に配置するようにベクトル $\boldsymbol{h}$ を選ぶことで $\lim_{t\to\infty}\boldsymbol{e}(t) = \boldsymbol{0}$ とすることができる．**
- **ベクトル $\boldsymbol{h}$ を選ぶことで，どのような初期推定誤差 $\boldsymbol{e}(0)$ に対しても，$\lim_{t\to\infty}\boldsymbol{e}(t) = \boldsymbol{0}$ すなわち $t \to \infty$ のとき $\hat{\boldsymbol{x}}(t)$ と $\boldsymbol{x}(t)$ が一致する．**

(11.14) 式のオブザーバを用いて，より速やかに推定誤差を $\boldsymbol{0}$ にすることができ，オブザーバの状態ベクトル $\hat{\boldsymbol{x}}(t)$ をシステムの状態ベクトル $\boldsymbol{x}(t)$ とみなすことができる．

ここで，(11.1) 式で与えられるシステムすべてに対して上記の特徴が成り

7) $\boldsymbol{h}$ は $n \times 1$ の列ベクトル，$\boldsymbol{c}$ は $1 \times n$ の行ベクトルなので，$\boldsymbol{hc}$ は n 次正方行列となり係数行列 A と同じ型 (行と列の数がそれぞれ同じ) となることに注意しよう．

立つわけではないことに注意しよう．すなわち，状態フィードバックベクトル$\boldsymbol{f}$を用いた閉ループシステムの極配置の議論と同様に，「オブザーバの構成の際にもベクトル$\boldsymbol{h}$を適切に選ぶことで行列$A - \boldsymbol{hc}$の固有値を任意に配置できるか？」という疑問が生じる．状態フィードバック制御による極配置とオブザーバにより行列$A - \boldsymbol{hc}$の固有値を任意に配置する問題において，つぎの関係が知られている．

双対関係

極配置の場合は対$(A, \boldsymbol{b})$が可制御であれば行列$A - \boldsymbol{bf}$の固有値を任意の値に設定する状態フィードバックベクトル$\boldsymbol{f}$が存在した．講義10でも説明したとおり，対$(\boldsymbol{c}, A)$が可観測であることと，対$(A^{\top}, \boldsymbol{c}^{\top})$が可制御であることは等価である．よって対$(A^{\top}, \boldsymbol{c}^{\top})$が可制御であれば$A^{\top} - \boldsymbol{c}^{\top}\boldsymbol{f}$の固有値を任意の値に設定する状態フィードバックベクトル$\boldsymbol{f}$が存在する．一方，$(A - \boldsymbol{hc})^{\top} = A^{\top} - \boldsymbol{c}^{\top}\boldsymbol{h}^{\top}$となるので，$A - \boldsymbol{hc}$の固有値と$A^{\top} - \boldsymbol{c}^{\top}\boldsymbol{h}^{\top}$の固有値は等しい．よって$\boldsymbol{h} = \boldsymbol{f}^{\top}$，$\boldsymbol{c} = \boldsymbol{b}^{\top}$と考えればオブザーバの構成に関する問題と，状態フィードバック制御による閉ループシステムの極配置の問題は双対関係（duality）となる．

講義10で説明した双対なシステムの可制御性，可観測性の関係と，上記の双対関係からオブザーバの構成条件をつぎにまとめる．

オブザーバの構成条件

(11.1)，(11.2) 式で与えられるシステムに対し，対$(\boldsymbol{c}, A)$が可観測であれば行列$A - \boldsymbol{hc}$の固有値を任意の値に設定するベクトル$\boldsymbol{h}$が存在する．すなわち，考えているシステムが可観測であれば (11.14) 式のオブザーバを構成することにより (11.1) 式の状態ベクトル$\boldsymbol{x}(t)$を推定することができる．ベクトル$\boldsymbol{h}$のことをオブザーバゲイン（observer gain）と呼ぶ．また，行列$A - \boldsymbol{hc}$の固有値をオブザーバの極（observer poles）と呼ぶ．

状態フィードバック制御による極配置問題において，システムが可制御であることが閉ループシステムの極を任意の位置に配置できる条件であった．オブザーバの場合はシステムが可観測であれば$A - \boldsymbol{hc}$の固有値，すなわち

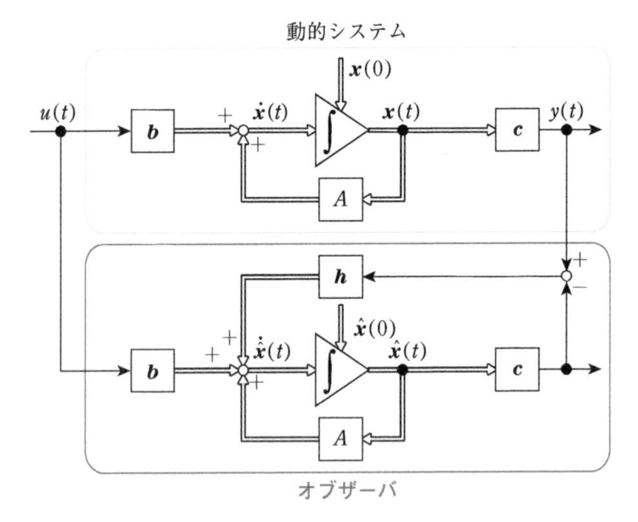

図 11.2 (11.14) 式のオブザーバの状態変数線図

オブザーバの極を任意の位置に配置することができ，推定誤差が零ベクトル $\mathbf{0}$ に収束する速さを設計できることがわかる．

(11.14) 式のオブザーバを状態変数線図で表すと図 11.2 のようになる．図 11.2 からもわかるとおり，動的システムとオブザーバには同じ入力 $u(t)$ が加わり，システムの出力 $y(t)$ も加え合わせることでオブザーバが構成されている．

11.3 オブザーバによる状態推定

(11.14) 式で示したオブザーバが実際に動的システム (11.1) 式の状態ベクトル $\boldsymbol{x}(t)$ を推定できているかどうかを例を通して調べよう．またオブザーバゲイン $\boldsymbol{h}$ の選び方，すなわちオブザーバの極の選び方によって，オブザーバが状態ベクトル $\boldsymbol{x}(t)$ を推定する際の違いについても調べよう．

動的システムの例として，例 7.2 と同様につぎの 2 次元システムのオブザーバを構成しよう．

$$\frac{\mathrm{d}}{\mathrm{d}t}\begin{bmatrix} x_1(t) \\ x_2(t) \end{bmatrix} = \begin{bmatrix} 0 & 1 \\ -6 & -5 \end{bmatrix}\begin{bmatrix} x_1(t) \\ x_2(t) \end{bmatrix} + \begin{bmatrix} 0 \\ 1 \end{bmatrix}u(t) \tag{11.17}$$

$$y(t) = [1 \;\; 0]\begin{bmatrix} x_1(t) \\ x_2(t) \end{bmatrix} \tag{11.18}$$

つぎに示す例においては (11.17) 式の入力 $\boldsymbol{u}(t)$ が加えられない，すなわち自由システムの状態ベクトル $\boldsymbol{x}(t)$ が初期ベクトル $\boldsymbol{x}(0)=\begin{bmatrix}1\\1\end{bmatrix}$ から零ベクトル $\mathbf{0}$ に収束する変化の様子をオブザーバで推定することを考える[8]．ここで，本来は状態ベクトル $\boldsymbol{x}(t)$ が未知であるので，その初期ベクトル $\boldsymbol{x}(0)$ も未知であるが，シミュレーションを行うために初期ベクトル $\boldsymbol{x}(0)$ のみ既知ベクトルとして与える．また，すべての例において，オブザーバの状態ベクトル $\hat{\boldsymbol{x}}(t)$ の初期ベクトルは $\hat{\boldsymbol{x}}(0)=\begin{bmatrix}0\\0\end{bmatrix}$ とする．さらに，すべての例における応答の図は，それぞれのオブザーバゲイン $\boldsymbol{h}$ をもとに，図 11.2 のシステムを制御系 CAD で構成し，シミュレーションにより得られた結果である．

まず，動的システム (11.17)，(11.18) 式の可観測性について調べよう．可観測性行列 U_o は

$$U_o=\begin{bmatrix}\boldsymbol{c}\\\boldsymbol{c}A\end{bmatrix}=\begin{bmatrix}1&0\\0&1\end{bmatrix},\ \ |U_o|=1\neq 0 \tag{11.19}$$

となるので $\mathrm{rank}\,U_o=2$ となる．したがって，与えられたシステムは可観測であり，オブザーバが構成できることがわかる．また，与えられたシステムの係数行列 A の固有値は例 5.3，7.2 より $\{-2,\ -3\}$ である．

例 11.1

(11.14) 式においてオブザーバの極が $\{-1,\ -2\}$ となるようにオブザーバゲイン $\boldsymbol{h}$ を求めよう．これはオブザーバの極をシステムの係数行列 A の固有値より虚軸側に配置している場合であり，オブザーバの設計としては適切でない例であるが，念のため調べよう．

オブザーバの極が $\{-1,\ -2\}$ となるためには，特性方程式はつぎとなればよい．

$$(\lambda+1)(\lambda+2)=0\to\lambda^2+3\lambda+2=0 \tag{11.20}$$

いま考えているのは 2 次元システムなので，オブザーバゲインは $\boldsymbol{h}=\begin{bmatrix}h_1\\h_2\end{bmatrix}$ となる．行列 $A-\boldsymbol{hc}$ は

$$A-\boldsymbol{hc}=\begin{bmatrix}0&1\\-6&-5\end{bmatrix}-\begin{bmatrix}h_1\\h_2\end{bmatrix}[1\ \ 0]=\begin{bmatrix}-h_1&1\\-6-h_2&-5\end{bmatrix}$$

8) (11.17) 式は漸近安定なシステムである．

となり，特性方程式はつぎとなる．

$$
\begin{aligned}
|\lambda I-(A-\boldsymbol{hc})| &= \begin{vmatrix} \lambda+h_1 & -1 \\ 6+h_2 & \lambda+5 \end{vmatrix} \\
&= (\lambda+h_1)(\lambda+5)+h_2+6 \\
&= \lambda^2+(h_1+5)\lambda+5h_1+h_2+6=0
\end{aligned}
\tag{11.21}
$$

よって，(11.20) 式と (11.21) 式の係数比較を行うと，

$$
\begin{cases} h_1+5=3 \\ 5h_1+h_2+6=2 \end{cases}
$$

となるので，オブザーバゲイン $\boldsymbol{h}$ は

$$
\boldsymbol{h}=\begin{bmatrix} h_1 \\ h_2 \end{bmatrix}=\begin{bmatrix} -2 \\ 6 \end{bmatrix}
$$

と求められる．この $\boldsymbol{h}$ を用いて，(11.14) 式のオブザーバを構成した結果を図 11.3 に示す．図 11.3 (a) よりオブザーバの状態ベクトル $\hat{\boldsymbol{x}}(t)=\begin{bmatrix} \hat{x}_1(t) \\ \hat{x}_2(t) \end{bmatrix}$ はともに $\boldsymbol{0}$ に収束しているものの，(11.17) 式の状態ベクトル $\boldsymbol{x}(t)=\begin{bmatrix} x_1(t) \\ x_2(t) \end{bmatrix}$ が $\boldsymbol{0}$ に収束したあとに $\boldsymbol{0}$ に収束している．よって，より速やかに推定誤差を $\boldsymbol{0}$ にし，「できるだけ速くシステムの状態ベクトル $\boldsymbol{x}(t)$ を推定する」というオブザーバ本来の目的にあてはまらないことがわかる．

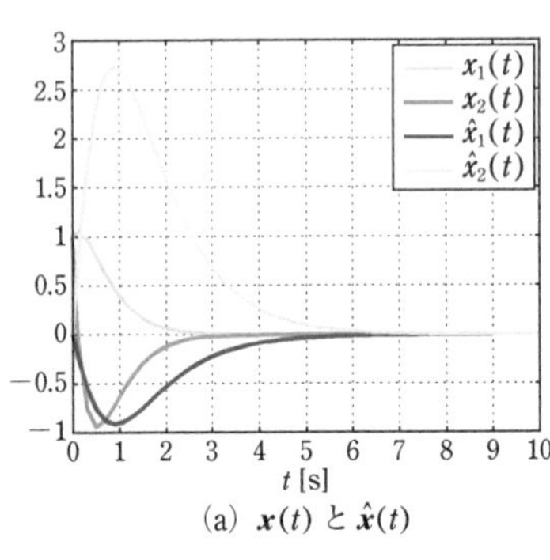

(a) $\boldsymbol{x}(t)$ と $\hat{\boldsymbol{x}}(t)$

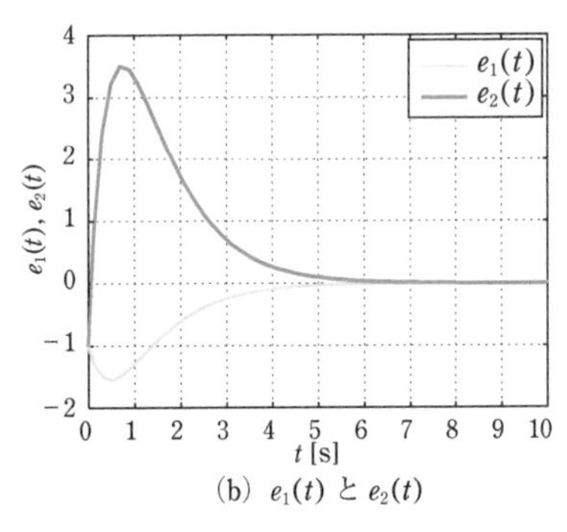

(b) $e_1(t)$ と $e_2(t)$

図 11.3　オブザーバの極を {−1, −2} とした場合の応答

例 11.2

(11.14) 式においてオブザーバの極が {−4, −5} となるようにオブザーバゲイン $\boldsymbol{h}$ を求めよう．これはシステムの係数行列 A の固有値よりもオブザーバの極を複素平面の左側に配置している場合である．このとき，特性方程式はつぎとなればよい．

$$(\lambda+4)(\lambda+5)=0 \rightarrow \lambda^2+9\lambda+20=0$$

例 11.1 と同様に計算を進めて係数比較を行うと，

$$\begin{cases} h_1+5=9 \\ 5h_1+h_2+6=20 \end{cases}$$

となるので，オブザーバゲイン $\boldsymbol{h}$ は

$$\boldsymbol{h}=\begin{bmatrix} h_1 \\ h_2 \end{bmatrix}=\begin{bmatrix} 4 \\ -6 \end{bmatrix}$$

と求められる．この $\boldsymbol{h}$ を用いて，(11.14) 式のオブザーバを構成した結果を図 11.4 に示す．図 11.4 (a) よりオブザーバの状態ベクトル $\hat{\boldsymbol{x}}(t)=\begin{bmatrix} \hat{x}_1(t) \\ \hat{x}_2(t) \end{bmatrix}$ は約 1 秒で (11.17) 式の状態ベクトル $\boldsymbol{x}(t)=\begin{bmatrix} x_1(t) \\ x_2(t) \end{bmatrix}$ に一致しており，システムの各状態変数が 0 に収束する前に推定が完了している．よって，オブザーバ本来の機能が実現できていることがわかる．

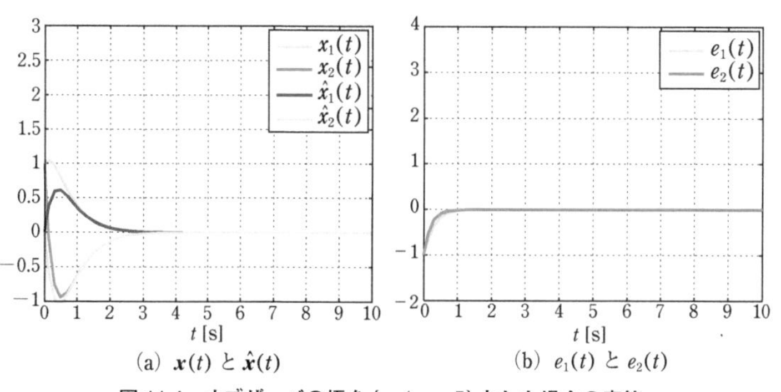

(a) $\boldsymbol{x}(t)$ と $\hat{\boldsymbol{x}}(t)$　(b) $e_1(t)$ と $e_2(t)$

図 11.4　オブザーバの極を $\{-4,\ -5\}$ とした場合の応答

例 11.3

(11.14) 式においてオブザーバの極が $\{-8,\ -9\}$ となるようにオブザーバゲイン $\boldsymbol{h}$ を求めよう．これは例 11.2 の場合と比べて，オブザーバの極をさらに複素平面の左側に配置している場合である．このとき，特性方程式はつぎとなればよい．

$$(\lambda+8)(\lambda+9)=0 \rightarrow \lambda^2+17\lambda+72=0$$

例 11.1 と同様に計算を進めて係数比較を行うと，

$$\begin{cases} h_1+5=17 \\ 5h_1+h_2+6=72 \end{cases}$$

となるので，オブザーバゲイン $\boldsymbol{h}$ は

$$\boldsymbol{h} = \begin{bmatrix} h_1 \\ h_2 \end{bmatrix} = \begin{bmatrix} 12 \\ 6 \end{bmatrix}$$

と求められる．この $\boldsymbol{h}$ を用いて，(11.14) 式のオブザーバを構成した結果を図 11.5 に示す．図 11.5 (a) よりオブザーバの状態ベクトル $\hat{\boldsymbol{x}}(t) = \begin{bmatrix} \hat{x}_1(t) \\ \hat{x}_2(t) \end{bmatrix}$ は約 0.5 秒で (11.17) 式の状態ベクトル $\boldsymbol{x}(t) = \begin{bmatrix} x_1(t) \\ x_2(t) \end{bmatrix}$ に一致しており，オブザーバ本来の機能が実現できていることがわかる．また例 11.3 ではオブザーバの極を例 11.2 に比べて複素平面のより左側に配置しているため，図 11.4 (b) と図 11.5 (b) より明らかなように，推定誤差 $\boldsymbol{e}(t)$ は例 11.2 の場合に比べてより速く $\boldsymbol{0}$ に収束していることがわかる．

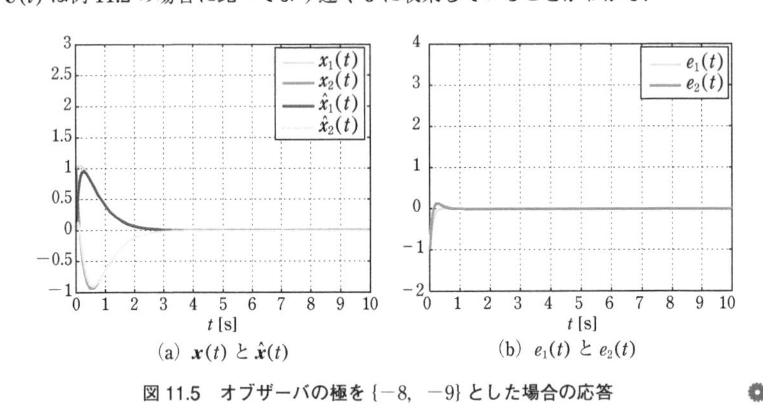

(a) $\boldsymbol{x}(t)$ と $\hat{\boldsymbol{x}}(t)$　　(b) $e_1(t)$ と $e_2(t)$

図 11.5　オブザーバの極を {−8, −9} とした場合の応答

これまでの例により，オブザーバの設計に際してはオブザーバの極の配置がオブザーバの性能に大きく影響を及ぼすことがわかる．また，状態変数を推定したいシステムの固有値よりもオブザーバの極を複素平面の左側に配置しなければ，オブザーバとして意味をなさないこともわかった．

例 11.4

これまでのオブザーバの設計例において，オブザーバの極は実数のみを選んだ．実際にはオブザーバの極は実数のみである必要はなく，複素数[9]でもかまわない．そこで，(11.14) 式においてオブザーバの極を $\{-5+j6,\ -5-j6\}$ とした場合のオブザーバゲイン $\boldsymbol{h}$ を求め，状態変数を推定する様子を調べよう．このとき，特性方程式はつぎとなればよい．

$$(\lambda+5-j6)(\lambda+5+j6) = 0 \to \lambda^2 + 10\lambda + 61 = 0$$

9) オブザーバゲインを実ベクトルとするため，オブザーバの極を複素数とする場合は必ずその共役な複素数も対にして選ぶことに注意しよう．

例 11.1 と同様に計算を進めて係数比較を行うと，

$$\begin{cases} h_1 + 5 = 10 \\ 5h_1 + h_2 + 6 = 61 \end{cases}$$

となるので，オブザーバゲイン $\boldsymbol{h}$ は

$$\boldsymbol{h} = \begin{bmatrix} h_1 \\ h_2 \end{bmatrix} = \begin{bmatrix} 5 \\ 30 \end{bmatrix}$$

と求められる．この $\boldsymbol{h}$ を用いて，(11.14) 式のオブザーバを構成した結果を図 11.6 に示す．この場合のオブザーバの極の実部は例 11.2 のオブザーバの極 $\{-4,\ -5\}$ に近い．図 11.4 と図 11.6 を比較すると，図 11.6 (a) では推定値 $\hat{x}_2(t)$ が図 11.4 (a) の推定値 $\hat{x}_2(t)$ と比べて振動しており (➡図 11.7)，図 11.6 (b) からもその現象が読み取れる．

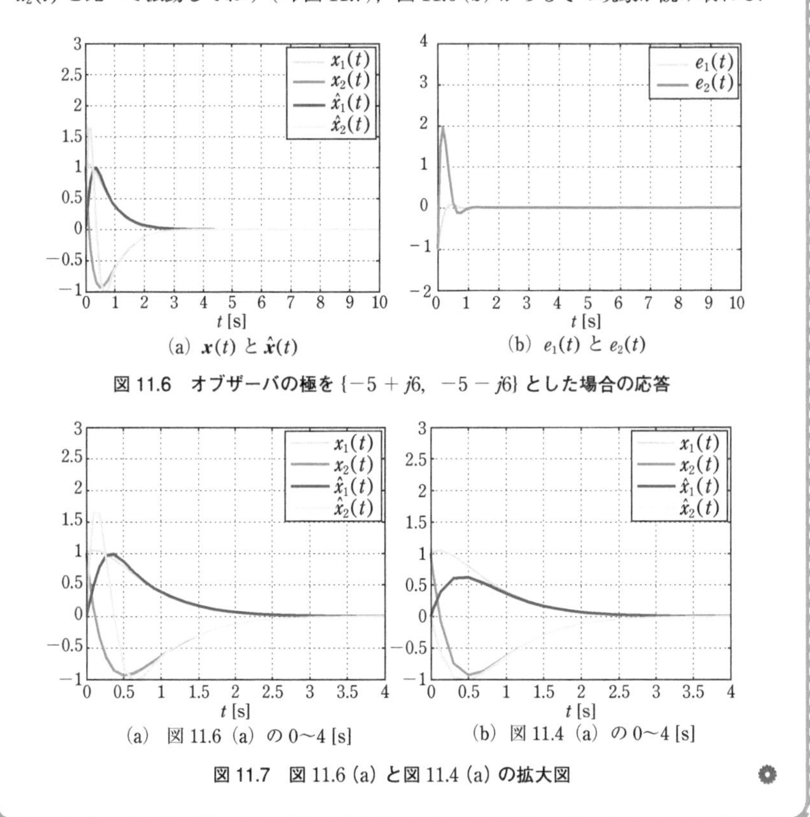

(a) $\boldsymbol{x}(t)$ と $\hat{\boldsymbol{x}}(t)$　(b) $e_1(t)$ と $e_2(t)$

図 11.6　オブザーバの極を $\{-5 + j6,\ -5 - j6\}$ とした場合の応答

(a) 図 11.6 (a) の 0〜4 [s]　(b) 図 11.4 (a) の 0〜4 [s]

図 11.7　図 11.6 (a) と図 11.4 (a) の拡大図

例 11.1 ～ 11.4 で見たとおり，オブザーバの極の選び方によって推定される状態ベクトルの時間応答の様子が変わる．したがって，オブザーバの極の選び方には注意が必要である．

オブザーバの極の選び方

システムの係数行列Aの固有値の実部より，オブザーバの極の実部を複素平面の左側に配置しなければオブザーバとして適切に機能しない．

最小次元オブザーバ

(11.14)式に示したオブザーバは正式には同一次元オブザーバ(full-oder observer)と呼ぶが，これとは別に最小次元オブザーバもある．たとえば(11.5)，(11.6)式に示した直流モータの場合は，状態ベクトル$\begin{bmatrix} i(t) \\ \omega(t) \end{bmatrix}$をオブザーバにより推定することになる．ところが出力として$y(t) = \omega(t)$はセンサにより計測しているので，状態ベクトルの要素すべてを計測できないのではなく，一部が計測できていないことになる．状態ベクトルのうち，計測していない要素のみを推定し，計測できている要素と合わせて状態ベクトルとするオブザーバを最小次元オブザーバ(minimal-order observer)と呼ぶ．直流モータの例では状態ベクトルの要素のうち，電機子コイルの回転角速度$\omega(t)$はセンサにより計測しているので，最小次元オブザーバを構成した場合は電機子回路内の電流$i(t)$のみを推定する構成となる．

【講義11のまとめ】

- システムが可観測であれば，(11.14)式のオブザーバを構成して，システムの状態ベクトルを推定できる．
- システムの係数行列Aの固有値よりオブザーバの極(行列$A - \boldsymbol{hc}$の固有値)の実部を複素平面のより左側に配置しなければ，オブザーバとして意味のあるものにはならない．
- オブザーバの設計は状態フィードバック制御の設計と同様に，オブザーバゲイン$\boldsymbol{h}$の値を固有値計算，係数比較により正確に求める必要がある．

演習問題

システムの状態空間表現が

$$\dot{\boldsymbol{x}}(t) = A\boldsymbol{x}(t)+\boldsymbol{b}u(t),\quad y(t)=\boldsymbol{c}\boldsymbol{x}(t)$$

で表される場合，つぎの問いに答えよ．

(1) $A=\begin{bmatrix} 0 & 1 \\ -5 & -3 \end{bmatrix}$，$\boldsymbol{b}=\begin{bmatrix} 0 \\ 1 \end{bmatrix}$，$\boldsymbol{c}=[1 \quad 0]$の場合，システムの極と可観測性を調べたうえで，条件にしたがってオブザーバゲイン$\boldsymbol{h}$を求めよ．

(i) オブザーバの極$\{-4,\ -5\}$

(ii) オブザーバの極$\{-4 \pm j3\}$

(2) $A=\begin{bmatrix} 1 & 1 \\ 2 & 3 \end{bmatrix}$，$\boldsymbol{b}=\begin{bmatrix} 0 \\ 1 \end{bmatrix}$，$\boldsymbol{c}=[1 \quad -1]$の場合において，つぎの問いに答えよ．

(i) 行列Aの固有値を求めよ．

(ii) システムの可観測性を判定せよ．

(iii) 可観測である場合はオブザーバの極が$\{-3, -4\}$となるようにオブザーバゲイン$\boldsymbol{h}$を求めよ．

(3) $A=\begin{bmatrix} 4 & -1 \\ 2 & 1 \end{bmatrix}$，$\boldsymbol{b}=\begin{bmatrix} 0 \\ 1 \end{bmatrix}$，$\boldsymbol{c}=[2 \quad -1]$の場合において，(2)と同じ問いに答えよ．

(4) $A=\begin{bmatrix} -2 & -1 \\ 3 & -6 \end{bmatrix}$，$\boldsymbol{b}=\begin{bmatrix} 0 \\ 1 \end{bmatrix}$，$\boldsymbol{c}=[1 \quad 1]$の場合において，システムの極と可観測性を調べ，可観測であればオブザーバの極を適切に選び，オブザーバゲイン$\boldsymbol{h}$を求めよ．また，オブザーバの極を選んだ根拠についても説明せよ．

(5) (10.35) 式にならって，(1)のシステムに双対なシステムを示し，そのシステムの極と可制御性を調べ，状態フィードバック制御によって閉ループシステムの極が$\{-4,\ -5\}$となるように状態フィードバックベクトルを求めよ．

講義 12 状態フィードバック制御とオブザーバの併合システムの設計

状態フィードバック制御を実現するには，すべての状態変数が計測できる必要があるが，それは常に可能とは限らない．そこでシステムが可観測であれば，計測できない状態変数はオブザーバにより推定できることを講義 11 で説明した．本講ではオブザーバにより推定した状態変数を用いて状態フィードバック制御を実現することの意味，状態フィードバックベクトル，オブザーバゲインの設計法の注意点を説明する．

【講義 12 のポイント】

- オブザーバを用いた状態フィードバック制御の概念を理解しよう．
- 併合システムにおけるオブザーバを設計する際の注意点を理解しよう．
- オブザーバの設計と状態フィードバック制御の設計は独立に設計できることを理解しよう．

12.1 オブザーバを用いた状態フィードバック制御系の構成

講義 11 で説明したオブザーバの目的は，状態フィードバック制御において状態変数のすべてが計測できない場合にオブザーバにより状態変数を速やかに推定し，状態フィードバック制御に用いるということである．オブザーバを用いた状態フィードバック制御系は**併合システム**（observer based state feedback control system）と呼ばれる．具体的にその構成について説明する．

60 ページの (4.25)，(4.26) 式と同様に，n 次元 1 入力 1 出力システムの状態空間表現がつぎで表されるとする．

$$\dot{\boldsymbol{x}}(t) = A\boldsymbol{x}(t) + \boldsymbol{b}u(t) \tag{12.1}$$

$$y(t) = \boldsymbol{c}\boldsymbol{x}(t) \tag{12.2}$$

システムの係数行列 A が安定行列，すなわちシステムの係数行列 A のすべての固有値の実部が負の場合，すべての時間において $u(t) = 0$ としてもシステムの状態ベクトル $\boldsymbol{x}(t)$ は初期ベクトル $\boldsymbol{x}(0)$ から漸近的に零ベクトル $\boldsymbol{0}$ に収束する．システムの係数行列 A が安定行列でない，もしくはシステムの係数行列 A の固有値が望ましい位置にない場合でもシステムが可制御であれば，入力 $u(t)$ を

$$u(t) = -\boldsymbol{f}\boldsymbol{x}(t) \tag{12.3}$$

として状態フィードバック制御を構成し，閉ループシステムの極を望ましい位置に配置する状態フィードバックベクトル $\boldsymbol{f}$ を適切に設計することで，閉ループシステムを安定にすることができた．

また現実において，状態ベクトル $\boldsymbol{x}(t)$ のすべての要素が計測できるとは限らず，一部の要素しか計測できないことが多い．その場合，システムが可観測であれば，つぎのオブザーバ

$$\begin{aligned}\dot{\hat{\boldsymbol{x}}}(t) &= A\hat{\boldsymbol{x}}(t) + \boldsymbol{b}u(t) + \boldsymbol{h}\{y(t) - \boldsymbol{c}\hat{\boldsymbol{x}}(t)\} \\ &= (A - \boldsymbol{h}\boldsymbol{c})\hat{\boldsymbol{x}}(t) + \boldsymbol{b}u(t) + \boldsymbol{h}y(t)\end{aligned} \tag{12.4}$$

を構成することで，オブザーバの状態ベクトル $\hat{\boldsymbol{x}}(t)$ は $t \to \infty$ のとき $\boldsymbol{x}(t)$ と一致することがわかった．

よって，オブザーバを使ってシステムの状態ベクトル $\boldsymbol{x}(t)$ を推定した場合の状態フィードバック制御則 (12.3) 式はつぎとなる．

$$u(t) = -\boldsymbol{f}\hat{\boldsymbol{x}}(t) \tag{12.5}$$

すなわち，(12.3) 式での $\boldsymbol{x}(t)$ を $\hat{\boldsymbol{x}}(t)$ に置き換えたものが (12.5) 式となる．

ここで，制御対象となるシステム (12.1)，(12.2) 式，オブザーバ (12.4) 式，オブザーバの状態ベクトル $\hat{\boldsymbol{x}}(t)$ による状態フィードバック制御則 (12.5) 式の関係を図示すると，図 12.1 となる．図 12.1 下のオブザーバと状態フィードバック制御を組み合わせた併合システムでは，制御対象となる動的システムの状態ベクトル $\boldsymbol{x}(t)$ ではなく，オブザーバにより推定された状態ベクトル $\hat{\boldsymbol{x}}(t)$ が状態フィードバックベクトル $\boldsymbol{f}$ とかけ合わされ，入力 $u(t)$ となっていることがわかる．併合システムを設計する際の注意点をつぎにまとめる．

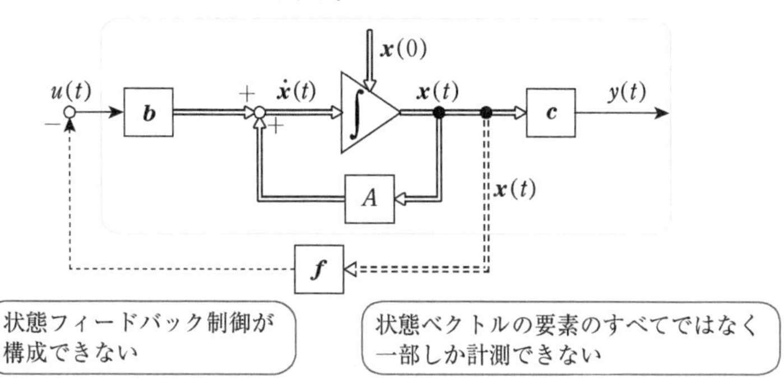

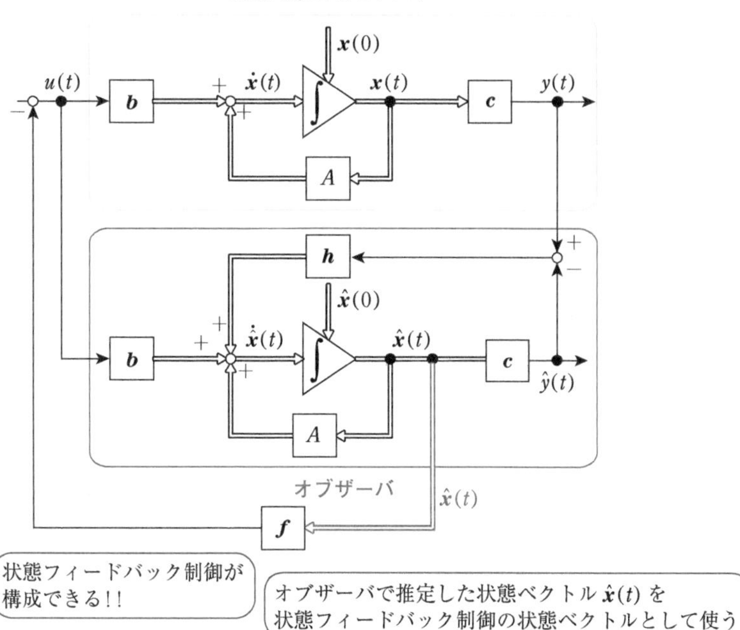

図 12.1　オブザーバを用いた状態フィードバック制御系の構成図

併合システムを設計する際の注意点

オブザーバが適切に設計できているとは，その状態ベクトル $\hat{\boldsymbol{x}}(t)$ がシステム (12.1) 式の状態ベクトル $\boldsymbol{x}(t)$ をできるだけ速く推定できるということである．よって，併合システムにおける状態フィードバックベクトル $\boldsymbol{f}$ は，状態フィードバック制御のみで閉ループシステムを安定化できるとして（状態ベクトルの要素がすべて計測できる場合）設計した状態フィードバックベクトル $\boldsymbol{f}$ と同じ値を用いることに注意しよう．

12.2 併合システムにおける制御性能の比較

図 12.1 に示した併合システムの有効性を調べるため，オブザーバにより推定した状態ベクトルにより，状態フィードバック制御が適切に行えているかどうかを例を通して調べよう．ここで，システムとオブザーバは 11.3 節と同じものを用いる．すなわち，システムは (11.17)，(11.18) 式と同様の可制御・可観測な 2 次元システム

$$\frac{\mathrm{d}}{\mathrm{d}t}\begin{bmatrix} x_1(t) \\ x_2(t) \end{bmatrix} = \begin{bmatrix} 0 & 1 \\ -6 & -5 \end{bmatrix}\begin{bmatrix} x_1(t) \\ x_2(t) \end{bmatrix} + \begin{bmatrix} 0 \\ 1 \end{bmatrix} u(t) \tag{12.6}$$

$$y(t) = [1 \ \ 0]\begin{bmatrix} x_1(t) \\ x_2(t) \end{bmatrix} \tag{12.7}$$

とし，状態ベクトル $\boldsymbol{x}(t)$ の初期ベクトルを $\boldsymbol{x}(0) = \begin{bmatrix} 1 \\ 1 \end{bmatrix}$ とする．ここで，本来は状態ベクトル $\boldsymbol{x}(t)$ が未知であるので，その初期ベクトル $\boldsymbol{x}(0)$ も未知であるがシミュレーションを行うために初期ベクトル $\boldsymbol{x}(0)$ のみを既知ベクトルとして与える．

オブザーバは (12.4) 式，併合システムによる状態フィードバック制御則は (12.5) 式を用いる．また，すべての例において，オブザーバの状態ベクトル $\hat{\boldsymbol{x}}(t)$ の初期ベクトルは $\hat{\boldsymbol{x}}(0) = \begin{bmatrix} 0 \\ 0 \end{bmatrix}$ とする．さらに，すべての例における応答の図は，それぞれの状態フィードバックベクトル $\boldsymbol{f}$ とオブザーバゲイン $\boldsymbol{h}$ をもとに，図 12.1 下の併合システムを制御系 CAD で構成し，シミュレーショ

ンにより得られた結果である．

システム (12.6)，(12.7) 式より，可制御性行列，可観測性行列はそれぞれ

$$U_c = [\boldsymbol{b} \;\; A\boldsymbol{b}] = \begin{bmatrix} 0 & 1 \\ 1 & -5 \end{bmatrix}, \;\; |U_c| = -1 \neq 0$$

$$U_o = \begin{bmatrix} \boldsymbol{c} \\ \boldsymbol{c}A \end{bmatrix} = \begin{bmatrix} 1 & 0 \\ 0 & 1 \end{bmatrix}, \;\; |U_o| = 1 \neq 0$$

となり，与えられたシステムは可制御・可観測であることが確認できる．

いま，与えられたシステム (12.6) 式の係数行列 A の固有値は $\{-2, \; -3\}$ であるので，状態フィードバック制御のみにより閉ループシステムの極を $\{-5, \; -6\}$ に配置できるとして状態フィードバックベクトル $\boldsymbol{f}$ を設計しよう．望ましい閉ループシステムの特性方程式は

$$(\lambda + 5)(\lambda + 6) = \lambda^2 + 11\lambda + 30 = 0 \tag{12.8}$$

となる．また，(12.3) 式による閉ループシステムの特性方程式は

$$|\lambda I - (A - \boldsymbol{bf})| = \begin{vmatrix} \lambda & -1 \\ 6 + f_1 & \lambda + 5 + f_2 \end{vmatrix}$$

$$= \lambda^2 + (5 + f_2)\lambda + f_1 + 6 = 0 \tag{12.9}$$

となる．よって，(12.8)，(12.9) 式の係数比較を行うと，状態フィードバックベクトル $\boldsymbol{f}$ はつぎとなる．

$$\boldsymbol{f} = [f_1 \;\; f_2] = [24 \;\; 6] \tag{12.10}$$

つぎに示すすべての例において，併合システムを設計する場合も状態フィードバックベクトルは (12.10) 式の $\boldsymbol{f}$ の値を用いる．

例 12.1

例 11.1 と同様に (11.14) 式におけるオブザーバの極を $\{-1, \; -2\}$ とした場合を考えよう．このときのシステムの応答を図 12.2 に示す．図 12.2 (a) は併合システムの状態変数 $\begin{bmatrix} x_1(t) \\ x_2(t) \end{bmatrix}$ と，状態フィードバック制御のみで制御した場合の状態変数 $\begin{bmatrix} x_{sf1}(t) \\ x_{sf2}(t) \end{bmatrix}$ を示している[1)]．また，図 12.2 (b) は併合システムの状態変数 $\begin{bmatrix} x_1(t) \\ x_2(t) \end{bmatrix}$ と，オブザーバによ

1) 以後，状態フィードバック制御のみの場合はシステムの状態変数がすべて計測できていると仮定した場合である．

12

り推定された状態変数$\begin{bmatrix} \hat{x}_1(t) \\ \hat{x}_2(t) \end{bmatrix}$を示している．

この場合，オブザーバの極は {−1, −2} であり，もとのシステムの極は {−2, −3}，状態フィードバック制御により指定している閉ループシステムの極は {−5, −6} であるので，オブザーバの極は他の極に比べてより虚軸に近い場所に配置されている．図 12.2 (a) からもわかるとおり，状態ベクトルの推定が速やかに行えていないので，併合システムの状態変数は状態フィードバック制御のみで制御した場合に比べて $\mathbf{0}$ への収束が遅い．よって，この場合オブザーバが適切に設計できていない，すなわちオブザーバの極の配置が適切でないことがわかる．

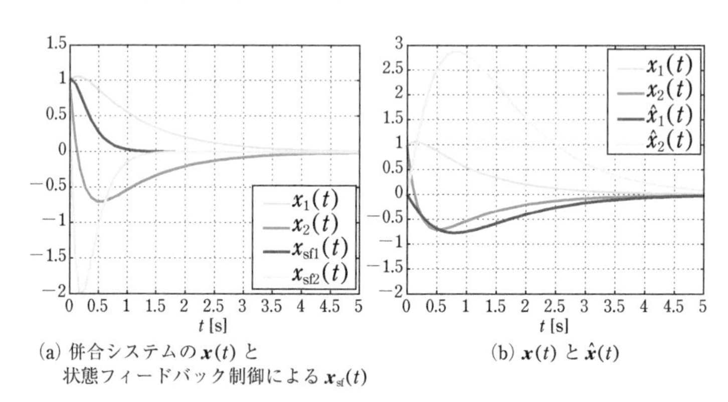

(a) 併合システムの $\boldsymbol{x}(t)$ と状態フィードバック制御による $\boldsymbol{x}_{\mathrm{sf}}(t)$

(b) $\boldsymbol{x}(t)$ と $\hat{\boldsymbol{x}}(t)$

図 12.2 閉ループシステムの極を {−5, −6}，オブザーバの極を {−1, −2} とした場合の応答

例 12.2

例 11.2 と同様に (11.14) 式においてオブザーバの極を {−5, −6} とした場合を考えよう．このときのシステムの応答を図 12.3 に示す．図 12.3 (a) は併合システムの状態変数$\begin{bmatrix} x_1(t) \\ x_2(t) \end{bmatrix}$と，状態フィードバック制御のみで制御した場合の状態変数$\begin{bmatrix} x_{\mathrm{sf1}}(t) \\ x_{\mathrm{sf2}}(t) \end{bmatrix}$を示している．また，図 12.3 (b) は併合システムの状態変数$\begin{bmatrix} x_1(t) \\ x_2(t) \end{bmatrix}$と，オブザーバにより推定された状態変数$\begin{bmatrix} \hat{x}_1(t) \\ \hat{x}_2(t) \end{bmatrix}$を示している．

この場合，オブザーバの極は {−5, −6} であり，もとのシステムの極は {−2, −3}，状態フィードバック制御により指定している閉ループシステムの極は {−5, −6} であるので，オブザーバの極は状態フィードバック制御により指定している閉ループシステムの極と同じ位置となる．このとき，状態ベクトルの推定は図 12.2 (b) と比べて図 12.3 (b) では速やかに行えているので，図 12.3 (a) より，併合システムと状態フィードバック制御のみで制御した場合の $\mathbf{0}$ への収束はそれほど差がないことがわかる．

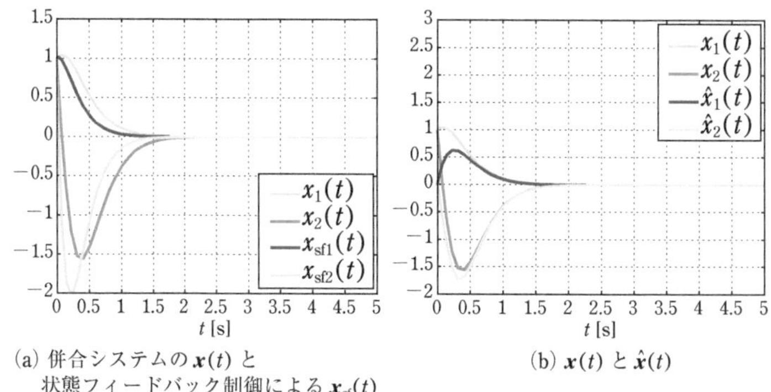

(a) 併合システムの $\boldsymbol{x}(t)$ と
状態フィードバック制御による $\boldsymbol{x}_{\mathrm{sf}}(t)$

(b) $\boldsymbol{x}(t)$ と $\hat{\boldsymbol{x}}(t)$

図 12.3　閉ループシステムの極を {−5, −6}，オブザーバの極を {−5, −6} とした場合の応答

例 12.3

例 11.3 と同様に (11.14) 式においてオブザーバの極を {−8, −9} とした場合を考えよう．このときのシステムの応答を図 12.4 に示す．図 12.4 (a) は併合システムの状態変数 $\begin{bmatrix} x_1(t) \\ x_2(t) \end{bmatrix}$ と，状態フィードバック制御のみで制御した場合の状態変数 $\begin{bmatrix} x_{\mathrm{sf1}}(t) \\ x_{\mathrm{sf2}}(t) \end{bmatrix}$ を示している．また，図 12.4 (b) は併合システムの状態変数 $\begin{bmatrix} x_1(t) \\ x_2(t) \end{bmatrix}$ と，オブザーバにより推定された状態変数 $\begin{bmatrix} \hat{x}_1(t) \\ \hat{x}_2(t) \end{bmatrix}$ を示している．

このとき，状態ベクトルの推定は図 12.3 (b) と比べて図 12.4 (b) では速やかに行えているので，図 12.4 (a) より併合システムと状態フィードバック制御のみで制御した場合の応答に大差はなく，図 12.3 (a) と比べて性能がよいことがわかる．

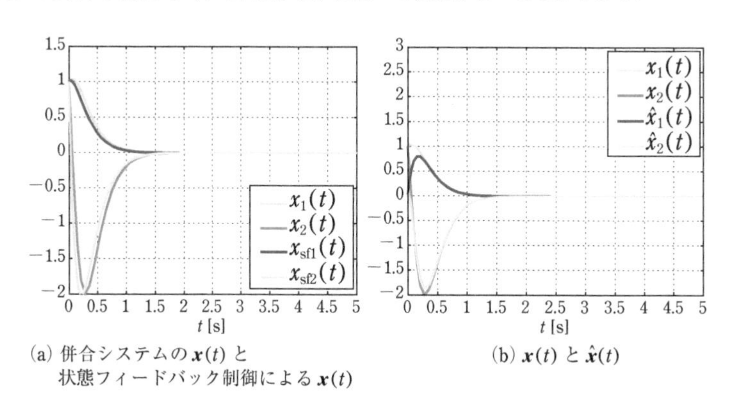

(a) 併合システムの $\boldsymbol{x}(t)$ と
状態フィードバック制御による $\boldsymbol{x}(t)$

(b) $\boldsymbol{x}(t)$ と $\hat{\boldsymbol{x}}(t)$

図 12.4　閉ループシステムの極を {−5, −6}，オブザーバの極を {−8, −9} とした場合の応答

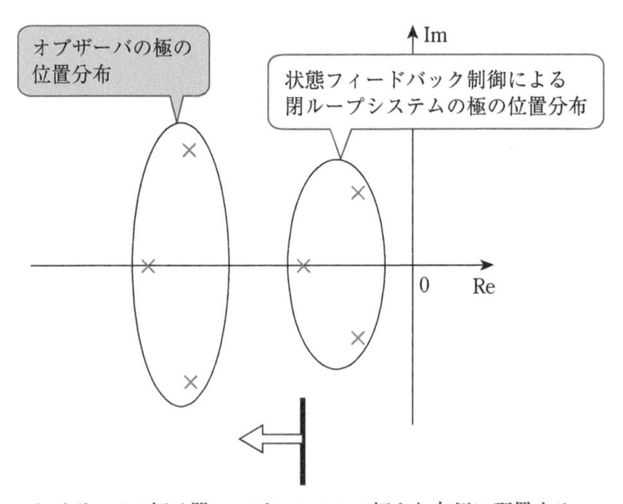

図 12.5 閉ループシステムの極とオブザーバの極の位置関係

これらの例により，併合システムを設計する際の注意点をつぎにまとめる．また閉ループシステムの極とオブザーバの極の位置関係は，図 12.5 のように表される[2)]．

併合システムを設計する際の注意点

状態フィードバック制御により指定している閉ループシステムの極の実部よりも，オブザーバの極の実部を複素平面の左側のより遠くに配置する必要がある．そのうえで，つぎの設計手順により併合システムを設計する．

- システムの極を求め，望ましい閉ループシステムの極を指定して，状態フィードバックベクトルを求める．
- 閉ループシステムの極の位置よりも，オブザーバの極を複素平面のより左側に位置するようにオブザーバゲインを求める．

2）図 12.5 は制御対象が 3 次元の線形システムの場合を表している．

12.3　併合システムの特性の解析

併合システムでは，状態フィードバック制御により指定される閉ループシステムの極と，オブザーバの極の位置を定めて状態フィードバックベクトルとオブザーバゲインを設計する必要がある．しかし，状態フィードバック制御に用いる状態ベクトルは，オブザーバにより推定された状態ベクトルであるので，状態フィードバックベクトルとオブザーバゲインの設計には何か関係があるかもしれない．12.2 節の例では独立に設計できているが，本当に独立に考えてよいのであろうか？　この疑問に答えるために，つぎの解析を行い，一般の場合においても併合システムの設計においては状態フィードバックベクトルとオブザーバゲインは独立に選ぶことが可能であることを説明する．

(12.1)，(12.2) 式に示したシステム

$$\dot{\boldsymbol{x}}(t) = A\boldsymbol{x}(t) + \boldsymbol{b}u(t) \tag{12.1}$$

$$y(t) = \boldsymbol{c}\boldsymbol{x}(t) \tag{12.2}$$

の状態ベクトルを (12.4) 式のオブザーバ

$$\dot{\hat{\boldsymbol{x}}}(t) = A\hat{\boldsymbol{x}}(t) + \boldsymbol{b}u(t) + \boldsymbol{h}\{y(t) - \boldsymbol{c}\hat{\boldsymbol{x}}(t)\} \tag{12.4}$$

で推定し，(12.5) 式の状態フィードバック制御則

$$u(t) = -\boldsymbol{f}\hat{\boldsymbol{x}}(t) \tag{12.5}$$

によりシステムを安定化することを考える．ここで，オブザーバによる推定誤差として再び (11.9) 式を考える．

$$\boldsymbol{e}(t) = \hat{\boldsymbol{x}}(t) - \boldsymbol{x}(t)$$

また，(11.9) 式より $\hat{\boldsymbol{x}}(t) = \boldsymbol{e}(t) + \boldsymbol{x}(t)$ が成り立つことにも注意する．このとき，(12.1)，(12.5) 式よりつぎが成り立つ．

$$\begin{aligned}\dot{\boldsymbol{x}}(t) &= A\boldsymbol{x}(t) + \boldsymbol{b}u(t) = A\boldsymbol{x}(t) - \boldsymbol{b}\boldsymbol{f}\hat{\boldsymbol{x}}(t)\\ &= (A - \boldsymbol{b}\boldsymbol{f})\boldsymbol{x}(t) - \boldsymbol{b}\boldsymbol{f}\boldsymbol{e}(t)\end{aligned} \tag{12.11}$$

また，(11.9) 式の両辺を微分して，(12.1)，(12.2)，(12.4) 式を代入するとつぎが得られる．

$$\dot{\boldsymbol{e}}(t) = \dot{\hat{\boldsymbol{x}}}(t) - \dot{\boldsymbol{x}}(t) = (A - \boldsymbol{hc})\hat{x}(t) + \boldsymbol{hc}\boldsymbol{x}(t) - A\boldsymbol{x}(t)$$
$$= (A - \boldsymbol{hc})\hat{\boldsymbol{x}}(t) - (A - \boldsymbol{hc})\boldsymbol{x}(t) = (A - \boldsymbol{hc})\boldsymbol{e}(t) \quad (12.12)$$

ここで新たに状態ベクトルを $\begin{bmatrix} \boldsymbol{x}(t) \\ \boldsymbol{e}(t) \end{bmatrix}$ として (12.11), (12.12) 式をまとめるとつぎとなる.

$$\frac{\mathrm{d}}{\mathrm{d}t}\begin{bmatrix} \boldsymbol{x}(t) \\ \boldsymbol{e}(t) \end{bmatrix} = \begin{bmatrix} A - \boldsymbol{bf} & -\boldsymbol{bf} \\ \boldsymbol{O} & A - \boldsymbol{hc} \end{bmatrix}\begin{bmatrix} \boldsymbol{x}(t) \\ \boldsymbol{e}(t) \end{bmatrix} \quad (12.13)$$

ここで, (12.13) 式の状態ベクトルを $\boldsymbol{\eta}(t) = \begin{bmatrix} \boldsymbol{x}(t) \\ \boldsymbol{e}(t) \end{bmatrix}$ とおくと, (12.13) 式はつぎとなる.

$$\dot{\boldsymbol{\eta}}(t) = \begin{bmatrix} A - \boldsymbol{bf} & -\boldsymbol{bf} \\ \boldsymbol{O} & A - \boldsymbol{hc} \end{bmatrix}\boldsymbol{\eta}(t) \quad (12.14)$$

このとき (12.14) 式は (12.1), (12.2), (12.4), (12.5) 式で構成される併合システムの閉ループシステムの特性を表す. よって, (12.14) 式で表されるシステムが安定, すなわち状態ベクトル $\boldsymbol{\eta}(t)$ が任意の初期ベクトル $\boldsymbol{\eta}(0)$ から時間経過とともに零ベクトル $\boldsymbol{0}$ に収束するかどうかが問題となるが, そのためにはこれまでの議論と同様に行列

$$A_c = \begin{bmatrix} A - \boldsymbol{bf} & -\boldsymbol{bf} \\ \boldsymbol{O} & A - \boldsymbol{hc} \end{bmatrix} \quad (12.15)$$

が安定行列であるかどうかを調べる必要がある. ここで, A_c は $2n \times 2n$ 行列で,

- $A - \boldsymbol{bf}$: $n \times n$ の行列
- $-\boldsymbol{bf}$: $n \times n$ の行列
- $\boldsymbol{O}$: $n \times n$ の零行列
- $A - \boldsymbol{hc}$: $n \times n$ の行列

であるので, (12.15) 式の行列は

$$\left[\begin{array}{c|c} A - \boldsymbol{bf} & -\boldsymbol{bf} \\ \hline \boldsymbol{O} & A - \boldsymbol{hc} \end{array}\right]$$

と 4 つの $n \times n$ の行列のブロックにわけることができる. このような行列は

ブロック行列 (block matrix) と呼ばれる．このブロック行列の行列式について，つぎの性質が知られている．

ブロック行列の行列式

行列 A が $n \times n$，行列 B が $n \times m$，行列 C が $m \times n$，行列 D が $m \times m$ のとき，

$$\begin{vmatrix} A & B \\ C & D \end{vmatrix} = |A||D - CA^{-1}B| \quad (|A| \neq 0 \text{のとき})$$

$$= |D||A - BD^{-1}C| \quad (|D| \neq 0 \text{のとき}) \tag{12.16}$$

となる．また，$C = \boldsymbol{O}$ または $B = \boldsymbol{O}$ の場合には，つぎが成り立つ．

$$\begin{vmatrix} A & B \\ \boldsymbol{O} & D \end{vmatrix} = \begin{vmatrix} A & \boldsymbol{O} \\ C & D \end{vmatrix} = |A||D| \tag{12.17}$$

よって，(12.15) 式の固有値は

$$\begin{vmatrix} \lambda I - (A - \boldsymbol{bf}) & \boldsymbol{bf} \\ \boldsymbol{O} & \lambda I - (A - \boldsymbol{hc}) \end{vmatrix} = 0 \tag{12.18}$$

で求めることができる．(12.18) 式は (12.17) 式より，

$$|\lambda I - (A - \boldsymbol{bf})||\lambda I - (A - \boldsymbol{hc})| = 0 \tag{12.19}$$

となる．よって，(12.15) 式の行列 A_c の固有値は行列 $A - \boldsymbol{bf}$ と行列 $A - \boldsymbol{hc}$ の固有値からなることがわかる．このことは，(12.19) 式より，状態フィードバック制御における閉ループシステムの極（行列 $A - \boldsymbol{bf}$ の固有値）とオブザーバの極（行列 $A - \boldsymbol{hc}$ の固有値）は独立に選ぶことができることを意味する．すなわち，状態フィードバックベクトル $\boldsymbol{f}$ として選んだ値がオブザーバゲイン $\boldsymbol{h}$ の選び方に影響しないことを意味する（逆の議論も成り立つ）．よって，併合システムにおける状態フィードバック制御により指定する閉ループシステムの極と，オブザーバの極は独立に選ぶことが可能であることが示された．

12.2 節の最後に示したとおり，併合システムにおいては，システムの状態ベクトルの要素がすべて計測できるとしたうえで状態フィードバックベクトルを設計し，指定した閉ループシステムの極の位置に応じてオブザーバの極

を定めてオブザーバゲインを求める，という手順どおりに設計を進めていけばよいことがわかった．

【講義 12 のまとめ】

- オブザーバを使ってシステムの状態変数を推定し，推定した状態変数を用いて状態フィードバック制御を行う制御システムを併合システムという．
- 併合システムにおいて，オブザーバの極と状態フィードバック制御による閉ループシステムの極の位置関係に注意が必要である．
- オブザーバゲインと状態フィードバックベクトルは互いに関係はなく，独立に設計可能である．

演習問題

システムの状態空間表現が

$$\dot{\boldsymbol{x}}(t) = A\boldsymbol{x}(t) + \boldsymbol{b}u(t), \quad y(t) = \boldsymbol{c}\boldsymbol{x}(t)$$

で表される場合，つぎの問いに答えよ．

(1) $A, \boldsymbol{b}, \boldsymbol{c}$ がつぎの場合，問いに答えよ．

$$A = \begin{bmatrix} 0 & 1 \\ -5 & -3 \end{bmatrix}, \quad \boldsymbol{b} = \begin{bmatrix} 0 \\ 1 \end{bmatrix}, \quad \boldsymbol{c} = \begin{bmatrix} 1 & 0 \end{bmatrix}$$

(i) システムの可制御性を調べたうえで，状態フィードバック制御による閉ループシステムの極が $\{-3,\ -4\}$ となるように，状態フィードバックベクトルを求めよ．

(ii) システムの可観測性を調べたうえで，オブザーバの極が $\{-5,\ -6\}$ となるように，オブザーバゲインを求めよ．

(2) 182 ページの (12.15) 式の拡大系の行列がつぎで与えられた場合，状態フィードバック制御による閉ループシステムの極とオブザーバの極を求めよ．

$$A_c = \begin{bmatrix} 1 & 1 & 0 & 0 \\ -6 & -4 & -7 & -8 \\ 0 & 0 & 12 & -10 \\ 0 & 0 & 24 & -19 \end{bmatrix}$$

(3) A, $\boldsymbol{b}$, $\boldsymbol{c}$ がつぎの場合，問いに答えよ．

$$A = \begin{bmatrix} 0 & 1 \\ 0 & 3 \end{bmatrix}, \quad \boldsymbol{b} = \begin{bmatrix} 0 \\ 1 \end{bmatrix}, \quad \boldsymbol{c} = [1 \quad 1]$$

(i) システムの極と可制御性を調べたうえで，状態フィードバック制御による閉ループシステムの極が $\{-2, -3\}$ となるように，状態フィードバックベクトルを求めよ．

(ii) システムの可観測性を調べたうえで，オブザーバの極が $\{-5, -6\}$ となるように，オブザーバゲインを求めよ．

(iii) (12.15) 式の拡大系の行列 A_c を示したうえで，A_c の固有値を求めよ．

(4) A, $\boldsymbol{b}$, $\boldsymbol{c}$ がつぎの場合，問いに答えよ．

$$A = \begin{bmatrix} 2 & -1 \\ 2 & 5 \end{bmatrix}, \quad \boldsymbol{b} = \begin{bmatrix} 1 \\ 2 \end{bmatrix}, \quad \boldsymbol{c} = [1 \quad 0]$$

(i) システムの極とシステムの可制御性を調べたうえで，状態フィードバック制御による閉ループシステムの極が $\{-1, -2\}$ となるように，状態フィードバックベクトルを求めよ．

(ii) システムの可観測性を調べたうえで，オブザーバの極が $\{-3, -4\}$ となるように，オブザーバゲインを求めよ．

(iii) (12.15) 式の拡大系の行列 A_c を示したうえで，A_c の固有値を求めよ．

(5) A, $\boldsymbol{b}$, $\boldsymbol{c}$ がつぎの場合，問いに答えよ．

$$A = \begin{bmatrix} 0 & 1 \\ 2 & -1 \end{bmatrix}, \quad \boldsymbol{b} = \begin{bmatrix} 0 \\ 1 \end{bmatrix}, \quad \boldsymbol{c} = [1 \quad 0]$$

(i) システムの極とシステムの可制御性を調べたうえで，状態フィードバック制御による閉ループシステムの極が $\{-2, -3\}$ となるように，状態フィードバックベクトルを求めよ．

(ii) システムの可観測性を調べたうえで，オブザーバの極が $\{-10, -12\}$ となるように，オブザーバゲインを求めよ．

(iii) 182 ページの (12.13) 式の拡大系とは別に，状態変数を $[\boldsymbol{x}(t) \quad \hat{\boldsymbol{x}}(t)]^{\mathrm{T}}$ とする拡大系を示し，求めた拡大系の固有値が閉ループシステムの極とオブザーバの極より構成されることを示せ．

講義 13
サーボ系の設計

状態フィードバック制御は，講義 09 でも説明したとおり，零ベクトル $\mathbf{0}$ からずれた状態ベクトルを再び $\mathbf{0}$ に戻す（$\lim_{t\to\infty} \boldsymbol{x}(t) = \mathbf{0}$）レギュレータと呼ばれる制御法である．しかし，実用上における制御仕様として，制御対象の出力（制御量）を所望の値に追従させる制御系設計を要求されることが多い．本講では，制御量を目標入力（目標値）に追従させることを目的とするサーボ系の構成について述べ，これまで学んだ状態フィードバック制御との関係について説明する．

【講義 13 のポイント】

- 状態フィードバック制御と定値外乱抑制の構成について理解しよう．
- システムの安定化と定値外乱抑制する制御方法について理解しよう．
- 目標値に対する定常偏差を 0 にできるサーボ系の構成について理解しよう．

13.1　状態フィードバック制御と定値外乱

60 ページの (4.25)，(4.26) 式と同様に，n 次元 1 入力 1 出力システムの状態空間表現がつぎで表されるとする．

$$\dot{\boldsymbol{x}}(t) = A\boldsymbol{x}(t) + \boldsymbol{b}u(t) \tag{13.1}$$

$$y(t) = \boldsymbol{c}\boldsymbol{x}(t) \tag{13.2}$$

(13.1)，(13.2) 式のシステムに対し，つぎの状態フィードバック制御則を考える．

$$u(t) = -\boldsymbol{f}\boldsymbol{x}(t) \tag{13.3}$$

ここで，$\boldsymbol{f}$ は講義 09 で説明した閉ループシステムを安定化するように適切に設計された状態フィードバックベクトルである．

状態変数線図を用いて (13.1)，(13.2) 式で表現されるシステムと，(13.3) 式の状態フィードバック制御則との関係を表すと，図 13.1 となる．図 13.1

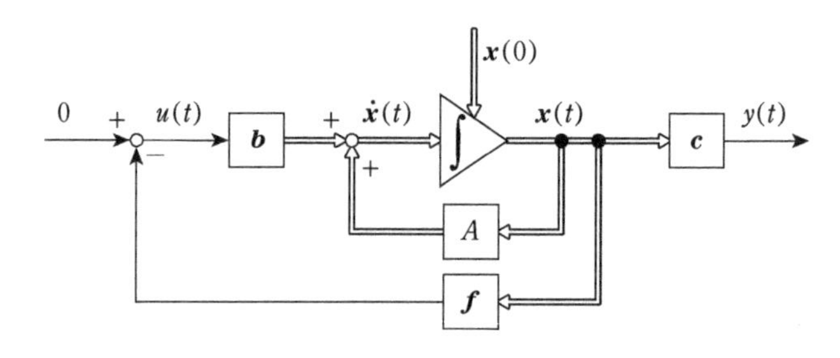

図 13.1　状態フィードバック制御系の状態変数線図

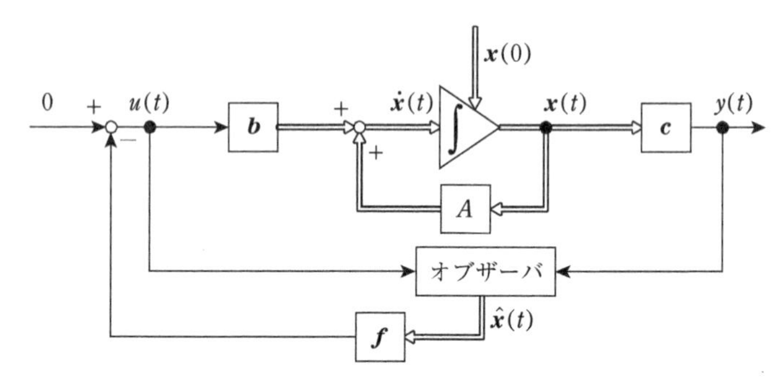

図 13.2　オブザーバを用いた状態フィードバック制御系の状態変数線図

は状態フィードバック制御に用いる状態ベクトル $\boldsymbol{x}(t)$ に含まれるすべての状態変数 $x_i(t)$ $(i = 1, 2, \cdots, n)$ が直接計測できるという条件のもとで構成されている．制御目的は講義 09 でも説明したとおり，零ベクトル $\mathbf{0}$ でない初期ベクトル $\boldsymbol{x}_0 = \boldsymbol{x}(0)$ を初期外乱とみなし，初期状態（ベクトル）$\boldsymbol{x}(0)$ から速やかに零ベクトル $\mathbf{0}$ に戻すこと，すなわち $\lim_{t\to\infty}\boldsymbol{x}(t) = \mathbf{0}$ を達成することである．この制御目的を達成する閉ループシステムを構成する制御法をレギュレータと呼んだ．

本書で扱う制御対象は 1 入力 1 出力システムであり，すべての状態変数を直接計測することはできない．実際に (13.3) 式の状態フィードバック制御を行うためには，講義 11 で学んだオブザーバを用いて状態ベクトル $\boldsymbol{x}(t)$ の推定値 $\hat{\boldsymbol{x}}(t)$ を求める必要がある．推定値 $\hat{\boldsymbol{x}}(t)$ を用いて，(13.3) 式の状態フィードバック制御を構成すると，制御系は講義 12 で説明した図 13.2 の状態変数線図で表されるオブザーバを併合した併合システムになる．併合システムの設計においては，制御系の設計（この場合は，(13.3) 式における状態フィー

ドバックベクトル $\boldsymbol{f}$ の設計）とオブザーバゲイン $\boldsymbol{h}$ の設計をわけて考えることができる．本講では，問題の趣旨と本質を見失わないためにも，図 13.1 のように，出力ベクトル $\boldsymbol{c}$ を通過する前の状態ベクトル $\boldsymbol{x}(t)$，すなわちすべての状態変数 $x_i(t)$（$i = 1, 2, \cdots, n$）が直接計測できるとして説明する．

n 次元 1 入力 1 出力システムに対するサーボ系の設計について説明する前に，つぎの例を用いて考えよう．

例 13.1

2.2 節や例 7.2 で考えたマス－ばね－ダンパシステムにおいて，図 13.3 に示すような外乱 $d(t)$ が加わったシステムを考えよう．力 $u(t)$ は物体への操作量（入力）であり，物体のつり合いの位置を 0 としたときの変位（位置）$y(t)$ が制御量（出力）となる．物体には風による負荷が加わっていて，この負荷が操作量 $u(t)$ に影響を与える外乱 $d(t)$ である．外乱の大きさは有限であるが，その大きさを調整することはできない．図 13.3 のマス－ばね－ダンパシステムの運動方程式は，力のつり合いからつぎとなる．

$$M\ddot{y}(t) + D\dot{y}(t) + Ky(t) = u(t) - d(t) \tag{13.4}$$

ここで，状態変数を $x_1(t) = y(t)$，$x_2(t) = \dot{y}(t)$と選ぶと，状態ベクトルは

$$\boldsymbol{x}(t) = \begin{bmatrix} x_1(t) \\ x_2(t) \end{bmatrix} = \begin{bmatrix} y(t) \\ \dot{y}(t) \end{bmatrix} \tag{13.5}$$

となり，システムの状態空間表現はつぎで表される．

$$\dot{\boldsymbol{x}}(t) = \begin{bmatrix} 0 & 1 \\ -\dfrac{K}{M} & -\dfrac{D}{M} \end{bmatrix} \boldsymbol{x}(t) + \begin{bmatrix} 0 \\ \dfrac{1}{M} \end{bmatrix} u(t) + \begin{bmatrix} 0 \\ -\dfrac{1}{M} \end{bmatrix} d(t) \tag{13.6}$$

$$y(t) = [1 \;\; 0]\boldsymbol{x}(t) \tag{13.7}$$

図 13.4 は，(13.6)，(13.7) 式のシステムの状態変数線図であり，図 13.1 のシステムとの違いは外乱 $d(t)$ の有無のみである．

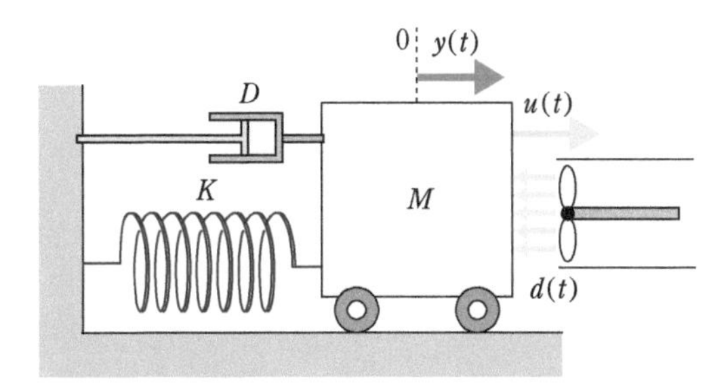

図 13.3　外乱が加わったマス－ばね－ダンパシステム

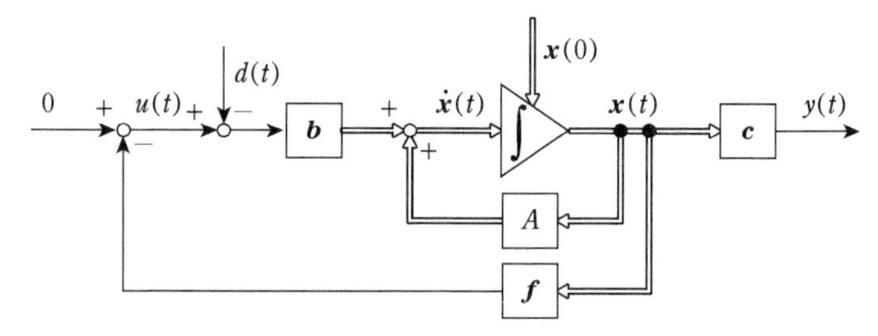

図 13.4　外乱が加わった状態フィードバック制御系の状態変数線図

さて，問題をより具体的にするために，例 7.2 と同様にシステムのパラメータが $M = 1$，$D = 5$，$K = 6$ であるとすると，(13.6)，(13.7) 式はつぎとなる．

$$\dot{\boldsymbol{x}}(t) = \begin{bmatrix} 0 & 1 \\ -6 & -5 \end{bmatrix} \boldsymbol{x}(t) + \begin{bmatrix} 0 \\ 1 \end{bmatrix} u(t) + \begin{bmatrix} 0 \\ -1 \end{bmatrix} d(t) \tag{13.8}$$

$$y(t) = [1 \;\; 0]\boldsymbol{x}(t) \tag{13.9}$$

また，システムの初期ベクトルが $\boldsymbol{x}(0) = \begin{bmatrix} y(0) \\ \dot{y}(0) \end{bmatrix} = \begin{bmatrix} -1 \\ 0 \end{bmatrix}$ であるとしよう．$\boldsymbol{x}(0)$ は物体の初期位置が -1，物体の初期速度が 0 であることを意味している．制御の目的は外乱 $d(t)$ が存在するもとで，初期ベクトル $\boldsymbol{x}(0)$ から物体をつり合いの位置に戻し，かつ物体の速度を 0 にすること，つまり，$\lim_{t\to\infty} \boldsymbol{x}(t) = \boldsymbol{0}$ とすることである．本例において，物体の位置と速度は計測できるとしよう．

まず外乱を $d(t) = 0$ とした場合について，(13.3) 式の状態フィードバック制御則を (13.8)，(13.9) 式のシステムに適用する．講義 12 までの設計手順にしたがって，閉ループシステムの極を -3 の重根に配置する状態フィードバックベクトル $\boldsymbol{f}$ を求めよう．この場合，つぎの行列

$$A - \boldsymbol{bf} = \begin{bmatrix} 0 & 1 \\ -6 & -5 \end{bmatrix} - \begin{bmatrix} 0 \\ 1 \end{bmatrix} \boldsymbol{f}$$

の固有値が -3 の重根となればよいので，$\boldsymbol{f} = [3 \;\; 1]$ とすればよいことがわかる[1)]．よって，状態フィードバック制御則 (13.3) 式はつぎとなる．

$$u(t) = -\boldsymbol{f}\boldsymbol{x}(t) = -[3 \;\; 1]\boldsymbol{x}(t) \tag{13.10}$$

外乱を $d(t)$ とした (13.8) 式のシステムに対して (13.10) 式の状態フィードバック制御を施すと，閉ループシステムは図 13.1 の状態変数線図に示す構造となり，応答は図 13.5 となる．図中の青線は物体の位置 $x_1(t)$，赤線は物体の速度 $x_2(t)$ の時間変化をそれぞれ示している．図 13.5 より，つり合いの位置から -1 ずれた物体の初期位置が状態

1）各自で計算してみよう．

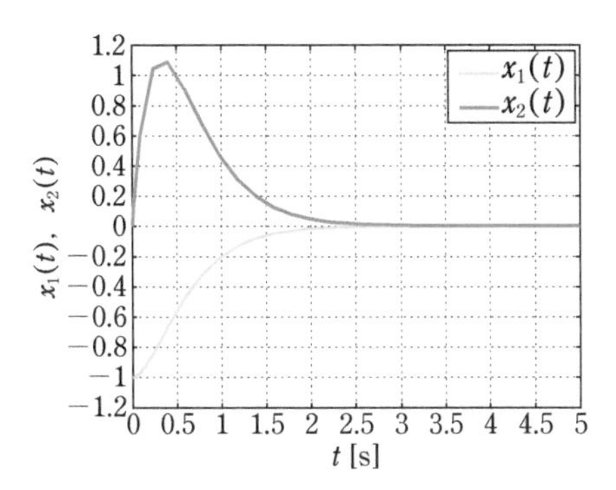

図 13.5　マス－ばね－ダンパシステムの応答（外乱がない場合）

フィードバック制御によって 0 に収束し，物体の速度も 0 に収束することが確認できる．

つぎに外乱を $d(t) \neq 0$ とした場合について考える．ここでは 0 でない外乱として $d(t)$ を単位ステップ信号

$$d(t) = \begin{cases} 1 & (t \geq 0) \\ 0 & (t < 0) \end{cases} \tag{13.11}$$

とする定値外乱（constant disturbance）がシステムに加わる場合を考えよう．(13.8)，(13.9) 式のシステムに対し，(13.10) 式の状態フィードバック制御を構成する．このとき，閉ループシステムの応答は図 13.6 となる．図 13.6 より，状態フィードバック制御 $u(t)$ によって，青線で示される物体の位置は初期位置 -1 からつり合いの位置である 0 に近づくが，0 には収束せず，一定の偏差（約 -0.11）が残ることが読み取れる（➡ **演習問題**（1））．この一定の偏差のことを定常偏差（steady state error）と呼ぶ．

図 13.6 に示したとおり，図 13.4 の制御系において外乱 $d(t)$ として (13.11) 式の定値外乱が加わると，(13.10) 式の状態フィードバック制御則では外乱の影響を完全に打ち消して物体の位置 $x_1(t)$ を 0 に収束させることができない[2]．すなわち，(13.11) 式の外乱の影響により $\lim_{t\to\infty} \boldsymbol{x}(t) \neq \boldsymbol{0}$ となり，出力 $y(t)$ も 0 にならないことが確認できる．

2) 状態フィードバックベクトル $\boldsymbol{f}$ によりシステムは安定化されていることに注意しよう．よって，定常偏差が残る原因は状態フィードバック制御により閉ループシステムの極を -3 に配置したことによるものではない．

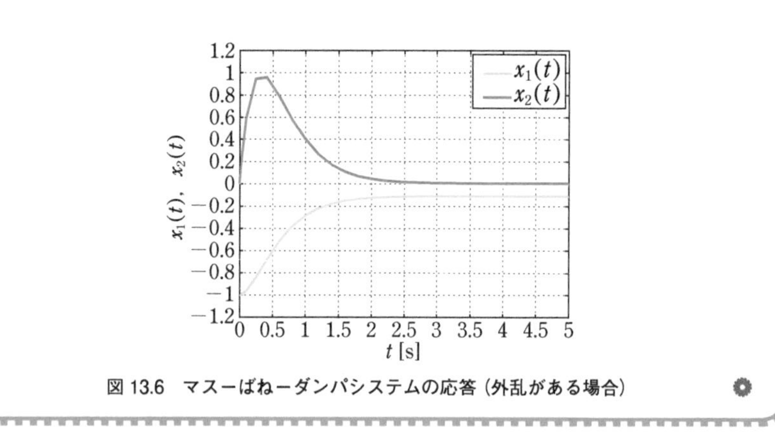

図 13.6　マス－ばね－ダンパシステムの応答（外乱がある場合）

13.2　定値外乱の影響を抑制する制御

13.1 節で述べた定値外乱によって生じる定常偏差を 0 にすることが可能な制御則を考えよう．(13.11) 式の定値外乱 $d(t)$ のラプラス変換は

$$\mathcal{L}[d(t)] = \frac{1}{s} \tag{13.12}$$

であるから，内部モデル原理（internal model principle）[3] より，定常偏差を 0 にするためには制御系内に外乱と同じ因子 $\frac{1}{s}$ が含まれていなければならない．偏差 $e(t)$ は，目標値である 0 と出力 $y(t)$ の差であるから，

$$e(t) = 0 - y(t) = -y(t) \tag{13.13}$$

である．よって $e(t)$ を入力とし，$\frac{1}{s}$ の因子を持つ要素が制御系内に含まれていれば，定常偏差を 0 にすることができる．そこで，伝達関数表現による補償要素 $C(s)$ をスカラーの調整パラメータ g を用いて

$$C(s) = g\frac{1}{s} \tag{13.14}$$

とおく．偏差 $e(t)$ のラプラス変換

$$E(s) = \mathcal{L}[e(t)] \tag{13.15}$$

および補償要素からの出力を $V(s) = \mathcal{L}[v(t)]$ とした

3）参考文献 [2] の「10.4 節 内部モデル原理」を参照すること．

$$V(s) = C(s)\,E(s) \tag{13.16}$$

なる構造を制御系内に持たせると，内部モデル原理より定常偏差を 0 にできることが知られている．(13.16) 式の制御器を (13.13) ～ (13.15) 式の関係を用いて整理すると，図 13.7 の最下に示す構造に変形される．

図 13.4 の制御系において，適切な状態フィードバックベクトル $\boldsymbol{f}$ を設計することによって定常偏差は残るが，システムが安定化できることを例 13.1 で示した．さらに，図 13.4 の制御系に対し，図 13.7 に示す補償要素を付け加えると，システムの定常特性を改善できることが期待される．

それでは，(13.3) 式の状態フィードバック制御則に，出力の定常偏差を補償する項である，図 13.7 の最下に示した $\boldsymbol{v(t)}$ を付け加えた制御系を設計し

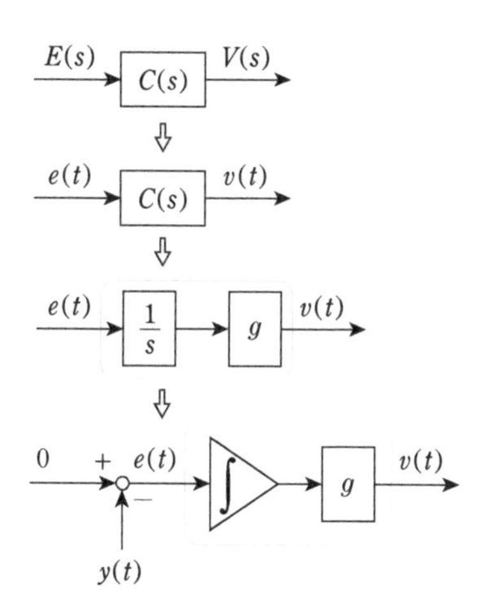

図 13.7　定常偏差に対する補償要素の構造

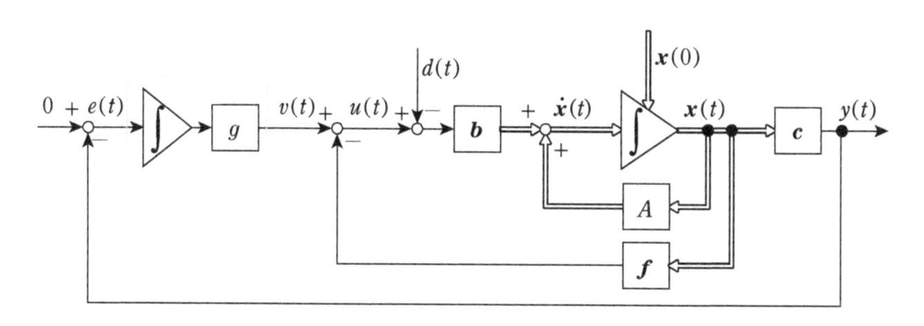

図 13.8　定常偏差を補償するフィードバック制御系の状態変数線図

よう．図 13.4 の制御系に対し，図 13.7 の構造を含む (13.16) 式の補償要素を加えればよいので，状態変数線図は図 13.8 となる．この状態フィードバック制御則は

$$u(t) = -\boldsymbol{f}\boldsymbol{x}(t) + v(t) \tag{13.17}$$

と表される．ここで，$v(t)$ は積分ゲイン g を用いて偏差の積分 $\int_0^t e(\tau)\,\mathrm{d}\tau$ をフィードバックする項であるから，

$$v(t) = g\int_0^t e(\tau)\,\mathrm{d}\tau = -g\int_0^t y(\tau)\,\mathrm{d}\tau \tag{13.18}$$

であり，**積分器** (integrator) と呼ばれる．(13.18) 式を (13.17) 式に代入すると，

$$u(t) = -\boldsymbol{f}\boldsymbol{x}(t) - g\int_0^t y(\tau)\,\mathrm{d}\tau \tag{13.19}$$

となり，**状態フィードバック制御＋出力フィードバック制御（積分制御）**による制御系が構成される．つぎの例によりこの制御系の有効性を確認しよう．

例 13.2

(13.11) 式の外乱 $d(t)$ を持つ (13.8)，(13.9) 式で与えられるシステム（定常偏差が生じた図 13.6 の場合）を用いて，(13.19) 式のフィードバック制御則を適用する制御系を設計しよう．設計は 2 段階にわかれており，まず $d(t) = 0$ としてシステムを安定化する $\boldsymbol{f}$ を求め，つぎに $d(t) \neq 0$ として定常特性を改善する g を求める．

1. システムの安定化

(13.19) 式の右辺第 1 項の状態フィードバックベクトル $\boldsymbol{f}$ を決定する．閉ループシステムを漸近安定にする状態フィードバックベクトル $\boldsymbol{f}$ を決定するため，ここでは定値外乱は $d(t) = 0$，積分ゲインは $g = 0$ と仮定しよう．このとき閉ループシステムの極に，簡単のため例 13.1 と同じ -3 の重根を選ぶと，求める状態フィードバックベクトルは $\boldsymbol{f} = [3 \ \ 1]$ となる．閉ループシステムの極を複素平面の原点からより離れた根（たとえば -10 の重根）に選ぶと，システムの速応性はより高まるが，操作入力が大きくなったり，ノイズに敏感になったりするので，注意が必要である[4)]．

得られた状態フィードバックベクトル $\boldsymbol{f}$ を用いて，(13.19) 式のフィードバック制御を構成した際の応答を図 13.9 に示す．ここで外乱 $d(t)$ は (13.11) 式の定値外乱であり，$g = 0$ としている．

4) 詳しくは参考文献 [1] を参照のこと．

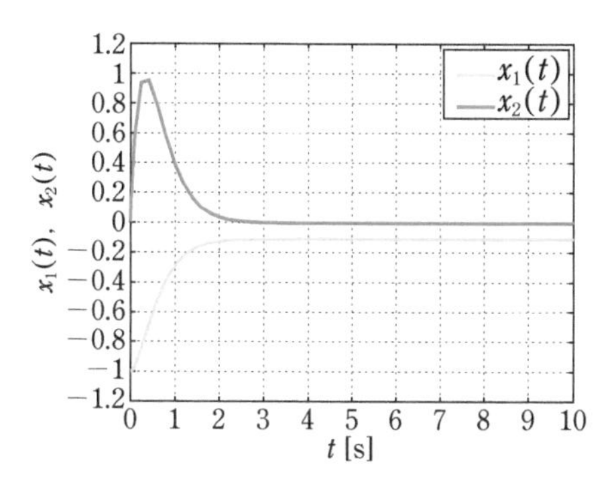

図 13.9 (13.19) 式のフィードバック制御則 ($g = 0$ の場合) による応答

図 13.9 より，システムは安定化されているものの，定値外乱を抑制するための積分ゲインを $g = 0$ としているので，図 13.6 と同様に定常偏差が残っていることがわかる.

2. 定常特性の改善

定常偏差を取り除くために (13.19) 式における積分ゲイン g を調整し，その値を変化させたときの応答の違いを調べて，状態フィードバック制御に積分制御を付加することの有効性について確認しよう. ここでも状態フィードバックベクトルは 1. で求めた $\boldsymbol{f} = [3\ \ 1]$，外乱は (13.11) 式の定値外乱とする. まず，$g = 1.0$ として閉ループシステムの応答を求めると，図 13.10 となる. 図 13.10 から，物体の位置に対応する状態変数 $x_1(t)$ の定常偏差が 0 になり，(13.11) 式の定値外乱による影響が抑制できていることがわかる (➡**演習問題** (2)). つぎに，$g = 5.0$ とした場合の応答を図 13.11 に示す. 図 13.11 から，積分ゲイン g を 1.0 から 5.0 に変えると，立ち上がり時間は短くなるが，2 つの状態変数 $x_1(t)$，$x_2(t)$ の応答に定常値を超えたオーバーシュート (アンダーシュート) が生じていることがわかる. よって，オーバーシュートが生じて 0 に収束する時間は図 13.9 の例と比べて長くなることから，積分ゲインを $g = 5.0$ とすることは適切ではないことがわかる. しかし，閉ループシステムの応答が適切になるように，設計者が積分ゲイン g を 1.0 から 5.0 の範囲で決定すればよいという 1 つの目安を得る.

積分ゲインを $g = 1.3$ に調整したときの閉ループシステムの応答を図 13.12 に示す. $g = 1.3$ は，1.0 から 5.0 の範囲で，応答のグラフから試行錯誤により決定した数値である. 図 13.12 より，図 13.8 に示すフィードバック制御系を構成すると，定値外乱によって生じる定常偏差を 0 にできることがわかる. さらに，(13.19) 式のフィードバック制御則における積分ゲイン g を適切に選ぶことによって，定常特性と速応性を改善できることもわかる.

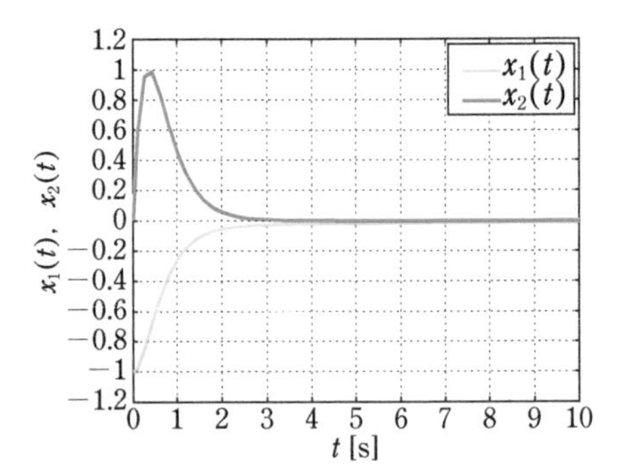

図 13.10　(13.19) 式のフィードバック制御則 ($g = 1.0$ の場合) による応答

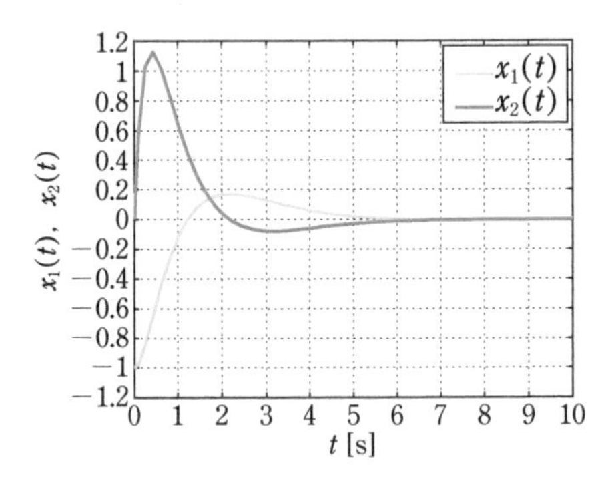

図 13.11　(13.19) 式のフィードバック制御則 ($g = 5.0$ の場合) による応答

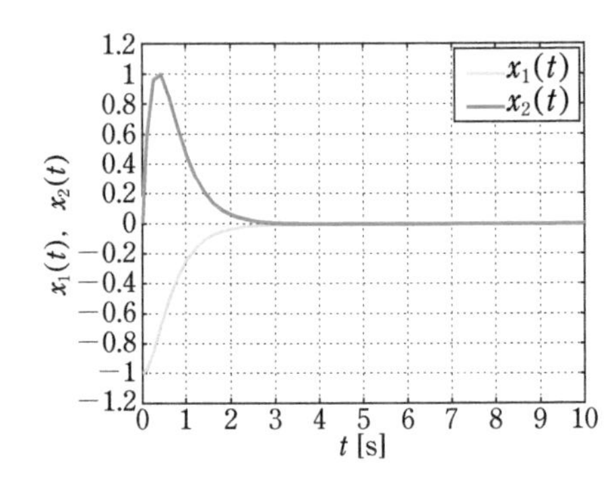

図 13.12　(13.19) 式のフィードバック制御則 ($g = 1.3$ の場合) による応答

積分器

伝達関数$\dfrac{1}{s}$は積分器と呼ばれる．なぜ，$\dfrac{1}{s}$が積分なのかを考えよう．図 13.13 のように，周波数領域における信号 $U(s)$ が要素$\dfrac{1}{s}$を通過し，信号 $Y(s) = \mathcal{L}[y(t)]$ が出力されるとする．

信号の入出力関係は

$$Y(s) = \frac{1}{s}U(s) \tag{13.20}$$

である．ラプラス変換におけるたたみ込みの関係

$$F_1(s)\,F_2(s) = \mathcal{L}[\int_0^t f_1(t-\tau)f_2(\tau)\,\mathrm{d}\tau] \tag{13.21}$$

より，$F_1(s) = \dfrac{1}{s} = \mathcal{L}[1(t)]$，$F_2(s) = U(s) = \mathcal{L}[u(t)]$とおくと，(13.20) 式の右辺は

$$\frac{1}{s}U(s) = \mathcal{L}[\int_0^t 1 \cdot u(\tau)\,\mathrm{d}\tau] \tag{13.22}$$

となる．よって，(13.20)，(13.22) 式より，

$$y(t) = \int_0^t u(\tau)\,\mathrm{d}\tau \tag{13.23}$$

の関係を導くことができる．(13.23) 式の関係は入力信号 $u(t)$ の時間積分が出力 $y(t)$ となることを示しており，周波数領域における (13.20) 式の関係を時間領域で表現したことにほかならない．よって，要素$\dfrac{1}{s}$は入力信号を積分する働きをする．

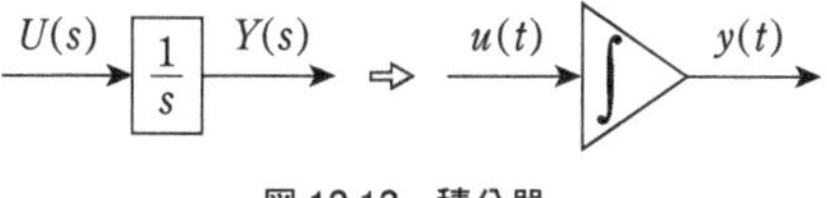

図 13.13　積分器

13.3　サーボ系の構成

前節までに説明したフィードバック制御則によって，システムに加わる定値外乱により生じる定常偏差を補償し，状態ベクトルを初期ベクトル $\boldsymbol{x}(0)$ から零ベクトル $\mathbf{0}$ に収束させることが可能であることがわかった．一方，実際の制御系の設計において，定常的に印加される外乱の影響を抑制し，かつ与えられた目標値に対する追従性能を要求されることが多い．特に時間変化

する目標値 $\boldsymbol{r}(t)$ に対し，出力 $\boldsymbol{y}(t)$ が定常偏差なく追従できる制御システムをサーボ系（servo system）と呼ぶ．

図 13.8 のフィードバック制御系に再び注目すると，出力 $\boldsymbol{y}(t)$ の目標値を $\boldsymbol{r}(t)=0$ とした構造になっている．一方，図 13.8 における目標値を $\boldsymbol{r}(t) \neq 0$ に変更した図 13.14 のフィードバック制御系がサーボ系の構成例となる．図 13.14 のフィードバック制御系について考えよう．

制御対象は 60 ページの (4.25)，(4.26) 式と同様で，入力部に外乱 $d(t)$ が加わった $\boldsymbol{n}$ 次元 1 入力 1 出力システムの状態空間表現がつぎで表されるとする．

$$\dot{\boldsymbol{x}}(t) = A\boldsymbol{x}(t) + \boldsymbol{b}u(t) + \boldsymbol{b}d(t) \tag{13.24}$$

$$y(t) = \boldsymbol{c}\boldsymbol{x}(t) \tag{13.25}$$

本節での目標値 $\boldsymbol{r}(t)$ は外乱 $d(t)$ と同様にステップ信号

$$r(t) = \begin{cases} r_0 & (t \geq 0) \\ 0 & (t < 0) \end{cases} \tag{13.26}$$

$$d(t) = \begin{cases} d_0 & (t \geq 0) \\ 0 & (t < 0) \end{cases} \tag{13.27}$$

とする．偏差は

$$e(t) = r(t) - y(t) \tag{13.28}$$

となる．出力 $\boldsymbol{y}(t)$ を目標値 $\boldsymbol{r}(t)$ に一致させることがサーボ系構成の目的であるから，$\lim_{t\to\infty} e(t) = 0$ となることが閉ループシステムを構成する際の制御目的となる．

偏差 $e(t)$ の積分を

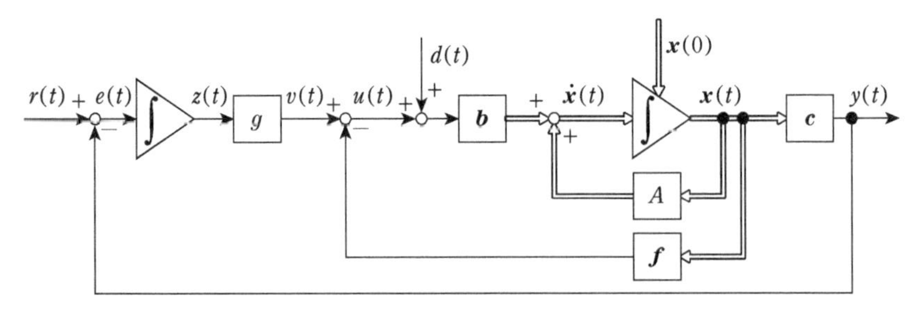

図 13.14　サーボ系の構成例（定値信号に追従させる場合）

$$z(t) = \int_0^t e(\tau)\,\mathrm{d}\tau \tag{13.29}$$

とすると，図 13.14 におけるフィードバック制御則は

$$u(t) = -\boldsymbol{f}\boldsymbol{x}(t) + gz(t) \tag{13.30}$$

$$\dot{z}(t) = e(t) = r(t) - y(t) \tag{13.31}$$

となる．(13.30) 式の制御則は，制御対象の状態ベクトル $\boldsymbol{x}(t)$ と新しく導入した変数 $z(t)$ を用いた状態フィードバック制御となっている．(13.24)，(13.31) 式をまとめるとつぎとなる ($y(t) = \boldsymbol{c}\boldsymbol{x}(t)$ であることに注意する)．

$$\begin{bmatrix} \dot{\boldsymbol{x}}(t) \\ \dot{z}(t) \end{bmatrix} = \begin{bmatrix} A & \boldsymbol{0} \\ -\boldsymbol{c} & 0 \end{bmatrix} \begin{bmatrix} \boldsymbol{x}(t) \\ z(t) \end{bmatrix} + \begin{bmatrix} \boldsymbol{b} \\ 0 \end{bmatrix} u(t) + \begin{bmatrix} \boldsymbol{b}d(t) \\ r(t) \end{bmatrix} \tag{13.32}$$

ここで，(13.32) 式のシステムは**拡大システム** (augmented system) と呼ばれる．(13.32) 式の $\begin{bmatrix} \boldsymbol{x}(t) \\ z(t) \end{bmatrix}$ は拡大システムの状態ベクトルであり，制御対象の状態ベクトル $\boldsymbol{x}(t)$ と積分器から出力される変数 $z(t)$ から構成されている．このとき，(13.32) 式の拡大システムに対する状態フィードバック制御則は (13.30) 式よりつぎで与えられる．

$$u(t) = -\begin{bmatrix} \boldsymbol{f} & -g \end{bmatrix} \begin{bmatrix} \boldsymbol{x}(t) \\ z(t) \end{bmatrix} \tag{13.33}$$

いま，(13.33) 式の状態フィードバック制御則によって，(13.32) 式の拡大システムの定値外乱 $d(t)$ と目標値 $r(t)$ を 0 としたシステム

$$\begin{bmatrix} \dot{\boldsymbol{x}}(t) \\ \dot{z}(t) \end{bmatrix} = \begin{bmatrix} A & \boldsymbol{0} \\ -\boldsymbol{c} & 0 \end{bmatrix} \begin{bmatrix} \boldsymbol{x}(t) \\ z(t) \end{bmatrix} + \begin{bmatrix} \boldsymbol{b} \\ 0 \end{bmatrix} u(t) \tag{13.34}$$

を漸近安定にするためには，拡大システム (13.34) 式が可制御となることが必要である．ここで，拡大システム (13.34) 式が可制御であるとして，

$$u(t) = -\begin{bmatrix} \boldsymbol{f}^* & -g^* \end{bmatrix} \begin{bmatrix} \boldsymbol{x}(t) \\ z(t) \end{bmatrix} \tag{13.35}$$

となる状態フィードバック制御を考えよう．$\boldsymbol{f}^*$，g^* は，(13.35) 式の制御則によって構成される閉ループシステムが漸近安定となるように，適切に設定されたパラメータである．

つぎに定値外乱 $d(t)$ と目標値 $r(t)$ を考慮して (13.35) 式の制御則を (13.32) 式のシステムに適用すると，閉ループシステムはつぎで構成される．

$$\begin{aligned}\begin{bmatrix}\dot{\boldsymbol{x}}(t)\\ \dot{z}(t)\end{bmatrix}&=\begin{bmatrix}A & \boldsymbol{0}\\ -\boldsymbol{c} & 0\end{bmatrix}\begin{bmatrix}\boldsymbol{x}(t)\\ z(t)\end{bmatrix}+\begin{bmatrix}\boldsymbol{b}\\ 0\end{bmatrix}[-\boldsymbol{f}^* \quad g^*]\begin{bmatrix}\boldsymbol{x}(t)\\ z(t)\end{bmatrix}+\begin{bmatrix}\boldsymbol{b}d(t)\\ r(t)\end{bmatrix}\\ &=\begin{bmatrix}A & \boldsymbol{0}\\ -\boldsymbol{c} & 0\end{bmatrix}\begin{bmatrix}\boldsymbol{x}(t)\\ z(t)\end{bmatrix}+\begin{bmatrix}-\boldsymbol{b}\boldsymbol{f}^* & \boldsymbol{b}g^*\\ \boldsymbol{0} & 0\end{bmatrix}\begin{bmatrix}\boldsymbol{x}(t)\\ z(t)\end{bmatrix}+\begin{bmatrix}\boldsymbol{b}d(t)\\ r(t)\end{bmatrix}\\ &=\begin{bmatrix}A-\boldsymbol{b}\boldsymbol{f}^* & \boldsymbol{b}g^*\\ -\boldsymbol{c} & 0\end{bmatrix}\begin{bmatrix}\boldsymbol{x}(t)\\ z(t)\end{bmatrix}+\begin{bmatrix}\boldsymbol{b}d(t)\\ r(t)\end{bmatrix}\end{aligned} \tag{13.36}$$

ここで (13.36) 式第 2 式右辺第 2 項の零ベクトルは $1 \times n$ の零ベクトルである．

(13.26)，(13.27) 式に示したとおり $d(t)$ と $r(t)$ はステップ信号であり，(13.35) 式の制御則によりシステムは内部安定となる．したがって，システムの内部安定性が保証されるので，$t \to \infty$ では拡大システムの状態は一定値に収束し，つぎとなる．

$$\lim_{t\to\infty}\begin{bmatrix}\boldsymbol{x}(t)\\ z(t)\end{bmatrix}=\begin{bmatrix}\boldsymbol{x}(\infty)\\ z(\infty)\end{bmatrix} \tag{13.37}$$

ここで，$\boldsymbol{x}(\infty)$ はすべての要素が一定値であるベクトル，$z(\infty)$ は一定値である．よって，つぎが成り立つ．

$$\lim_{t\to\infty}\begin{bmatrix}\dot{\boldsymbol{x}}(t)\\ \dot{z}(t)\end{bmatrix}=\begin{bmatrix}\boldsymbol{0}\\ 0\end{bmatrix} \tag{13.38}$$

(13.36) 式の閉ループシステムに対し，(13.26)，(13.27)，(13.37)，(13.38) 式を用いると，$t \to \infty$ ではつぎが成り立つ．

$$\begin{bmatrix}\boldsymbol{0}\\ 0\end{bmatrix}=\begin{bmatrix}A-\boldsymbol{b}\boldsymbol{f}^* & \boldsymbol{b}g^*\\ -\boldsymbol{c} & 0\end{bmatrix}\begin{bmatrix}\boldsymbol{x}(\infty)\\ z(\infty)\end{bmatrix}+\begin{bmatrix}\boldsymbol{b}d_0\\ r_0\end{bmatrix} \tag{13.39}$$

(13.35) 式の制御則で，システムが漸近安定となるように $\boldsymbol{f}^*$，g^* が選ばれているので，行列 $\begin{bmatrix}A-\boldsymbol{b}\boldsymbol{f}^* & \boldsymbol{b}g^*\\ -\boldsymbol{c} & 0\end{bmatrix}$ は漸近安定な行列であり，すべての固有値の実部は負となる．固有値に 0 が含まれないことは，行列 $\begin{bmatrix}A-\boldsymbol{b}\boldsymbol{f}^* & \boldsymbol{b}g^*\\ -\boldsymbol{c} & 0\end{bmatrix}$ が正則であることの必要十分条件であることより [5]，(13.39) 式からつぎが成り立

つ．

$$\begin{bmatrix} \boldsymbol{x}(\infty) \\ z(\infty) \end{bmatrix} = -\begin{bmatrix} A-\boldsymbol{bf}^* & \boldsymbol{b}g^* \\ -\boldsymbol{c} & 0 \end{bmatrix}^{-1} \begin{bmatrix} \boldsymbol{b}d_0 \\ r_0 \end{bmatrix} \tag{13.40}$$

よって，(13.25)，(13.26)，(13.28)，(13.40) 式および

$$[\boldsymbol{c}\ \ 0] = [\boldsymbol{0}\ \ -1]\begin{bmatrix} A-\boldsymbol{bf}^* & \boldsymbol{b}g^* \\ -\boldsymbol{c} & 0 \end{bmatrix}$$

の関係を用いて，偏差を計算するとつぎが得られる．

$$\begin{aligned} e(\infty) &= r(\infty) - y(\infty) \\ &= r_0 - \boldsymbol{cx}(\infty) = r_0 - [\boldsymbol{c}\ \ 0]\begin{bmatrix} \boldsymbol{x}(\infty) \\ z(\infty) \end{bmatrix} \\ &= r_0 + [\boldsymbol{c}\ \ 0]\begin{bmatrix} A-\boldsymbol{bf}^* & \boldsymbol{b}g^* \\ -\boldsymbol{c} & 0 \end{bmatrix}^{-1}\begin{bmatrix} \boldsymbol{b}d_0 \\ r_0 \end{bmatrix} \\ &= r_0 + [\boldsymbol{0}\ \ -1]\begin{bmatrix} A-\boldsymbol{bf}^* & \boldsymbol{b}g^* \\ -\boldsymbol{c} & 0 \end{bmatrix}\begin{bmatrix} A-\boldsymbol{bf}^* & \boldsymbol{b}g^* \\ -\boldsymbol{c} & 0 \end{bmatrix}^{-1}\begin{bmatrix} \boldsymbol{b}d_0 \\ r_0 \end{bmatrix} \\ &= r_0 - r_0 = 0 \end{aligned} \tag{13.41}$$

ここで (13.41) 式第 4 式右辺第 2 項の零ベクトルは $1 \times n$ の零ベクトルである．

したがって，偏差は残らず $y(\infty) = r_0$ となり，制御対象の出力 $y(t)$ が目標値 $r(t)$ に追従できることがわかる．

行列の固有値と正則性

正方行列 A が正則であることの必要十分条件は，行列 A の固有値に 0 が含まれないことである[6]．

例 13.3

図 13.3 に示したマス－ばね－ダンパシステムに対し，図 13.14 のサーボ系を設計しよう．制御対象をこれまでの例と同様に

5) 詳しくはつぎの囲み「行列の固有値と正則性」を参照のこと．
6) (3.37) 式を参照すること．

13

$$\begin{bmatrix} \dot{x}_1(t) \\ \dot{x}_2(t) \end{bmatrix} = \begin{bmatrix} 0 & 1 \\ -6 & -5 \end{bmatrix} \begin{bmatrix} x_1(t) \\ x_2(t) \end{bmatrix} + \begin{bmatrix} 0 \\ 1 \end{bmatrix} u(t) + \begin{bmatrix} 0 \\ 1 \end{bmatrix} d(t) \tag{13.42}$$

$$y(t) = [1 \ \ 0] \begin{bmatrix} x_1(t) \\ x_2(t) \end{bmatrix} \tag{13.43}$$

とし，出力 $y(t)$ がステップ状の目標値

$$r(t) = \begin{cases} 1 & (t \geq 0) \\ 0 & (t < 0) \end{cases} \tag{13.44}$$

に一致するサーボ系を構成することが制御目的である．初期ベクトルを $\boldsymbol{x}(0) = \begin{bmatrix} -1 \\ 0 \end{bmatrix}$ とし，外乱 $d(t)$ はつぎの定値外乱とする．

$$d(t) = \begin{cases} -1 & (t \geq 0) \\ 0 & (t < 0) \end{cases} \tag{13.45}$$

まず，設計手順にしたがって $\dot{z}(t) = r(t) - y(t)$ として，状態フィードバックベクトルを求めるために $d(t) = 0$ かつ $r(t) = 0$ とすると，拡大システムはつぎで表される[7]．

$$\begin{bmatrix} \dot{x}_1(t) \\ \dot{x}_2(t) \\ \hline \dot{z}(t) \end{bmatrix} = \left[\begin{array}{cc|c} 0 & 1 & 0 \\ -6 & -5 & 0 \\ \hline -1 & 0 & 0 \end{array}\right] \begin{bmatrix} x_1(t) \\ x_2(t) \\ \hline z(t) \end{bmatrix} + \begin{bmatrix} 0 \\ 1 \\ \hline 0 \end{bmatrix} u(t) \tag{13.46}$$

(13.35) 式の制御則によって系を漸近安定にするために，閉ループシステムの極を -3 の 3 重根とする状態フィードバックベクトルを求めよう．講義 09 で説明した極配置の方法を用いて計算すると，$\boldsymbol{f}^* = [21 \ \ 4]$ および $g^* = 27$ が得られる（➡**演習問題** (3)）．

(13.46) 式のシステムに対して，求めた状態フィードバックベクトルを用いた制御

$$u(t) = -[21 \ \ 4 \ \ -27] \begin{bmatrix} x_1(t) \\ x_2(t) \\ z(t) \end{bmatrix} \tag{13.47}$$

を施すと，構成される閉ループシステムは

$$\begin{bmatrix} x_1(t) \\ x_2(t) \\ z(t) \end{bmatrix} = \begin{bmatrix} \mathrm{e}^{-3t} + 3t\mathrm{e}^{-3t} - 9t^2\mathrm{e}^{-3t} & t\mathrm{e}^{-3t} - \frac{3}{2}t^2\mathrm{e}^{-3t} & \frac{27}{2}t^2\mathrm{e}^{-3t} \\ -27t\mathrm{e}^{-3t} + 27t^2\mathrm{e}^{-3t} & \mathrm{e}^{-3t} - 6t\mathrm{e}^{-3t} + \frac{9}{2}t^2\mathrm{e}^{-3t} & 27t\mathrm{e}^{-3t} - \frac{81}{2}t^2\mathrm{e}^{-3t} \\ -t\mathrm{e}^{-3t} - 3t^2\mathrm{e}^{-3t} & -\frac{1}{2}t^2\mathrm{e}^{-3t} & \mathrm{e}^{-3t} + 3t\mathrm{e}^{-3t} + \frac{9}{2}t^2\mathrm{e}^{-3t} \end{bmatrix} \begin{bmatrix} x_1(0) \\ x_2(0) \\ z(0) \end{bmatrix} \tag{13.48}$$

7）ベクトル・行列内の縦と横の線は，もとのシステムがどの部分に相当するかをわかりやすくするために引いている．

となる．(13.48) 式において，すべての初期値 $x_1(0)$，$x_2(0)$，$z(0)$ に対して $\lim_{t\to\infty} x_1(t) = 0$，$\lim_{t\to\infty} x_2(t) = 0$，$\lim_{t\to\infty} z(t) = 0$ が成り立ち，閉ループシステムの漸近安定性を確認できる．

つぎに，(13.45) 式の定値外乱 $d(t)$ が存在する (13.42)，(13.43) 式のシステムに対して，出力 $y(t)$ が (13.44) 式の目標値 $r(t)$ に一致するサーボ系を構成する．外乱および目標値を考慮した拡大システムに対して (13.47) 式の状態フィードバック制御を適用すると，閉ループシステムは

$$\begin{bmatrix} x_1(t) \\ x_2(t) \\ z(t) \end{bmatrix} = \begin{bmatrix} 1 - 14t^2 \mathrm{e}^{-3t} \\ -28t\mathrm{e}^{-3t} + 42t^2 \mathrm{e}^{-3t} \\ \dfrac{28}{27} - \dfrac{28}{27}\mathrm{e}^{-3t} - \dfrac{28}{9}t\mathrm{e}^{-3t} - \dfrac{14}{3}t^2\mathrm{e}^{-3t} \end{bmatrix} \tag{13.49}$$

となる (➡**演習問題** (5))．(13.49) 式において，$\lim_{t\to\infty} x_1(t) = 1$ および $\lim_{t\to\infty} x_2(t) = 0$ となるので，目標値に対して追従し外乱を抑制することがわかる．さらに，図 13.15 に示す閉ループシステムの応答からも，制御対象の出力 $y(t)(= x_1(t))$ の定常値が目標値の 1 に一致していることを確認できる．つまり，(13.47) 式は，(13.45) 式の定値外乱 $d(t)$ を抑制し，なおかつ，出力を目標値に追従する制御則を構成したことになる．また，システムの応答は，閉ループシステムの極を実軸上に指定したので，適度な減衰を有した形状になっている．

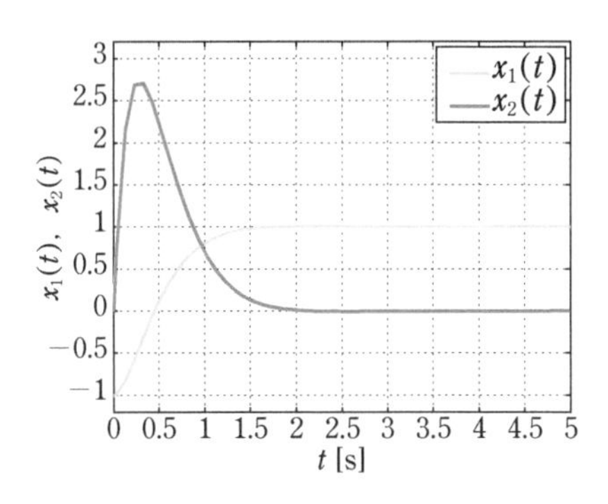

図 13.15　構成したサーボ系の応答

【講義 13 のまとめ】

- 状態フィードバック制御のみでは定値外乱を除去できない.
- 定常偏差を 0 にするには内部モデル原理にしたがった $\dfrac{1}{s}$ のような補償要素を用いることが必要である.
- サーボ系の設計には拡大システムを構成し，拡大システムを漸近安定にする状態フィードバックベクトルを設計すればよい.

演習問題

(1) (13.11) 式の外乱を有する (13.8) 式のシステムに対して (13.10) 式の状態フィードバック制御を適用しても，閉ループシステムの時間応答には定常偏差が残ることを示せ.

(2) (13.8)，(13.9) 式のシステムに対して，$\boldsymbol{f}=[3\quad 1]$，$g=1$ とした (13.19) 式のフィードバック制御を施すと，(13.11) 式の外乱の影響が抑制されることを示せ.

(3) 例 13.3 における制御則の導出において，拡大システムに対する (13.47) 式の状態フィードバック制御則のパラメータが，$\boldsymbol{f}^{*}=[21\quad 4]$，$g^{*}=27$ となることを示せ.

(4) (13.46) 式の拡大システムに関して，閉ループシステムの極を $\{-3,\ -3\pm j2\}$ にする，(13.35) 式の状態フィードバック制御則を求めよ．さらに，制御系 CAD を用いて，得られた制御則による閉ループシステムの時間応答を計算し，図 13.15 の結果と比較せよ.

(5) 例 13.3 の説明にしたがい，(13.49) 式を導出せよ.

講義 14 最適制御

講義 09 で説明した極配置法を用いた閉ループシステムの応答において，収束の速さや概形は指定した極の位置でおおよそわかるものの，応答の最大値が過大になる場合がある．また，制御入力の最大値も過大になる場合もあり，制御の際に必要な入力の大きさと得られる制御性能の関係がわかりにくい．そこで本講では，この問題を解決する 1 つの方法として，制御対象の状態の応答と入力のエネルギーを評価した状態フィードバック制御則が設計できる最適制御法について説明する．

【講義 14 のポイント】

- 評価関数を最小にする制御則である最適制御について理解しよう．
- 評価関数は状態ベクトルと入力の 2 次形式で与えられることを理解しよう．
- 評価関数の重みについて理解しよう．

14.1 時間応答と入力の大きさ

講義 09 で説明した極配置法について，指定した閉ループシステムの極の位置による応答の違いと，そのときの入力の大きさの違いについて，つぎの例を通して調べよう．

例 14.1

例 13.1 と同様に，図 14.1 で表されるマス－ばね－ダンパシステムに対する制御問題を考えよう（ここでは外乱を考慮しない）．システムの初期ベクトルを $\boldsymbol{x}(0)=\begin{bmatrix}-1\\0\end{bmatrix}$ とし，制御目的は，状態ベクトル $\boldsymbol{x}(t)=\begin{bmatrix}x_1(t)\\x_2(t)\end{bmatrix}$ を与えられた初期ベクトル $\boldsymbol{x}(0)$ から速やかにつり合いの状態である零ベクトル，すなわち $\lim_{t\to\infty}\boldsymbol{x}(t)=\boldsymbol{0}$ にする状態フィードバック制御則を設計することとする．例 13.1 と同様に閉ループシステムの極を -3 の重根にすると，状態フィードバック制御則は

$$u(t)=-[3\ \ 1]\boldsymbol{x}(t) \tag{14.1}$$

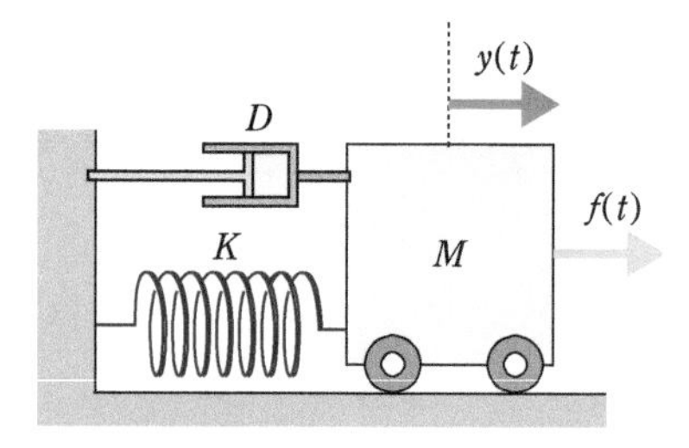

図 14.1　マス－ばね－ダンパシステム

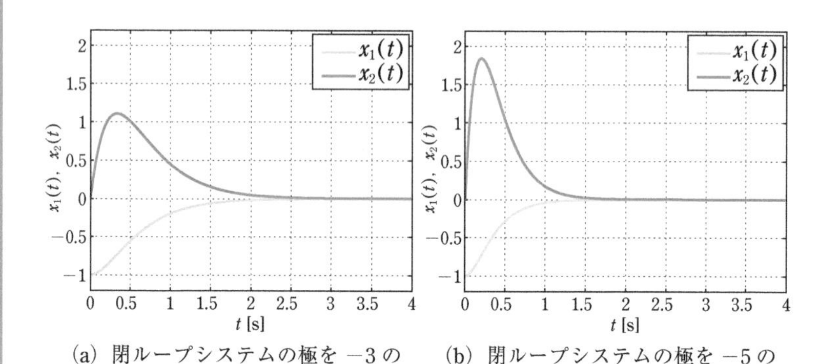

(a) 閉ループシステムの極を −3 の重根にした場合（Case # −3）　(b) 閉ループシステムの極を −5 の重根にした場合（Case # −5）

図 14.2　マス－ばね－ダンパシステムの応答

となる．(14.1) 式の状態フィードバック制御則を適用した結果を図 14.2 (a) に示す．図 14.2 (a) より，閉ループシステムの状態ベクトルは，制御を開始したあと，約 2.5 秒で初期ベクトルから零ベクトルに戻っていることがわかる（この状況を Case # −3 と呼ぼう）．

つぎに，制御性能の向上のために，状態ベクトルを零ベクトルに戻す時間をさらに短くすることを考える．閉ループシステムの極が複素平面内の左側に配置されるほど，速応性は高まるので，−3 よりも左側の −5 を選ぶ．閉ループシステムの極を −5 の重根にする状態フィードバック制御則は

$$u(t) = -[19 \;\; 5]\boldsymbol{x}(t) \tag{14.2}$$

となる．(14.2) 式の状態フィードバック制御則を適用した結果を図 14.2 (b) に示す．図 14.2 (a) との比較より，図 14.2 (b) は状態ベクトル $\boldsymbol{x}(t)$ が初期ベクトルから零ベクトルに戻る時間は約 1.5 秒となり，収束する時間は短くなっているが，状態変数 $x_2(t)$ の最大値は大きくなっていることがわかる（この状況を Case # −5 と呼ぼう）．

ここで，Case # −3，Case # −5 の場合の操作量（入力）$u(t)$ の時間変化の様子を図 14.3 に示す．図 14.3 より，Case # −5 の操作量の最大値は Case # −3 の場合より大きくなっ

ている．これは，システムの収束時間を短くするために，閉ループシステムの極を原点からさらに遠い左側の位置に設定したことが原因と考えられる[1)]．

図 14.1 に示した機械システムなどでは，入力の最大値に制限があることは一般的であり，(14.2) 式の状態フィードバック制御則により求められた，ある一定以上の大きさの入力を発生できない可能性がある[2)]．

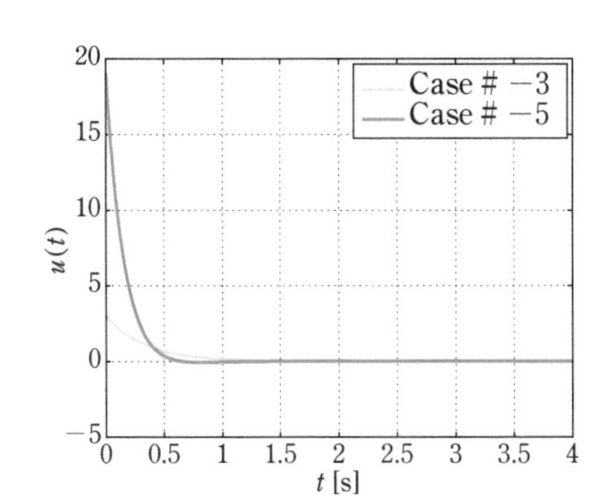

図 14.3　マスーばねーダンパシステムに対する操作量（入力）$u(t)$ の時間変化

例 14.1 より，設計パラメータの閉ループシステムの極を適切に設定すれば，システムの速応性や収束時間を変更できることがわかった．しかし，

- 閉ループシステムの極の位置と状態変数の時間応答との関係
- 閉ループシステムの極と入力の大きさとの関係

が明確でないため，構成された閉ループシステムにおけるある状態変数では過度のオーバーシュートが生じたり，入力の最大値が過大になったりすることがわかった．制御則の要求する入力がシステム固有の最大発生値を超え，必要な入力をシステムに供給できない場合，システムは不安定になることもある．

1）この場合，入力が最大になるのは $u(0)$ であり，$u(0)$ は初期ベクトル $\boldsymbol{x}(0)$ と (14.1)，(14.2) 式の状態フィードバック制御則から計算できる．

2）アクチュエータの発生する力・トルクや電流・電圧の大きさには限界や制限があることが多い．たとえば入力 $u(t)$ として 5 以上の値は発生できない場合がある．

14.2　評価関数による制御性能と入力の評価

つぎに，状態変数の時間応答と入力の大きさの評価方法について説明する．図 14.4 (a) に示す，ある 1 つの状態変数 $x_i(t)$ の時間応答が 0 に漸近的に収束する様子を例として考えよう．状態変数が大きく振動することなく，速やかに 0 に収束することは，図 14.4 (a) の水色の部分の面積がより小さくなることに対応する．ここで，時間軸（t 軸）より上の水色の部分の面積と下部の面積が同じ場合，積分値 $\int_0^{\infty} x_i(t)\,\mathrm{d}t$ は 0 になるので，$x_i(t)$ の応答の評価として状態変数の 2 乗積分を使用することを考える（図 14.4 (b) に $x_i(t)$ の 2 乗の時間応答を示す）．つまり，状態変数 $x_i(t)$ の時間応答の 2 乗積分値

$$J_{x_i}=\int_0^{\infty} x_i^2(t)\,\mathrm{d}t \qquad (14.3)$$

を最も小さくする制御が実現できれば，状態変数の時間的振る舞いは最小になる．ここで，(14.3) 式で与えられる 2 乗積分値は状態変数 $x_i(t)$ のエネルギーを表す．

入力 $u(t)$ についても同様に，2 乗積分値

$$J_u=\int_0^{\infty} u^2(t)\,\mathrm{d}t \qquad (14.4)$$

は制御に必要なエネルギーを表し，以後入力エネルギーと呼ぶ．これが最も小さくなればシステムに対する入力エネルギーは最小となる．

それでは，例 14.1 のマス－ばね－ダンパシステムについて，構成する閉ループシステムの

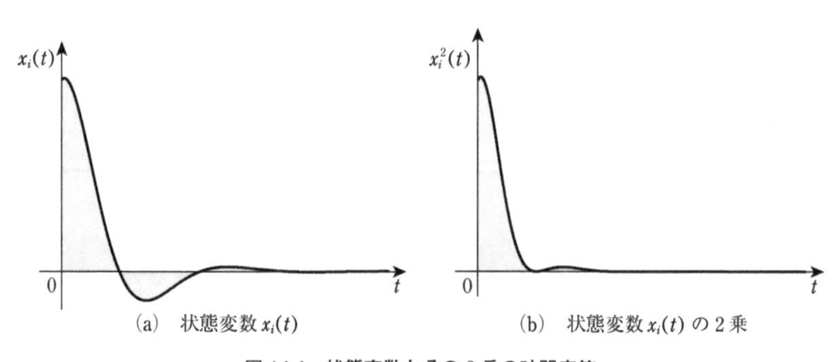

(a)　状態変数 $x_i(t)$　　(b)　状態変数 $x_i(t)$ の 2 乗

図 14.4　状態変数とその 2 乗の時間応答

- 状態変数の変化の大きさと零ベクトル **0** への収束時間
- 入力エネルギー

の2つを考慮する制御を考えよう．すなわち，状態の振れ幅を大きくすることなく時間応答が0に収束する時間を速くし，入力の大きさ（エネルギー）を小さくすることが可能な，(14.3)，(14.4) 式の2乗積分値を用いた評価について，つぎの例を用いて説明する．

例 14.2

例 14.1 における Case # −3，Case # −5 について再び考えよう．図 14.2，14.3 に示した状態フィードバック制御による閉ループシステムの時間応答から，Case # −3，Case # −5 それぞれの場合について，$x_1^2(t)$，$x_2^2(t)$，$u^2(t)$ の時間応答を図 14.5 に示す．これより，(14.3)，(14.4) 式の2乗積分値を計算すると，つぎが得られる[3]．

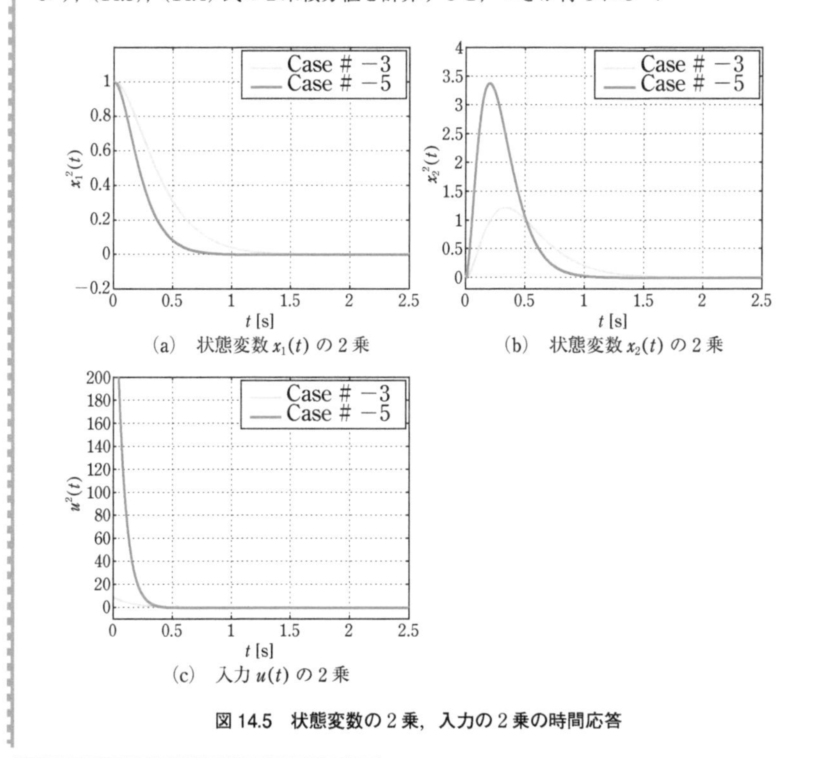

図 14.5　状態変数の2乗，入力の2乗の時間応答

3）実際には制御系 CAD を用いて計算している．

$$J_{x_1}^{(\#-3)} = \frac{5}{12},\ J_{x_1}^{(\#-5)} = \frac{1}{4}$$

$$J_{x_2}^{(\#-3)} = \frac{3}{4},\ J_{x_2}^{(\#-5)} = \frac{5}{4}$$

$$J_{u}^{(\#-3)} = \frac{3}{2},\ J_{u}^{(\#-5)} = \frac{53}{2}$$

図 14.2 と計算結果の比較から，状態変数 $x_1(t)$ の収束が速くなったことは，2 乗積分値が $J_{x_1}^{(\#-3)} = \frac{5}{12}$ から $J_{x_1}^{(\#-5)} = \frac{1}{4}$ へと減ったことに対応している．また，状態変数 $x_2(t)$ に関して，増加したオーバーシュートに対応して $J_{x_2}^{(\#-3)} = \frac{3}{4}$ から $J_{x_2}^{(\#-5)} = \frac{5}{4}$ へと 2 乗積分値も増えており，入力 $u(t)$ の 2 乗積分値もエネルギーの増加にともなって増えている．

14.3 評価関数を最小にする最適制御則

例 14.2 で説明したとおり，J_{x_1} と J_{x_2} は状態変数の変化の大きさを評価し，J_u は入力のエネルギーを評価することがわかった．つぎに，J_{x_1}，J_{x_2}，J_u を足し合わせた値を評価し，それぞれの重要度に応じて重み $q_1 \geq 0$，$q_2 \geq 0$，$r > 0$ を乗じたつぎの積分値を制御系の設計問題における評価の指標としよう．

$$J = q_1 J_{x_1} + q_2 J_{x_2} + r J_u = \int_0^\infty \{q_1 x_1^2(t) + q_2 x_2^2(t) + r u^2(t)\} \mathrm{d}t \tag{14.5}$$

(14.5) 式の $q_i J_{x_i}$ $(i = 1,\ 2)$ は (14.3) 式に定数 q_i を乗じただけであるので，$q_i J_{x_i}$ の時間応答の概形は図 14.4 (b) と同様となる．したがって，J_{x_i} を小さくするには状態変数 $x_i(t)$ が速やかに 0 になればよく，J_{x_i} は $x_i(t)$ の速応性に対応している．また，$q_i J_{x_i}$ の重み q_i が大きくなると水色の部分の面積も増大するので，さらに $x_i(t)$ の速応性が要求されることになる．

(14.5) 式の rJ_u は入力の 2 乗積分値に r を乗じた値であり，制御に必要な入力エネルギーに対応する．$q_i J_{x_i}$ と同様に，評価 rJ_u における重み r を大きくすることは，$u^2(t)$ をより小さくすることを要求するので，必要な入力エネルギーを小さくすることに対応する．

すなわち，(14.5) 式は J の値により状態変数 $x_i(t)$ の速応性やオーバーシュートの大きさを評価でき，かつ，入力 $u(t)$ の大きさも評価できることがわかる．さらに，重み q_i，r を調整することにより，制御においてそれらに

対応する状態変数 $x_i(t)$ や入力 $u(t)$ をどの程度重要視するかの度合いを決定できる．

ここで (14.5) 式を行列・ベクトル表現するとつぎで表される．

$$J=\int_0^{\infty}\left\{[x_1(t)\ \ x_2(t)]\begin{bmatrix}q_1 & 0\\ 0 & q_2\end{bmatrix}\begin{bmatrix}x_1(t)\\ x_2(t)\end{bmatrix}+ru^2(t)\right\}\mathrm{d}t \tag{14.6}$$

(14.6) 式を，60 ページの (4.25)，(4.26) 式で表される n 次元 1 入力 1 出力システムの状態空間表現に拡張すると，つぎとなる．

$$J=\int_0^{\infty}\left\{[x_1(t)\ \ x_2(t)\ \cdots\ x_n(t)]\begin{bmatrix}q_1 & 0 & \cdots & 0\\ 0 & q_2 & \ddots & \vdots\\ \vdots & \ddots & \ddots & 0\\ 0 & \cdots & 0 & q_n\end{bmatrix}\begin{bmatrix}x_1(t)\\ x_2(t)\\ \vdots\\ x_n(t)\end{bmatrix}+ru^2(t)\right\}\mathrm{d}t \tag{14.7}$$

ここで，q_i $(i=1,2,\cdots,n)$ は定数である．さらに，

$$Q=\begin{bmatrix}q_1 & 0 & \cdots & 0\\ 0 & q_2 & \ddots & \vdots\\ \vdots & \ddots & \ddots & 0\\ 0 & \cdots & 0 & q_n\end{bmatrix} \tag{14.8}$$

とおくと，(14.7) 式は

$$J=\int_0^{\infty}\{\boldsymbol{x}^{\mathrm{T}}(t)\,Q\boldsymbol{x}(t)+ru^2(t)\}\,\mathrm{d}t \tag{14.9}$$

となる．(14.9) 式も (14.5) 式と同様に状態ベクトル (変数) の速応性やオーバーシュート，入力エネルギーの大きさを評価する関数なので**評価関数** (performance function, cost function) と呼ばれる．特にこの評価関数は各変数 (状態変数，入力) の 2 乗を評価するので，**2 次形式**と呼ばれる．(14.9) 式の評価関数の Q は，(14.8) 式において対角行列としたが n 次正定行列であればよく[4]，また $r>0$ である．

60 ページの (4.25)，(4.26) 式で表される n 次元 1 入力 1 出力システムの

4) Q は半正定な行列でもかまわないが，説明の都合上，正定行列とする．さらに，(14.8) 式では Q は対角行列であったが，(14.9) 式では正定行列に拡張されていることに注意しよう．

状態空間表現で表された制御対象に対し，(14.9) 式の評価関数を最小にする入力を求める問題を考えよう．この問題は，線形な (linear) 制御対象に対する 2 次形式 (quadratic form) の評価関数の最小化 (最適化) 問題であることと，閉ループシステムを漸近安定，つまり $\lim_{t\to\infty}\boldsymbol{x}(t) = \mathbf{0}$ を目標とする制御 (レギュレータ) 問題であることから，**最適制御問題** (optimal control problem) と呼ばれる[5]．また，変数 Q と r は**重み** (weight) と呼ばれ，制御系の設計者が設定する設計パラメータである．

制御によって状態ベクトルを初期ベクトルから速く零ベクトル $\mathbf{0}$ に戻すためには，状態変数を大きく評価すればよいので，2 次形式 $\boldsymbol{x}^{\mathrm{T}}(t)Q\boldsymbol{x}(t)$ における「状態変数に対する重み Q」を設定すればよい．また，過大な制御入力が印加されないようにするには「入力に対する重み r」が大きくなるように設定する．

ここで，状態ベクトルと入力の 2 次形式が同時に大きくなるように 2 つの重みを選んだとしても，2 つの制御性能が同時に向上することはなく，Q と r の間には**トレードオフ** (trade-off) の関係が存在する[6]．これは，(14.9) 式の評価関数を

$$J = r\int_0^{\infty}\left\{\boldsymbol{x}^{\mathrm{T}}(t)\frac{Q}{r}\boldsymbol{x}(t) + u^2(t)\right\}\mathrm{d}t \tag{14.10}$$

と整理することで 2 つの重みの相対的な大きさの比 Q/r が制御性能に影響を与えることよりわかる．

(14.9) 式の評価関数を最小にする最適制御則はつぎのとおり与えられることが知られている[7]．

---

5) その他にも**最適レギュレータ問題**，**LQ レギュレータ問題**，あるいは，**LQ 問題**と呼ばれる．

6) 2 つの正定数 A と B をできるだけ大きな値に選びたいが，$A + B = 1$ という条件がある場合，一方の値を大きくすれば，もう一方の値を小さく選ばなければならない．このような A と B の値の選び方の拘束をトレードオフと呼ぶ．

7) 詳しくは参考文献 [1] を参照のこと．

最適制御則

(14.9) 式の評価関数 J を最小にする最適制御則はつぎで与えられる.

$$u(t) = -r^{-1}\boldsymbol{b}^{\mathsf{T}} P\boldsymbol{x}(t) \tag{14.11}$$

ここで, P はつぎのリッカチ代数方程式 (Riccati algebraic equation)

$$A^{\mathsf{T}} P + PA - P\boldsymbol{b}r^{-1}\boldsymbol{b}^{\mathsf{T}} P + Q = \boldsymbol{O} \tag{14.12}$$

を満たす正定行列 $P = P^{\mathsf{T}} > 0$ である[8]. (14.11) 式の制御則は一意に定まり, このときの評価関数の最小値 $J_{\min}$ は

$$J_{\min} = \boldsymbol{x}^{\mathsf{T}}(0)\, P\boldsymbol{x}(0) \tag{14.13}$$

で与えられる (➡演習問題 (3)). (14.11) 式は状態フィードバックベクトル $\boldsymbol{f}$ を

$$\boldsymbol{f} = r^{-1}\boldsymbol{b}^{\mathsf{T}} P \tag{14.14}$$

とした状態フィードバック制御則である. また入力 (14.11) 式を適用した閉ループシステムは必ず安定となることが保証されている[9].

つぎの例により, 具体的に最適制御則を求めよう.

例 14.3

例 14.1 で用いたマス－ばね－ダンパシステムに対する最適制御を考えよう. 物体の位置が過度に大きく変化しないことが要求されているとして, 制御系を設計していく. この場合, 物体の位置 $x_1(t)$ に対する重み q_1 を大きくすればよい. そこで設計パラメータである評価関数の重み Q, r と, (14.12) 式のリッカチ代数方程式における正定対称行列 P をつぎのようにおく.

$$Q = \begin{bmatrix} 13 & 0 \\ 0 & 1 \end{bmatrix}, \quad r = 1, \quad P = \begin{bmatrix} p_1 & p_2 \\ p_2 & p_3 \end{bmatrix}$$

ここで, $A = \begin{bmatrix} 0 & 1 \\ -6 & -5 \end{bmatrix}$, $\boldsymbol{b} = \begin{bmatrix} 0 \\ 1 \end{bmatrix}$ であるので, (14.12) 式はつぎとなる[10].

8) 制御対象が可制御なら, (14.12) 式のリッカチ代数方程式の解は正定行列となる. 正定行列は対称行列に含まれる特別な行列である. (14.12) 式右辺の $\boldsymbol{O}$ は零行列である.

9) 詳しくは参考文献 [1] を参照のこと.

10) この場合 2 次元システムであるので (14.12) 式より 4 つの代数方程式が得られるが, 1 つは省略できることに注意しよう.

$$
\begin{cases}
-p_2^2 - 12p_2 + 13 = 0 \\
p_1 - 5p_2 - 6p_3 - p_2 p_3 = 0 \\
-p_3^2 + 2p_2 - 10p_3 + 1 = 0
\end{cases}
\tag{14.15}
$$

行列 P が正定行列であることを考慮して，(14.15) 式を解くとつぎが得られる[11].

$$
P = \begin{bmatrix} -30 + 14\sqrt{7} & 1 \\ 1 & -5 + 2\sqrt{7} \end{bmatrix}
$$

これより最適制御則はつぎとなる.

$$
u(t) = -\begin{bmatrix} 1 & -5 + 2\sqrt{7} \end{bmatrix} \boldsymbol{x}(t) \fallingdotseq -\,[1 \ \ 0.2915]\,\boldsymbol{x}(t) \tag{14.16}
$$

図 14.6 (a) は例題 14.1 の極配置法により閉ループシステムの極を -3 の重根にしたときの時間応答であり，図 14.6 (b) は (14.16) 式の最適制御則による閉ループシステムの時間応答である．図 14.6 (c) は，極配置法による入力と最適制御則による入力との比較である.

図 14.6 (a) と (b) を比較すると，$x_2(t)$ の最大値が若干小さくなった程度で，大きな違いは見られない．しかし，図 14.6 (c) からわかるように，入力の初期値は約 $\frac{1}{3}$ に減少し，入力エネルギーの消費量が改善されている．また，入力の最大値が約 $\frac{1}{3}$ でも同等の制御性能が得られていることにも注目しよう．このことは，(14.16) 式の最適制御則と (14.1) 式で示される極配置法による制御

$$
u(t) = -\,[3 \ \ 1]\,\boldsymbol{x}(t)
$$

の状態フィードバックベクトル $\boldsymbol{f}$ の要素の大きさからも確認できる.

また，$Q = \begin{bmatrix} 1 & 0 \\ 0 & 1 \end{bmatrix}$，$r = 3$ とした場合は，入力エネルギーをさらに小さくすることを目的とした重みの選び方となる．このとき，

$$
u(t) = -\,[0.0277 \ \ 0.0387]\,\boldsymbol{x}(t)
$$

となる．図 14.6 (d) からもわかるとおり，図 14.6 (c) の場合よりもさらに入力の最大値は小さくなっていることがわかる．また，この際の状態変数の時間応答は都合上，図示はしないが図 14.6 (b) とほぼ同じ応答となる.

11）(14.15) 式を解くと P の候補として $\begin{bmatrix} -30 \pm 14\sqrt{7} & 1 \\ 1 & -5 \pm 2\sqrt{7} \end{bmatrix}$，$\begin{bmatrix} -30 & -13 \\ -13 & -5 \end{bmatrix}$ (複合同順) を得るが，その中から正定行列であるものを選ぶと $P = \begin{bmatrix} -30 + 14\sqrt{7} & 1 \\ 1 & -5 + 2\sqrt{7} \end{bmatrix}$ となる.

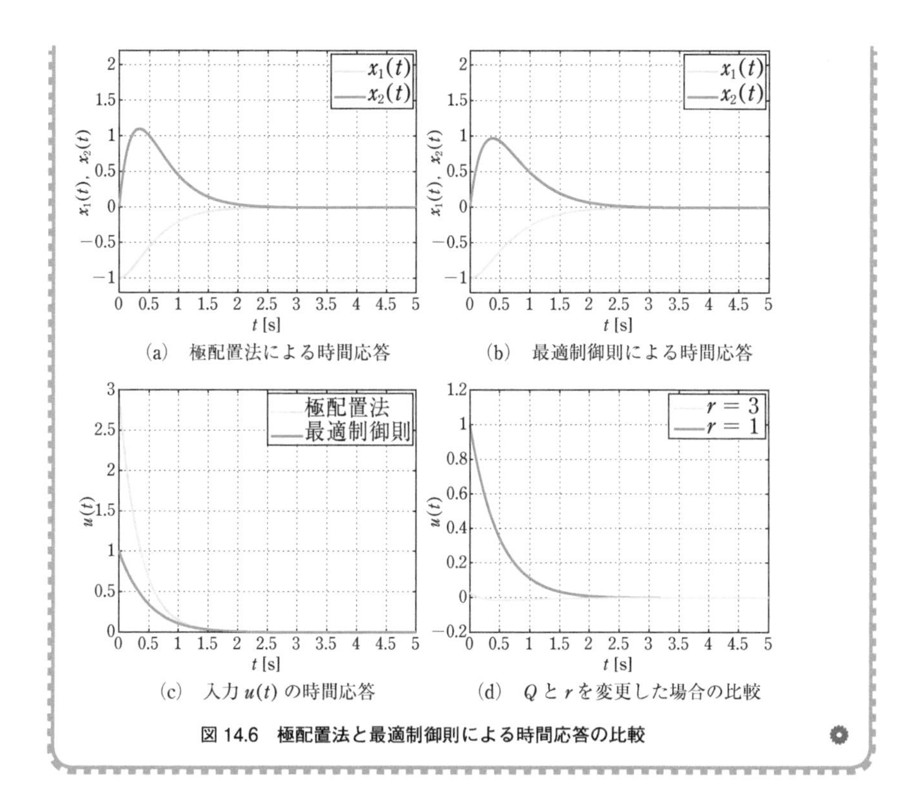

(a) 極配置法による時間応答
(b) 最適制御則による時間応答
(c) 入力 $u(t)$ の時間応答
(d) Q と r を変更した場合の比較

図 14.6 極配置法と最適制御則による時間応答の比較

ここで，評価関数 (14.9) 式を最小にする入力 $u(t)$ は (14.11) 式で与えられ，(14.14) 式を状態フィードバックベクトルとした状態フィードバック制御則であることがわかった．この方法では閉ループシステムの極の位置を指定せず，重み Q と r のみを与えていることに注意しよう．すなわち，最適制御法による閉ループシステムの設計は，極配置を行うのではなく，重み Q と r を選んで評価関数を最小化する入力を求めているということである．評価関数 (14.9) 式による最適制御法においては，応答と重みの選び方に定性的な関係は与えられていないことに注意しよう．

近年の制御系設計において制御系 CAD を利用することがほとんどであり，その場合，具体的にリッカチ代数方程式を解くことは必要なく，数値計算によって解 P が求められる．しかしながら，評価関数の重みは設計者が選ぶ必要があるので，本節の意味を理解しておくことは重要である．

円条件

図 14.7 に示した一巡伝達関数（open-loop transfer function）（開ループ伝達関数）$L(s)$ のベクトル軌跡からゲイン余裕と位相余裕を読み取ることにより，フィードバック制御系の安定余裕（安定の度合い）を解析することができた[12]．(14.11) 式の最適レギュレータによるフィードバック制御系において，一巡伝達関数は

$$L(s) = r^{-1}\boldsymbol{b}^{\top}P(sI-A)^{-1}\boldsymbol{b} \tag{14.17}$$

となる．このとき，最適レギュレータにより構成されるシステムを周波数領域で解析すると，つぎの不等式が得られる．

$$|1+L(j\omega)|^2 \geq 1 \tag{14.18}$$

これは，(14.17) 式で与えられる一巡伝達関数 $L(s)$ のベクトル軌跡が $(-1,\ j0)$ を中心とする単位円の内部を通過しないことを意味し，この様子を図 14.8 に示す．(14.18) 式の関係を円条件（circle condition）と呼び（➡演習問題 (4)），これより最適レギュレータにより構成される閉ループシステムは無限大のゲイン余裕 (g_m) と 60 °以上の位相余裕 (ϕ_m) を持つことがわかる．したがって，最適レギュレータによる閉ループシステムは，パラメータが変動しても，システムの安定性が保たれる性質を有していることとなる（これをシステムのロバスト性（robustness）と呼ぶ）．

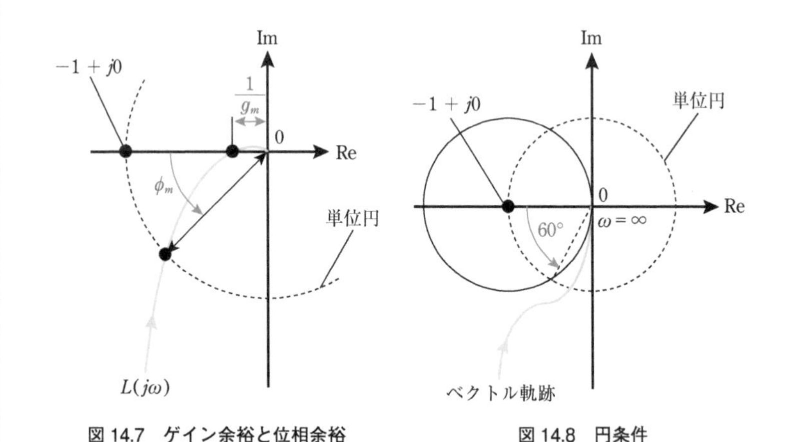

図 14.7　ゲイン余裕と位相余裕　　図 14.8　円条件

12）詳しくは参考文献 [2] を参照のこと．

伝達関数の大きさ（ゲイン）

伝達関数 $G(s)$ において，$s=j\omega$（ω は実数）とした $G(j\omega)$ は周波数伝達関数と呼ばれ，ω に対して $G(j\omega)$ は 1 つの複素数が対応し，実部と虚部に分けて表すと

$$G(j\omega) = \mathrm{Re}[G(j\omega)] + j\mathrm{Im}[G(j\omega)] \tag{14.19a}$$

であり，その大きさは

$$|G(j\omega)| = \sqrt{(\mathrm{Re}[G(j\omega)])^2 + (\mathrm{Im}[G(j\omega)])^2} \tag{14.19b}$$

である．また，ボード線図におけるゲインは$20\log 10|G(j\omega)|$となる．

いま，$\overline{G(j\omega)} = G(-j\omega)$に注意すると，

$$|G(j\omega)| = \sqrt{\overline{G(j\omega)}\,G(j\omega)} = \sqrt{G(-j\omega)\,G(j\omega)} \tag{14.20}$$

と表現できる．ここで$\overline{G(j\omega)}$は $G(j\omega)$ の共役複素数である．

最適制御問題の設計における注意点

最適制御（最適レギュレータ）の設計パラメータは（14.9）式の Q と r である．Q は状態変数の時間応答，r は制御に必要なエネルギーを評価するパラメータであり，最適制御は応答と入力エネルギーのバランスを考える制御手法と考えることもできる．また，最適制御により閉ループシステムの極の位置をあらかじめ指定することはできない．

14.4　折り返し法による最適レギュレータの設計

制御系の設計において，システムの極の位置はシステムの速応性と安定性を決定する重要な指標である．閉ループシステムの極を指定した位置に配置する設計法として極配置法があることを講義 09 で説明した．しかし実際には，すべての極を正確に指定することはまれで，多くの場合は閉ループシステムの固有値を図 14.9 に示す破線より左側の黄色の領域内に配置したり，特にシステムの全体的な応答に大きく関係する虚軸に最も近い極（主要極）の位置を望ましい位置に配置すれば十分であるとされることがほとんどである．

しかしながら，極配置法による設計では得られる制御性能と入力エネルギー

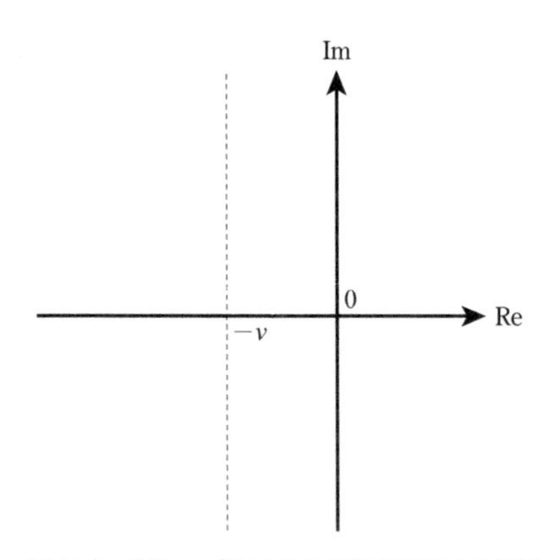

図 14.9　閉ループシステムの極を配置する領域

の大きさを見積もることはできない．最適レギュレータによる設計では制御性能と入力エネルギーの大きさを考慮できるが，指定した領域内に閉ループシステムの極を配置することはできない．そこで，閉ループシステムの極の位置を指定できる極配置法の利点を取り入れた最適レギュレータの構成法として，**折り返し法**（turn over method）が用いられる[13]．

折り返し法は最適レギュレータの重みの選定法であり，複素左半平面内の虚軸に対して平行な折り返し線と呼ばれる直線の位置が設計パラメータとなる．折り返し法を用いることによって，折り返し線の右側に存在する極のみが，その直線に対して線対称な位置に配置される閉ループシステムを構成する．

折り返し法の概念を 4 次元の線形システムを例として図的に説明しよう[14]．図 14.10（a）において，"×" で示される 4 ヵ所に極を持つシステムに対し，破線で示す $(-v,\ 0)$ を通る直線を折り返し線に指定して，折り返し法を適用する．設計パラメータ v を定めることにより，(14.14) 式の状態フィードバックベクトル $\boldsymbol{f}$ は折り返し法により一意に定まる．また，閉ループシステムの極は図 14.10（b）に示すとおりに配置される．このとき閉ループシステムにおいて，折り返し線より左側に存在した極は位置が変わらない（図 14.10（a），14.10（b）の破線より左側の "×" で示した極）．一方，折り返し線より右側に

13）参考文献 [7] を参照のこと，

14）この場合，システムの係数行列 A は 4 次正方行列となり，極の重複はないものと仮定する．

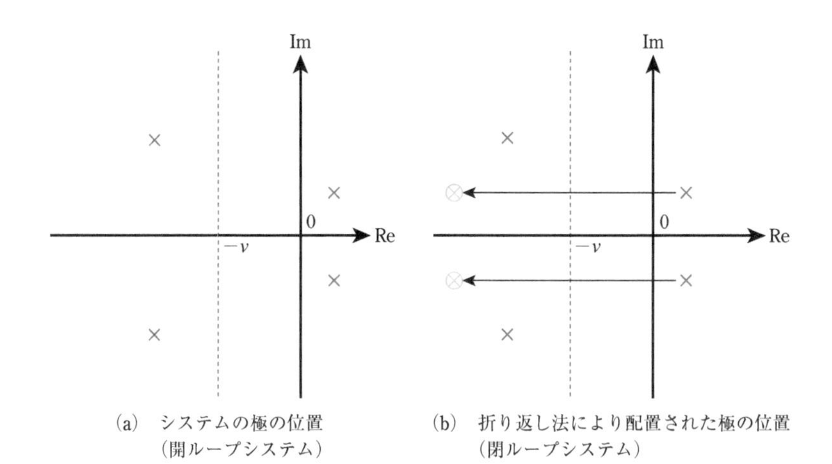

(a) システムの極の位置
（閉ループシステム）

(b) 折り返し法により配置された極の位置
（閉ループシステム）

図 14.10 折り返し法

存在した極（図 14.10（a）の右半平面に存在する極）は，折り返し線を対称軸として“⊗”で示す位置に配置される．これにより，閉ループシステムのすべての極が $(-v,\ 0)$ を通る直線に対して左側の領域に配置されることから，すべてのモードは e^{-vt} より速く減衰する[15)]．v の値は設計仕様に基づいて決定され，閉ループシステムの極の分布する領域は v によって指定することができる．

では，60 ページの（4.25），（4.26）式で表される n 次元 1 入力 1 出力システムの状態方程式

$$\dot{\boldsymbol{x}}(t) = A\boldsymbol{x}(t) + \boldsymbol{b}u(t) \tag{14.21}$$

に対し，折り返し法による最適レギュレータの具体的な設計方法について説明する．設計パラメータを $v > 0$ として，折り返し線を $(-v,\ 0)$ を通る虚軸に平行な直線に設定することを考えよう．（14.21）式のシステムの係数行列 A の固有値を $\lambda_i\ (i = 1, 2, \cdots, n)$ として，それらが実軸の正方向に v だけ移動した（シフトした）

$$\tilde{\lambda}_i = \lambda_i + v \ \ (i = 1, 2, \cdots, n) \tag{14.22}$$

なる固有値を有するつぎの仮想的なシステムを考える．

$$\dot{\tilde{\boldsymbol{x}}}(t) = \tilde{A}\tilde{\boldsymbol{x}}(t) + \boldsymbol{b}\tilde{u}(t) \tag{14.23}$$

14

15）閉ループシステムの 1 つの極を $(-\alpha + j\beta)$ とすると，対応するモードは $\mathrm{e}^{-\alpha t}\sin\beta t$ となる．$-\alpha < -v$ なので，関数 $\mathrm{e}^{-\alpha t}\sin\beta t$ は指数関数 e^{-vt} より速く減衰する．

ここで，

$$\tilde{A} = A + vI \tag{14.24}$$

であり，(14.23) 式はシフト系 (pole shifted system) と呼ばれる．このシフト系のパラメータ $\tilde{A}$ を用いたリッカチ代数方程式

$$\tilde{A}^{\mathsf{T}}P + P\tilde{A} - P\boldsymbol{b}r^{-1}\boldsymbol{b}^{\mathsf{T}}P = \boldsymbol{O} \tag{14.25}$$

を考える．ある $r > 0$ を定めて (14.25) 式のリッカチ代数方程式を解き，解 P のうちの最大解 P^+ を求める[16]．このとき，

$$u(t) = -r^{-1}\boldsymbol{b}^{\mathsf{T}}P^+\boldsymbol{x}(t) \tag{14.26}$$

を (14.21) 式のシステムに適用すると，(14.26) 式の状態フィードバック制御則は重みを

$$Q = 2vP^+ \tag{14.27}$$

とした評価関数

$$J = \int_0^{\infty} \{\boldsymbol{x}^{\mathsf{T}}(t)\,Q\boldsymbol{x}(t) + ru^2(t)\}\,\mathrm{d}t \tag{14.28}$$

を最小にし，図 14.10 に示す極の折り返しを実現する状態フィードバック制御則となる．

以上より，折り返し法では折り返し線のパラメータ v と重み r を決定すると，(14.25) 式のリッカチ代数方程式より (14.28) 式の 2 次形式評価関数の重み Q は (14.27) 式のように決まる．また，得られる (14.26) 式の状態フィードバック制御則は (14.28) 式の 2 次形式評価関数を最小にすることがわかる．

【講義 14 のまとめ】

- 最適レギュレータは 2 次形式評価関数を最小 (最適) にする状態フィードバック制御則であり，制御性能と入力エネルギーのバランスを考慮した制御系が構成できる．
- 最適レギュレータは閉ループシステムの極を配置することはできない．
- 折り返し法は最適レギュレータの重みの選定法であり，閉ループシステムの極がある範囲に配置されるように設計可能である．

16) (14.26) 式を満たす解 P は複数見つかることがあるが，その中で他の解との差が半正定となる解を最大解 P^+ とする．

演習問題

(1) 例 14.3 において，$Q=\begin{bmatrix}13 & 0\\ 0 & 9\end{bmatrix}$としたとき，(14.12) 式のリッカチ代数方程式の解 P を求めよ．

(2) 例 14.3 において，状態に対する重みを$Q_1=\begin{bmatrix}13 & 0\\ 0 & 1\end{bmatrix}$から $Q_2=\begin{bmatrix}13 & 0\\ 0 & 9\end{bmatrix}$に変更すると，最適制御則によって構成される閉ループシステムの時間応答はどう変わるか．状態変数 $x_2(t)$ の時間応答の比較から考察せよ．

(3) 60 ページの (4.25)，(4.26) 式で表される n 次元 1 入力 1 出力システムの状態空間表現で表された制御対象に対する (14.11) 式の状態フィードバック制御則が，(14.9) 式の評価関数を最小にする制御則であり，そのときの評価関数の最小値が (14.13) 式となることを示せ．

(4) (14.17) 式を用いて (14.12) 式のリッカチ代数方程式を整理すると，カルマン方程式と呼ばれる次式が得られることを示せ．

$$\{1+L(-s)\}\{1+L(s)\}=1+r^{-1}\left|Q^{1/2}(sI-A)^{-1}\boldsymbol{b}\right|^2 \qquad (1)$$

さらに，(1) 式の右辺第 2 項が

$$r^{-1}\left|Q^{1/2}(sI-A)^{-1}\boldsymbol{b}\right|^2\geq 0 \qquad (2)$$

であることを用いて，(14.18) 式の円条件を導出せよ ($s=j\omega$ とする)．

(5) 図 14.1 で表されるマス－ばね－ダンパシステムの状態空間表現

$$\dot{\boldsymbol{x}}(t)=\begin{bmatrix}0 & 1\\ -6 & -5\end{bmatrix}\boldsymbol{x}(t)+\begin{bmatrix}0\\ 1\end{bmatrix}u(t)$$

に対し，虚軸に平行な折り返し線を$-\dfrac{5}{2}$，$r=1$ と選んだ際の最適レギュレータ制御則 $u(t)$ を求めよ．

特別講義 15 現代制御理論の発展的な内容

ここまでは，現代制御理論において基礎となる重要事項に限定して説明した．基礎的な内容は本書で十分にカバーできているが，さらにどのような発展的内容があるのかについて，いくつか説明する．ここで説明する内容の多くは 1980 年頃から盛んに研究され，さまざまな論文，解説記事，書籍が出版されている．文中に示している参考文献で URL（リンク）が示されているものは，インターネット上で無料閲覧資料として公開されている．文献の詳細な内容は理解できなくても，イメージを持つことが重要となるので，積極的にアクセスしてほしい．英文でこれらの内容を学びたい場合は，章末の参考文献 [A20] を参照するとよい．

その他，本書の出版段階で調べた範囲で直近のものは，「システム制御情報学会」が定期刊行している「システム／制御／情報」の 2012 年 6 月号（56 巻 6 号）「初学者のための図解でわかる制御工学 II 特集号」にいくつか関連する解説記事がある．

https://www.jstage.jst.go.jp/browse/isciesci/56/6/_contents/-char/ja

15.1 多入力多出力システム

本書でこれまでに説明したシステムは，入力，出力ともにスカラー，すなわち 1 入力 1 出力システム（single-input single-output system: SISO system）であり，そのシステムに関する性質と制御系設計法について学んだ．これらは，つぎに示す多入力多出力システムに拡張することが可能である．

多入力多出力システムの状態空間表現はつぎで与えられる．

$$\begin{cases} \dot{\boldsymbol{x}}(t) = A\boldsymbol{x}(t) + B\boldsymbol{u}(t) \\ \boldsymbol{y}(t) = C\boldsymbol{x}(t) + D\boldsymbol{u}(t) \end{cases} \tag{15.1}$$

ここでシステムの状態ベクトル $\boldsymbol{x}(t)$ は $n \times 1$ の列ベクトル，A は n 次正方行列，B は $n \times m$ 行列，C は $l \times n$ 行列，D は $l \times m$ 行列である．また $\boldsymbol{u}(t)$ は $m \times 1$ の列ベクトル，$\boldsymbol{y}(t)$ は $l \times 1$ の列ベクトルである．このとき，(15.1) 式で与えられるシステムは n 次元 m 入力 l 出力システム（n-th order multi-input multi-output system）と呼び，MIMO システムと呼ぶこともある．

（15.1）式のシステムにおいて，つぎの表記を用いることがある．

$$A \in \mathbb{R}^{n\times n},\quad B \in \mathbb{R}^{n\times m},\quad C \in \mathbb{R}^{l\times n},\quad D \in \mathbb{R}^{l\times m},$$
$$\boldsymbol{x}(t) \in \mathbb{R}^{n\times 1},\quad \boldsymbol{u}(t) \in \mathbb{R}^{m\times 1},\quad \boldsymbol{y}(t) \in \mathbb{R}^{l\times 1}$$

ここで $\mathbb{R}$ は実数（real number）を表し，ベクトルや行列の要素はすべて実数であるものを考えているが，特殊な場合では複素数を考えることもある．その場合は $\mathbb{R}$ を $\mathbb{C}$，すなわち複素数（complex number）で置き換える．

MIMO システムである（15.1）式は 60 ページの 4.2 節と同様に伝達関数表現することが可能である．（15.1）式をラプラス変換すると

$$Y(s) = C(sI - A)^{-1}\boldsymbol{x}(0) + C(sI - A)^{-1}BU(s) + DU(s) \tag{15.2}$$

となるので，$\boldsymbol{x}(0)=\boldsymbol{0}$ の場合は

$$Y(s) = \bigl(C(sI - A)^{-1}B + D\bigr)U(s) \tag{15.3}$$

となる．ここで $G(s) = C(sI - A)^{-1}B + D$ は $l \times m$ 行列となることから，この $G(s)$ を伝達関数行列（transfer function matrix），または単に伝達行列（transfer matrix）と呼ぶ．

システムの多入出力表現をまとめて

$$C(sI - A)^{-1}B + D = \left[\begin{array}{c|c} A & B \\ \hline C & D \end{array}\right] \tag{15.4}$$

とする Doyle の記法（Doyle's notation）という表現もよく使われる[1]．また，単に $[A, B, C, D]$ と書くこともある．

本書で扱った SISO システムにおける安定性，可制御性，可観測性，状態フィードバック制御，オブザーバ，最適制御などは MIMO システムでも同様に扱うことができるが，システムパラメータにおいて，ベクトル $\boldsymbol{b}$，$\boldsymbol{c}$ が行列 B，C に置き換わるので扱いに注意が必要である．特に本書で学んだシステムの可制御性，可観測性の判定において，SISO システムでは可制御性行列 U_c，可観測性行列 U_o は正方行列となるので，行列がフルランクになる

1）John Doyle はカリフォルニア工科大学の教授．H^∞ 制御，μ 制御の発展に大きく貢献．

ことと，その行列の行列式の値が0にならないことは等価であった．一方，MIMOシステムの場合はU_c，U_oは正方行列になるとは限らないので，注意が必要である．MIMOシステムの可制御性，可観測性の判定において，U_cは行フルランク，U_oの場合は列フルランクとなる必要がある．

フルランクについて

ある行列$S \in \mathbb{R}^{n\times m}$に対して，

- $n < m$かつ$\mathrm{rank}\, S = n$のとき，Sを行フルランク（full row rank）という．
- $n > m$かつ$\mathrm{rank}\, S = m$のとき，Sを列フルランク（full column rank）という．
- $n = m$かつ$\mathrm{rank}\, S = m$のとき，Sをフルランク（full rank）という．

15.2 可安定性と可検出性

講義10で説明した可制御性，可観測性よりも緩やかな性質として可安定性，可検出性という性質が知られている．のちに説明するロバスト制御法に基づく制御系設計をする際に頻出する性質である．定義をつぎに示す．

可安定性と可検出性の定義

(15.1)式で表されるシステム

$$\begin{cases} \dot{\boldsymbol{x}}(t) = A\boldsymbol{x}(t) + B\boldsymbol{u}(t) \\ \boldsymbol{y}(t) = C\boldsymbol{x}(t) + D\boldsymbol{u}(t) \end{cases} \tag{15.1}$$

において

- $A+BK$が安定となる行列Kが存在するとき，システムは可安定（stabilizable）であるという．
- $A+HC$が安定となる行列Hが存在するとき，システムは可検出（detectable）であるという．

また，つぎの重要な性質が知られている．いま，システムが可制御でなかったとしても，適当な正則行列Tを用いて

$$TAT^{-1} = \begin{bmatrix} A_{11} & A_{12} \\ \boldsymbol{O} & A_{22} \end{bmatrix}, \quad TB = \begin{bmatrix} B_1 \\ \boldsymbol{O} \end{bmatrix} \tag{15.5}$$

と変換できる．ここで (A_{11}, B_1) は可制御である．このとき，$A_{11}+B_1K$ が安定となる行列 K が存在するので，A_{22} が安定ならば，このシステムは可安定であり，逆も成り立つ．また，可制御でない部分が安定であることと可安定性は等価である．

講義 10 の例 10.1 で説明したとおり，システムを対角化した際に可制御なサブシステムと不可制御なサブシステムにわけることができた．このとき不可制御なサブシステムが安定であれば，そのシステムは可安定であるという．システムが可制御であれば可安定であるが，可安定であるからといって可制御であるとは限らないことに注意しよう．

(C, A) が可観測でないとき，適当な正則行列 T を用いて

$$TAT^{-1}=\begin{bmatrix} A_{11} & \boldsymbol{O} \\ A_{21} & A_{22} \end{bmatrix},\quad CT^{-1}=[C_1 \quad \boldsymbol{O}] \tag{15.6}$$

と変換できる．ここで (C_1, A_{11}) は可観測である．また，可観測でない部分が安定であることと可検出性は等価である．

講義 10 の例 10.1 で説明したとおり，システムを対角化した際に可観測なサブシステムと不可観測なサブシステムにわけることができた．このとき不可観測なサブシステムが安定であれば，そのシステムは可検出であるという．システムが可観測であれば可検出であるが，可検出であるからといって可観測であるとは限らないことに注意しよう．

15.3 ロバスト制御

より具体的，かつ実世界で使われており，制御が必要なものについて，いくつか説明する．大型橋梁の主塔 [A1]，国際宇宙ステーション ISS (international space station) の太陽電池パドル（すべて合わせるとサッカー場と同じくらいの大きさ）[A2]，ハードディスク装置（hard disk drive: HDD, テレビ録画などに使われる）の磁気ヘッド [A3] などを構成する部品は，硬い材質で作られており，制御とは無縁で世の中に存在しているように思える．実際の状況をつぎに説明する．

約 300 メートルの高さをほこる本州と淡路島を結ぶ明石海峡大橋の橋梁主塔は，大型であるがゆえに固有振動数が低く，かつ減衰性も小さくなる．したがって，風や地震などの自然現象に対して，耐風・耐震性能が求められて

図 15.1　ISS の太陽電池パドル
［写真提供：JAXA/NASA］

図 15.2　ハードディスク装置

おり，身近な高層ビルなどにおいても同様に制振制御が必要となる [A4].

ISS は宇宙空間を飛行しており，電力源は太陽電池パネルにより得られる太陽エネルギーのみであること，また地球観測の目的もあるため ISS の姿勢制御が重要である．さらに，太陽電池パネルは巨大であるために制振制御を行わなければ ISS 全体の姿勢に大きく影響を及ぼす (図 15.1).

HDD 内の磁気ディスク (図 15.2) は近年の大容量化，データ記録再生の高速処理の要求を満たすために，磁気ヘッドを支えるアームを軽量化し，高速・高頻度でアームの回転・停止動作を行う必要がある．また，磁気ディスク上の適切なトラック位置上にデータを読み取る磁気ヘッドを精密に位置決め制御する必要がある．

すなわち，巨大な構造物の場合はそれゆえに生じる「たわみ」や風などの外力の影響を考えなければならないし，微小な構造物の場合には精密な動作性能が求められるがゆえの微細な揺れを抑える必要がある．もし，そういった対策を怠れば橋の崩壊，ISSの墜落，録画した番組にアクセスできない，映像が乱れて見えないなどの問題が生じる可能性がある．実際にそのようなことが起きないのは，適切な制御系が構成されているためである．

さらに詳細な事例を説明しよう．本州と四国を結ぶしまなみ海峡大橋の一部である「来島海峡第一大橋」の橋梁主塔は数百メートルの高さをほこり，その主塔を架設する際に，動吸振器（tuned mass damper: TMD）の原理に基づく受動（パッシブ）型の制振装置に代わり，構造物の振動をセンサで検知し，アクチュエータで可動質量の動きを最適に制御する**アクティブ制振装置**（active mass damper: AMD）が取り付けられた．この装置は身近な高層ビルなどにも多く取り付けられている [A4]．これにより，巨大構造物を建造する際の振動を抑えることに成功している．このアクティブ制振装置の設計に，本書で学んだ現代制御理論を基礎とした発展的な内容である**ロバスト制御理論**（robust control theory）が使われている [A5].

制御対象（システム）となる一般の構造物は，厳密に考えると慣性，減衰，剛性が空間的に分布しており，その数学モデルは常微分方程式ではなく，偏微分方程式で表される．場合によっては，慣性などが集中的に分布しており，数学モデルとして常微分方程式で表せば十分な場合が多いが，必要に応じて偏微分方程式で考える必要がある．偏微分方程式は一般に解くことが難しく，さまざまな解法が考案されている．解法のひとつとして知られている**モード展開法**（mode extension）を用いると，さまざまな仮定を設けることでシステムは無限次元のモードを持つ常微分方程式で記述され，伝達関数表現は次式で与えられる [A6].

$$P(s) = \sum_{i=1}^{\infty} \frac{K_i}{s^2 + 2\zeta_i \omega_i s + \omega_i^2} \tag{15.7}$$

ここで，(15.7) 式の右辺を**共振モード**（resonance mode）（**振動モード**（vibration mode））と呼ぶ 2)．また (15.7) 式の記号シグマ（Σ）の中の伝達関数は，本書で例として取り扱ったマス－ばね－ダンパシステムの一般系である**2次遅れ系**であることに注意すると，その状態空間表現はつぎで表される．

2) 場合によっては，剛体モード$\dfrac{K}{s^2}$の項が (15.7) 式右辺に加わることがある．

$$\begin{cases} \dot{\boldsymbol{x}}(t) = A\boldsymbol{x}(t) + \boldsymbol{b}u(t) \\ y(t) = \boldsymbol{c}\boldsymbol{x}(t) \end{cases} \tag{15.8}$$

ここでA，$\boldsymbol{b}$，$\boldsymbol{c}$ はつぎで表される．

$$A = \begin{bmatrix} 0 & 1 & 0 & 0 & 0 & 0 & \cdots \\ -\omega_1^2 & -2\zeta_1\omega_1 & 0 & 0 & 0 & 0 & \cdots \\ 0 & 0 & 0 & 1 & 0 & 0 & \cdots \\ 0 & 0 & -\omega_2^2 & -2\zeta_2\omega_2 & 0 & 0 & \cdots \\ 0 & 0 & 0 & 0 & 0 & 1 & \cdots \\ 0 & 0 & 0 & 0 & -\omega_3^2 & -2\zeta_3\omega_3 & \cdots \\ \vdots & \vdots & \vdots & \vdots & \vdots & \vdots & \ddots \end{bmatrix} \tag{15.9}$$

$$\boldsymbol{b} = [0 \quad K_1 \quad 0 \quad K_2 \quad 0 \quad K_3 \quad \cdots]^{\mathrm{T}} \tag{15.10}$$

$$\boldsymbol{c} = [1 \quad 0 \quad 1 \quad 0 \quad 1 \quad 0 \quad \cdots] \tag{15.11}$$

(15.7)，(15.8) 式に注意すると，無限次元のモードを表現しているため，伝達関数では 2 次遅れ系の伝達関数の無限和，状態空間表現では係数行列 A は無限次元の行列になってしまう．このとき，例として状態フィードバック制御の場合を考えると，実際の制御系設計において無限次元の数学モデルを使うということは，無限次元の状態ベクトルに対して，無限次元の状態フィードバックベクトルを求めることに相当する．状態フィードバック制御に限らず制御器の設計に際して無限次元の数学モデルを使うことは難しいので，構造物の特徴を見極めつつ，何次のモードまでを考慮して制御系を設計するのかが問題となる．

いま，(15.7) 式において n 次のモードまで考えるとすると，その伝達関数は

$$P_n(s) = \sum_{i=1}^{n} \frac{K_i}{s^2 + 2\zeta_i\omega_i s + \omega_i^2} \tag{15.12}$$

と表すことができる．(15.12) 式では伝達関数を表す記号 P に添字 n をつけているが，これは n 次のモードまでを考慮したという意味ではなく，ノミナルモデル (nominal model) という意味で付している[3]．実際の制御系設計に

3）公称モデル (nominal model) と呼ぶ場合もある．

おいては，このノミナルモデル $P_n(s)$ を制御対象の数学モデルとする．ここで，$n+1$ ～∞のモードはノミナルモデルに含まれないが，これらのモードは (15.7) 式で表されるシステムのノミナルモデル以外の特性である．ノミナルモデルに基づいて設計した制御器を現実のシステムに適用した場合，(15.7) 式の $n+1$ ～∞のモードは制御系設計に考慮されておらず，この項の影響により応答が振動的になる場合がある．この現象はスピルオーバ（spillover）と呼ばれ，制御系設計において無視した共振モードが励起されて振動が起きることもある．言い換えると，制御系設計に際して考慮しなかったモデルに起因する現象であることから，モデルの不確かさ（model uncertainty）またはモデルの摂動（model perturbation）による影響ともいえる．

(15.7) 式で表されるシステムのモデルは，システムの特性をすべて含んでいるとみなして厳密モデル（exact model）と呼ぶこともある．ここで，厳密モデルを $\tilde{P}(s)$，ノミナルモデルの伝達関数を $P(s)$ とすると，このとき

$$\tilde{P}(s) = P(s) + \Delta_a \tag{15.13}$$

と表すことができる．さらに (15.8) 式とは別に，つぎの形式で表せる場合もある．

$$\tilde{P}(s) = (1 + \Delta_m)\,P(s) \tag{15.14}$$

ここで，(15.13) 式の Δ_a を加法的摂動（additive perturbation）（または加法的不確かさ（additive uncertainty）），(15.14) 式の Δ_m を乗法的摂動（multiple perturbation）（または乗法的不確かさ（multiple uncertainty））と呼ぶ．

上記の大規模構造物の例で説明したとおり，現実のシステムは数学モデルで表すことができるが，「完璧なモデル」は存在しない．(15.7) 式ですら，さまざまな仮定を設けて導出しているので，構造物の特性を完全に表した数学モデルではないということである．

別の例として，各種製造業などで数多く用いられている精密位置決めテーブル（図 15.3）の位置決め制御について考えよう．要求される精密位置決めテーブルの位置決め制御の精度はさまざまであるが，たとえば数ミリ程度の位置決め精度であれば物体と床面との摩擦は粘性摩擦力で表現すれば十分である．一方，10[μm] 程度の位置決め精度を要求する場合は，摩擦を粘性摩擦力で表すのは不十分で，LuGre の摩擦モデル [A7] が適切であることが知

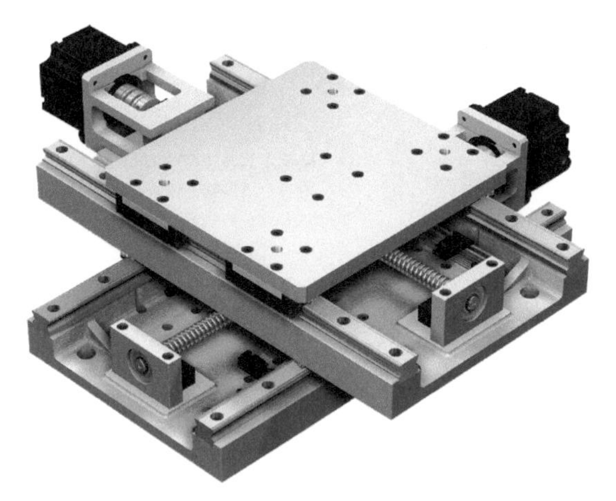

図 15.3　精密位置決めテーブル
[画像提供：THK 株式会社]

られている．しかし LuGre の摩擦モデルはかなり複雑な非線形のモデルであり，制御器の設計にはかなりの工夫を要し [A8]，摩擦モデルのすべてを考慮することは難しい．さらに精度が求められる場合は，LuGre の摩擦モデルでも不十分である可能性がある．

以上をまとめると，現実の制御系設計（制御器の設計）においては数学モデル（なんらかのノミナルモデル）を使わざるを得ない．なぜなら，制御器は実装上の制約から有限次元であることが必要であり，コンピュータシミュレーションにより制御性能・仕様の検証を行うためにも数学モデルを考える必要がある．シミュレーション上でモデルの摂動を考慮することも可能であるが，現実のシステムを完全に実現することは難しい．言い換えると，現実のシステムを完全に表した数学モデルを作ることはできず，なんらかの仮定などを設けて数学モデルを作ることになる．得られた数学モデルを用いて設計した制御器を使い，制御系が制御性能・仕様を満足するかを確認したうえで，制御器を現実のシステムに適用する．このとき，良好な制御性能が得られる場合が多いが，大規模システムなど厳密にモデル化できない要素が多く存在する場合は，想定した制御性能が得られない，場合によっては前述のようにスピルオーバなど応答が振動したり，不安定になる場合もある．図 15.4 に現実のシステムに対して制御系設計を行う際の流れの概念図を示す．

この問題を解決するために，H^{∞}制御法に代表される**ロバスト制御**（robust

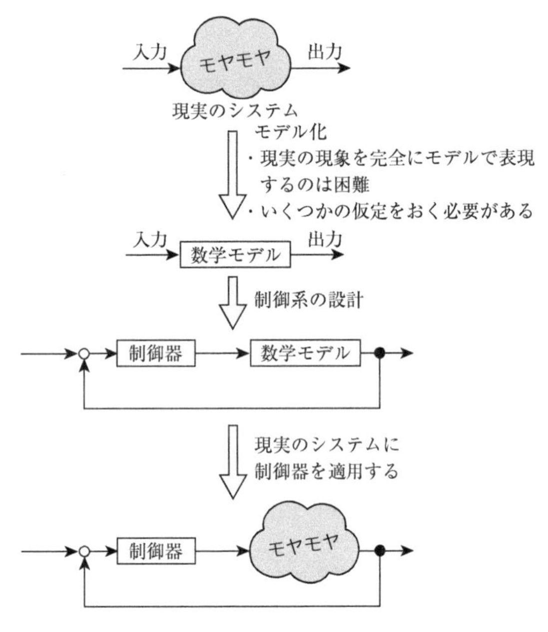

図 15.4　制御系設計の流れ

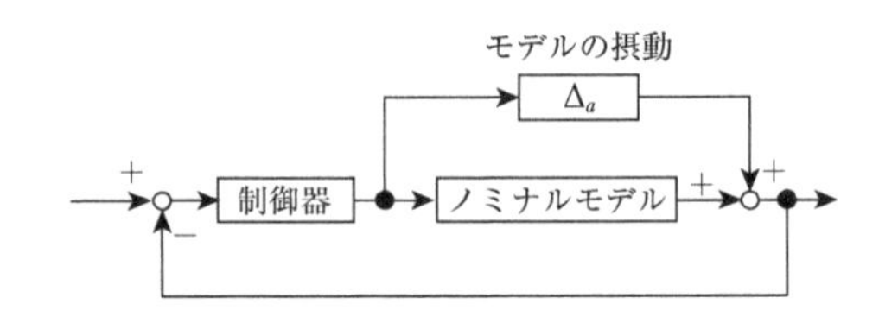

図 15.5　加法的摂動の表現

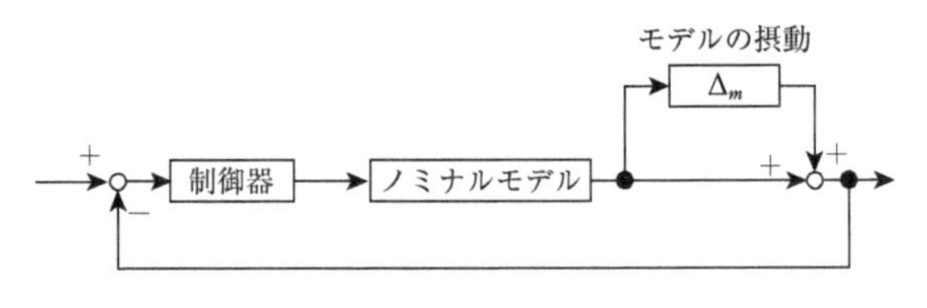

図 15.6　乗法的摂動の表現

control）法 [A5, A9, A10, A11, A12, A13] では，上述のモデルの摂動を積極的に制御系設計に取り込み，想定したモデルの摂動（不確かさの大きさ）であれば，設計した制御系により所望の制御性能が得られることを保証している．

ロバスト制御法による制御器の設計方法は，摂動の表現法に応じた設計法が存在し，摂動の表現には**構造的摂動**（structured uncertainty）や**非構造的摂動**（unstructured uncertainty）などがある[4]．図 15.5，15.6 に例として加法的摂動，乗法的摂動を持つ制御系のブロック線図を示す．このロバスト制御法のおかげで，大規模な橋梁や高層ビルは大きな地震などによっても崩壊せず，テレビ番組の全チャンネルが 1 週間分録画できるような数テラバイトにもなる大容量の HDD が開発されている．

また，理想の応答や目標値との偏差に応じて，制御器のパラメータを変動させて制御系の安定性や制御性能を確保する**適応制御法**（adaptive control method）もある [A14, A15]．

15.4 LMI とは

本節では，制御系設計の理論や実装を考えるうえで欠かすことができなくなりつつある，**LMI**(linear matrix inequality，線形行列不等式）について概説する [A16, A17, A18, A19]．

まず，LMI において基礎となる**リアプノフ不等式**（Lyapunov inequality）について説明する．講義 06 で考えた自由システム

$$\dot{\boldsymbol{x}}(t) = A\boldsymbol{x}(t) \tag{15.15}$$

を再び考えよう．

3.8 節でも説明した 2 次形式として，正定対称行列 $P = P^{\mathrm{T}} > 0$ を用いた $V(\boldsymbol{x}(t)) = \boldsymbol{x}^{\mathrm{T}}(t)P\boldsymbol{x}(t)$ を考える．

このとき，すべての t に対して $\boldsymbol{x}(t) \neq \boldsymbol{0}$ の場合，$V(\boldsymbol{x}(t)) > 0$ となるので $V(\boldsymbol{x}(t))$ を**正定関数**（positive function）と呼ぶ．ここで $\boldsymbol{x}^{\mathrm{T}}(t)$ は，33 ページの 3.1.3 項に示した要素が時間関数であるベクトル $\boldsymbol{x}(t)$ の転置ベクトルであり，$\boldsymbol{x}(t)$ が $n \times 1$ の列ベクトルである場合，$\boldsymbol{x}^{\mathrm{T}}(t)$ は $1 \times n$ の行ベクトルとなる．このとき，P は n 次正方行列であるので，$V(\boldsymbol{x}(t))$ はスカラー関数である．

ここで，$V(\boldsymbol{x}(t))$ の時間微分 $\dot{V}(\boldsymbol{x}(t))$ は（関数の積の微分 $(f(x)g(x))' = f(x)g'(x) + f'(x)g(x)$ と同様に考える），

4）ロバスト制御法として構造的摂動に対しては μ 設計法が，非構造的摂動に対しては H^{∞} 制御法が提案されている．前述の加法的摂動，乗法的摂動は非構造的摂動に分類される．

$$\begin{aligned}\dot{V}(\boldsymbol{x}(t)) &= \boldsymbol{x}^{\mathsf{T}}(t)P\dot{\boldsymbol{x}}(t) + \dot{\boldsymbol{x}}^{\mathsf{T}}(t)P\boldsymbol{x}(t) \\ &= \boldsymbol{x}^{\mathsf{T}}(t)PA\boldsymbol{x}(t) + (A\boldsymbol{x}(t))^{\mathsf{T}}P\boldsymbol{x}(t) \\ &= \boldsymbol{x}^{\mathsf{T}}(t)(PA + A^{\mathsf{T}}P)\boldsymbol{x}(t) \end{aligned} \tag{15.16}$$

となる（P は要素のすべてが定数である行列なので，時間微分には無関係である）．この $\dot{V}(\boldsymbol{x}(t))$ も 2 次形式となっているので，

$$PA + A^{\mathsf{T}}P < 0 \tag{15.17}$$

であれば，$\boldsymbol{x}(t) \neq \boldsymbol{0}$ に対して $\dot{V}(\boldsymbol{x}(t)) < 0$ となる．言い換えると，(15.17) 式を満たす $P = P^{\mathsf{T}} > 0$ が存在すれば，(15.15) 式の自由システムの平衡点 $\boldsymbol{x}_e = \boldsymbol{0}$ は漸近安定である．ここで，(15.17) 式をリアプノフ不等式と呼ぶ．(15.17) 式を満足する正定対称行列 P（固有値がすべて正の対称行列）が存在すれば，行列 A は安定行列（すべての固有値の実部が負）である．

LMI において，(15.17) 式のリアプノフ不等式における不等号の記号の代わりに，つぎの記法を使うことがある．

$$PA + A^{\mathsf{T}}P \prec 0 \tag{15.18}$$

不等号の意味としては同じであるが，この記法を用いた書籍や論文が多数出版されているので，とまどうことがないように紹介しておく．ここで P はこれまでと同様に正定対称解であるので $P = P^{\mathsf{T}} \succ 0$ と書く．

つぎに，リアプノフ不等式を満たす正定対称行列 P を LMI により求める方法について説明する．

189 ページの例 13.1 で示したマス－ばね－ダンパシステムにおける，自由システムを考えよう（$M = 1$，$D = 5$，$K = 6$ の場合である）．このとき行列 A の固有値は $\{-2, -3\}$ であるので，A は安定行列である．ここで，A が安定行列であることを (15.18) 式を使って示そう．行列 A は 2 次正方行列であるので，正定対称解 P の成分表示をつぎとする（ここでは慣例にしたがって P の成分を $\theta_i (i = 1, 2, 3)$ とする）．

$$P = \begin{bmatrix} \theta_1 & \theta_2 \\ \theta_2 & \theta_3 \end{bmatrix} \tag{15.19}$$

このとき，(15.18) 式の左辺を計算すると

$$PA + A^{\mathrm{T}}P = \begin{bmatrix} \theta_1 & \theta_2 \\ \theta_2 & \theta_3 \end{bmatrix}\begin{bmatrix} 0 & 1 \\ -6 & -5 \end{bmatrix} + \begin{bmatrix} 0 & -6 \\ 1 & -5 \end{bmatrix}\begin{bmatrix} \theta_1 & \theta_2 \\ \theta_2 & \theta_3 \end{bmatrix}$$
$$= \begin{bmatrix} -6\theta_2 & \theta_1 - 5\theta_2 \\ -6\theta_3 & \theta_2 - 5\theta_3 \end{bmatrix} + \begin{bmatrix} -6\theta_2 & -6\theta_3 \\ \theta_1 - 5\theta_2 & \theta_2 - 5\theta_3 \end{bmatrix}$$
$$= \begin{bmatrix} -12\theta_2 & \theta_1 - 5\theta_2 - 6\theta_3 \\ \theta_1 - 5\theta_2 - 6\theta_3 & 2\theta_2 - 10\theta_3 \end{bmatrix} \quad (15.20)$$

となる．ここで（15.20）式の行列が負定行列となることを示せばよいが，これを満たす $\theta_i(i=1,2,3)$ を手計算で見つけようとは思わないであろう．

ここで，（15.20）式をさらにつぎのように表す．

$$PA + A^{\mathrm{T}}P = \begin{bmatrix} -12\theta_2 & \theta_1 - 5\theta_2 - 6\theta_3 \\ \theta_1 - 5\theta_2 - 6\theta_3 & 2\theta_2 - 10\theta_3 \end{bmatrix}$$
$$= \begin{bmatrix} 0 & 0 \\ 0 & 0 \end{bmatrix} + \theta_1\begin{bmatrix} 0 & 1 \\ 1 & 0 \end{bmatrix} + \theta_2\begin{bmatrix} -12 & -5 \\ -5 & 2 \end{bmatrix} + \theta_3\begin{bmatrix} 0 & -6 \\ -6 & -10 \end{bmatrix} \quad (15.21)$$

また（15.19）式の正定対称解 $P \succ 0$ もつぎのように表すことができる．

$$P \succ 0 \Rightarrow \begin{bmatrix} 0 & 0 \\ 0 & 0 \end{bmatrix} + \theta_1\begin{bmatrix} 1 & 0 \\ 0 & 0 \end{bmatrix} + \theta_2\begin{bmatrix} 0 & 1 \\ 1 & 0 \end{bmatrix} + \theta_3\begin{bmatrix} 0 & 0 \\ 0 & 1 \end{bmatrix} \succ 0 \quad (15.22)$$

このとき，（15.21），（15.22）式を一般化したつぎのことが知られている．

正定行列 M が正定または負定であることを表す $M \succ 0$ または $M \prec 0$ を行列不等式（matrix inequality）と呼ぶ．このとき，M が既知の対称行列 $M_i = M_i^{\mathrm{T}}\ (i = 1,\ 2,\ \cdots,\ k)$ と未知の変数（求めたい値，決定変数と呼ぶ）θ_i に関して線形結合（1 次の項の和）

$$M(\boldsymbol{\theta}) = M_0 + \sum_{i=1}^{k}\theta_i M_i \succ 0 \ (\text{あるいは} \prec 0) \quad (15.23)$$

で表すことができ，（15.23）式を線形行列不等式（linear matrix inequality: LMI）と呼ぶ．ここで $\boldsymbol{\theta} = [\theta_1 \quad \theta_2 \quad \cdots \quad \theta_k]^{\mathrm{T}}$ である．

すなわち，（15.21），（15.22）式のリアプノフ不等式と正定対称行列は（15.23）式の LMI で記述することが可能である．（15.23）式について，つぎの問題を解くことで $\boldsymbol{\theta}=[\theta_1 \quad \theta_2 \quad \cdots \quad \theta_k]^{\mathrm{T}}$ を数値計算を用いて効率的に求めることができる.

(a) 凸可解問題 (convex feasibility problem: CFP)

LMI (15.23) 式を満たす解 $\boldsymbol{\theta}=[\theta_1 \quad \theta_2 \quad \cdots \quad \theta_k]^{\mathrm{T}}$ を求める.

(b) 凸最適化問題 (convex optimization problem: COP)

$\boldsymbol{c}=[c_1 \quad c_2 \quad \cdots \quad c]^{\mathrm{T}}$ を与えたとき, LMI (15.23) 式を満たし, さらに,

$$E=\boldsymbol{c}^{\mathrm{T}}\boldsymbol{\theta}=c_1\theta_1+c_2\theta_2+\cdots+c_k\theta_k \tag{15.24}$$

を最小化する $\boldsymbol{\theta}=[\theta_1 \quad \theta_2 \quad \cdots \quad \theta_k]^{\mathrm{T}}$ および E の最小値を求める.

ここで (15.24) 式を線形目的関数 (linear objective function) と呼ぶ. (15.21), (15.22) 式のように, リアプノフ不等式を LMI 表現することで, 数値計算法を用いて解くことができ, その解 P よりシステムの安定性が解析できる.

また LMI では正方行列 M に対してつぎの記法を用いることが多い.

$$\mathrm{He}[M]=M+M^{\mathrm{T}} \tag{15.25}$$

この記法を用いると (15.18) 式はつぎのように書くことができる.

$$PA+A^{\mathrm{T}}P\prec 0 \quad \Rightarrow \mathrm{He}[PA]\prec 0 \tag{15.26}$$

つぎに講義 09 で説明した状態フィードバック制御において, 状態フィードバックベクトル $\boldsymbol{f}$ を LMI により求める方法について説明する.

n 次元 1 入力 1 出力システムの状態方程式がつぎで表されるとする.

$$\dot{\boldsymbol{x}}(t)=A\boldsymbol{x}(t)+\boldsymbol{b}u(t) \tag{9.1}$$

講義 10 で説明したとおり, (9.1) 式で与えられるシステムが可制御であれば, 状態フィードバック [5]

$$u(t)=\boldsymbol{f}\boldsymbol{x}(t) \tag{15.27}$$

---

5) 講義 10 では状態フィードバックとして $u(t)=-\boldsymbol{f}\boldsymbol{x}(t)$ としたが, ここでは説明の便宜上 (15.24) 式とした. 両者の違いは, 求めた状態フィードバックベクトル $\boldsymbol{f}$ の成分の符号が変わるだけで, 導出方法は同じである.

6) 【やってみよう】(15.20) 式を導出した際の A と $\boldsymbol{b}=\begin{bmatrix}0\\1\end{bmatrix}$, $\boldsymbol{f}=[f_1 \quad f_2]$ を用いて, (15.29) 式が LMI とならないことを示せ.

を (9.1) 式の状態方程式の操作量 $\boldsymbol{u}(t)$ に代入すると

$$\dot{\boldsymbol{x}}(t) = (A + \boldsymbol{bf})\boldsymbol{x}(t) \tag{15.28}$$

となる．状態フィードバック制御においては，(15.28) 式の行列 $A+\boldsymbol{bf}$ が安定行列となるようなベクトル $\boldsymbol{f}$ を求める必要がある．(15.28) 式と (15.26) 式を比べると，つぎのリアプノフ不等式が得られる．

$$\mathrm{He}[P(A + \boldsymbol{bf})] \prec 0 \Rightarrow \mathrm{He}[PA + P\boldsymbol{bf}] \prec 0 \tag{15.29}$$

したがって (15.29) 式を満たす正定対称解 $P \succ 0$ と状態フィードバックベクトル $\boldsymbol{f}$ を LMI を使って求めればよい．しかし，(15.29) 式には求めたい解 P と $\boldsymbol{f}$ の積の項 $P\boldsymbol{bf}$ を含み，LMI を用いることはできない[6]．(15.29) 式は**双線形行列不等式** (bilinear matrix inequality: BMI) と呼ばれ，LMI のように効率的に数値計算法を用いて数値的に解 P, $\boldsymbol{f}$ を求めることが難しい．

そこで，つぎの工夫により BMI を LMI に変形して状態フィードバックベクトル $\boldsymbol{f}$ を求める方法が知られている．

まず，(15.29) 式の左右から P^{-1} をかけて整理するとつぎとなる．

$$\begin{aligned} P^{-1}\mathrm{He}[P(A + \boldsymbol{bf})]P^{-1} &= \mathrm{He}[(A + \boldsymbol{bf})P^{-1}] \\ &= \mathrm{He}[A\tilde{P} + \boldsymbol{bf}\tilde{P}] \prec 0 \end{aligned} \tag{15.30}$$

ここで $P^{-1} = \tilde{P}$ とした．また P は正定対称行列であるので正則であり，その逆行列を $\tilde{P}$ とした行列も正定対称行列である．

つぎに，$\boldsymbol{k} = \boldsymbol{f}\tilde{P}$ とおくことで (15.30) 式はつぎとなる．

$$\mathrm{He}[A\tilde{P} + \boldsymbol{bk}] \prec 0 \tag{15.31}$$

このとき (15.31) 式は $\tilde{P} = \tilde{P}^{\mathsf{T}} \succ 0$ と $\boldsymbol{k}$ に関する LMI となり，数値計算法を用いて数値的に解 $\tilde{P}$，$\boldsymbol{k}$ を求めることができ，状態フィードバックベクトル $\boldsymbol{f}$ はつぎで求めることができる．

$$\boldsymbol{f} = \boldsymbol{k}\tilde{P}^{-1} \tag{15.32}$$

15.5 LMI に基づく制御系解析・設計の利点

1995 年頃まではリッカチ方程式など，方程式条件を代数的に解くことによる制御系解析・設計手法が盛んに研究され，実システムへの適用がなされてきた．これら方程式条件を不等式条件に置き換えてLMIで解く手法が見出されて以降，LMIに基づく制御系解析・設計手法がさまざま提案されているが，主な利点としてつぎの3つがあげられる[A18, A19]．

(1) **多目的制御**：

H^{∞}制御法においてモデルの摂動などを考える際の「H^{∞}ノルム制約」と，状態フィードバック制御における閉ループシステムの極配置に際して，閉ループシステムの極の実部領域や円領域を指定する（ある領域内に極を配置する）ことを同時に満足するコントローラの設計を行う**多目的制御**（multiobjective control）がLMIを用いることで可能となる．

(2) **ロバスト制御**：

不確かな（あるいは時変な）パラメータを含む制御対象に対し，その不確かさの影響が制御性能に現れにくい制御系設計が可能となる，いわゆる**ロバスト制御系**の解析や設計が代数的に解く手法に比べて，LMIで記述することで解くことが容易となる．

(3) **ゲインスケジューリング制御**：

線形パラメータ変動（linear parametric varying: LPV）システムやポリトープ形式で表されるシステムをLMIで記述することにより，コントローラゲインをスケジューリングパラメータに応じて変化させることで制御性能の向上を目指す，**ゲインスケジューリング**（gain scheduling: GS）**制御**系の設計が容易となる．本設計法の考え方については，次節の「パラメータ変動の扱い」において説明する．

15.6　パラメータ変動の扱い

前節の最後に説明した，線形パラメータ変動システムとLMIの関係，ゲインスケジューリング制御系[A17, A20]について，例を使って説明する．

マス－ばね－ダンパシステムを例として再び考えよう．マスの変位$y(t)$と速度$\dot{y}(t)$を成分とする状態ベクトル$\boldsymbol{x}(t)=\begin{bmatrix} y(t) \\ \dot{y}(t) \end{bmatrix}$を考えると，状態方程式はつぎで与えられた．

$$\dot{\boldsymbol{x}}(t)=\begin{bmatrix} 0 & 1 \\ -\frac{K}{M} & -\frac{D}{M} \end{bmatrix}\boldsymbol{x}(t)+\begin{bmatrix} 0 \\ \frac{1}{M} \end{bmatrix}u(t) \Rightarrow \dot{\boldsymbol{x}}(t)=A\boldsymbol{x}(t)+\boldsymbol{b}u(t) \tag{15.33}$$

これまでの説明において，**物理パラメータ**（physical parameter）と呼ばれる質量 M，ダンパの粘性摩擦係数 D，ばね定数 K は時間によって変化しない定数と考え，(15.33) 式を**線形時不変システム**と呼んだ．

ところが現実では，マスの質量，ばね定数，ダンパの粘性摩擦係数は値が変わったり，値にバラツキがあることも考えられる．より高い制御性能が求められる場合や，精密な分解能でマスの位置が計測できる場合のマスの位置決め制御などにおいては，物理パラメータの値が変わることをあらかじめ考慮して制御系を設計しなければ，求められる制御性能が得られない場合もある．物理パラメータにバラツキを有するシステムは，**不確かなシステム**もしくは**不確かさを有するシステム**と呼ばれ，不確かさを表現するさまざまな記述方法が知られている．15.3 節に示した不確かなシステムを表す表現もあるが，ここでは別の表現方法を説明する．

物理パラメータの値のバラツキの表現方法として，つぎの表現を考えよう．

$$M_1 \leq M \leq M_2, \quad D_1 \leq D \leq D_2, \quad K_1 \leq K \leq K_2 \tag{15.34}$$

すなわち各値はバラツキがあるが，下限値（添字 1），上限値（添字 2）の範囲内のいずれかの値であることがわかっているとする．いま，質量 M を例にして (15.34) 式で表したバラツキを下限値，上限値を使ってつぎの集合を考える．

$$M \in [M_1, M_2] \tag{15.35}$$

この変動の上下限を頂点と考えると，M はつぎで表すことができる．

$$\begin{aligned} M &= \lambda M_1 + (1-\lambda) M_2 \\ &= M_2 - \lambda(M_2 - M_1), \quad \lambda \in [0, 1] \end{aligned} \tag{15.36}$$

もしくは $\alpha_1 = \lambda$，$\alpha_2 = 1 - \lambda$ とおくと，つぎで表すこともできる．

$$M = \alpha_1 M_1 + \alpha_2 M_2, \quad \alpha_1 + \alpha_2 = 1, \quad \alpha_i \geq 0, \quad i = 1, 2 \tag{15.37}$$

(15.36)，(15.37) 式の表現は，いずれも M の値は下限値 M_1 と上限値 M_2 の

15

間のどれかの値であることを表しており，「値のバラツキ」を表現している．

ここで，ばね定数Kについても（15.35）式と同様に考えると，

$$K \in [K_1,\ K_2] \tag{15.38}$$

となり，

$$K = \beta_1 K_1 + \beta_2 K_2, \quad \beta_1 + \beta_2 = 1, \quad \beta_i \geq 0, \quad i = 1,\ 2 \tag{15.39}$$

と表すことができる．

さらにベクトル$\begin{bmatrix} M \\ K \end{bmatrix}$を考えると，$M$，$K$それぞれの上下限の値の組み合わせとしてつぎが得られる．

$$\Xi_1 = \begin{bmatrix} M_1 \\ K_1 \end{bmatrix}, \quad \Xi_2 = \begin{bmatrix} M_1 \\ K_2 \end{bmatrix}, \quad \Xi_3 = \begin{bmatrix} M_2 \\ K_1 \end{bmatrix}, \quad \Xi_4 = \begin{bmatrix} M_2 \\ K_2 \end{bmatrix} \tag{15.40}$$

ここで，$\alpha_1 + \alpha_2 = 1$，$\beta_1 + \beta_2 = 1$であることに注意すると，ベクトル$\begin{bmatrix} M \\ K \end{bmatrix}$はつぎで表すことができる．

$$\begin{aligned} \Xi &= \begin{bmatrix} M \\ K \end{bmatrix} = \begin{bmatrix} \alpha_1 M_1 + \alpha_2 M_2 \\ \beta_1 K_1 + \beta_2 K_2 \end{bmatrix} = \begin{bmatrix} (\beta_1 + \beta_2)(\alpha_1 M_1 + \alpha_2 M_2) \\ (\alpha_1 + \alpha_2)(\beta_1 K_1 + \beta_2 K_2) \end{bmatrix} \\ &= \alpha_1 \beta_1 \begin{bmatrix} M_1 \\ K_1 \end{bmatrix} + \alpha_1 \beta_2 \begin{bmatrix} M_1 \\ K_2 \end{bmatrix} + \alpha_2 \beta_1 \begin{bmatrix} M_2 \\ K_1 \end{bmatrix} + \alpha_2 \beta_2 \begin{bmatrix} M_2 \\ K_2 \end{bmatrix} \end{aligned} \tag{15.41}$$

さらに$\theta_1 = \alpha_1 \beta_1$，$\theta_2 = \alpha_1 \beta_2$，$\theta_3 = \alpha_2 \beta_1$，$\theta_4 = \alpha_2 \beta_2$とおくと，（15.41）式はつぎとなる．

$$\Xi = \theta_1 \Xi_1 + \theta_2 \Xi_2 + \theta_3 \Xi_3 + \theta_4 \Xi_4 \tag{15.42}$$

ここで

$$\theta_1 + \theta_2 + \theta_3 + \theta_4 = \alpha_1(\beta_1 + \beta_2) + \alpha_2(\beta_1 + \beta_2) = \alpha_1 + \alpha_2 = 1 \tag{15.43}$$

$$\theta_i \geq 0, \quad i = 1,\ 2,\ 3,\ 4 \tag{15.44}$$

が成り立つことに注意しよう．このとき，（15.42）式のようにベクトルの和が与えられ，各ベクトルの係数が（15.43），（15.44）式を満たすとき「Ξは**凸結合**（convex combination）で表される」という．またMとKの値の上下限の組み合わせは図 15.7 で表すことができ，「ベクトルΞがポリトープ[7]頂点の

7）ポリトープ（polytope）は多面体，多角形という意味である．

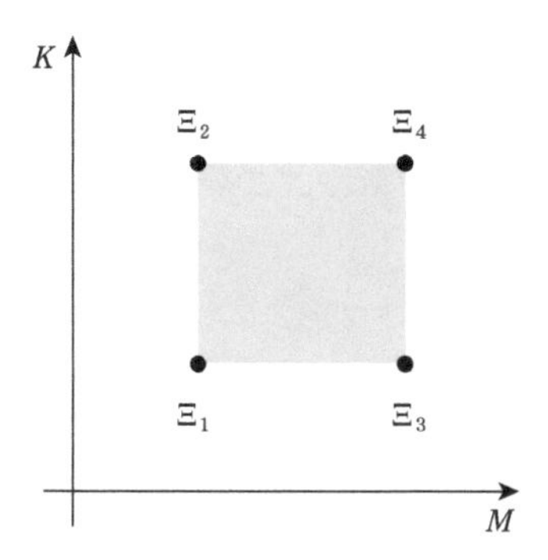

図 15.7　M と K の値の上下限の組み合わせ

凸結合で表せる」という．

それでは (15.33) 式の状態空間表現において，質量 M のみが $M \in [M_1, M_2]$ のバラツキを持つとしよう．(15.37) 式の表現にならって，つぎで表す．

$$\frac{1}{M} = \theta_1 \frac{1}{M_1} + \theta_2 \frac{1}{M_2} \tag{15.45}$$

このとき，状態方程式においてつぎの表現が可能である．

$$\begin{aligned} A &= \begin{bmatrix} 0 & 1 \\ -\dfrac{K}{M} & -\dfrac{D}{M} \end{bmatrix} \\ &= \theta_1 \begin{bmatrix} 0 & 1 \\ -\dfrac{K}{M_1} & -\dfrac{D}{M_1} \end{bmatrix} + \theta_2 \begin{bmatrix} 0 & 1 \\ -\dfrac{K}{M_2} & -\dfrac{D}{M_2} \end{bmatrix} \\ &= \theta_1 A_1 + \theta_2 A_2 \end{aligned} \tag{15.46}$$

$$\boldsymbol{b} = \begin{bmatrix} 0 \\ \dfrac{1}{M} \end{bmatrix} = \theta_1 \begin{bmatrix} 0 \\ \dfrac{1}{M_1} \end{bmatrix} + \theta_2 \begin{bmatrix} 0 \\ \dfrac{1}{M_2} \end{bmatrix} = \theta_1 \boldsymbol{b}_1 + \theta_2 \boldsymbol{b}_2 \tag{15.47}$$

これを一般化して A と $\boldsymbol{b}$ が N 点の凸結合で表されるとすると，つぎの表現が得られる．

$$\begin{aligned} \dot{\boldsymbol{x}}(t) &= \left(\sum_{i=1}^{N} \theta_i A_i \right) \boldsymbol{x}(t) + \left(\sum_{i=1}^{N} \theta_i \boldsymbol{b}_i \right) \boldsymbol{u}(t) \\ &= A(\boldsymbol{\theta}) \boldsymbol{x}(t) + \boldsymbol{b}(\boldsymbol{\theta}) \boldsymbol{u}(t) \end{aligned} \tag{15.48}$$

(15.46) 式の表現を行列ポリトープ (matrix polytope) といい，(15.48) 式の

システム表現をポリトープ形式（polytopic form）と呼ぶ．このようにポリトープ形式で与えられた状態空間表現，言い換えるとポリトピックな不確かさを有するシステムの安定性解析や制御系解析・設計はLMIを使って表現することができる．

ここで，(15.48) 式のポリトープ形式は物理パラメータの不確かさを区分的に表現したにすぎず，時間に応じて物理パラメータが変動する様子はつぎで表される．

$$\begin{cases} \dot{\boldsymbol{x}}(t) = A(\boldsymbol{\theta}(t))\,\boldsymbol{x}(t) + \boldsymbol{b}(\boldsymbol{\theta}(t))\,u(t) \\ y(t) = \boldsymbol{c}(\boldsymbol{\theta}(t))\,\boldsymbol{x}(t) \end{cases} \tag{15.49}$$

(15.49) 式の表現は線形パラメータ変動（可変）（linear parameter varying: LPV）システムと呼ばれ，物理パラメータの変動が時間的に変動すると捉え，時変パラメータが特定できる場合の表現である．ここで $\boldsymbol{\theta}(t)$ は

$$\boldsymbol{\theta}(t) = [\,\theta_1(t) \quad \theta_2(t) \quad \cdots \quad \theta_g(t)\,]^{\mathrm{T}} \tag{15.50}$$

である．$\boldsymbol{\theta}(t)$ は g 個の可変パラメータをまとめたベクトルであり，g 個の可変パラメータの上限値，下限値を頂点とする「2^g 次元超多角形」をなし，パラメータボックス（parameter box）と呼ばれる．

(15.49) 式で表されたLPVシステムにおいて，なんらかの方法で可変パラメータ $\boldsymbol{\theta}(t)$ を測定し，コントローラのスケジューリングに使う制御法としてゲインスケジューリング制御（gain scheduling control）が知られている．状態フィードバック形式のゲインスケジューリング制御はつぎで表される．

$$u(t) = \boldsymbol{f}(\boldsymbol{\theta}(t))\,\boldsymbol{x}(t) \tag{15.51}$$

ここで，(15.49) 式における $A(\boldsymbol{\theta}(t))$ は $\boldsymbol{\theta}(t)$ に関する関数であり，これをLMI形式に変換すると，満たすべきLMIの数は無限個になる．そのため，線形パラメータ可変システムをポリトープ形式に変換する際，必ずしも厳密に変換できるとは限らない．実際には，可変パラメータのパラメータボックス内を補間した近似表現が用いられることが多いが，補間法に応じてLMIの形式，制御性能が変わるために，さまざまな補間法によるゲインスケジューリング制御が提案されている．

15.7 特別講義の参考文献

J-STAGE[8]（科学技術情報発信・流通総合システム）では日本から発表されている学協会などの定期刊行物を公開している．興味のあるキーワードを検索すると解説記事などを無料で閲覧できるものも多いので，さらなる勉強，研究の取り掛かりに利用するとよい．

[A1] 長大橋・技術部 (長大橋技術センター),「耐風」
https://www.jb-honshi.co.jp/corp_index/technology/lbec/technology_development/reevaluation_wind.html

[A2] 狼嘉彰，宇宙ステーションと宇宙工学，電気学会誌，Vol. 121, No. 3, pp. 199–202(2001)
https://doi.org/10.1541/ieejjournal.121.199

[A3] 奥山淳，情報機器における制御，計測と制御，Vol. 51, No. 4, pp. 402–407(2012)
https://doi.org/10.11499/sicejl.51.402

[A4] 背戸一登，分布定数系構造物のモデリングとアクティブ振動制御，計測と制御，Vol. 37, No. 8, pp. 546–552(1998)
https://doi.org/10.11499/sicejl1962.37.546

[A5] 浅井徹 , 劉康志 , 藤田政之 , 丈夫な制御系をつくる：ロバスト制御，計測と制御，Vol. 42, No. 4, pp. 284–291(2003)
https://doi.org/10.11499/sicejl1962.42.284

[A6] 狼嘉彰，木田隆，宇宙構造物のロバスト制御と知的制御，日本ロボット学会誌，Vol. 13, No. 8, pp. 1103–1109(1995)
https://doi.org/10.7210/jrsj.13.1103

[A7] C. Canudas de Wit, H. Olsson, K. J. Astrom and P. Lischinsky, A new model for control of systems with friction, in IEEE Transactions on Automatic Control, Vol. 40, No. 3, pp. 419-425(1995)
https://ieeexplore.ieee.org/document/376053

[A8] 佐藤和也 , 三島義雄 , 鶴田和寛 , 村田健一，摩擦補償を含むリニアスライダの適応型位置決め制御 , 計測自動制御学会論文集 ,Vol. 40, No. 2,

8) https://www.jstage.jst.go.jp/browse/-char/ja

pp. 275–277(2004)
https://doi.org/10.9746/sicetr1965.40.275
[A9] 浅井徹，ロバスト制御の基礎から最先端まで 第1回：モデルの不確かさ，計測と制御，Vol. 42, No. 7, pp. 603–608(2003)
https://doi.org/10.11499/sicejl1962.42.603
[A10] 浅井徹，ロバスト制御の基礎から最先端まで 第2回：プラント集合の表現法，計測と制御，Vol. 42, No. 8, pp. 667–672(2003)
https://doi.org/10.11499/sicejl1962.42.667
[A11] 浅井徹，ロバスト制御の基礎から最先端まで 第3回：ノルムに基づくロバスト性解析，計測と制御，Vol. 42, No. 9, pp. 748–755(2003)
https://doi.org/10.11499/sicejl1962.42.748
[A12] 浅井徹，ロバスト制御の基礎から最先端まで 第5回：線形 H^∞ 制御系設計，計測と制御，Vol. 42, No. 11, pp. 958–964(2003)
https://doi.org/10.11499/sicejl1962.42.958
[A13] 平田光男，実践ロバスト制御，コロナ社 (2017)
[A14] 増田士朗，大森浩充，フレッシュマンのための適応制御：モデリングしながら制御する，計測と制御，Vol. 42, No. 4, pp. 297–303(2003)
https://doi.org/10.11499/sicejl1962.42.297
[A15] 宮里義彦，適応制御，コロナ社 (2018)
[A16] 浅井徹，ロバスト制御の基礎から最先端まで 第4回：線形行列不等式，計測と制御，Vol. 42, No. 10, pp. 859–866(2003)
https://doi.org/10.11499/sicejl1962.42.859
[A17] 浅井徹，ロバスト制御の基礎から最先端まで 第6回：LMIに基づく線形ロバスト制御系解析・設計，計測と制御，Vol. 42, No. 12, pp. 1032–1038(2003)
https://doi.org/10.11499/sicejl1962.42.1032
[A18] 川田昌克，蛯原義雄，LMIに基づく制御系解析・設計，システム／制御／情報，Vol. 55, No. 5, pp. 165–173(2011)
https://doi.org/10.11509/isciesci.55.5_165
[A19] 蛯原義雄，LMIによるシステム制御，森北出版 (2012)
[A20] K. Z. Liu and Y. Yao, Robust control: theory and applications, John Wiley & Sons(2016)

付　録

3次正方行列の余因子

行列 A の1行1列に関する余因子 A_{11}：

$$A_{11} = (-1)^{1+1} \begin{vmatrix} a_{22} & a_{23} \\ a_{32} & a_{33} \end{vmatrix} = a_{22}a_{33} - a_{23}a_{32}$$

行列 A の1行2列に関する余因子 A_{12}：

$$A_{12} = (-1)^{1+2} \begin{vmatrix} a_{21} & a_{23} \\ a_{31} & a_{33} \end{vmatrix} = -(a_{21}a_{33} - a_{23}a_{31})$$

行列 A の1行3列に関する余因子 A_{13}：

$$A_{13} = (-1)^{1+3} \begin{vmatrix} a_{21} & a_{22} \\ a_{31} & a_{32} \end{vmatrix} = a_{21}a_{32} - a_{22}a_{31}$$

行列 A の2行1列に関する余因子 A_{21}：

$$A_{21} = (-1)^{2+1} \begin{vmatrix} a_{12} & a_{13} \\ a_{32} & a_{33} \end{vmatrix} = -(a_{12}a_{33} - a_{13}a_{32})$$

行列 A の2行2列に関する余因子 A_{22}：

$$A_{22} = (-1)^{2+2} \begin{vmatrix} a_{11} & a_{13} \\ a_{31} & a_{33} \end{vmatrix} = a_{11}a_{33} - a_{13}a_{31}$$

行列 A の2行3列に関する余因子 A_{23}：

$$A_{23} = (-1)^{2+3} \begin{vmatrix} a_{11} & a_{12} \\ a_{31} & a_{32} \end{vmatrix} = -(a_{11}a_{32} - a_{12}a_{31})$$

行列 A の3行1列に関する余因子 A_{31}：

$$A_{31} = (-1)^{3+1} \begin{vmatrix} a_{12} & a_{13} \\ a_{22} & a_{23} \end{vmatrix} = a_{12}a_{23} - a_{13}a_{22}$$

行列 A の3行2列に関する余因子 A_{32}：

$$A_{32} = (-1)^{3+2}\begin{vmatrix} a_{11} & a_{13} \\ a_{21} & a_{23} \end{vmatrix} = -(a_{11}a_{23} - a_{13}a_{21})$$

行列 A の 3 行 3 列に関する余因子 A_{33}：

$$A_{33} = (-1)^{3+3}\begin{vmatrix} a_{11} & a_{12} \\ a_{21} & a_{22} \end{vmatrix} = a_{11}a_{22} - a_{12}a_{21}$$

可制御性行列 (10.26) 式の導出と可制御性の証明

(10.26) 式は (10.24), (10.25) 式のシステムが可制御であるための必要十分条件を証明することにより導出できる．以下，(10.24) 式の行列 A は正方行列であることに注意しよう．

【必要条件】

(10.24) 式の解は $t=s$ のとき，(7.11) 式よりつぎとなる．

$$\boldsymbol{x}(s) = \mathrm{e}^{As}\boldsymbol{x}(0) + \int_0^s \mathrm{e}^{A(s-\tau)}\boldsymbol{b}u(\tau)\,\mathrm{d}\tau = \mathrm{e}^{As}\left[\boldsymbol{x}(0) + \int_0^s \mathrm{e}^{-A\tau}\boldsymbol{b}u(\tau)\,\mathrm{d}\tau\right] \tag{1}$$

(1) 式の両辺に左から e^{-As} をかけ，右辺第 1 項を左辺に移項するとつぎとなる．

$$\mathrm{e}^{-As}\boldsymbol{x}(s) - \boldsymbol{x}(0) = \int_0^s \mathrm{e}^{-A\tau}\boldsymbol{b}u(\tau)\,\mathrm{d}\tau \tag{2}$$

ここで，(3.32) 式で示した行列 A の特性方程式の左辺を

$$|\lambda I - A| = \lambda^n + a_{n-1}\lambda^{n-1} + \cdots + a_1\lambda + a_0$$

とし，$|\lambda I - A| = 0$ の λ を行列 A に置き換え，右辺を零行列に置き換えると，ケイリー・ハミルトンの定理と呼ばれる

$$A^n + a_{n-1}A^{n-1} + \cdots + a_1A + a_0I = \boldsymbol{O} \tag{3}$$

を得る．ここで $a_i(i=1, 2, \cdots, n)$ は適当な定数，I は単位行列，$\boldsymbol{O}$ は適切なサイズの零行列である．

いま，88ページの(6.25)式にケイリー・ハミルトンの定理を適用するとつぎとなる．

$$\mathrm{e}^{At} = q_0(t)I + q_1(t)A + \cdots + q_{n-1}(t)A^{n-1} \tag{4}$$

ここで $q_i(t)$ は適当なスカラーの時間関数である．(4)式を(2)式の右辺に代入すると

$$\begin{aligned}\mathrm{e}^{-As}\boldsymbol{x}(s)-\boldsymbol{x}(0) &= \int_0^s \left\{q_0(-\tau)I + q_1(-\tau)A + \cdots + q_{n-1}(-\tau)A^{n-1}\right\}\boldsymbol{b}u(\tau)\,\mathrm{d}\tau \\ &= \begin{bmatrix}\boldsymbol{b} & A\boldsymbol{b} & \cdots & A^{n-1}\boldsymbol{b}\end{bmatrix}\int_0^s \begin{bmatrix} q_0(-\tau) \\ q_1(-\tau) \\ \vdots \\ q_{n-1}(-\tau)\end{bmatrix} u(\tau)\,\mathrm{d}\tau\end{aligned} \tag{5}$$

となる．

いま，(5)式の左辺は，$\boldsymbol{x}(s) = \boldsymbol{x}_s$ と $\boldsymbol{x}(0)$ を任意に与えると n 次元の任意のベクトルになるので，両辺を等しくする $u(t)$ が存在するためには，(5)式の右辺の行列を

$$U_c = \begin{bmatrix}\boldsymbol{b} & A\boldsymbol{b} & \cdots & A^{n-1}\boldsymbol{b}\end{bmatrix} \tag{6}$$

とすると，U_c における n 本の列ベクトルは1次独立でなくてはならない．したがって，$\mathrm{rank}(U_c) = n$ となる必要がある．

【十分条件】

つぎの可制御性グラミアン，可制御性グラム行列と呼ばれる n 次正方行列

$$W_c = \int_0^s \mathrm{e}^{-A\tau}\boldsymbol{b}\boldsymbol{b}^\top \mathrm{e}^{-A^\top\tau}\,\mathrm{d}\tau \tag{7}$$

を導入する．ここで，$s > 0$ を1つ選んで入力 $u(t)$ をつぎとする．

$$u(t) = \boldsymbol{b}^\top \mathrm{e}^{-A^\top t} W_c^{-1}[-\boldsymbol{x}(0) + \mathrm{e}^{-As}\boldsymbol{x}_s], \quad 0 \le t \le s \tag{8}$$

ただし，可制御グラミアン W_c は正則であると仮定しよう．

(8)式を(1)式に代入すると

$$
\begin{aligned}
\boldsymbol{x}(s) &= \mathrm{e}^{As}\left[\boldsymbol{x}(0) + \int_0^s \mathrm{e}^{-A\tau}\boldsymbol{b}\boldsymbol{b}^\top \mathrm{e}^{-A^\top\tau}\mathrm{d}\tau \cdot W_c^{-1}[-\boldsymbol{x}(0) + \mathrm{e}^{-As}\boldsymbol{x}_s]\right] \\
&= \mathrm{e}^{As}\left[\boldsymbol{x}(0) - \boldsymbol{x}(0) + \mathrm{e}^{-As}\boldsymbol{x}_s\right] \\
&= \boldsymbol{x}_s \qquad (9)
\end{aligned}
$$

となる．すなわち (8) 式の入力 $\boldsymbol{u}(t)$ を使って $\boldsymbol{x}(s)=\boldsymbol{x}_s$ とできることがわかる．

つぎに $\mathrm{rank}\, U_c = \boldsymbol{n}$ と仮定したとき，ある $s > 0$ に対して $|W_c| = 0$ が成り立つとしよう．このとき，$W_c\boldsymbol{p} = \boldsymbol{0}$ となる非零の $\boldsymbol{n} \times 1$ のベクトル $\boldsymbol{p} \neq 0$ が存在する．いま，ベクトル $\boldsymbol{p}$ とその転置を (7) 式の右左からかけると

$$
\begin{aligned}
\boldsymbol{p}^\top W_c \boldsymbol{p} &= \int_0^s \boldsymbol{p}^\top \mathrm{e}^{-A\tau}\boldsymbol{b}\boldsymbol{b}^\top \mathrm{e}^{-A^\top\tau}\boldsymbol{p}\,\mathrm{d}\tau \\
&= \int_0^s \left\| \boldsymbol{b}^\top \mathrm{e}^{-A^\top\tau}\boldsymbol{p} \right\|^2 \mathrm{d}\tau \\
&= 0 \qquad (10)
\end{aligned}
$$

が成り立つ．しかし，積分内は非負の連続関数であるので，つぎを満たす必要がある．

$$
\boldsymbol{b}^\top \mathrm{e}^{-A^\top t}\boldsymbol{p} \equiv 0, \quad 0 \leq t \leq s \qquad (11)
$$

まず $t=0$ のときの (11) 式は

$$
\boldsymbol{b}^\top \boldsymbol{p} = 0 \qquad (12)
$$

となり，さらに (11) 式の左辺を t で微分して $t = 0$ とおくと

$$
\boldsymbol{b}^\top A^\top \boldsymbol{p} = 0 \qquad (13)
$$

となる．上記の操作を繰り返すと，つぎが成り立つ．

$$
\boldsymbol{b}^\top \boldsymbol{p} = \boldsymbol{b}^\top A^\top \boldsymbol{p} = \boldsymbol{b}^\top (A^\top)^2 \boldsymbol{p} = \cdots = \boldsymbol{b}^\top (A^\top)^{n-1} \boldsymbol{p} = 0 \qquad (14)
$$

さらに (14) 式はつぎで表すことができる．

$$
\begin{bmatrix} \boldsymbol{b}^{\top} \\ \boldsymbol{b}^{\top} A^{\top} \\ \boldsymbol{b}^{\top} (A^{\top})^{2} \\ \vdots \\ \boldsymbol{b}^{\top} (A^{\top})^{n-1} \end{bmatrix} \boldsymbol{p} = \boldsymbol{0} \tag{15}
$$

一方，$\boldsymbol{p} \neq 0$であるので，(15) 式が成り立つためには

$$
\mathrm{rank} \begin{bmatrix} \boldsymbol{b}^{\top} \\ \boldsymbol{b}^{\top} A^{\top} \\ \boldsymbol{b}^{\top} (A^{\top})^{2} \\ \vdots \\ \boldsymbol{b}^{\top} (A^{\top})^{n-1} \end{bmatrix} < \boldsymbol{n} \tag{16}
$$

である必要がある．ここで (16) 式に注意すると，

$$
\begin{bmatrix} \boldsymbol{b}^{\top} \\ \boldsymbol{b}^{\top} A^{\top} \\ \boldsymbol{b}^{\top} (A^{\top})^{2} \\ \vdots \\ \boldsymbol{b}^{\top} (A^{\top})^{n-1} \end{bmatrix} = U_c^{\top} \tag{17}
$$

であり，$\mathrm{rank}\, U_c^{\top} \neq \mathrm{rank}\, U_c$となり[1]，$\mathrm{rank}\, U_c = \boldsymbol{n}$という仮定に反する．よって，$|W_c| \neq 0$が成り立つ．

1）行列の階数（ランク）の性質の1つとして，ある行列Aに対して，$\mathrm{rank}\, A = \mathrm{rank}\, A^{\top}$という性質がある．

参考文献

[1] 小郷寛，美多勉：システム制御理論入門，実教出版 (1979)

[2] 佐藤和也，平元和彦，平田研二：はじめての制御工学 改訂第2版，講談社 (2018)

[3] 森泰親：制御工学，コロナ社 (2001)

[4] 森泰親：大学講義テキスト 現代制御，コロナ社 (2022)

[5] 川田昌克：MATLAB/Simulink による現代制御入門，森北出版 (2011)

[6] 江口弘文，大屋勝敬：初めて学ぶ現代制御の基礎，東京電機大学出版局 (2007)

[7] 川崎直哉，示村悦二郎：指定領域に極を配置する状態フィードバック則の設計法，計測自動制御学会論文集，Vol.15，No.4，pp.451-457 (1979)

以上が本書の執筆において参考にした主な書籍，論文であるが，その他にもさまざまな書籍，論文，解説記事などを参考にした．さらに学習を進めたい場合は，まず上記書籍などを参考にするとよい．

制御系 CAD を使いながら制御工学の勉強を進めるのであれば，ほぼすべてを網羅していると思われる，つぎの書籍を参考にするとよい．制御の解析や設計問題を，CAD を使って解くための方法が示してあり，原書は英語圏での学習書としてロングセラーとなっている．

[8] 尾形克彦 (著)，石川潤 (訳)：制御のための MATLAB，東京電機大学出版局 (2010)

CAD を使わずに紙と筆記具だけで具体的に問題を解きながら理解したい場合は，つぎの書籍を参考にするとよい．本書でも取り扱った内容が，演習問題をたくさん解くことにより，さらに理解できると思われる．

[9] 森泰親：演習で学ぶ現代制御理論 新装版，森北出版 (2014)

現代制御について，具体的にどのように実際のシステムに適用できるのかを知りたい場合は，つぎの書籍を参考にするとよい．

[10] 川田昌克ほか：倒立振子で学ぶ制御工学，森北出版 (2017)
[11] 松日楽信人，大明準治：わかりやすいロボットシステム入門 改訂 3 版，オーム社 (2020)

[10] は制御工学の実験などでよく知られる「倒立振子」を制御対象として，モデリング，パラメータ同定，古典制御，現代制御の手法を用いて制御系設計を行い，さらにコントローラの実装法など詳細に記載してあり，実システムに対しての適用法が詳しい．[11] はロボットの制御について，一連の流れをつかむことができる．

その他にもたくさんの良書があり，枚挙にいとまがない．書店やウェブサイトを通じて気に入った書籍を見つけ，1 冊を丁寧に読み込むことが大切である．

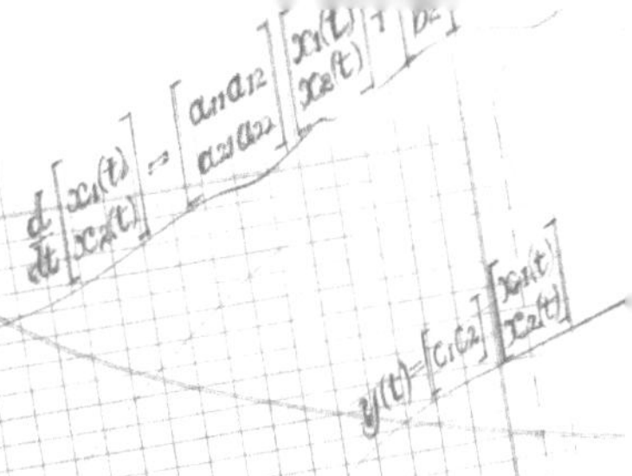

演習問題の解答

講義 01

(1)　(1.15) 式を (1.14) 式に代入すると (1.16) 式となる.

(2)　(1.19), (1.20) 式の両辺をそれぞれラプラス変換し，整理するとつぎを得る.

$$h_1(s)=\frac{R_1}{R_1C_1s+1}q_{i1}(s),\quad h_2(s)=\frac{R_2/R_1}{R_2C_2s+1}h_1(s)$$

入力を $q_{i1}(s)$，出力を $h_2(s)$ としてまとめると，伝達関数 (1.22) 式を得る.

(3)

(i) $$\frac{\mathrm{d}}{\mathrm{d}t}\begin{bmatrix}x_1(t)\\x_2(t)\end{bmatrix}=\begin{bmatrix}1&2\\3&2\end{bmatrix}\begin{bmatrix}x_1(t)\\x_2(t)\end{bmatrix}+\begin{bmatrix}2\\1\end{bmatrix}u(t)$$

(ii) $$\frac{\mathrm{d}}{\mathrm{d}t}\begin{bmatrix}x_1(t)\\x_2(t)\end{bmatrix}=\begin{bmatrix}0&1\\-6&-5\end{bmatrix}\begin{bmatrix}x_1(t)\\x_2(t)\end{bmatrix}+\begin{bmatrix}0\\1\end{bmatrix}u(t)$$

(4)　$$y(t)=\begin{bmatrix}\frac{1}{R_1}&0\end{bmatrix}\begin{bmatrix}h_1(t)\\h_2(t)\end{bmatrix}$$

(5)　$$y(t)=\begin{bmatrix}0&\frac{1}{R_2}\end{bmatrix}\begin{bmatrix}h_1(t)\\h_2(t)\end{bmatrix}$$

講義 02

(1)　$\dot{x}_1(t)=\dot{v}_o(t)=x_2(t)$, $\dot{x}_2(t)=\ddot{v}_o(t)$ より，$\dot{x}_2(t)=-\dfrac{R}{L}\dot{v}_o(t)-\dfrac{1}{LC}v_o(t)+\dfrac{1}{LC}v_i(t)$ となる．よって状態空間表現はつぎとなる.

$$\frac{\mathrm{d}}{\mathrm{d}t}\begin{bmatrix}x_1(t)\\x_2(t)\end{bmatrix}=\begin{bmatrix}0&1\\-\frac{1}{LC}&-\frac{R}{L}\end{bmatrix}\begin{bmatrix}x_1(t)\\x_2(t)\end{bmatrix}+\begin{bmatrix}0\\\frac{1}{LC}\end{bmatrix}u(t),\quad y(t)=[1\quad 0]\begin{bmatrix}x_1(t)\\x_2(t)\end{bmatrix}$$

(2)　$\dot{x}_1(t)=\dot{\theta}(t)=x_2(t)$, $\dot{x}_2(t)=\ddot{\theta}(t)$ より，$\dot{x}_2(t)=-\dfrac{B}{J}\dot{\theta}(t)-\dfrac{Mgl}{J}\theta(t)+\dfrac{1}{J}\tau(t)$ となる．よって状態空間表現はつぎとなる.

$$\frac{\mathrm{d}}{\mathrm{d}t}\begin{bmatrix}x_1(t)\\x_2(t)\end{bmatrix}=\begin{bmatrix}0&1\\-\frac{Mgl}{J}&-\frac{B}{J}\end{bmatrix}\begin{bmatrix}x_1(t)\\x_2(t)\end{bmatrix}+\begin{bmatrix}0\\\frac{1}{J}\end{bmatrix}u(t),\quad y(t)=[1\quad 0]\begin{bmatrix}x_1(t)\\x_2(t)\end{bmatrix}$$

(3)　微分方程式の右辺が状態変数の引き算になっていることに注意すると，状態空間表現はつぎとなる.

$$\frac{\mathrm{d}}{\mathrm{d}t}\begin{bmatrix} x_1(t) \\ x_2(t) \end{bmatrix} = \begin{bmatrix} -\dfrac{1}{C_1R_1} & \dfrac{1}{C_1R_1} \\ \dfrac{1}{C_2R_1} & -\dfrac{R_1+R_2}{C_2R_1R_2} \end{bmatrix}\begin{bmatrix} x_1(t) \\ x_2(t) \end{bmatrix} + \begin{bmatrix} \dfrac{1}{C_1} \\ 0 \end{bmatrix} u(t),$$

$$y(t) = \begin{bmatrix} \dfrac{1}{R_1} & -\dfrac{1}{R_1} \end{bmatrix}\begin{bmatrix} x_1(t) \\ x_2(t) \end{bmatrix}$$

(4) $$\frac{\mathrm{d}}{\mathrm{d}t}\begin{bmatrix} x_1(t) \\ x_2(t) \\ x_3(t) \end{bmatrix} = \begin{bmatrix} 0 & 1 & -1 \\ -\dfrac{K}{J_1} & -\dfrac{B_1}{J_1} & 0 \\ \dfrac{K}{J_2} & 0 & -\dfrac{B_2}{J_2} \end{bmatrix}\begin{bmatrix} x_1(t) \\ x_2(t) \\ x_3(t) \end{bmatrix} + \begin{bmatrix} 0 \\ \dfrac{1}{J_1} \\ 0 \end{bmatrix} u(t),$$

$$y(t) = [0 \quad 0 \quad 1]\begin{bmatrix} x_1(t) \\ x_2(t) \\ x_3(t) \end{bmatrix}$$

(5)

(i) $\ddot{y}_1(t) = -\left(\dfrac{D_1+D_2}{M}\right)\dot{y}_1(t) - \dfrac{K_1}{M}y_1(t) + \dfrac{D_2}{M}\dot{y}_2(t)$

(ii) $x_1(t) = y_1(t)$, $x_2(t) = \dot{y}_1(t)$ とすると状態方程式はつぎとなる．

$$\frac{\mathrm{d}}{\mathrm{d}t}\begin{bmatrix} x_1(t) \\ x_2(t) \end{bmatrix} = \begin{bmatrix} 0 & 1 \\ -\dfrac{K_1}{M} & -\left(\dfrac{D_1+D_2}{M}\right) \end{bmatrix}\begin{bmatrix} x_1(t) \\ x_2(t) \end{bmatrix} + \begin{bmatrix} 0 \\ \dfrac{D_2}{M} \end{bmatrix}\dot{y}_2(t)$$

(iii) $y(t) = [0 \quad 1]\begin{bmatrix} x_1(t) \\ x_2(t) \end{bmatrix}$

講義 03

(1)

(i) $\boldsymbol{x}^\top\boldsymbol{y} = [1 \quad 2 \quad 3]\begin{bmatrix} 3 \\ 2 \\ 2 \end{bmatrix} = 13$, $\boldsymbol{x}\boldsymbol{y}^\top = \begin{bmatrix} 1 \\ 2 \\ 3 \end{bmatrix}[3 \quad 2 \quad 2] = \begin{bmatrix} 3 & 2 & 2 \\ 6 & 4 & 4 \\ 9 & 6 & 6 \end{bmatrix}$

(ii) (i) の結果より，$\begin{bmatrix} 3 & 2 & 2 \\ 6 & 4 & 4 \\ 9 & 6 & 6 \end{bmatrix}^\top = \begin{bmatrix} 3 & 6 & 9 \\ 2 & 4 & 6 \\ 2 & 4 & 6 \end{bmatrix}$

(2) (3.17) 式を適宜用いればよい．$|A|$ を求めるために第 2 行について余因子展開するとつぎとなる．

$$
\begin{aligned}
|A| &= \sum_{j=1}^{n} a_{ij}A_{ij} = a_{21}A_{21} + a_{22}A_{22} + a_{23}A_{23} \\
&= -a_{21}(a_{12}a_{33} - a_{13}a_{32}) + a_{22}(a_{11}a_{33} - a_{13}a_{31}) - a_{23}(a_{11}a_{32} - a_{12}a_{31}) \\
&= -a_{12}a_{21}a_{33} + a_{13}a_{21}a_{32} + a_{11}a_{22}a_{33} - a_{13}a_{22}a_{31} - a_{11}a_{23}a_{32} + a_{12}a_{23}a_{31}
\end{aligned}
$$

$|A|$ を求めるために第 3 行について余因子展開するとつぎとなる.

$$
\begin{aligned}
|A| &= \sum_{j=1}^{n} a_{ij}A_{ij} = a_{31}A_{31} + a_{32}A_{32} + a_{33}A_{33} \\
&= a_{31}(a_{12}a_{23} - a_{13}a_{22}) - a_{32}(a_{11}a_{23} - a_{13}a_{21}) + a_{33}(a_{11}a_{22} - a_{12}a_{21}) \\
&= a_{12}a_{23}a_{31} - a_{13}a_{22}a_{31} - a_{11}a_{23}a_{32} + a_{13}a_{21}a_{32} + a_{11}a_{22}a_{33} - a_{12}a_{21}a_{33}
\end{aligned}
$$

いずれの場合も (3.18) 式と等しくなる.

(3)

(i) 求める固有値を λ とする .

$$
|\lambda I - A| = \begin{vmatrix} \lambda - 2 & 1 \\ -2 & \lambda - 5 \end{vmatrix} = \lambda^2 - 7\lambda + 12 = (\lambda - 3)(\lambda - 4)
$$

よって求める固有値は $\lambda = 3, 4$ である. また $\lambda = 3$ に対応した固有ベクトルは $\begin{bmatrix} 1 \\ -1 \end{bmatrix}$, $\lambda = 4$ に対応した固有ベクトルは $\begin{bmatrix} -1 \\ 2 \end{bmatrix}$ となる.

(ii) $sI - A = \begin{bmatrix} s & 0 \\ 0 & s \end{bmatrix} - \begin{bmatrix} 2 & -1 \\ 2 & 5 \end{bmatrix} \begin{bmatrix} s-2 & 1 \\ -2 & s-5 \end{bmatrix}$

である. よって

$$
|sI - A| = \begin{vmatrix} s-2 & 1 \\ -2 & s-5 \end{vmatrix} = s^2 - 7s + 12
$$

$$
\mathrm{adj}(sI - A) = \begin{bmatrix} s-5 & -1 \\ 2 & s-2 \end{bmatrix}
$$

となる. したがって

$$
(sI - A)^{-1} = \frac{1}{s^2 - 7s + 12} \begin{bmatrix} s-5 & -1 \\ 2 & s-2 \end{bmatrix}
$$

(iii) $\boldsymbol{c}(sI-A)^{-1}\boldsymbol{b}=[1\quad 0]\dfrac{1}{s^2-7s+12}\begin{bmatrix} s-5 & -1 \\ 2 & s-2 \end{bmatrix}\begin{bmatrix} 1 \\ 2 \end{bmatrix}$

$$=\frac{1}{s^2-7s+12}[1\quad 0]\begin{bmatrix} s-5 & -1 \\ 2 & s-2 \end{bmatrix}\begin{bmatrix} 1 \\ 2 \end{bmatrix}$$

$$=\frac{1}{s^2-7s+12}[s-5\quad -1]\begin{bmatrix} 1 \\ 2 \end{bmatrix}$$

$$=\frac{s-7}{s^2-7s+12}$$

(4) (3) で求めた固有ベクトルを並べた行列を$T=\begin{bmatrix} 1 & -1 \\ -1 & 2 \end{bmatrix}$とする．このとき，$|T|=1\times 2-\{(-1)\times(-1)\}=1$，$\mathrm{adj}(T)=\begin{bmatrix} 2 & 1 \\ 1 & 1 \end{bmatrix}$より，$T^{-1}=\begin{bmatrix} 2 & 1 \\ 1 & 1 \end{bmatrix}$となる．(3.41) 式にしたがって計算すると，$T^{-1}AT=\begin{bmatrix} 2 & 1 \\ 1 & 1 \end{bmatrix}\begin{bmatrix} 2 & -1 \\ 2 & 5 \end{bmatrix}\begin{bmatrix} 1 & -1 \\ -1 & 2 \end{bmatrix}=\begin{bmatrix} 3 & 0 \\ 0 & 4 \end{bmatrix}$となる．

(5)

(i) $[x_1\quad x_2]\begin{bmatrix} 4 & 2 \\ 2 & 4 \end{bmatrix}\begin{bmatrix} x_1 \\ x_2 \end{bmatrix}$

(ii) $A=\begin{bmatrix} 4 & 2 \\ 2 & 4 \end{bmatrix}$とすると，$|A|=4\times 4-(2\times 2)=12$，$\mathrm{adj}(A)=\begin{bmatrix} 4 & -2 \\ -2 & 4 \end{bmatrix}$より，

$A^{-1}=\dfrac{1}{12}\begin{bmatrix} 4 & -2 \\ -2 & 4 \end{bmatrix}$

(iii) $|\lambda I-A|=\begin{vmatrix} \lambda-4 & -2 \\ -2 & \lambda-4 \end{vmatrix}=(\lambda-4)^2-4=\lambda^2-8\lambda+12=(\lambda-2)(\lambda-6)$ より，固有値は $\{2, 6\}$ となる．例 3.7 と同様にして固有ベクトルを求めると，固有値 2 に対する固有ベクトルは$\begin{bmatrix} 1 \\ -1 \end{bmatrix}$，固有値 6 に対する固有ベクトルは$\begin{bmatrix} 1 \\ 1 \end{bmatrix}$となる．よって $T=\begin{bmatrix} 1 & 1 \\ -1 & 1 \end{bmatrix}$となり，$T^{-1}=\dfrac{1}{2}\begin{bmatrix} 1 & -1 \\ 1 & 1 \end{bmatrix}$である．したがって$T^{-1}AT=\begin{bmatrix} 2 & 0 \\ 0 & 6 \end{bmatrix}$となる．

講義 04

(1)

(i) 厳密にプロパーな伝達関数であるので，例 4.1 を参考にして状態空間表現はつぎとなる．

$$\dot{\boldsymbol{x}}(t)=\begin{bmatrix} 0 & 1 \\ -3 & -2 \end{bmatrix}\boldsymbol{x}(t)+\begin{bmatrix} 0 \\ 1 \end{bmatrix}u(t),\quad y(t)=[1\quad 0]\boldsymbol{x}(t)$$

(ii) 厳密にプロパーな伝達関数であるので，例 4.1 を参考にして状態空間表現はつぎとなる．

$$\dot{\boldsymbol{x}}(t)=\begin{bmatrix}0 & 1 & 0\\ 0 & 0 & 1\\ -1 & -1 & -2\end{bmatrix}\boldsymbol{x}(t)+\begin{bmatrix}0\\0\\1\end{bmatrix},\quad u(t),\ y(t)=[1\quad 0\quad 0]\boldsymbol{x}(t)$$

(iii) プロパーな伝達関数であるので，例 4.1 と同様に分子を分母で割るとつぎとなる．

$$G(s)=2+\frac{s^2+3s+3}{s^3+2s^2+s+1}$$

よって状態空間表現はつぎとなる．

$$\dot{\boldsymbol{x}}(t)=\begin{bmatrix}0 & 1 & 0\\ 0 & 0 & 1\\ -1 & -1 & -2\end{bmatrix}\boldsymbol{x}(t)+\begin{bmatrix}0\\0\\1\end{bmatrix}u(t),\quad y(t)=[3\quad 3\quad 1]\boldsymbol{x}(t)+2u(t)$$

(iv) 厳密にプロパーな伝達関数であるので，例 4.1 を参考にして状態空間表現はつぎとなる．

$$\dot{\boldsymbol{x}}(t)=\begin{bmatrix}0 & 1 & 0\\ 0 & 0 & 1\\ -5 & 0 & -4\end{bmatrix}\boldsymbol{x}(t)+\begin{bmatrix}0\\0\\1\end{bmatrix},\ u(t),\quad y(t)=[3\quad 2\quad 3]\boldsymbol{x}(t)$$

(2) 例 4.2 にしたがって計算すればよい．

(i) $|sI-A|=\begin{vmatrix}s-2 & 4\\ -7 & s+9\end{vmatrix}=s^2+7s+10$ より，伝達関数はつぎとなる．

$$G(s)=\frac{1}{s^2+7s+10}[1\quad 0]\begin{bmatrix}s+9 & -4\\ 7 & s-2\end{bmatrix}\begin{bmatrix}0\\1\end{bmatrix}=\frac{-4}{s^2+7s+10}$$

(ii) $|sI-A|=\begin{vmatrix}s-4 & -2\\ 1 & s-1\end{vmatrix}=s^2-5s+6$ より，伝達関数はつぎとなる．

$$G(s)=\frac{1}{s^2-5s+6}[1\quad 0]\begin{bmatrix}s-1 & 2\\ -1 & s-4\end{bmatrix}\begin{bmatrix}2\\-1\end{bmatrix}=\frac{2(s-2)}{s^2-5s+6}=\frac{2(s-2)}{(s-2)(s-3)}$$

$$=\frac{2}{s-3}$$

(3)

(i) $G(s)=\dfrac{1}{s^2+5s+4}[0\quad 1]\begin{bmatrix}s+2 & 1\\ 2 & s+3\end{bmatrix}\begin{bmatrix}2\\0\end{bmatrix}=\dfrac{4}{s^2+5s+4}$

(ii) $G(s)=\dfrac{1}{s^2+5s+4}[0\quad 1]\begin{bmatrix}s+2 & 1\\ 2 & s+3\end{bmatrix}\begin{bmatrix}0\\1\end{bmatrix}=\dfrac{s+3}{s^2+5s+4}$

(4)

(i) $G(s)=\dfrac{-4}{s^2+7s+10}+1=\dfrac{s^2+7s+6}{s^2+7s+10}$

(ii) $\dfrac{s+3}{s^2+5s+4}+2=\dfrac{2s^2+11s+11}{s^2+5s+4}$

(5) 例 4.2, 4.3 では出力方程式として一般化された $y(t)=\boldsymbol{c}\boldsymbol{x}(t)$ を用い，ベクトル $\boldsymbol{c}$ の要素の値が変わると伝達関数も変わることを確認している．ここで出力方程式が表す物理的な意味に注意しよう．

いま例 4.2 では $y(t)=x_1(t)$ となるので出力方程式よりマスの変位が観測できることを意味する．同様に例 4.3 では $y(t)=x_2(t)=\dot{y}(t)$ となるのでマスの速度が観測できることがわかる．

また例 4.3 の伝達関数をブロック線図で表すと図 A.1 となる．ここでブロック線図の直列結合の性質から，図 A.1 は図 A.2 と描くことができる（ブロックから出ている信号は便宜上，時間関数で表している）．ここで図 A.2 の左側のブロック内部は例 4.2 で導出した伝達関数と同一であるので，そのブロックからの出力はマスの変位と考えることができる．変位をラプラス変換したものに s をかけるということは，変位を微分することに相当するのでマスの速度が得られることがわかる．伝達関数のみを考えた場合は，出力として考える信号が変わった場合，あらためて伝達関数を導出する必要があるが，この結果より，状態空間表現の場合は注目する変数が状態ベクトルに含まれていれば，その変数が現れるように出力方程式のベクトル $\boldsymbol{c}$ の要素を考えればよいことがわかる．

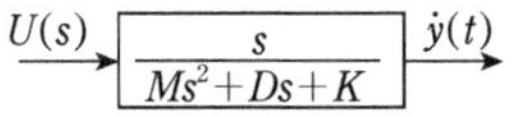

図 A.1 例 4.3 の伝達関数のブロック線図

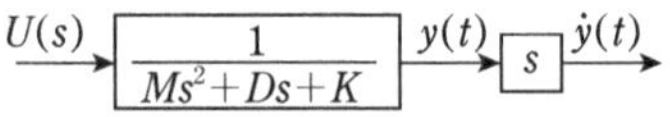

図 A.2 例 4.3 の伝達関数のブロック線図を分割

講義 05

(1) 図 A.3 を参照のこと．

(2) (5.27) 式において，行列・ベクトルを適切に $A, \boldsymbol{b}, \boldsymbol{c}$ と定める．このとき

$$|sI-A|=\begin{vmatrix} s+2 & 0 \\ 0 & s+3 \end{vmatrix}=(s+2)(s+3)$$

となるので，入力を $u(t)$，出力を $y(t)$ とする伝達関数 $G(s)$ は，

$$G(s)=\frac{1}{(s+2)(s+3)}[1 \quad 1]\begin{bmatrix} s+3 & 0 \\ 0 & s+2 \end{bmatrix}\begin{bmatrix} 1 \\ -1 \end{bmatrix}=\frac{1}{(s+2)(s+3)}$$

となり，(5.28) 式と一致する．

(3)

(i) 図 A.4 を参照のこと．

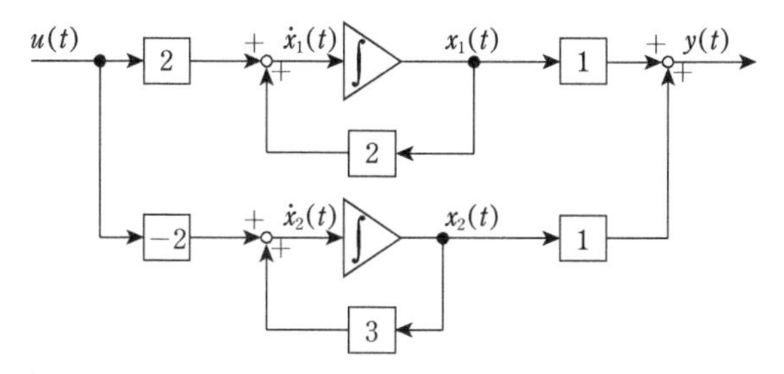

図 A.3　演習問題 (1) の状態変数線図

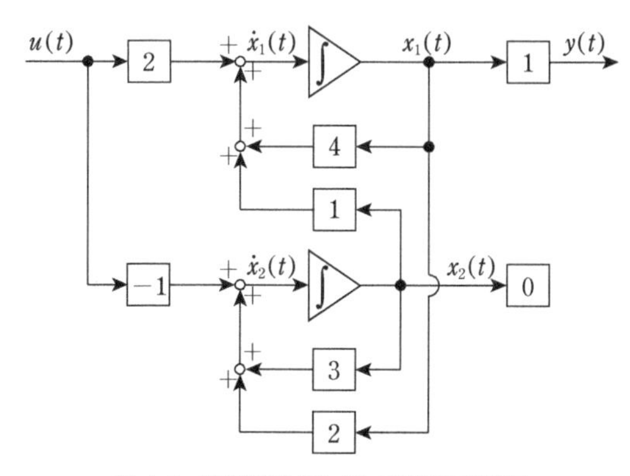

図 A.4　演習問題 (3) (i) の状態変数線図

(ii) $|\lambda I - A| = \begin{vmatrix} \lambda - 4 & -1 \\ -2 & \lambda - 3 \end{vmatrix} = \lambda^2 - 7\lambda + 10 = (\lambda - 2)(\lambda - 5)$ より，固有値は $\{2,\ 5\}$ となる．例 3.7 と同様にして固有ベクトルを求めると，固有値 2 に対する固有ベクトルは $\begin{bmatrix} 1 \\ -2 \end{bmatrix}$，固有値 5 に対する固有ベクトルは $\begin{bmatrix} 1 \\ 1 \end{bmatrix}$ となる．

(iii) $T = \begin{bmatrix} 1 & 1 \\ -2 & 1 \end{bmatrix}$ となり，$T^{-1} = \dfrac{1}{3}\begin{bmatrix} 1 & -1 \\ 2 & 1 \end{bmatrix}$ である．$\boldsymbol{x}(t) = T\boldsymbol{z}(t)$ とすると，(5.19), (5.20) 式より $T^{-1}AT = \begin{bmatrix} 2 & 0 \\ 0 & 5 \end{bmatrix}$，$T^{-1}\boldsymbol{b} = \begin{bmatrix} 1 \\ 1 \end{bmatrix}$，$\boldsymbol{c}T = [1 \quad 1]$ となる．よって対角正準形はつぎとなる．

$$\dot{\boldsymbol{z}}(t) = \begin{bmatrix} 2 & 0 \\ 0 & 5 \end{bmatrix}\boldsymbol{z}(t) + \begin{bmatrix} 1 \\ 1 \end{bmatrix}u(t), \quad y(t) = [1 \quad 1]\,\boldsymbol{z}(t)$$

(iv) 図 A.5 を参照のこと．

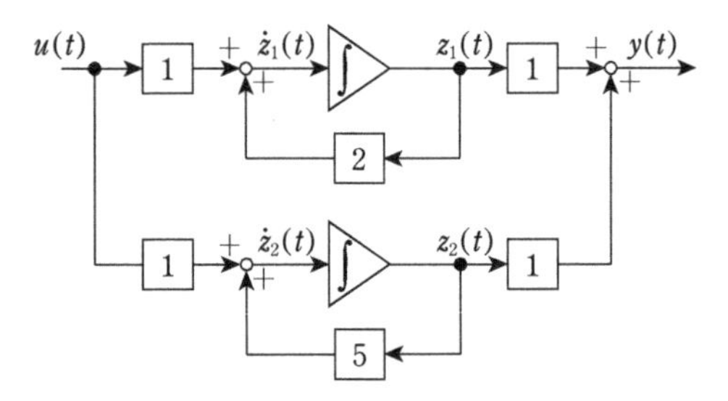

図 A.5　演習問題 (3) (iv) の状態変数線図

(4)

(i)　図 A.6 を参照のこと．

(ii)　$|\lambda I - A| = \begin{vmatrix} \lambda+2 & 1 \\ -3 & \lambda+6 \end{vmatrix} = \lambda^2 + 8\lambda + 15 = (\lambda+3)(\lambda+5)$ より固有値は $\{-3, -5\}$ となる．例 3.7 と同様にして固有ベクトルを求めると，固有値 -3 に対する固有ベクトルは $\begin{bmatrix} 1 \\ 1 \end{bmatrix}$，固有値 -5 に対する固有ベクトルは $\begin{bmatrix} 1 \\ 3 \end{bmatrix}$ となる．

(iii)　$T = \begin{bmatrix} 1 & 1 \\ 1 & 3 \end{bmatrix}$ となる．よって $T^{-1} = \dfrac{1}{2}\begin{bmatrix} 3 & -1 \\ -1 & 1 \end{bmatrix}$ である．$\boldsymbol{x}(t) = T\boldsymbol{z}(t)$ とすると，(5.19)，(5.20) 式より $T^{-1}AT = \begin{bmatrix} -3 & 0 \\ 0 & -5 \end{bmatrix}$，$T^{-1}\boldsymbol{b} = \dfrac{1}{2}\begin{bmatrix} -1 \\ 1 \end{bmatrix}$，$\boldsymbol{c}T = [2 \quad 4]$ となる．よって対角正準形はつぎとなる．

$$\dot{\boldsymbol{z}}(t) = \begin{bmatrix} -3 & 0 \\ 0 & -5 \end{bmatrix}\boldsymbol{z}(t) + \frac{1}{2}\begin{bmatrix} -1 \\ 1 \end{bmatrix}u(t), \quad y(t) = [2 \quad 4]\boldsymbol{z}(t)$$

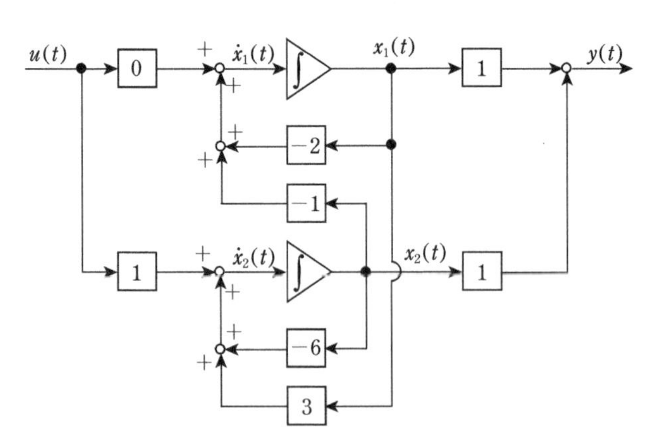

図 A.6　演習問題 (4) (i) の状態変数線図

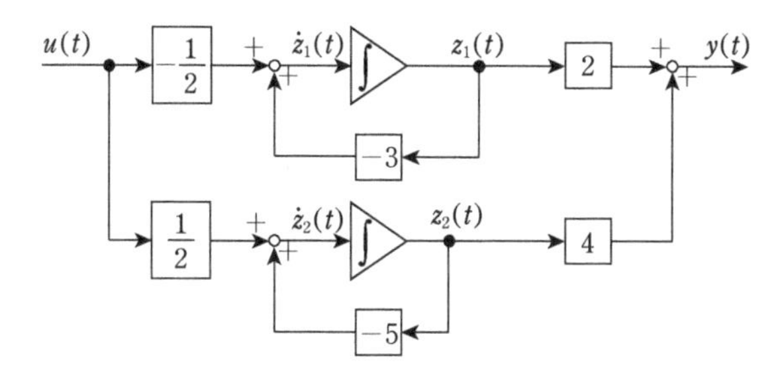

図 A.7　演習問題 (4) (iv) の状態変数線図

(iv) 図 A.7 を参照のこと.

(5)

(i)　図 A.8 を参照のこと.

(ii)　$|\lambda I - A| = \begin{vmatrix} \lambda-4 & -2 \\ 1 & \lambda-1 \end{vmatrix} = \lambda^2 - 5\lambda + 6 = (\lambda-2)(\lambda-3)$ より固有値は $\{2, 3\}$ となる.
例 3.7 と同様にして固有ベクトルを求めると，固有値 2 に対する固有ベクトルは $\begin{bmatrix} 1 \\ -1 \end{bmatrix}$，固有値 3 に対する固有ベクトルは $\begin{bmatrix} 2 \\ -1 \end{bmatrix}$ となる.

(iii) $T = \begin{bmatrix} 1 & 2 \\ -1 & -1 \end{bmatrix}$ となる．よって $T^{-1} = \begin{bmatrix} -1 & -2 \\ 1 & 1 \end{bmatrix}$ である．$\boldsymbol{x}(t) = T\boldsymbol{z}(t)$ とすると，(5.19)，(5.20) 式より $T^{-1}AT = \begin{bmatrix} 2 & 0 \\ 0 & 3 \end{bmatrix}$，$T^{-1}\boldsymbol{b} = \begin{bmatrix} 0 \\ 1 \end{bmatrix}$，$\boldsymbol{c}T = [1 \quad 2]$ となる．よって対角正準形はつぎとなる.

$$\dot{\boldsymbol{z}}(t) = \begin{bmatrix} 2 & 0 \\ 0 & 3 \end{bmatrix} \boldsymbol{z}(t) + \begin{bmatrix} 0 \\ 1 \end{bmatrix} u(t), \quad y(t) = [1 \quad 2]\boldsymbol{z}(t)$$

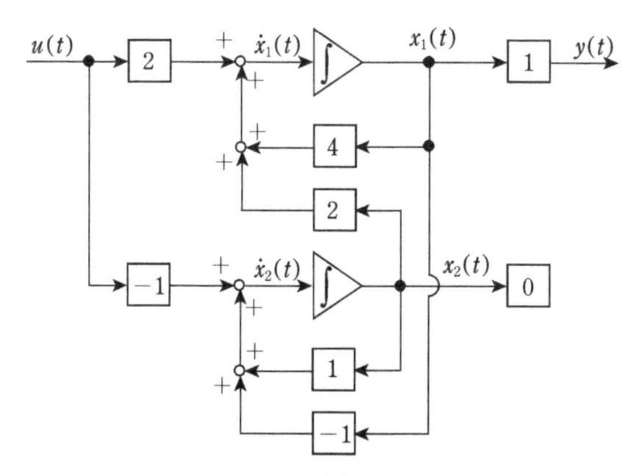

図 A.8　演習問題 (5) (i) の状態変数線図

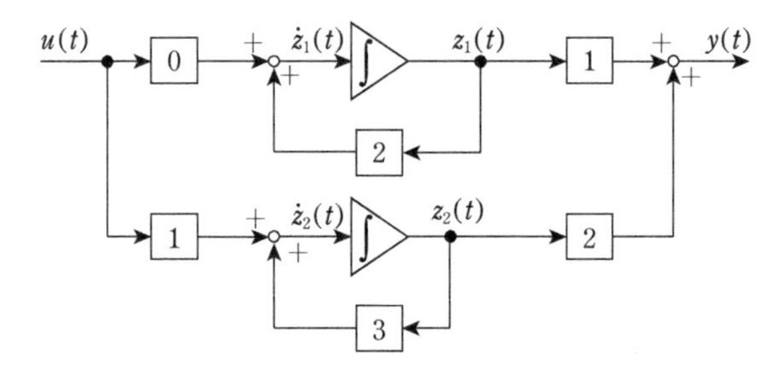

図 A.9 演習問題 (5) (iv) の状態変数線図

ここで対角正準系のベクトル $\boldsymbol{b}$ の (1, 1) 成分が 0 になっていることに注意しよう．
(iv) 図 A.9 を参照のこと．

講義 06

(1) 与えられた行列 A に対して，

$$(sI-A)^{-1}=\begin{bmatrix} \dfrac{s+3}{(s+5)(s+1)} & -\dfrac{2}{(s+5)(s+1)} \\ -\dfrac{2}{(s+5)(s+1)} & \dfrac{s+3}{(s+5)(s+1)} \end{bmatrix}$$

$$=\begin{bmatrix} \dfrac{1}{2}\dfrac{1}{s+5}+\dfrac{1}{2}\dfrac{1}{s+1} & \dfrac{1}{2}\dfrac{1}{s+5}-\dfrac{1}{2}\dfrac{1}{s+1} \\ \dfrac{1}{2}\dfrac{1}{s+5}-\dfrac{1}{2}\dfrac{1}{s+1} & \dfrac{1}{2}\dfrac{1}{s+5}+\dfrac{1}{2}\dfrac{1}{s+1} \end{bmatrix}$$

なので，$\mathrm{e}^{At}=\begin{bmatrix} \dfrac{1}{2}\mathrm{e}^{-5t}+\dfrac{1}{2}\mathrm{e}^{-t} & \dfrac{1}{2}\mathrm{e}^{-5t}-\dfrac{1}{2}\mathrm{e}^{-t} \\ \dfrac{1}{2}\mathrm{e}^{-5t}-\dfrac{1}{2}\mathrm{e}^{-t} & \dfrac{1}{2}\mathrm{e}^{-5t}+\dfrac{1}{2}\mathrm{e}^{-t} \end{bmatrix}$ である．よって，$\boldsymbol{x}(0)=\begin{bmatrix} 2 \\ 1 \end{bmatrix}$ より，

$$\boldsymbol{x}(t)=\begin{bmatrix} \dfrac{3}{2}\mathrm{e}^{-5t}+\dfrac{1}{2}\mathrm{e}^{-t} \\ \dfrac{3}{2}\mathrm{e}^{-5t}-\dfrac{1}{2}\mathrm{e}^{-t} \end{bmatrix}$$ である．

(2) 与えられたシステムにおいて $\boldsymbol{x}(t)=\begin{bmatrix} x_1(t) \\ x_2(t) \end{bmatrix}$ とする．行列 A の固有値は $\lambda_1=-5$, $\lambda_2=-1$ である．また，固有値 $\lambda_1=-5$, $\lambda_2=-1$ に対応する固有ベクトルはそれぞれ $\boldsymbol{v}_1=\begin{bmatrix} 1 \\ 1 \end{bmatrix}$, $\boldsymbol{v}_2=\begin{bmatrix} -1 \\ 1 \end{bmatrix}$ である．$T=\begin{bmatrix} 1 & -1 \\ 1 & 1 \end{bmatrix}$ とすると，$|T|=2\neq 0$ より $T^{-1}=\dfrac{1}{2}\begin{bmatrix} 1 & 1 \\ -1 & 1 \end{bmatrix}$ となる．
$\boldsymbol{x}(t)=T\boldsymbol{z}(t)$ と状態変数変換する．このとき，新しい状態ベクトル $\boldsymbol{z}(t)$ の初期ベクトルは

$\boldsymbol{z}(0)=\begin{bmatrix} z_1(0) \\ z_2(0) \end{bmatrix}=T^{-1}\boldsymbol{x}(0)=\begin{bmatrix} \frac{3}{2} \\ -\frac{1}{2} \end{bmatrix}$であるので，固有値$\lambda_1=-5$に対応するモードは

$z_1(0)\mathrm{e}^{\lambda_1 t}\boldsymbol{v}_1=\begin{bmatrix} \frac{3}{2}\mathrm{e}^{-5t} \\ \frac{3}{2}\mathrm{e}^{-5t} \end{bmatrix}$，固有値$\lambda_2=-1$に対応するモードは$z_2(0)\mathrm{e}^{\lambda_2 t}\boldsymbol{v}_2=\begin{bmatrix} \frac{1}{2}\mathrm{e}^{-t} \\ -\frac{1}{2}\mathrm{e}^{-t} \end{bmatrix}$となる．

(3)　与えられた行列Aに対して，

$$(sI-A)^{-1}=\begin{bmatrix} \frac{s+2}{(s+1-j)(s+1+j)} & \frac{1}{(s+1-j)(s+1+j)} \\ -\frac{2}{(s+1-j)(s+1+j)} & \frac{s}{(s+1-j)(s+1+j)} \end{bmatrix}$$

$$=\begin{bmatrix} \frac{1-j}{2}\frac{1}{s+1-j}+\frac{1+j}{2}\frac{1}{s+1+j} & -\frac{j}{2}\frac{1}{s+1-j}+\frac{j}{2}\frac{1}{s+1+j} \\ \frac{j}{s+1-j}-\frac{j}{s+1+j} & \frac{1+j}{2}\frac{1}{s+1-j}+\frac{1-j}{2}\frac{1}{s+1+j} \end{bmatrix}$$

なので，$\mathrm{e}^{At}=\begin{bmatrix} \frac{1-j}{2}\mathrm{e}^{(-1+j)t}+\frac{1+j}{2}\mathrm{e}^{(-1-j)t} & -\frac{j}{2}\mathrm{e}^{(-1+j)t}+\frac{j}{2}\mathrm{e}^{(-1-j)t} \\ j\mathrm{e}^{(-1+j)t}-j\mathrm{e}^{(-1-j)t} & \frac{1+j}{2}\mathrm{e}^{(-1+j)t}+\frac{1-j}{2}\mathrm{e}^{(-1-j)t} \end{bmatrix}$である．

よって，$\boldsymbol{x}(0)=\begin{bmatrix} 1 \\ 1 \end{bmatrix}$より，$\boldsymbol{x}(t)=\begin{bmatrix} \frac{1-2j}{2}\mathrm{e}^{(-1+j)t}+\frac{1+2j}{2}\mathrm{e}^{(-1-j)t} \\ \frac{1+3j}{2}\mathrm{e}^{(-1+j)t}+\frac{1-3j}{2}\mathrm{e}^{(-1-j)t} \end{bmatrix}$である．ここで，$\mathrm{e}^{(-1+j)t}$

$=\mathrm{e}^{-t}(\cos t+j\sin t)$，$\mathrm{e}^{(-1-j)t}=\mathrm{e}^{-t}(\cos t-j\sin t)$ なので，$\boldsymbol{x}(t)=\begin{bmatrix} \mathrm{e}^{-t}(\cos t+2\sin t) \\ \mathrm{e}^{-t}(\cos t-3\sin t) \end{bmatrix}$

である．

(4)　与えられた行列Aに対して

$$(sI-A)^{-1}=\begin{bmatrix} \frac{s-a}{(s-a-1)(s-a+1)} & \frac{1}{(s-a-1)(s-a+1)} \\ \frac{1}{(s-a-1)(s-a+1)} & \frac{s-a}{(s-a-1)(s-a+1)} \end{bmatrix}$$

$$=\frac{1}{2}\begin{bmatrix} \frac{1}{s-a+1}+\frac{1}{s-a-1} & -\frac{1}{s-a+1}+\frac{1}{s-a-1} \\ -\frac{1}{s-a+1}+\frac{1}{s-a-1} & \frac{1}{s-a+1}+\frac{1}{s-a-1} \end{bmatrix}$$

となるので$\mathrm{e}^{At}=\frac{1}{2}\begin{bmatrix} \mathrm{e}^{(a-1)t}+\mathrm{e}^{(a+1)t} & -\mathrm{e}^{(a-1)t}-\mathrm{e}^{(a+1)t} \\ -\mathrm{e}^{(a-1)t}-\mathrm{e}^{(a+1)t} & \mathrm{e}^{(a-1)t}+\mathrm{e}^{(a+1)t} \end{bmatrix}$である．よって，$\boldsymbol{x}(t)=\begin{bmatrix} 2 \\ 1 \end{bmatrix}$より

$\boldsymbol{x}(t)=\frac{1}{2}\begin{bmatrix} \mathrm{e}^{(a-1)t}+3\mathrm{e}^{(a+1)t} \\ -\mathrm{e}^{(a-1)t}+3\mathrm{e}^{(a+1)t} \end{bmatrix}$である．

(5)　与えられたシステムにおいて$\boldsymbol{x}(t)=\begin{bmatrix} x_1(t) \\ x_2(t) \end{bmatrix}$とする．行列$A$の固有値は$\lambda_1=a-1$，$\lambda_2=a+1$であり，固有値$\lambda_1=a-1$，$\lambda_2=a+1$に対応する固有ベクトルはそれぞれ$\boldsymbol{v}_1=\begin{bmatrix} 1 \\ -1 \end{bmatrix}$，$\boldsymbol{v}_2=\begin{bmatrix} 1 \\ 1 \end{bmatrix}$である．行列$T$を$T=[\boldsymbol{v}_1 \quad \boldsymbol{v}_2]=\begin{bmatrix} 1 & 1 \\ -1 & 1 \end{bmatrix}$とすると，$|T|=2\neq 0$より，$T^{-1}=\dfrac{1}{2}\begin{bmatrix} 1 & -1 \\ 1 & 1 \end{bmatrix}$である．ここで新しい状態ベクトルを$\boldsymbol{z}(t)=\begin{bmatrix} z_1(t) \\ z_2(t) \end{bmatrix}$とし，$\boldsymbol{x}(t)=T\boldsymbol{z}(t)$と変換すると，与えられたシステムは$\dot{\boldsymbol{z}}(t)=\hat{A}\boldsymbol{z}(t)$と変換される．ただし，$\hat{A}=T^{-1}AT=\begin{bmatrix} a-1 & 0 \\ 0 & a+1 \end{bmatrix}$である．また，$\mathrm{e}^{\hat{A}t}=\begin{bmatrix} \mathrm{e}^{(a-1)t} & 0 \\ 0 & \mathrm{e}^{(a+1)t} \end{bmatrix}$であり，$\boldsymbol{z}(0)=T^{-1}\boldsymbol{x}(0)=\begin{bmatrix} 1/2 \\ 3/2 \end{bmatrix}$なので，$\boldsymbol{z}(t)=\mathrm{e}^{\hat{A}t}\boldsymbol{z}(0)=\dfrac{1}{2}\begin{bmatrix} \mathrm{e}^{(a-1)t} \\ 3\mathrm{e}^{(a+1)t} \end{bmatrix}$である．

したがって，求める自由応答のモード展開はつぎとなる．

$$\boldsymbol{x}(t)=T\boldsymbol{z}(t)=\frac{1}{2}\begin{bmatrix} \mathrm{e}^{(a-1)t}+3\mathrm{e}^{(a+1)t} \\ -\mathrm{e}^{(a-1)t}+3\mathrm{e}^{(a+1)t} \end{bmatrix}=\frac{1}{2}\left\{\mathrm{e}^{(a-1)t}\begin{bmatrix} 1 \\ -1 \end{bmatrix}+3\mathrm{e}^{(a+1)t}\begin{bmatrix} 1 \\ 1 \end{bmatrix}\right\}$$

$$=\frac{1}{2}\left\{\mathrm{e}^{(a-1)t}\boldsymbol{v}_1+3\mathrm{e}^{(a+1)t}\boldsymbol{v}_2\right\}$$

さらに，求めたモード展開より$t\to\infty$のとき$\boldsymbol{x}(t)\to\boldsymbol{0}$（零ベクトル）となるのは，$\mathrm{e}^{(a-1)t}\to 0$，$\mathrm{e}^{(a+1)t}\to 0$のときである．したがって，求める$a$の値の範囲は，$a-1<0$かつ$a+1<0$より$a<-1$である．

講義 07

(1)　例 7.2 の解答より，$\mathrm{e}^{At}=\begin{bmatrix} 3\mathrm{e}^{-2t}-2\mathrm{e}^{-3t} & \mathrm{e}^{-2t}-\mathrm{e}^{-3t} \\ -6\mathrm{e}^{-2t}+6\mathrm{e}^{-3t} & -2\mathrm{e}^{-2t}+3\mathrm{e}^{-3t} \end{bmatrix}$である．よって，与えられた初期ベクトルを代入すると（7.11）式の右辺第 1 項は$\mathrm{e}^{At}\boldsymbol{x}(0)=\begin{bmatrix} 3\mathrm{e}^{-2t}-2\mathrm{e}^{-3t} \\ -6\mathrm{e}^{-2t}+6\mathrm{e}^{-3t} \end{bmatrix}$となる．また，与えられた$\boldsymbol{b}$と$u(t)=t$より（7.11）式の右辺第 2 項の被積分関数は$\mathrm{e}^{A(t-\tau)}\boldsymbol{b}u(\tau)=\begin{bmatrix} \tau(\mathrm{e}^{-2(t-\tau)}-\mathrm{e}^{-3(t-\tau)}) \\ \tau(-2\mathrm{e}^{-2(t-\tau)}+3\mathrm{e}^{-3(t-\tau)}) \end{bmatrix}$となるので，各成分を$\tau$について 0 から$t$まで積分すると，

$$\int_0^t \mathrm{e}^{A(t-\tau)}\boldsymbol{b}u(\tau)\,\mathrm{d}\tau=\begin{bmatrix} \dfrac{1}{4}\mathrm{e}^{-2t}-\dfrac{1}{9}\mathrm{e}^{-3t}+\dfrac{1}{6}t-\dfrac{5}{36} \\ -\dfrac{1}{2}\mathrm{e}^{-2t}+\dfrac{1}{3}\mathrm{e}^{-3t}+\dfrac{1}{6} \end{bmatrix}$$

である．したがって求める解は$\boldsymbol{x}(t)=\begin{bmatrix} \dfrac{13}{4}\mathrm{e}^{-2t}-\dfrac{19}{9}\mathrm{e}^{-3t}+\dfrac{1}{6}t-\dfrac{5}{36} \\ -\dfrac{13}{2}\mathrm{e}^{-2t}+\dfrac{19}{3}\mathrm{e}^{-3t}+\dfrac{1}{6} \end{bmatrix}$となる．

(2) 与えられた行列Aより$(sI-A)^{-1}=\begin{bmatrix} \frac{3}{s+2}-\frac{2}{s+3} & \frac{1}{s+2}-\frac{1}{s+3} \\ -\frac{6}{s+2}+\frac{6}{s+3} & -\frac{2}{s+2}+\frac{3}{s+3} \end{bmatrix}$なので，

与えられた初期ベクトル$\boldsymbol{x}(0)$より$(sI-A)^{-1}\boldsymbol{x}(0)=\begin{bmatrix} \frac{3}{s+2}-\frac{2}{s+3} \\ -\frac{6}{s+2}+\frac{6}{s+3} \end{bmatrix}$である．よって，

$\mathcal{L}^{-1}[(sI-A)^{-1}\boldsymbol{x}(0)]=\begin{bmatrix} 3\mathrm{e}^{-2t}-2\mathrm{e}^{-3t} \\ -6\mathrm{e}^{-2t}+6\mathrm{e}^{-3t} \end{bmatrix}$となる．また，$u(t)=t$なので，$\mathcal{L}[u(t)]=U(s)=\frac{1}{s^2}$

である．したがって

$$(sI-A)^{-1}\boldsymbol{b}U(s)=\begin{bmatrix} \frac{1}{4(s+2)}-\frac{1}{9(s+3)}+\frac{1}{6s^2}-\frac{5}{36s} \\ -\frac{1}{2(s+2)}+\frac{1}{3(s+3)}+\frac{1}{6s} \end{bmatrix}$$

であるので，$\mathcal{L}^{-1}[(sI-A)^{-1}\boldsymbol{b}U(s)]=\begin{bmatrix} \frac{1}{4}\mathrm{e}^{-2t}-\frac{1}{9}\mathrm{e}^{-3t}+\frac{1}{6}t-\frac{5}{36} \\ -\frac{1}{2}\mathrm{e}^{-2t}+\frac{1}{3}\mathrm{e}^{-3t}+\frac{1}{6} \end{bmatrix}$となる．よって，求

める解は$\boldsymbol{x}(t)=\begin{bmatrix} \frac{13}{4}\mathrm{e}^{-2t}-\frac{19}{9}\mathrm{e}^{-3t}+\frac{1}{6}t-\frac{5}{36} \\ -\frac{13}{2}\mathrm{e}^{-2t}+\frac{19}{3}\mathrm{e}^{-3t}+\frac{1}{6} \end{bmatrix}$となる．

(3) 与えられた行列Aより

$$(sI-A)^{-1}=\begin{bmatrix} \frac{s+3}{(s+2)(s+5)} & -\frac{2}{(s+2)(s+5)} \\ -\frac{1}{(s+2)(s+5)} & \frac{s+4}{(s+2)(s+5)} \end{bmatrix}$$

$$=\frac{1}{3}\begin{bmatrix} \frac{1}{s+2}+\frac{2}{s+5} & -\frac{2}{s+2}+\frac{2}{s+5} \\ -\frac{1}{s+2}+\frac{1}{s+5} & \frac{2}{s+2}+\frac{1}{s+5} \end{bmatrix}$$

$$=\frac{1}{3(s+2)}\begin{bmatrix} 1 & -2 \\ -1 & 2 \end{bmatrix}+\frac{1}{3(s+5)}\begin{bmatrix} 2 & 2 \\ 1 & 1 \end{bmatrix}$$

なので，

$$\mathrm{e}^{At}=\frac{1}{3}\begin{bmatrix} 1 & -2 \\ -1 & 2 \end{bmatrix}\mathrm{e}^{-2t}+\frac{1}{3}\begin{bmatrix} 2 & 2 \\ 1 & 1 \end{bmatrix}\mathrm{e}^{-5t}$$

である．与えられた初期ベクトル$\boldsymbol{x}(0)$より

$$e^{At}\boldsymbol{x}(0)=\frac{1}{3}\begin{bmatrix}1\\-1\end{bmatrix}e^{-2t}+\frac{1}{3}\begin{bmatrix}2\\1\end{bmatrix}e^{-5t}$$

である．また，与えられた $\boldsymbol{b}$ と $u(t)$ より

$$e^{A(t-\tau)}\boldsymbol{b}u(\tau)=\frac{1}{3}\begin{bmatrix}-2\\2\end{bmatrix}e^{-2(t-\tau)}+\frac{1}{3}\begin{bmatrix}2\\1\end{bmatrix}e^{-5(t-\tau)}$$

なので，τ について 0 から t まで積分する．

$$\begin{aligned}\int_0^t e^{A(t-\tau)}\boldsymbol{b}u(\tau)\,d\tau&=\frac{1}{3}\begin{bmatrix}-2\\2\end{bmatrix}\times\int_0^t e^{-2(t-\tau)}\,d\tau+\frac{1}{3}\begin{bmatrix}2\\1\end{bmatrix}\times\int_0^t e^{-5(t-\tau)}\,d\tau\\&=\frac{1}{3}\begin{bmatrix}-2\\2\end{bmatrix}\times\left[\frac{1}{2}e^{-2(t-\tau)}\right]_0^t+\frac{1}{3}\begin{bmatrix}2\\1\end{bmatrix}\times\left[\frac{1}{5}e^{-5(t-\tau)}\right]_0^t\\&=\frac{1}{3}\begin{bmatrix}-2\\2\end{bmatrix}\times\left(\frac{1}{2}-\frac{1}{2}e^{-2t}\right)+\frac{1}{3}\begin{bmatrix}2\\1\end{bmatrix}\times\left(\frac{1}{5}-\frac{1}{5}e^{-5t}\right)\\&=\begin{bmatrix}-\frac{1}{5}\\\frac{2}{5}\end{bmatrix}+\begin{bmatrix}\frac{1}{3}\\-\frac{1}{3}\end{bmatrix}e^{-2t}+\begin{bmatrix}-\frac{2}{15}\\-\frac{1}{15}\end{bmatrix}e^{-5t}\end{aligned}$$

よって，求める解はつぎとなる．

$$\boldsymbol{x}(t)=\begin{bmatrix}-\frac{1}{5}\\\frac{2}{5}\end{bmatrix}+\begin{bmatrix}\frac{2}{3}\\-\frac{2}{3}\end{bmatrix}e^{-2t}+\begin{bmatrix}\frac{8}{15}\\\frac{4}{15}\end{bmatrix}e^{-5t}=\begin{bmatrix}-\frac{1}{5}+\frac{2}{3}e^{-2t}+\frac{8}{15}e^{-5t}\\\frac{2}{5}-\frac{2}{3}e^{-2t}+\frac{4}{15}e^{-5t}\end{bmatrix}$$

(4)　$\mathcal{L}[\boldsymbol{x}(t)]=\boldsymbol{X}(s)$，$\mathcal{L}[u(t)]=U(s)$ とし，状態方程式 $\dot{\boldsymbol{x}}(t)=A\boldsymbol{x}(t)+\boldsymbol{b}u(t)$ をラプラス変換し，$\boldsymbol{X}(s)$ について解くと $\boldsymbol{X}(s)=(sI-A)^{-1}\boldsymbol{x}(0)+(sI-A)^{-1}\boldsymbol{b}U(s)$ である．(3) より，

$$(sI-A)^{-1}=\frac{1}{3}\begin{bmatrix}\frac{1}{s+2}+\frac{2}{s+5} & -\frac{2}{s+2}+\frac{2}{s+5}\\-\frac{1}{s+2}+\frac{1}{s+5} & \frac{2}{s+2}+\frac{1}{s+5}\end{bmatrix}$$

となるので，与えられた初期ベクトル $\boldsymbol{x}(0)$ より

$$(sI-A)^{-1}\boldsymbol{x}(0)=\frac{1}{3}\begin{bmatrix}\frac{1}{s+2}+\frac{2}{s+5}\\-\frac{1}{s+2}+\frac{1}{s+5}\end{bmatrix}$$

である．また，すべての t に対して $u(t)=1$ より，$\mathcal{L}[u(t)]=U(s)=\frac{1}{s}$ である．したがって，与えられた $\boldsymbol{b}$ より

$$(sI-A)^{-1}\boldsymbol{b}U(s)=\frac{1}{3}\begin{bmatrix}-\dfrac{2}{s+2}+\dfrac{2}{s+5}\\ \dfrac{2}{s+2}+\dfrac{1}{s+5}\end{bmatrix}\frac{1}{s}=\begin{bmatrix}-\dfrac{1}{5}\dfrac{1}{s}+\dfrac{1}{3}\dfrac{1}{s+2}-\dfrac{2}{15}\dfrac{1}{s+5}\\ \dfrac{2}{5}\dfrac{1}{s}-\dfrac{1}{3}\dfrac{1}{s+2}-\dfrac{1}{15}\dfrac{1}{s+5}\end{bmatrix}$$

である．よって，$\boldsymbol{X}(s)=\begin{bmatrix}-\dfrac{1}{5}\dfrac{1}{s}+\dfrac{2}{3}\dfrac{1}{s+2}+\dfrac{8}{15}\dfrac{1}{s+5}\\ \dfrac{2}{5}\dfrac{1}{s}-\dfrac{2}{3}\dfrac{1}{s+2}+\dfrac{4}{15}\dfrac{1}{s+5}\end{bmatrix}$なので，求める解は

$\boldsymbol{x}(t)=\begin{bmatrix}-\dfrac{1}{5}+\dfrac{2}{3}e^{-2t}+\dfrac{8}{15}e^{-5t}\\ \dfrac{2}{5}-\dfrac{2}{3}e^{-2t}+\dfrac{4}{15}e^{-5t}\end{bmatrix}$である．

(5)　与えられたI_aに対して，部分積分を2回行うことで，$I_a=\dfrac{1}{a^2+1}(1-e^{at}\cos t+ae^{at}\sin t)$を得る．

(7.11) 式において，初期ベクトル$\boldsymbol{x}(0)=\begin{bmatrix}0\\0\end{bmatrix}$なので，$\boldsymbol{x}(t)=\displaystyle\int_0^t e^{A(t-\tau)}\boldsymbol{b}u(\tau)\,d\tau$である．(1)より，$e^{At}=\begin{bmatrix}3e^{-2t}-2e^{-3t} & e^{-2t}-e^{-3t}\\ -6e^{-2t}+6e^{-3t} & -2e^{-2t}+3e^{-3t}\end{bmatrix}$なので，$\boldsymbol{x}(t)=\displaystyle\int_0^t e^{A(t-\tau)}\boldsymbol{b}u(\tau)\,d\tau=\begin{bmatrix}I_1\\I_2\end{bmatrix}$とすると

$$I_1=\int_0^t\{e^{-2(t-\tau)}\sin\tau-e^{-3(t-\tau)}\cos\tau\}d\tau=e^{-2t}\int_0^t e^{2\tau}\sin\tau\,d\tau-e^{-3t}\int_0^t e^{3\tau}\sin\tau\,d\tau$$

$$I_2=\int_0^t\{-2e^{-2(t-\tau)}\sin\tau+3e^{-3(t-\tau)}\cos\tau\}d\tau=-2e^{-2t}\int_0^t e^{2\tau}\sin\tau\,d\tau$$
$$+3e^{-3t}\int_0^t e^{3\tau}\sin\tau\,d\tau$$

である．ここで，I_aにおいて$a=2$, $a=3$とすることでつぎを得る．

$$\int_0^t e^{2\tau}\sin d\tau=\frac{1}{5}(1+2e^{2t}\sin t-e^{2t}\cos t)$$

$$\int_0^t e^{3\tau}\sin d\tau=\frac{1}{10}(1+3e^{3t}\sin t-e^{3t}\cos t)$$

よって，つぎを得る。

$$\boldsymbol{x}(t)=\begin{bmatrix}I_1\\I_2\end{bmatrix}=\frac{1}{10}\begin{bmatrix}2e^{-2t}-e^{-3t}+\sin t-\cos t\\ -4e^{-2t}+3e^{-3t}+\sin t+\cos t\end{bmatrix}$$

講義 08

(1)　5.2 節を参照のこと．$\tilde{A}=T^{-1}AT$であるので，$\tilde{A}$の特性方程式は

$$|sI-\tilde{A}|=|sI-T^{-1}AT|=|T^{-1}(sI-A)T|=0$$

$$\Rightarrow |T^{-1}||sI-A||T|=\frac{1}{|T|}|sI-A||T|=0\Rightarrow |sI-A|=0$$

とAの特性方程式と一致する．すなわち，Aと$\tilde{A}$の固有値は一致するので，$\dot{\boldsymbol{x}}(t)=A\boldsymbol{x}(t)$のシステムと$\dot{\boldsymbol{z}}(t)=\tilde{A}\boldsymbol{z}(t)$のシステムでシステムの安定性は変わらない．

(2)　(7.11) 式より，与えられたA，$\boldsymbol{b}$，$\boldsymbol{x}(0)$，$u(t)$に対する解は

$\boldsymbol{x}(t)=\begin{bmatrix}-\frac{2}{5}+\mathrm{e}^{-t}+\frac{2}{5}\mathrm{e}^{-5t}\\ \frac{3}{5}-\mathrm{e}^{-t}+\frac{2}{5}\mathrm{e}^{-5t}\end{bmatrix}$なので，$\lim_{t\to\infty}\boldsymbol{x}(t)=\begin{bmatrix}-\frac{2}{5}\\ \frac{3}{5}\end{bmatrix}$となる．与えられた$A$より

$A^{-1}=\frac{1}{5}\begin{bmatrix}-3 & 2\\ 2 & -3\end{bmatrix}$なので，$-A^{-1}\boldsymbol{b}=\begin{bmatrix}-\frac{2}{5}\\ \frac{3}{5}\end{bmatrix}$となり，$\lim_{t\to\infty}\boldsymbol{x}(t)$と一致する．

(3)　A，P，Qを$PA+A^{\mathrm{T}}P=-Q$に代入し，各成分を比較すると

$$-12p_{12}=-1,\quad p_{11}-5p_{12}-6p_{22}=-1,\quad 2p_{12}-10p_{22}=-1$$

が得られ，これを解いて，$p_{11}=\frac{7}{60}$，$p_{12}=\frac{1}{12}$，$p_{22}=\frac{7}{60}$なので，$P=\begin{bmatrix}\frac{7}{60} & \frac{1}{12}\\ \frac{1}{12} & \frac{7}{60}\end{bmatrix}$である．さらに，$P$の特性方程式は

$$|sI-P|=s^2-\frac{7}{30}s+\frac{1}{150}=\frac{1}{150}(30s-1)(5s-1)=0$$

より，Pの固有値は$\frac{1}{30}$，$\frac{1}{5}$とともに正の固有値である．

(4)　$\mathrm{e}^{At}=\mathcal{L}^{-1}[(sI-A)^{-1}]=\begin{bmatrix}3\mathrm{e}^{-2t}-2\mathrm{e}^{-3t} & \mathrm{e}^{-2t}-\mathrm{e}^{-3t}\\ -6\mathrm{e}^{-2t}+6\mathrm{e}^{-3t} & -2\mathrm{e}^{-2t}+3\mathrm{e}^{-3t}\end{bmatrix}$であり，

$\mathrm{e}^{A^{\mathrm{T}}t}=\mathcal{L}^{-1}[(sI-A^{\mathrm{T}})^{-1}]=\begin{bmatrix}3\mathrm{e}^{-2t}-2\mathrm{e}^{-3t} & -6\mathrm{e}^{-2t}+6\mathrm{e}^{-3t}\\ \mathrm{e}^{-2t}-\mathrm{e}^{-3t} & -2\mathrm{e}^{-2t}+3\mathrm{e}^{-3t}\end{bmatrix}$である．

また，$Q=\begin{bmatrix}1 & 1\\ 1 & 1\end{bmatrix}$なので，

$$\mathrm{e}^{A^{\mathrm{T}}t}Q\mathrm{e}^{At}=\begin{bmatrix}9\mathrm{e}^{-4t}-24\mathrm{e}^{-5t}+16\mathrm{e}^{-6t} & 3\mathrm{e}^{-4t}-10\mathrm{e}^{-5t}+8\mathrm{e}^{-6t}\\ 3\mathrm{e}^{-4t}-10\mathrm{e}^{-5t}+8\mathrm{e}^{-6t} & \mathrm{e}^{-4t}-4\mathrm{e}^{-5t}+4\mathrm{e}^{-6t}\end{bmatrix}$$

であり$P=\int_0^{\infty}\mathrm{e}^{A^{\mathrm{T}}t}Q\mathrm{e}^{At}\mathrm{d}t=\begin{bmatrix}7/60 & 1/12\\ 1/12 & 7/60\end{bmatrix}$となり，(3)の結果と一致する．

(5)　$\mathrm{e}^{At}=\mathcal{L}^{-1}[(sI-A)^{-1}]=\begin{bmatrix}3\mathrm{e}^{-2t}-2\mathrm{e}^{-3t} & \mathrm{e}^{-2t}-\mathrm{e}^{-3t}\\ -6\mathrm{e}^{-2t}+6\mathrm{e}^{-3t} & -2\mathrm{e}^{-2t}+3\mathrm{e}^{-3t}\end{bmatrix}$なので，与えられた初期ベクトルに対する自由応答は$\boldsymbol{x}(t)=\begin{bmatrix}4\mathrm{e}^{-2t}-3\mathrm{e}^{-3t}\\ -8\mathrm{e}^{-2t}+9\mathrm{e}^{-3t}\end{bmatrix}$である．よって，

$\boldsymbol{x}^{\mathrm{T}}(t)\,Q\boldsymbol{x}(t) = 16\mathrm{e}^{-4t} - 48\mathrm{e}^{-5t} + 36\mathrm{e}^{-6t}$なので，$J = \int_0^\infty \boldsymbol{x}^{\mathrm{T}}(t)\,Q\boldsymbol{x}(t)\,\mathrm{d}t = \dfrac{2}{5}$である．

また，(3) より$P = \begin{bmatrix} 7/60 & 1/12 \\ 1/12 & 7/60 \end{bmatrix}$なので，$\boldsymbol{x}^{\mathrm{T}}(0)\,P\boldsymbol{x}(0) = \dfrac{2}{5}$であり，$J = \int_0^\infty \boldsymbol{x}^{\mathrm{T}}(t)\,Q\boldsymbol{x}(t)\,\mathrm{d}t$と一致する．

講義 09

(1)

(i) $\boldsymbol{f} = [f_1 \quad f_2]$とすると$A_f = A - \boldsymbol{bf} = \begin{bmatrix} 0 & 1 \\ -8-f_1 & 6-f_2 \end{bmatrix}$である．$A_f$の特性方程式は$|\lambda I - A_f| = \lambda^2 + (-6+f_2)\lambda + 8 + f_1 = 0$である．これが，$(\lambda+3-j2)(\lambda+3+j2) = \lambda^2 + 6\lambda + 13 = 0$と一致すればよいので，係数を比較して$-6+f_2 = 6$，$8+f_1 = 13$が成り立つ．よって，$f_1 = 5$，$f_2 = 12$なので，$\boldsymbol{f} = [5 \ 12]$である．

(ii) $\boldsymbol{f} = [f_1 \quad f_2]$とすると$A_f = A - \boldsymbol{bf} = \begin{bmatrix} 1-f_1 & 1-f_2 \\ 1-f_1 & 1-f_2 \end{bmatrix}$である．$A_f$の特性方程式は$|\lambda I - A_f| = \lambda^2 + (f_1 + f_2 - 2)\lambda = 0$である．これが$(\lambda+1)(\lambda+2) = \lambda^2 + 3\lambda + 2 = 0$と一致すればよい．しかし，一致する$f_1$，$f_2$は存在しないので，与えられた$A$と$\boldsymbol{b}$の組に対して指定した閉ループシステムの極に配置できる状態フィードバックベクトル$\boldsymbol{f}$は存在しない．

(2)

(i) 求める伝達関数$G(s)$は (4.33) 式より

$$G(s) = \boldsymbol{c}(sI - A)^{-1}\boldsymbol{b} = [1 \ 1]\begin{bmatrix} s+1 & -2 \\ 1 & s-3 \end{bmatrix}^{-1}\begin{bmatrix} 0 \\ 1 \end{bmatrix}$$

$$= [1 \quad 1]\frac{1}{s^2 - 2s - 1}\begin{bmatrix} s-3 & 2 \\ -1 & s+1 \end{bmatrix}\begin{bmatrix} 0 \\ 1 \end{bmatrix} = \frac{s+3}{s^2 - 2s - 1}$$

である．極は$s^2 - 2s - 1 = 0$より$1 \pm \sqrt{2}$である．零点は$s + 3 = 0$より$s = -3$である．

(ii) $\boldsymbol{f} = [f_1 \quad f_2]$とすると$A_f = A - \boldsymbol{bf} = \begin{bmatrix} -1 & 2 \\ -1-f_1 & 3-f_2 \end{bmatrix}$である．$A_f$の特性方程式は$|\lambda I - A_f| = \lambda^2 + (-2+f_2)\lambda - 1 + 2f_1 + f_2 = 0$である．これが，$(s+1)(s+4) = s^2 + 5s + 4 = 0$と一致すればよいので，係数を比較して$-2+f_2 = 5$，$-1 + 2f_1 + f_2 = 4$が成り立つ．よって，$f_1 = -1$，$f_2 = 7$なので，$\boldsymbol{f} = [-1 \ 7]$である．

(iii) (ii) より，$A_f = \begin{bmatrix} -1 & 2 \\ 0 & -4 \end{bmatrix}$である．したがって，求める伝達関数を$\hat{G}(s)$とすると$\hat{G}(s) = \boldsymbol{c}(sI - A_f)^{-1}\boldsymbol{b} = \dfrac{s+3}{s^2 + 5s + 4}$である．極は$s^2 + 5s + 4 = 0$より$\{-1, \ -4\}$である．零点は$s + 3 = 0$より$s = -3$である．この結果からわかるように，状態フィードバック制御では零点を移動できない．

(3) 状態フィードバックベクトルを$\boldsymbol{f} = [f_1 \quad f_2]$とすると，$A_f = A - \boldsymbol{bf} = \begin{bmatrix} a-2f_1 & 1-2f_2 \\ 1-af_1 & a-af_2 \end{bmatrix}$

であり，A_f の特性方程式は $|\lambda I - A_f| = \lambda^2 + (2f_1 + af_2 - 2a)\lambda - af_1 + (2-a^2)f_2 + a^2 - 1 = 0$ である．これが，$(\lambda - \mu_1)(\lambda - \mu_2) = \lambda^2 - (\mu_1 + \mu_2)\lambda + \mu_1\mu_2 = 0$ と一致すればよいので，状態フィードバック制御により極配置ができる条件は，係数を比較して得られる f_1, f_2 についての連立1次方程式

$$\begin{cases} 2f_1 + af_2 = 2a - \mu_1 - \mu_2 \\ -af_1 + (2-a^2)f_2 = -a^2 + 1 + \mu_1\mu_2 \end{cases}$$

が1組の解 f_1, f_2 を持てばよい．よって，係数行列 $P = \begin{bmatrix} 2 & a \\ -a & 2-a^2 \end{bmatrix}$ が正則行列であればよい．すなわち，

$$|P| = \begin{vmatrix} 2 & a \\ -a & 2-a^2 \end{vmatrix} = 4 - a^2 \neq 0$$

であればよい．したがって，求める条件は $a \neq \pm 2$ である．

(4)

Step1：$|\lambda I - A| = s^2 - 2s - 1$ なので，$\alpha_1 = -1$, $\alpha_2 = -2$ である．
$(\lambda - \mu_1)(\lambda - \mu_2) = (\lambda + 1)(\lambda + 4) = \lambda^2 + 5\lambda + 4$ より，$\beta_1 = 4$, $\beta_2 = 5$ である．よって，$\hat{\boldsymbol{f}} = [5 \quad 7]$ である．

Step2：$\boldsymbol{b}_0 = \boldsymbol{b} = \begin{bmatrix} 0 \\ 1 \end{bmatrix}$, $\boldsymbol{b}_1 = A\boldsymbol{b} = \begin{bmatrix} 2 \\ 3 \end{bmatrix}$ なので，$U_c = \begin{bmatrix} 0 & 2 \\ 1 & 3 \end{bmatrix}$ である．Step1 より，$a_2 = -2$ なので，$W = \begin{bmatrix} -2 & 1 \\ 1 & 0 \end{bmatrix}$ である．

Step3：$T = U_c W = \begin{bmatrix} 2 & 0 \\ 1 & 1 \end{bmatrix}$ であり，$|T| = 2 \neq 0$ なので，$T^{-1} = \begin{bmatrix} 1/2 & 0 \\ -1/2 & 1 \end{bmatrix}$ である．

Step4：ベクトル $\boldsymbol{f} = \hat{\boldsymbol{f}} T^{-1} = [-1 \quad 7]$ となり，(2)(ii) で求めた $\boldsymbol{f}$ と一致する．

(5)

Step1：$|\lambda I - A| = s^2 - 3s + 2$ なので，$\alpha_1 = 2$, $\alpha_2 = -3$ である．$(\lambda - \mu_1)(\lambda - \mu_2) = (\lambda + 2)(\lambda + 3) = \lambda^2 + 5\lambda + 6$ より，$\beta_1 = 6$, $\beta_2 = 5$ である．よって，$\hat{\boldsymbol{f}} = [4 \quad 3]$ である．

Step2：$\boldsymbol{b}_0 = \boldsymbol{b} = \begin{bmatrix} 1 \\ 2 \end{bmatrix}$, $\boldsymbol{b}_1 = A\boldsymbol{b} = \begin{bmatrix} 2 \\ 4 \end{bmatrix}$ なので，$U_c = \begin{bmatrix} 1 & 2 \\ 2 & 4 \end{bmatrix}$ である．Step1 より $a_2 = -3$ なので，$W = \begin{bmatrix} -3 & 1 \\ 1 & 0 \end{bmatrix}$ である．

Step3：$T = U_c W = \begin{bmatrix} -1 & 1 \\ -2 & 2 \end{bmatrix}$ であり，$|T| = 0$ なので T は正則行列ではない．したがって，T^{-1} を求めることができず，つぎの Step4 を実行できないので状態フィードバックベクトル $\boldsymbol{f}$ を求めることができない．

Step3 の T は $T = U_c W$ であり，$|W| = -1$, $|U_c| = 0$ より $|T| = |W||U_c| = 0$ となる．したがって，T が正則行列でなく Step4 を実行できず状態フィードバックベクトル $\boldsymbol{f}$ を求めることができない理由は，T を構成する U_c が正則行列でないためである．

講義 10

(1) 例 10.4 のシステムでは，$A=\begin{bmatrix}0 & 1\\ -2 & 3\end{bmatrix}$，$\boldsymbol{b}=\begin{bmatrix}1\\2\end{bmatrix}$である．例 3.7 と同様の計算により与えられた行列 A の固有値は $\{1,\ 2\}$ である．固有値 1 に対応する固有ベクトルは$\boldsymbol{v}_1=\begin{bmatrix}1\\1\end{bmatrix}$，固有値 2 に対応する固有ベクトルは$\boldsymbol{v}_2=\begin{bmatrix}1\\2\end{bmatrix}$である．$T=[\boldsymbol{v}_1\quad \boldsymbol{v}_2]=\begin{bmatrix}1 & 1\\1 & 2\end{bmatrix}$とし，この T で $\boldsymbol{z}(t)=T\boldsymbol{x}(t)$ の状態変数変換を行う．変数変換後の状態方程式を $\dot{\boldsymbol{z}}=\hat{A}\boldsymbol{z}+\hat{\boldsymbol{b}}u$ とすると $\hat{A}=T^{-1}AT=\begin{bmatrix}1 & 0\\0 & 2\end{bmatrix}$，$\hat{\boldsymbol{b}}=T^{-1}\boldsymbol{b}=\begin{bmatrix}0\\1\end{bmatrix}$である．$\hat{b}_1=0$ なので，固有値 1 に対応するサブシステムが不可制御なサブシステムである．

(2) 与えられたシステムの可制御性行列をU_cとすると，$U_c=[\boldsymbol{b}\quad A\boldsymbol{b}\quad A^2\boldsymbol{b}]$
$=\begin{bmatrix}0 & 0 & 1\\0 & 1 & -a_3\\1 & -a_3 & -a_2+a_3^2\end{bmatrix}$である．また，$|U_c|=-1$ なので，U_c は $a_1,\ a_2,\ a_3$ にかかわらずフルランクである．したがって，与えられたシステムは $a_1,\ a_2,\ a_3$ にかかわらず可制御なシステムである．

(3) $A=\begin{bmatrix}0 & 1\\-2 & -3\end{bmatrix}$，$c=[2\ 1]$ とすると，可観測性行列 U_o は$U_o=\begin{bmatrix}\boldsymbol{c}\\ \boldsymbol{c}A\end{bmatrix}=\begin{bmatrix}2 & 1\\-2 & -1\end{bmatrix}$である．$|U_o|=0$ なので，与えられたシステムは不可観測なシステムである．

また，例 3.7 と同様の計算により行列 A の固有値は $\{-2,\ -1\}$ である．固有値 -2 に対応する固有ベクトルは$\boldsymbol{v}_1=\begin{bmatrix}-1\\2\end{bmatrix}$，固有値 -1 に対応する固有ベクトルは$\boldsymbol{v}_2=\begin{bmatrix}-1\\1\end{bmatrix}$である．$T=[\boldsymbol{v}_1\quad \boldsymbol{v}_2]=\begin{bmatrix}-1 & -1\\2 & 1\end{bmatrix}$とし，この T で $\boldsymbol{z}(t)=T\boldsymbol{x}(t)$ の状態変数変換を行う．変数変換後のシステムを $\dot{\boldsymbol{z}}=\hat{A}z+\hat{\boldsymbol{b}}\boldsymbol{u}$，$y=\hat{\boldsymbol{c}}\boldsymbol{z}$ とすると $\hat{A}=T^{-1}AT=\begin{bmatrix}-2 & 0\\0 & -1\end{bmatrix}$，$\hat{\boldsymbol{c}}=\boldsymbol{c}T=[0\quad -1]$である．$\hat{c}_1=0$なので，固有値 -2 に対応するサブシステムが不可観測なサブシステムである．

(4) 双対なシステム$\dot{\boldsymbol{x}}(t)=A^{\top}\boldsymbol{x}(t)+\boldsymbol{c}^{\top}u(t)$，$y(t)=\boldsymbol{b}^{\top}\boldsymbol{x}(t)$，$A^{\top}=\begin{bmatrix}4 & 2\\1 & 3\end{bmatrix}$，$\boldsymbol{c}^{\top}=\begin{bmatrix}4\\1\end{bmatrix}$，$\boldsymbol{b}^{\top}=[2\quad -1]$において，対 $(A^{\top},\ \boldsymbol{c}^{\top})$ が可制御であることを示せばよい．$U_c=[\boldsymbol{c}^{\top}\quad A^{\top}\boldsymbol{c}^{\top}]$
$=\begin{bmatrix}4 & 18\\1 & 7\end{bmatrix}$であり，$|U_c|=28-18=10\neq 0$ となる．よって対 $(A^{\top},\ \boldsymbol{c}^{\top})$ は可制御である．

(5) 与えられたA，$\boldsymbol{b}$ に対する可制御性行列は$U_c=[\boldsymbol{b}\quad A\boldsymbol{b}]=\begin{bmatrix}p & a+p\\1 & ap+1\end{bmatrix}$である．
$|U_c|=ap^2-a=a(p^2-1)$ なので，対 $(A,\ \boldsymbol{b})$ が可制御である条件は$a\neq 0$かつ$p\neq\pm 1$

である．与えられた$\boldsymbol{c}$, Aに対する可観測性行列は$U_o=\begin{bmatrix}\boldsymbol{c}\\ \boldsymbol{c}A\end{bmatrix}=\begin{bmatrix}1 & q\\ aq+1 & a+q\end{bmatrix}$である．$|U_o|=a-aq^2=a(1-q^2)$なので，対$(\boldsymbol{c}, A)$が可観測である条件は$a\neq 0$かつ$q\neq\pm 1$である．したがって，対$(A, \boldsymbol{b})$が可制御かつ対$(\boldsymbol{c}, A)$が可観測である条件は，$a\neq 0$かつ$p\neq\pm 1$かつ$q\neq\pm 1$である．

$p=1$のときの伝達関数$G(s)$は$G(s)=\boldsymbol{c}(sI-A)^{-1}\boldsymbol{b}=\dfrac{(q+1)(s+a-1)}{(s-a-1)(s+a-1)}=\dfrac{q+1}{s-a-1}$であるので，極零相殺を起こす極（零点）は$s=1-a$である．

講義 11

(1)　$|\lambda I-A|=\begin{vmatrix}\lambda & -1\\ 5 & \lambda+3\end{vmatrix}=\lambda^2+3\lambda+5$より与えられたシステムの極は$\dfrac{-3\pm j\sqrt{11}}{2}$となる．また，可観測性行列は$U_o=\begin{bmatrix}\boldsymbol{c}\\ \boldsymbol{c}A\end{bmatrix}=\begin{bmatrix}1 & 0\\ 0 & 1\end{bmatrix}$となるので，$|U_o|=1$となりシステムは可観測である．

(i)　オブザーバゲインを$\boldsymbol{h}=\begin{bmatrix}h_1\\ h_2\end{bmatrix}$とすると，$A-\boldsymbol{hc}=\begin{bmatrix}0 & 1\\ -5 & -3\end{bmatrix}-\begin{bmatrix}h_1\\ h_2\end{bmatrix}[1\ \ 0]=\begin{bmatrix}-h_1 & 1\\ -5-h_2 & -3\end{bmatrix}$となる．したがって，その特性方程式はつぎとなる．

$$|\lambda I-(A-\boldsymbol{hc})|=\begin{vmatrix}\lambda+h_1 & -1\\ 5+h_2 & \lambda+3\end{vmatrix}=\lambda^2+(h_1+3)\lambda+3h_1+h_2+5=0$$

求めたいオブザーバの極は$\{-4,\ -5\}$であるので，特性方程式はつぎとなる必要がある．$(\lambda+4)(\lambda+5)=0\to\lambda^2+9\lambda+20=0$．よって係数を比較することにより$h_1+3=9$, $3h_1+h_2+5=20$となるので，オブザーバゲインは$\boldsymbol{h}=\begin{bmatrix}h_1\\ h_2\end{bmatrix}=\begin{bmatrix}6\\ -3\end{bmatrix}$となる．

(ii)　(i)と同様にすると特性方程式はつぎとなる必要がある．$(\lambda+4-j3)(\lambda+4+j3)=0\to\lambda^2+8\lambda+25=0$．よって係数を比較することにより$h_1+3=8$, $3h_1+h_2+5=25$となるので，オブザーバゲインは$\boldsymbol{h}=\begin{bmatrix}h_1\\ h_2\end{bmatrix}=\begin{bmatrix}5\\ 5\end{bmatrix}$となる．

(2)

(i)　$|\lambda I-A|=\begin{vmatrix}\lambda-1 & -1\\ -2 & \lambda-3\end{vmatrix}=\lambda^2-4\lambda+1$より，行列$A$の固有値は$\{2-\sqrt{3},\ 2+\sqrt{3}\}$である．

(ii)　可観測性行列は$U_o=\begin{bmatrix}\boldsymbol{c}\\ \boldsymbol{c}A\end{bmatrix}=\begin{bmatrix}1 & -1\\ -1 & -2\end{bmatrix}$であり，$|U_o|=-2-1=-3\neq 0$であるので，システムは可観測である．

(iii)　オブザーバゲインを$\boldsymbol{h}=\begin{bmatrix}h_1\\ h_2\end{bmatrix}$とすると，$A-\boldsymbol{hc}=\begin{bmatrix}1 & 1\\ 2 & 3\end{bmatrix}-\begin{bmatrix}h_1\\ h_2\end{bmatrix}[1\ \ -1]=\begin{bmatrix}1-h_1 & 1+h_1\\ 2-h_2 & 3+h_2\end{bmatrix}$となる．したがって，その特性方程式はつぎとなる．

$$|\lambda I - A + \boldsymbol{hc}| = \begin{vmatrix} \lambda + h_1 - 1 & -h_1 - 1 \\ h_2 - 2 & \lambda - h_2 - 3 \end{vmatrix}$$

$$= \lambda^2 + (h_1 - h_2 - 4)\lambda - 5h_1 + 2h_2 + 1$$

求めたいオブザーバの極が $\{-3,\ -4\}$ であるので，特性方程式はつぎとなる必要がある．$\lambda^2 + 7\lambda + 12 = 0$．よって係数を比較することにより $h_1 - h_2 - 4 = 7$，$-5h_1 + 2h_2 + 1 = 12$ となるので，オブザーバゲインは $\boldsymbol{h} = \begin{bmatrix} h_1 \\ h_2 \end{bmatrix} = \begin{bmatrix} -11 \\ -22 \end{bmatrix}$ となる．

(3)

(i) $|\lambda I - A| = \begin{vmatrix} \lambda - 4 & 1 \\ -2 & \lambda - 1 \end{vmatrix} = \lambda^2 - 5\lambda + 6$ より，行列 A の固有値は $\{2,\ 3\}$ である．

(ii) 可観測性行列は $U_o = \begin{bmatrix} \boldsymbol{c} \\ \boldsymbol{c}A \end{bmatrix} = \begin{bmatrix} 2 & -1 \\ 6 & -3 \end{bmatrix}$ であり，$|U_o| = -6 + 6 = 0$ であるので，システムは不可観測である．

(iii) (ii) よりシステムは不可観測なので，オブザーバゲインを決定することはできずオブザーバを構成することはできない．

(4) システムの極は $|\lambda I - A| = \begin{vmatrix} \lambda + 2 & -1 \\ -3 & \lambda + 6 \end{vmatrix} = \lambda^2 + 8\lambda + 15$ より，行列 A の固有値は $\{-3,\ -5\}$ である．可観測性行列は $U_o = \begin{bmatrix} \boldsymbol{c} \\ \boldsymbol{c}A \end{bmatrix} = \begin{bmatrix} 1 & 1 \\ 1 & -7 \end{bmatrix}$ であり，$|U_o| = -7 - 1 = -8 \neq 0$ であるので，システムは可観測である．オブザーバゲインを $\boldsymbol{h} = \begin{bmatrix} h_1 \\ h_2 \end{bmatrix}$ とすると，

$$A - \boldsymbol{hc} = \begin{bmatrix} -2 & -1 \\ 3 & -6 \end{bmatrix} - \begin{bmatrix} h_1 \\ h_2 \end{bmatrix} [1 \quad 1] = \begin{bmatrix} -2 - h_1 & -1 - h_1 \\ 3 - h_2 & -6 - h_2 \end{bmatrix}$$ となるので，

$$|\lambda I - A + \boldsymbol{hc}| = \begin{vmatrix} \lambda + h_1 + 2 & h_1 + 1 \\ h_2 - 3 & \lambda + h_2 - 6 \end{vmatrix}$$

$$= \lambda^2 + (h_1 + h_2 + 8)\lambda + 9h_1 + h_2 + 15$$

を得る．システムの極と比べて，さらに左半平面にオブザーバの極を配置するために，たとえばオブザーバの極を $\{-8,\ -9\}$ と選ぶ．このとき特性方程式は $(\lambda + 8)(\lambda + 9) = 0 \rightarrow \lambda^2 + 17\lambda + 72 = 0$ となればよいので，係数比較を行い，$h_1 + h_2 + 8 = 17$，$9h_1 + h_2 + 15 = 72$ を解くことにより，つぎのオブザーバゲイン $\boldsymbol{h}$ を得る．$\boldsymbol{h} = \begin{bmatrix} h_1 \\ h_2 \end{bmatrix} = \begin{bmatrix} 6 \\ 3 \end{bmatrix}$

(5) 双対システムはつぎとなる．

$$\dot{\boldsymbol{x}}(t) = \begin{bmatrix} 0 & -5 \\ 1 & -3 \end{bmatrix} \boldsymbol{x}(t) + \begin{bmatrix} 1 \\ 0 \end{bmatrix} u(t), \quad y(t) = [0 \quad 1]\boldsymbol{x}(t)$$

このシステムの極は $\begin{vmatrix} \lambda & 5 \\ -1 & \lambda + 3 \end{vmatrix} = \lambda^3 + 3\lambda + 5$ より $\left\{ \dfrac{-3 \pm j\sqrt{11}}{2} \right\}$ となる．また，可制御

性行列は$U_c=\begin{bmatrix}1 & 0\\0 & 1\end{bmatrix}$となり，$|U_c|=1\neq 0$であるので，システムは可制御となる．状態フィードバック制御則を適用すると，$A-\boldsymbol{bf}=\begin{bmatrix}0 & -5\\1 & -3\end{bmatrix}-\begin{bmatrix}1\\0\end{bmatrix}[f_1 \quad f_2]=\begin{bmatrix}-f_1 & -5-f_2\\1 & -3\end{bmatrix}$となるので，その特性方程式はつぎとなる．

$$|\lambda I-(A-\boldsymbol{bf})|=\begin{vmatrix}\lambda+f_1 & 5+f_2\\-1 & \lambda+3\end{vmatrix}=\lambda^2+(f_1+3)\lambda+3f_1+f_2+5=0$$

求めたい閉ループシステムの極は$\{-4,\ -5\}$であるので，特性方程式は$(\lambda+4)(\lambda+5)=0\rightarrow\lambda^2+9\lambda+20=0$となる必要がある．よって係数を比較することにより，$f_1+3=9$，$3f_1+f_2+5=20$となるので，状態フィードバックベクトルは$\boldsymbol{f}=[f_1 \quad f_2]=[6 \quad -3]$となる．

講義 12

(1)　講義 11 の演習問題(1)と同じシステムであるので，システムの極は$\dfrac{-3\pm j\sqrt{11}}{2}$となる．

(i)　可制御性行列は$U_c=[\boldsymbol{b} \quad A\boldsymbol{b}]=\begin{bmatrix}0 & 1\\1 & -3\end{bmatrix}$となるので$|U_c|=-1\neq 0$となり，システムは可制御である．状態フィードバックベクトルを$\boldsymbol{f}=[f_1 \quad f_2]$とすると，

$A-\boldsymbol{bf}=\begin{bmatrix}0 & 1\\-5 & -3\end{bmatrix}-\begin{bmatrix}0\\1\end{bmatrix}[f_1 \quad f_2]=\begin{bmatrix}0 & 1\\-5-f_1 & -3-f_2\end{bmatrix}$となる．よって，その特性方程式は

$$|\lambda I-(A-\boldsymbol{bf})|=\begin{vmatrix}\lambda & -1\\5+f_1 & \lambda+3+f_2\end{vmatrix}=\lambda^2+(f_2+3)\lambda+f_1+5=0$$

となる．求めたい閉ループシステムの極は$\{-3,\ -4\}$であるので，特性方程式は$(\lambda+3)(\lambda+4)=0\rightarrow\lambda^2+7\lambda+12=0$となる必要がある．よって係数を比較することにより，$f_2+3=7$，$f_1+5=12$となるので，状態フィードバックベクトルは$\boldsymbol{f}=[f_1 \quad f_2]=[7 \quad 4]$となる．

(ii)　可観測性行列は$U_o=\begin{bmatrix}\boldsymbol{c}\\\boldsymbol{c}A\end{bmatrix}=\begin{bmatrix}1 & 0\\0 & 1\end{bmatrix}$となるので$|U_o|=1\neq 0$となり，システムは可観測である．オブザーバゲインを$\boldsymbol{h}=\begin{bmatrix}h_1\\h_2\end{bmatrix}$とすると，$A-\boldsymbol{hc}=\begin{bmatrix}0 & 1\\-5 & -3\end{bmatrix}-\begin{bmatrix}h_1\\h_2\end{bmatrix}[1 \quad 0]=\begin{bmatrix}-h_1 & 1\\-5-h_2 & -3\end{bmatrix}$となる．よって，その特性方程式は

$$|\lambda I-(A-\boldsymbol{hc})|=\begin{vmatrix}\lambda+h_1 & -1\\5+h_2 & \lambda+3\end{vmatrix}=\lambda^2+(h_1+3)\lambda+3h_1+h_2+5=0$$

となる．求めたいオブザーバの極は$\{-5,\ -6\}$であるので，特性方程式は$(\lambda+5)(\lambda+6)=0\rightarrow\lambda^2+11\lambda+30=0$となる必要がある．よって係数を比較することにより$h_1+3=11$，

$3h_1 + h_2 + 5 = 30$ となるので，オブザーバゲインは $\boldsymbol{h} = \begin{bmatrix} h_1 \\ h_2 \end{bmatrix} = \begin{bmatrix} 8 \\ 1 \end{bmatrix}$ となる．

(i)，(ii) より状態フィードバックベクトル $\boldsymbol{f}$ とオブザーバゲイン $\boldsymbol{h}$ はそれぞれ独立に設計してよいことがわかる．

(2)　(12.19) 式にしたがい，$|\lambda I - A_c| = |\lambda I - (A - \boldsymbol{bf})||\lambda I - (A - \boldsymbol{hc})|$ の行列式の値を求めればよい．

$$|\lambda I - (A - \boldsymbol{bf})| = (\lambda - 1)(\lambda + 4) + 6 = \lambda^2 + 3\lambda + 2 = (\lambda + 1)(\lambda + 2)$$
$$|\lambda I - (A - \boldsymbol{hc})| = (\lambda - 12)(\lambda + 19) + 240 = \lambda^2 + 7\lambda + 12 = (\lambda + 3)(\lambda + 4)$$

したがって，閉ループシステムの極は $\{-1, -2\}$, オブザーバの極は $\{-3, -4\}$ である．

(3)

(i)　$\begin{vmatrix} \lambda & -1 \\ 0 & \lambda - 3 \end{vmatrix} = \lambda(\lambda - 3)$ より，システムの極は $\{0, 3\}$ である．可制御性行列は $U_c = [\boldsymbol{b} \quad A\boldsymbol{b}] = \begin{bmatrix} 0 & 1 \\ 1 & 3 \end{bmatrix}$ となるので $|U_c| = -1 \neq 0$ となりシステムは可制御である．状態フィードバックベクトルを $\boldsymbol{f} = [f_1 \quad f_2]$ とすると，$A - \boldsymbol{bf} = \begin{bmatrix} 0 & 1 \\ 0 & 3 \end{bmatrix} - \begin{bmatrix} 0 \\ 1 \end{bmatrix} [f_1 \quad f_2]$ $= \begin{bmatrix} 0 & 1 \\ -f_1 & 3 - f_2 \end{bmatrix}$ となる．よってその特性方程式は

$$|\lambda I - (A - \boldsymbol{bf})| = \begin{vmatrix} \lambda & -1 \\ f_1 & \lambda - 3 + f_2 \end{vmatrix} = \lambda^2 + (f_2 - 3)\lambda + f_1 = 0$$

となる．求めたい閉ループシステムの極は $\{-2, -3\}$ であるので，特性方程式は $(\lambda + 2)(\lambda + 3) = 0 \to \lambda^2 + 5\lambda + 6 = 0$ となる必要がある．よって係数を比較することにより $f_1 = 6$, $f_2 - 3 = 5$ となるので，状態フィードバックベクトルは $\boldsymbol{f} = [f_1 \quad f_2] = [6 \quad 8]$ となる．

(ii)　可観測性行列は $U_o = \begin{bmatrix} \boldsymbol{c} \\ \boldsymbol{c}A \end{bmatrix} = \begin{bmatrix} 1 & 1 \\ 0 & 4 \end{bmatrix}$ となるので $|U_o| = 4 \neq 0$ となりシステムは可観測である．オブザーバゲインを $\boldsymbol{h} = \begin{bmatrix} h_1 \\ h_2 \end{bmatrix}$ とすると，$A - \boldsymbol{hc} = \begin{bmatrix} 0 & 1 \\ 0 & 3 \end{bmatrix} - \begin{bmatrix} h_1 \\ h_2 \end{bmatrix} [1 \quad 1] =$ $\begin{bmatrix} -h_1 & 1 - h_1 \\ h_2 & 3 - h_2 \end{bmatrix}$ となる．よってその特性方程式は

$$|\lambda I - (A - \boldsymbol{hc})| = \begin{vmatrix} \lambda + h_1 & h_1 - 1 \\ h_2 & \lambda - 3 + h_2 \end{vmatrix} = \lambda^2 + (h_1 + h_2 - 3)\lambda - 3h_1 + h_2 = 0$$

となる．求めたいオブザーバの極は $\{-5, -6\}$ であるので，特性方程式は $(\lambda + 5)(\lambda + 6) = 0 \to \lambda^2 + 11\lambda + 30 = 0$ となる必要がある．よって係数を比較することにより $h_1 + h_2 - 3 = 11$，$-3h_1 + h_2 = 30$ となるので，オブザーバゲインは $\boldsymbol{h} = \begin{bmatrix} h_1 \\ h_2 \end{bmatrix} = \begin{bmatrix} -4 \\ 18 \end{bmatrix}$ となる．

(iii)　ここでは (12.19) 式の関係を使うのではなく，得られる 4 次正方行列の行列式の値を講義 03 で示した第 1 列に関して余因子展開して求めよう．(i)，(ii) で求めた状態フィード

バックベクトル$\boldsymbol{f}$とオブザーバゲイン$\boldsymbol{h}$を代入して整理すると $A_c=\begin{bmatrix} 0 & 1 & 0 & 0 \\ -6 & 5 & -6 & -8 \\ 0 & 0 & 4 & 5 \\ 0 & 0 & -18 & -15 \end{bmatrix}$

となる．よって行列A_cの固有値は$|\lambda I - A_c|$を求めることにより得られる．ここで$|\lambda I - A_c|$の第1列に注目すると，その行列式はつぎで求めることができる．

$$|\lambda I - A_c| = \begin{vmatrix} \lambda & -1 & 0 & 0 \\ 6 & \lambda+5 & 6 & 8 \\ 0 & 0 & \lambda-4 & -5 \\ 0 & 0 & 18 & \lambda+15 \end{vmatrix}$$

$$= (-1)^{(1+1)}\lambda \begin{vmatrix} \lambda+5 & 6 & 8 \\ 0 & \lambda-4 & -5 \\ 0 & 18 & \lambda+15 \end{vmatrix} + (-1)^{(1+2)}(-1) \begin{vmatrix} 6 & 6 & 8 \\ 0 & \lambda-4 & -5 \\ 0 & 18 & \lambda+15 \end{vmatrix}$$

$$= \lambda\{(\lambda+5)(\lambda-5)(\lambda+15)+5\times 18(\lambda+5)\}+6(\lambda-4)(\lambda+15)+5\times 18\times 6$$

$$= \lambda[(\lambda+5)\{(\lambda^2-4)(\lambda+15)+90\}]+6\lambda^2+66\lambda+180$$

$$= \lambda(\lambda+5)(\lambda^2+11\lambda+30)+6(\lambda^2+11\lambda+30)$$

$$= (\lambda^2+5\lambda+6)(\lambda^2+11\lambda+30)$$

$$= (\lambda+2)(\lambda+3)(\lambda+5)(\lambda+6)$$

したがって拡大系の固有値は$\{-2,\ -3,\ -5,\ -6\}$となり，状態フィードバック制御における閉ループシステムの極とオブザーバの極と一致することがわかる．

(4)

(i) $\begin{vmatrix} \lambda-2 & 1 \\ -2 & \lambda-5 \end{vmatrix} = \lambda^2-7\lambda+12=(\lambda-3)(\lambda-4)$より，システムの極は$\{3,\ 4\}$である．

可制御性行列は$U_c=[\boldsymbol{b}\quad A\boldsymbol{b}]=\begin{bmatrix} 1 & 0 \\ 2 & 12 \end{bmatrix}$となるので$|U_c|=12\neq 0$となりシステムは可制御である．状態フィードバックベクトルを$\boldsymbol{f}=[f_1\quad f_2]$とすると，$A-\boldsymbol{bf}=\begin{bmatrix} 2 & -1 \\ 2 & 5 \end{bmatrix}-\begin{bmatrix} 1 \\ 2 \end{bmatrix}[f_1\quad f_2]$ $=\begin{bmatrix} 2-f_1 & -1-f_2 \\ 2-2f_1 & 5-2f_2 \end{bmatrix}$となる．よってその特性方程式は

$$|\lambda I-(A-\boldsymbol{bf})| = \begin{vmatrix} \lambda-2+f_1 & 1+f_2 \\ -2+2f_1 & \lambda-5+2f_2 \end{vmatrix} = \lambda^2+(f_1+2f_2-7)\lambda-7f_1-2f_2+12=0$$

となる．求めたい閉ループシステムの極は$\{-1,\ -2\}$であるので，特性方程式は$(\lambda+1)(\lambda+2)=0 \rightarrow \lambda^2+3\lambda+2=0$となる必要がある．よって係数を比較することにより$f_1+2f_2-7=3$，$-7f_1-2f_2+12=2$となるので，状態フィードバックベクトルは$\boldsymbol{f}=[f_1\quad f_2]=[0\quad 5]$となる．

(ii) 可観測性行列は$U_o=\begin{bmatrix} \boldsymbol{c} \\ \boldsymbol{c}A \end{bmatrix}=\begin{bmatrix} 1 & 0 \\ 2 & 2 \end{bmatrix}$となるので$|U_o|=2\neq 0$となりシステムは可観測

である．オブザーバゲインを$\boldsymbol{h}=\begin{bmatrix}h_1\\h_2\end{bmatrix}$とすると，$A-\boldsymbol{hc}=\begin{bmatrix}2&-1\\2&5\end{bmatrix}-\begin{bmatrix}h_1\\h_2\end{bmatrix}[1\quad 0]$ $=\begin{bmatrix}2-h_1&-1\\2-h_2&5\end{bmatrix}$となる．よってその特性方程式は

$$|\lambda I-(A-\boldsymbol{hc})|=\begin{vmatrix}\lambda+h_1-2&1\\-h_2+2&\lambda-5\end{vmatrix}=\lambda^2+(h_1-7)\lambda-5h_1-h_2+12=0$$

となる．求めたいオブザーバの極は$\{-3,\ -4\}$であるので，特性方程式は$(\lambda+3)(\lambda+4)=0\rightarrow\lambda^2+7\lambda+12=0$となる必要がある．よって係数を比較することにより$h_1-7=7$，$-5h_1-h_2+12=12$となるので，オブザーバゲインは$\boldsymbol{h}=\begin{bmatrix}h_1\\h_2\end{bmatrix}=\begin{bmatrix}14\\-70\end{bmatrix}$となる．

(iii) ここでは (12.19) 式の関係を使うのではなく，得られる 4 次正方行列の行列式の値を講義 03 で示した第 1 列に関して余因子展開して求めよう．(i)，(ii) で求めた状態フィードバックベクトル$\boldsymbol{f}$とオブザーバゲイン$\boldsymbol{h}$を代入して整理すると$A_c=\begin{bmatrix}2&-6&0&-5\\2&-5&0&-10\\0&0&-12&1\\0&0&72&5\end{bmatrix}$

となる．よって行列A_cの固有値は$|\lambda I-A_c|$を求めることにより得られる．ここで$|\lambda I-A_c|$の第 1 列に注目すると，その行列式はつぎで求めることができる．

$$|\lambda I-A_c|=\begin{vmatrix}\lambda-2&6&0&5\\-2&\lambda+5&0&10\\0&0&\lambda+12&1\\0&0&-72&\lambda-5\end{vmatrix}$$

$$=(-1)^{(1+1)}(\lambda-2)\begin{vmatrix}\lambda+5&0&10\\0&\lambda+12&1\\0&-72&\lambda-5\end{vmatrix}+(-1)^{(2+1)}(-2)\begin{vmatrix}6&0&5\\0&\lambda+12&1\\0&-72&\lambda-5\end{vmatrix}$$

$$=(\lambda-2)\{(\lambda+5)(\lambda+12)(\lambda-5)+72(\lambda+5)\}+2\{6(\lambda+12)(\lambda-5)+72\times 6\}$$

$$=(\lambda-2)(\lambda+5)(\lambda^2+7\lambda+12)+12(\lambda^2+7\lambda+12)$$

$$=(\lambda^2+3\lambda+2)(\lambda^2+7\lambda+12)=(\lambda+1)(\lambda+2)(\lambda+3)(\lambda+4)$$

したがって拡大系の固有値は$\{-1,\ -2,\ -3,\ -4\}$となり，状態フィードバック制御における閉ループシステムの極とオブザーバの極と一致することがわかる．

(5)

(i) $\begin{vmatrix}\lambda&-1\\-2&\lambda+1\end{vmatrix}=\lambda^2+\lambda+2$より$\lambda=\dfrac{-1\pm3}{2}$であるので，システムの極は$\{-2,\ 1\}$である．

可制御性行列は$U_c=[\boldsymbol{b}\quad A\boldsymbol{b}]=\begin{bmatrix}0&1\\1&-1\end{bmatrix}$となるので$|U_c|=-1\neq0$となりシステムは可制御で

ある．状態フィードバックベクトルを$\boldsymbol{f}=[f_1 \quad f_2]$とすると，$A-\boldsymbol{bf}=\begin{bmatrix}0 & 1\\ 2 & -1\end{bmatrix}-\begin{bmatrix}0\\ 1\end{bmatrix}[f_1 \quad f_2]$
$=\begin{bmatrix}0 & 1\\ 2-f_1 & -1-f_2\end{bmatrix}$となる．よってその特性方程式は

$$|\lambda I-(A-\boldsymbol{bf})|=\begin{vmatrix}\lambda & -1\\ -2+f_1 & \lambda+1+f_2\end{vmatrix}=\lambda^2+(f_2+1)\lambda+f_1-2=0$$

となる．求めたい閉ループシステムの極は $\{-2,\ -3\}$ であるので，特性方程式は $(\lambda+2)(\lambda+3)=0 \to \lambda^2+5\lambda+6=0$ となる必要がある．よって係数を比較することにより $1+f_2=5,\ f_1-2=6$ となるので，状態フィードバックベクトルは$\boldsymbol{f}=[f_1 \quad f_2]=[8 \quad 4]$となる．

(ii) 可観測性行列は$U_o=\begin{bmatrix}\boldsymbol{c}\\ \boldsymbol{c}A\end{bmatrix}=\begin{bmatrix}1 & 0\\ 0 & 1\end{bmatrix}$となるので $|U_o|=1\neq 0$ となりシステムは可観測である．オブザーバゲインを$\boldsymbol{h}=\begin{bmatrix}h_1\\ h_2\end{bmatrix}$とすると，$A-\boldsymbol{hc}=\begin{bmatrix}0 & 1\\ 2 & -1\end{bmatrix}-\begin{bmatrix}h_1\\ h_2\end{bmatrix}[1 \quad 0]$
$=\begin{bmatrix}-h_1 & 1\\ 2-h_2 & -1\end{bmatrix}$となる．よってその特性方程式は

$$|\lambda I-(A-\boldsymbol{hc})|=\begin{vmatrix}\lambda+h_1 & -1\\ h_2-2 & \lambda+1\end{vmatrix}=\lambda^2+(h_1+1)\lambda+h_1+h_2-2=0$$

となる．求めたいオブザーバの極は $\{-10,\ -12\}$ であるので，特性方程式は $(\lambda+10)(\lambda+12)=0 \to \lambda^2+22\lambda+120=0$ となる必要がある．よって係数を比較することにより $h_1+1=22,\ h_1+h_2-2=120$ となるので，オブザーバゲインは$\boldsymbol{h}=\begin{bmatrix}h_1\\ h_2\end{bmatrix}=\begin{bmatrix}21\\ 101\end{bmatrix}$となる．

(iii) オブザーバを用いた状態フィードバック制御則 $u(t)=-\boldsymbol{f}\boldsymbol{x}(t)$ により，閉ループシステムは$\dot{\boldsymbol{x}}(t)=A\boldsymbol{x}(t)-\boldsymbol{bf}\hat{\boldsymbol{x}}(t)$ となり，オブザーバは$\dot{\hat{\boldsymbol{x}}}(t)=(A-\boldsymbol{hc})\hat{\boldsymbol{x}}(t)+\boldsymbol{b}u(t)+\boldsymbol{h}y(t)=(A-\boldsymbol{hc}-\boldsymbol{bf})\hat{\boldsymbol{x}}(t)+\boldsymbol{hc}\boldsymbol{x}(t)$ となる．これらより，状態変数を$[\boldsymbol{x}(t) \quad \hat{\boldsymbol{x}}(t)]^{\mathrm{T}}$とした拡大系はつぎとなる．

$$\frac{\mathrm{d}}{\mathrm{d}t}\begin{bmatrix}\boldsymbol{x}(t)\\ \hat{\boldsymbol{x}}(t)\end{bmatrix}=\begin{bmatrix}A & -\boldsymbol{bf}\\ \boldsymbol{hc} & A-\boldsymbol{hc}-\boldsymbol{bf}\end{bmatrix}\begin{bmatrix}\boldsymbol{x}(t)\\ \hat{\boldsymbol{x}}(t)\end{bmatrix}$$

ここで$A_c'=\begin{bmatrix}A & -\boldsymbol{bf}\\ \boldsymbol{hc} & A-\boldsymbol{hc}-\boldsymbol{bf}\end{bmatrix}$として$A_c'$の固有値を求める．(i)，(ii) で求めた状態フィードバックベクトル$\boldsymbol{f}$とオブザーバゲイン$\boldsymbol{h}$を代入して整理すると$A_c'=$
$\begin{bmatrix}0 & 1 & 0 & 0\\ 2 & -1 & -8 & -4\\ 21 & 0 & -21 & 1\\ 101 & 0 & -107 & -5\end{bmatrix}$となる．よって行列$A_c'$の固有値は $|\lambda I-A_c'|$ を求めることにより得られる．ここで $|\lambda I-A_c'|$ の第1行に注目すると，その行列式はつぎで求めることができる．

$$|\lambda I - A_c'| = \begin{vmatrix} \lambda & -1 & 0 & 0 \\ -2 & \lambda+1 & 8 & 4 \\ -21 & 0 & \lambda+21 & -1 \\ -101 & 0 & 107 & \lambda+5 \end{vmatrix}$$

$$= (-1)^{(1+1)}\lambda \begin{vmatrix} \lambda+1 & 8 & 4 \\ 0 & \lambda+21 & -1 \\ 0 & 107 & \lambda+5 \end{vmatrix} + (-1)^{(1+2)}(-1) \begin{vmatrix} -2 & 8 & 4 \\ -21 & \lambda+21 & -1 \\ -101 & 107 & \lambda+5 \end{vmatrix}$$

$$= \lambda\{(\lambda+1)(\lambda+21)(\lambda+5) + 107(\lambda+1)\}$$
$$+ (-2)(\lambda+21)(\lambda+5) + 8 \times (-1) \times (-101) + 4 \times 107 \times (-21)$$
$$= \lambda(\lambda^3 + 27\lambda^2 + 238\lambda + 212) - 2\lambda^2 + 520\lambda + 720$$
$$= \lambda^4 + 27\lambda^3 + 236\lambda^2 + 732\lambda + 720$$
$$= (\lambda+2)(\lambda+3)(\lambda+10)(\lambda+12)$$

したがって拡大系の固有値は $\{-2, -3, -10, -12\}$ となり，状態フィードバック制御における閉ループシステムの極とオブザーバの極と一致することがわかる．

講義 13

(1)　(13.8) 式に (13.10) 式の制御則および (13.11) 式の外乱を適用すると

$$\dot{\boldsymbol{x}}(t) = \left(\begin{bmatrix} 0 & 1 \\ -6 & -5 \end{bmatrix} - \begin{bmatrix} 0 & 0 \\ 3 & 1 \end{bmatrix} \right) \boldsymbol{x}(t) + \begin{bmatrix} 0 \\ -1 \end{bmatrix} = \begin{bmatrix} 0 & 1 \\ -9 & -6 \end{bmatrix} \boldsymbol{x}(t) + \begin{bmatrix} 0 \\ -1 \end{bmatrix} \quad \text{(A.1)}$$

となる．行列 $\begin{bmatrix} 0 & 1 \\ -9 & -6 \end{bmatrix}$ は正則なので，(A.1) 式を解くと，

$$\boldsymbol{x}(t) = \mathrm{e}^{\begin{bmatrix} 0 & 1 \\ -9 & -6 \end{bmatrix} t} \boldsymbol{x}(0) - \begin{bmatrix} 0 & 1 \\ -9 & -6 \end{bmatrix}^{-1} \begin{bmatrix} 0 \\ -1 \end{bmatrix}$$
$$\simeq \mathrm{e}^{\begin{bmatrix} 0 & 1 \\ -9 & -6 \end{bmatrix} t} \boldsymbol{x}(0) - \begin{bmatrix} 0.111 \\ 0 \end{bmatrix}$$

となる．行列 $\begin{bmatrix} 0 & 1 \\ -9 & -6 \end{bmatrix}$ は漸近安定なので，

$$\lim_{t \to \infty} \boldsymbol{x}(t) = \begin{bmatrix} -0.111 \\ 0 \end{bmatrix} \quad \text{(A.2)}$$

となって定常偏差を生じる．

(2)　図 13.8 において，制御対象は

$$\dot{\boldsymbol{x}}(t) = A\boldsymbol{x}(t) + \boldsymbol{b}u(t) - \boldsymbol{b}d(t) \quad \text{(A.3)}$$
$$y(t) = \boldsymbol{c}x(t) \quad \text{(A.4)}$$

であり，その制御則は

$$u(t) = -\boldsymbol{f}\boldsymbol{x}(t) + v(t) \tag{A.5}$$
$$\dot{v}(t) = -gy(t) \tag{A.6}$$

である．状態ベクトルを$\begin{bmatrix} \boldsymbol{x}(t) \\ v(t) \end{bmatrix}$として，(A.3) 式～ (A.6) 式を整理すると，

$$\begin{bmatrix} \dot{\boldsymbol{x}}(t) \\ \dot{v}(t) \end{bmatrix} = \begin{bmatrix} A - \boldsymbol{bf} & \boldsymbol{b} \\ g\boldsymbol{c} & 0 \end{bmatrix} \begin{bmatrix} \boldsymbol{x}(t) \\ v(t) \end{bmatrix} - \begin{bmatrix} \boldsymbol{b}d(t) \\ 0 \end{bmatrix} \tag{A.7}$$

となる．(13.8) 式，(13.9) 式中のパラメータおよび$\boldsymbol{f} = [\,3 \quad 1\,]$, $d(t) = 1$, $g = 1$を用いて (A.7) 式を解くと，

$$\begin{bmatrix} \boldsymbol{x}(t) \\ v(t) \end{bmatrix} = \mathrm{e}^{\tilde{A}t} \begin{bmatrix} \boldsymbol{x}(0) \\ v(0) \end{bmatrix} - \tilde{A}^{-1}\mathrm{e}^{\tilde{A}t} \begin{bmatrix} 0 \\ 1 \\ 0 \end{bmatrix} + \tilde{A}^{-1} \begin{bmatrix} 0 \\ 1 \\ 0 \end{bmatrix} \tag{A.8}$$

となる．ここで

$$\tilde{A} = \begin{bmatrix} 0 & 1 & 0 \\ -9 & -6 & 1 \\ -1 & 0 & 0 \end{bmatrix} \tag{A.9}$$

である．$\tilde{A}$は漸近安定な行列なので，$\lim_{t\to\infty} \mathrm{e}^{\tilde{A}t} \begin{bmatrix} \boldsymbol{x}(t) \\ v(t) \end{bmatrix} = \boldsymbol{0}$, $\lim_{t\to\infty} \tilde{A}^{-1}\mathrm{e}^{\tilde{A}t} \begin{bmatrix} 0 \\ 1 \\ 0 \end{bmatrix} = \boldsymbol{0}$であり，

$$\tilde{A}^{-1} \begin{bmatrix} 0 \\ 1 \\ 0 \end{bmatrix} = \begin{bmatrix} 0 \\ 0 \\ 1 \end{bmatrix} \tag{A.10}$$

より，

$$\lim_{t\to\infty} \begin{bmatrix} \boldsymbol{x}(t) \\ v(t) \end{bmatrix} = \lim_{t\to\infty} \begin{bmatrix} x_1(t) \\ x_2(t) \\ v(t) \end{bmatrix} = \begin{bmatrix} 0 \\ 0 \\ 1 \end{bmatrix} \tag{A.11}$$

となる．(A.11) 式から，状態変数 x_1, x_2 の定常偏差が 0 になって定値外乱の影響が抑制されることがわかる．

(3) (13.35) 式：$u(t) = -\,[\boldsymbol{f}^* \quad -g^*] \begin{bmatrix} \boldsymbol{x}(t) \\ z(t) \end{bmatrix}$におけるパラメータを$\boldsymbol{f}^* = [f_1^* \quad f_2^*]$, $\boldsymbol{x}(t) = \begin{bmatrix} x_1(t) \\ x_2(t) \end{bmatrix}$とすると，(13.35) 式は$u(t) = -\,[f_1^* \quad f_2^* \quad -g^*] \begin{bmatrix} x_1(t) \\ x_2(t) \\ z(t) \end{bmatrix}$となり，これを (13.46) 式に代入すると，

$$\begin{bmatrix}\dot{x}_1(t)\\ \dot{x}_2(t)\\ \dot{z}(t)\end{bmatrix}=\begin{bmatrix}0 & 1 & 0\\ -6 & -5 & 0\\ -1 & 0 & 0\end{bmatrix}\begin{bmatrix}x_1(t)\\ x_2(t)\\ z(t)\end{bmatrix}+\begin{bmatrix}0\\ 1\\ 0\end{bmatrix}[-f_1{}^* \quad -f_2{}^* \quad g^*]\begin{bmatrix}x_1(t)\\ x_2(t)\\ z(t)\end{bmatrix}$$

$$=\begin{bmatrix}0 & 1 & 0\\ -6 & -5 & 0\\ -1 & 0 & 0\end{bmatrix}\begin{bmatrix}x_1(t)\\ x_2(t)\\ z(t)\end{bmatrix}+\begin{bmatrix}0 & 0 & 0\\ -f_1{}^* & -f_2{}^* & g^*\\ 0 & 0 & 0\end{bmatrix}\begin{bmatrix}x_1(t)\\ x_2(t)\\ z(t)\end{bmatrix}$$

$$=\begin{bmatrix}0 & 1 & 0\\ -6-f_1{}^* & -5-f_2{}^* & g^*\\ -1 & 0 & 0\end{bmatrix}\begin{bmatrix}x_1(t)\\ x_2(t)\\ z(t)\end{bmatrix} \tag{A.12}$$

(A.12) 式の閉ループシステムの特性方程式は

$$\begin{vmatrix}s & -1 & 0\\ 6+f_1{}^* & s+5+f_2{}^* & -g^*\\ 1 & 0 & s\end{vmatrix}=s^3+(5+f_2{}^*)s^2+(6+f_1{}^*)s+g^*=0 \tag{A.13}$$

となる．ここで，閉ループシステムの極は -3 の 3 重根に指定されているので，(A.13) 式が $(s+3)^3=s^3+9s^2+27s+27=0$ と一致すればよい．(A.13) 式の係数と比較すると，$f_1^*=21$，$f_2^*=4$，$g^*=27$ を得る．

(4) 閉ループシステムの極は $\{-3,\ -3\pm j2\}$ なので，(A.13) 式が $(s+3)(s+3+j2)(s+3-j2)=s^3+9s^2+31s+39=0$ と一致すればよい．(A.13) 式と比較すると，$f_1^*=25$，$f_2^*=4$，$g^*=39$ を得る．これらのパラメータを用いて (13.35) 式の状態フィードバック制御を施した結果を制御系 CAD により計算すると図 A.10 の結果を得る．$-3\pm j2$ という実軸上にない極を用いているので，図 13.15 の結果と比較して速応性が上がったが，0 でないオーバーシュートが生じている．

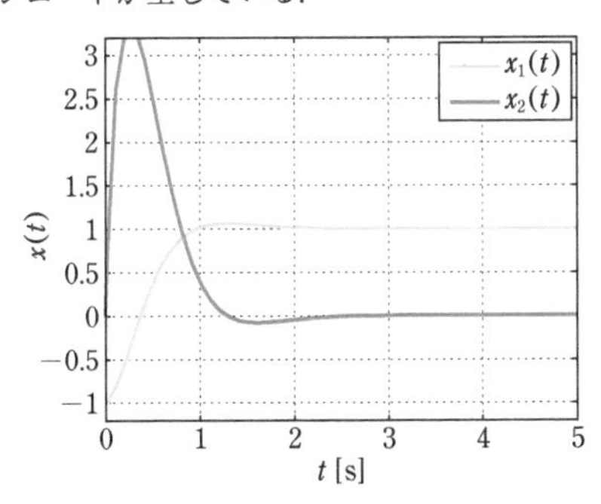

図 A.10　閉ループシステムの時間応答

(5) (13.42) 式，(13.43) 式のシステムに対して，外乱および目標値を考慮した拡大システムを構成すると

$$\begin{bmatrix}\dot{x}_1(t)\\ \dot{x}_2(t)\\ \dot{z}(t)\end{bmatrix}=\begin{bmatrix}0 & 1 & 0\\ -6 & -5 & 0\\ -1 & 0 & 0\end{bmatrix}\begin{bmatrix}x_1(t)\\ x_2(t)\\ z(t)\end{bmatrix}+\begin{bmatrix}0\\ 1\\ 0\end{bmatrix}u(t)+\begin{bmatrix}0\\ d(t)\\ r(t)\end{bmatrix} \tag{A.14}$$

となる．(A.14) 式の拡大システムに対して (13.47) 式の状態フィードバック制御を施すと，

$$\begin{bmatrix} \dot{x}_1(t) \\ \dot{x}_2(t) \\ \dot{z}(t) \end{bmatrix} = \begin{bmatrix} 0 & 1 & 0 \\ -27 & -9 & 27 \\ -1 & 0 & 0 \end{bmatrix} \begin{bmatrix} x_1(t) \\ x_2(t) \\ z(t) \end{bmatrix} + \begin{bmatrix} 0 \\ d(t) \\ r(t) \end{bmatrix} \tag{A.15}$$

となる．(13.44) 式，(13.45) 式より $r(t)=1$，$d(t)=1$ を代入すると

$$\begin{aligned} &\begin{bmatrix} x_1(t) \\ x_2(t) \\ z(t) \end{bmatrix} \\ &= \begin{bmatrix} e^{-3t}+3te^{-3t}-9t^2e^{-3t} & te^{-3t}-\frac{3}{2}t^2e^{-3t} & \frac{27}{2}t^2e^{-3t} \\ -27te^{-3t}+27t^2e^{-3t} & e^{-3t}+6te^{-3t}+\frac{9}{2}t^2e^{-3t} & 27te^{-3t}-\frac{81}{2}t^2e^{-3t} \\ -te^{-3t}-3t^2e^{-3t} & -\frac{1}{2}t^2e^{-3t} & e^{-3t}+3te^{-3t}+\frac{9}{2}t^2e^{-3t} \end{bmatrix} \begin{bmatrix} x_1(0) \\ x_2(0) \\ z(0) \end{bmatrix} \\ &+ \begin{bmatrix} 1-e^{-3t}-3te^{-3t}-5t^2e^{-3t} \\ -te^{-3t}+15t^2e^{-3t} \\ \frac{28}{27}-\frac{28}{27}e^{-3t}-\frac{19}{9}te^{-3t}-\frac{5}{3}t^2e^{-3t} \end{bmatrix} \end{aligned} \tag{A.16}$$

となる．(A.16) 式に対して，$\boldsymbol{x}(0)=\begin{bmatrix} -1 \\ 0 \end{bmatrix}$ から $x_1(0)=-1$，$x_2(0)=0$，積分器の初期値[1]に $z(0)=0$ を代入すると (13.49) 式を得る．

講義 14

(1)　例 14.3 と同様にして正定行列 P を $P=\begin{bmatrix} p_1 & p_2 \\ p_2 & p_3 \end{bmatrix}$ とすると，(14.12) 式はつぎとなる．

$$-p_2^2-12p_2+13=0,\ \ p_1-5p_2-6p_3-p_2p_3=0,\ \ -p_3^2+2p_2-10p_3+9=0$$

よって $p_2=-6\pm\sqrt{36+13}=1,\ -13$ となる．$p_2=1$ のとき $p_3^2+10p_3-11=0$ となるので $p_3=-5\pm\sqrt{25+11}=1,\ -11$ となる．$p_2=1$，$p_3=1$ のとき $p_1-5-6-1=0$ となるので $p_1=12$ となる．$p_2=1$，$p_3=-11$ のとき $p_1-5+66+11=0$ となるので $p_1=-72$ となる．

$p_2=-13$ のとき，$p_3^2+10p_3+17=0$ となるので $p_3=-5\pm\sqrt{25-17}=-5\pm2\sqrt{2}$ となる．$p_2=-13$，$p_3=-5+2\sqrt{2}$ のとき $p_1+65+7(-5+2\sqrt{2})=0$ となるので $p_1=-30-14\sqrt{2}$ となる．$p_2=-13$，$p_3=-5-2\sqrt{2}$ のとき $p_1+65+7(-5-2\sqrt{2})=0$ となるので $p_1=-30+14\sqrt{2}$ となる．よって (14.12) 式の解 P は

1）積分器の初期値を 0 として扱うことは一般的である．

$$\begin{bmatrix} 12 & 1 \\ 1 & 1 \end{bmatrix}, \begin{bmatrix} -72 & 1 \\ 1 & -11 \end{bmatrix}, \begin{bmatrix} -30-14\sqrt{2} & -13 \\ -13 & -5+2\sqrt{2} \end{bmatrix}, \begin{bmatrix} -30+14\sqrt{2} & -13 \\ -13 & -5-2\sqrt{2} \end{bmatrix}$$

となる．このうち正定行列であるのは$\begin{bmatrix} 12 & 1 \\ 1 & 1 \end{bmatrix}$である．

(2)　Q_1 および Q_2 のときの最適制御則は，それぞれ $u_1(t) = -\begin{bmatrix} 1 & -5+2\sqrt{7} \end{bmatrix} x(t)$ および $u_2(t) = -[1 \quad 1] x(t)$ となる．最適制御則により構成される閉ループシステムの時間応答を計算すると，図 A.11 のようになる．状態変数 x_2 に対する重みが 1 から 9 になり（x_1 に対する重みはそのまま），x_2 に重みをおく制御がなされたので，x_2 の応答の最大値は小さくなった．

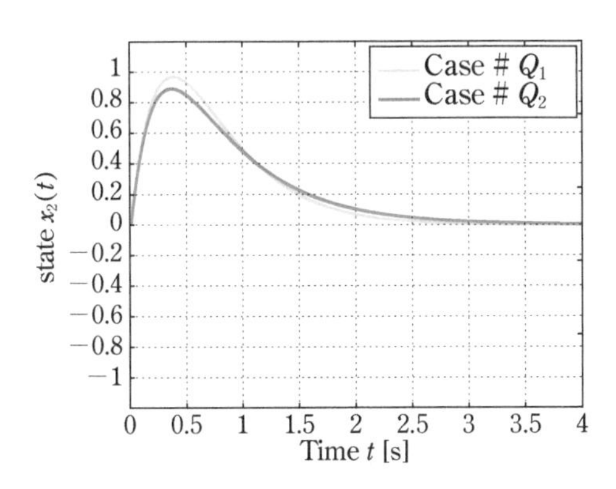

図 A.11　閉ループ系の時間応答 ($x_2(t)$)

(3)　汎関数 $V(t) = \boldsymbol{x}^\top(t) P \boldsymbol{x}(t)$ の時間微分はつぎとなる．

$$\frac{\mathrm{d}}{\mathrm{d}t} V(t) = \dot{\boldsymbol{x}}^\top(t) P \boldsymbol{x}(t) + \boldsymbol{x}^\top(t) P \dot{\boldsymbol{x}}(t) \tag{A.17}$$

ここで，P は (14.12) 式のリッカチ代数方程式の解となる正定行列である．(A.17) 式に (14.21) 式を代入すると，

$$\begin{aligned} \frac{\mathrm{d}}{\mathrm{d}t} V(t) &= (A\boldsymbol{x}(t) + \boldsymbol{b}u(t))^\top P \boldsymbol{x}(t) + \boldsymbol{x}^\top(t) P (A\boldsymbol{x}(t) + \boldsymbol{b}u(t)) \\ &= \boldsymbol{x}^\top(t) A^\top P \boldsymbol{x}(t) + u(t) \boldsymbol{b}^\top P \boldsymbol{x}(t) + \boldsymbol{x}^\top(t) P A \boldsymbol{x}(t) + \boldsymbol{x}^\top(t) P \boldsymbol{b} u(t) \\ &= \boldsymbol{x}^\top(t) (A^\top P + PA) \boldsymbol{x}(t) + u(t) \boldsymbol{b}^\top P \boldsymbol{x}(t) + \boldsymbol{x}^\top(t) P \boldsymbol{b} u(t) \end{aligned} \tag{A.18}$$

(14.9) 式の評価関数に対して，$ru^2(t) = u(t) r u(t)$ と表せることに注意して (14.12) 式の関係を用いると，

$$\begin{aligned} J &= \int_0^\infty \{\boldsymbol{x}^\top(t) Q \boldsymbol{x}(t) + u(t) r u(t)\} \mathrm{d}t \\ &= \int_0^\infty \{\boldsymbol{x}^\top(t) (-A^\top P - PA + P\boldsymbol{b}r^{-1}\boldsymbol{b}^\top P) \boldsymbol{x}(t) + u(t) r u(t)\} \mathrm{d}t \end{aligned} \tag{A.19}$$

となる．(A.18) 式の関係を用いると，

$$J=\int_0^\infty\left\{\left(-\frac{\mathrm{d}}{\mathrm{d}t}V(t)+u(t)\boldsymbol{b}^\top P\boldsymbol{x}(t)+\boldsymbol{x}^\top(t)P\boldsymbol{b}u(t)\right)\right.$$
$$\left.+\boldsymbol{x}^\top(t)P\boldsymbol{b}r^{-1}\boldsymbol{b}^\top P\boldsymbol{x}(t)+u(t)ru(t)\right\}\mathrm{d}t$$
$$=-\int_0^\infty\frac{\mathrm{d}}{\mathrm{d}t}V(t)\,\mathrm{d}t+\int_0^\infty\{u(t)\boldsymbol{b}^\top P\boldsymbol{x}(t)+\boldsymbol{x}^\top(t)P\boldsymbol{b}u(t)$$
$$+\boldsymbol{x}^\top(t)P\boldsymbol{b}r^{-1}\boldsymbol{b}^\top P\boldsymbol{x}(t)+u(t)ru(t)\}\,\mathrm{d}t$$
$$=-\int_0^\infty\frac{\mathrm{d}}{\mathrm{d}t}V(t)\,\mathrm{d}t$$
$$+\int_0^\infty\{u(t)ru(t)+u(t)rr^{-1}\boldsymbol{b}^\top P\boldsymbol{x}(t)+\boldsymbol{x}^\top(t)P\boldsymbol{b}r^{-1}ru(t)$$
$$+\boldsymbol{x}^\top(t)P\boldsymbol{b}r^{-1}rr^{-1}\boldsymbol{b}^\top P\boldsymbol{x}(t)\}\,\mathrm{d}t$$
$$=-\int_0^\infty\frac{\mathrm{d}}{\mathrm{d}t}V(t)\,\mathrm{d}t+\int_0^\infty(u(t)+\boldsymbol{x}^\top(t)P\boldsymbol{b}r^{-1})r(u(t)+r^{-1}\boldsymbol{b}^\top P\boldsymbol{x}(t))\,\mathrm{d}t \tag{A.20}$$

となる．Jに最小値が存在するから，$\lim_{t\to\infty}\boldsymbol{x}(t)=\boldsymbol{0}$でなければならないので，

$$\int_0^\infty\frac{\mathrm{d}}{\mathrm{d}t}V(t)\,\mathrm{d}t=\int_0^\infty\frac{\mathrm{d}}{\mathrm{d}t}(\boldsymbol{x}^\top(t)P\boldsymbol{x}(t))\,\mathrm{d}t=-\boldsymbol{x}^\top(0)P\boldsymbol{x}(0) \tag{A.21}$$

となり，(A.20) 式に (A.21) を代入し，整理すると，

$$J=\boldsymbol{x}^\top(0)P\boldsymbol{x}(0)+\int_0^\infty(u(t)+r^{-1}\boldsymbol{b}^\top P\boldsymbol{x}(t))^\top r(u(t)+r^{-1}\boldsymbol{b}^\top P\boldsymbol{x}(t))\mathrm{d}t$$
$$=\boldsymbol{x}^\top(0)P\boldsymbol{x}(0)+\int_0^\infty r|u(t)+r^{-1}\boldsymbol{b}^\top P\boldsymbol{x}(t)|^2\mathrm{d}t \tag{A.22}$$

となる．(A.22) 式の右辺第 1 項は定数であり，$r>0$ であるから右辺第 2 項の被積分関数が 0 のときにJは最小となる．よって，$u(t)+r^{-1}\boldsymbol{b}^\top P\boldsymbol{x}(t)=0$ から

$$u(t)=-r^{-1}\boldsymbol{b}^\top P\boldsymbol{x}(t) \tag{A.23}$$

のとき，Jは最小となり，その最小値は$J_{\min}=x^\top(0)P\boldsymbol{x}(0)$ で与えられる．

(4)　(14.12) 式のリッカチ代数方程式の両辺に -1 を乗じ，左辺に $(sP-sP)$ を加えると

$$-A^\top P-PA+P\boldsymbol{b}r^{-1}\boldsymbol{b}^\top P-Q+(sP-sP)$$
$$=-(sI+A^\top)P+P(sI-A)+P\boldsymbol{b}r^{-1}\boldsymbol{b}^\top P-Q=O \tag{A.24}$$

となる．Qを右辺に移行し，両辺に左から $-\boldsymbol{b}^\top(sI+A^\top)^{-1}$，右から $(sI-A)^{-1}\boldsymbol{b}$ を乗じると，

$$\boldsymbol{b}^\top(sI+A^\top)^{-1}(sI+A^\top)P(sI-A)^{-1}\boldsymbol{b}-\boldsymbol{b}^\top(sI+A^\top)^{-1}P(sI-A)(sI-A)^{-1}\boldsymbol{b}$$
$$-\boldsymbol{b}^\top(sI+A^\top)^{-1}P\boldsymbol{b}r^{-1}\boldsymbol{b}^\top P(sI-A)^{-1}\boldsymbol{b}$$
$$=-\boldsymbol{b}^\top(sI+A^\top)^{-1}Q(sI-A)^{-1}\boldsymbol{b} \tag{A.25}$$

であり，(A.25) 式を整理すると，

$$\boldsymbol{b}^\top P(sI-A)^{-1}\boldsymbol{b}+\boldsymbol{b}^\top(-sI-A^\top)^{-1}P\boldsymbol{b}+\boldsymbol{b}^\top(-sI-A^\top)^{-1}P\boldsymbol{b}r^{-1}\boldsymbol{b}^\top P(sI-A)^{-1}\boldsymbol{b}$$
$$=\boldsymbol{b}^\top(-sI-A^\top)^{-1}Q(sI-A)^{-1}\boldsymbol{b} \tag{A.26}$$

となる．(A.26) 式を$\boldsymbol{f}^{\top}\boldsymbol{r} = (\boldsymbol{r}^{-1}\boldsymbol{b}^{\top}P)^{\top}\boldsymbol{r} = P\boldsymbol{b}\boldsymbol{r}^{-1}\boldsymbol{r} = P\boldsymbol{b}$の関係を用いて整理すると，

$$
\begin{aligned}
&(\boldsymbol{b}^{\top}P)(sI-A)^{-1}\boldsymbol{b} + \boldsymbol{b}^{\top}(-sI-A^{\top})^{-1}(P\boldsymbol{b}) \\
&\quad + \boldsymbol{b}^{\top}(-sI-A^{\top})^{-1}(P\boldsymbol{b})\,\boldsymbol{r}^{-1}(\boldsymbol{b}^{\top}P)(sI-A)^{-1}\boldsymbol{b} \\
&\quad = \boldsymbol{r}\boldsymbol{f}(sI-A)^{-1}\boldsymbol{b} + \boldsymbol{b}^{\top}(-sI-A^{\top})^{-1}\boldsymbol{f}^{\top}\boldsymbol{r} + \boldsymbol{b}^{\top}(-sI-A^{\top})^{-1}\boldsymbol{f}^{\top}\boldsymbol{r}\boldsymbol{f}(sI-A)^{-1}\boldsymbol{b} \\
&\quad = \boldsymbol{b}^{\top}(-sI-A^{\top})^{-1}Q(sI-A)^{-1}\boldsymbol{b}
\end{aligned}
\tag{A.27}
$$

となる．(A.27) 式の両辺に$\boldsymbol{r}^{-1}$を乗じ，さらに，両辺に1を加えて整理すると，

$$
\begin{aligned}
&\{1+\boldsymbol{b}^{\top}(-sI-A^{\top})^{-1}\boldsymbol{f}^{\top}\}\{1+\boldsymbol{f}(sI-A)^{-1}\boldsymbol{b}\} \\
&\quad = 1+\boldsymbol{r}^{-1}\boldsymbol{b}^{\top}(-sI-A^{\top})^{-1}Q(sI-A)^{-1}\boldsymbol{b}
\end{aligned}
\tag{A.28}
$$

となる．(A.28) 式に対して$Q = Q^{\frac{1}{2}}Q^{\frac{1}{2}}$および (14.17) 式の関係を用いると，つぎのカルマン方程式が導かれる．

$$
\{1+L(-s)\}\{1+L(s)\} = 1+\boldsymbol{r}^{-1}\left|Q^{\frac{1}{2}}(sI-A)^{-1}\boldsymbol{b}\right|^{2}
\tag{A.29}
$$

(A.29) 式の右辺第2項は$\boldsymbol{r}^{-1}\left|Q^{\frac{1}{2}}(sI-A)^{-1}\boldsymbol{b}\right|^{2} \geq 0$であるから，$s = j\omega$とすると (A.29) 式は

$$
\{1+L(-j\omega)\}\{1+L(j\omega)\} \geq 1 \Rightarrow |1+L(j\omega)|^{2} \geq 1
\tag{A.30}
$$

となり，円条件が導かれる．

(5)　最大解P^{+}を与えるリッカチ代数方程式は

$$
(A+vI)^{\top}P + P(A+vI) - P\boldsymbol{b}\boldsymbol{r}^{-1}\boldsymbol{b}^{\top}P = \boldsymbol{O}
\tag{A.31}
$$

であり，折り返し線が$-\dfrac{5}{2}$なので，$v = \dfrac{5}{2}$である．

$$
P = \begin{bmatrix} p_{11} & p_{12} \\ p_{21} & p_{22} \end{bmatrix}
\tag{A.32}
$$

とおくと，(A.31) 式は

$$
\begin{aligned}
&\begin{bmatrix} \frac{5}{2} & -6 \\ 1 & -\frac{5}{2} \end{bmatrix}\begin{bmatrix} p_{11} & p_{12} \\ p_{21} & p_{22} \end{bmatrix} + \begin{bmatrix} p_{11} & p_{12} \\ p_{21} & p_{22} \end{bmatrix}\begin{bmatrix} \frac{5}{2} & 1 \\ -6 & -\frac{5}{2} \end{bmatrix} \\
&\quad - \begin{bmatrix} p_{11} & p_{12} \\ p_{21} & p_{22} \end{bmatrix}\begin{bmatrix} 0 \\ 1 \end{bmatrix}\begin{bmatrix} 0 & 1 \end{bmatrix}\begin{bmatrix} p_{11} & p_{12} \\ p_{21} & p_{22} \end{bmatrix} \\
&\qquad = \begin{bmatrix} \frac{5}{2}p_{11}-6p_{21} & \frac{5}{2}p_{12}-6p_{22} \\ p_{11}-\frac{5}{2}p_{21} & p_{12}-\frac{5}{2}p_{22} \end{bmatrix} + \begin{bmatrix} \frac{5}{2}p_{11}-6p_{12} & p_{11}-\frac{5}{2}p_{12} \\ \frac{5}{2}p_{21}-6p_{22} & p_{21}-\frac{5}{2}p_{22} \end{bmatrix} \\
&\qquad\quad - \begin{bmatrix} p_{12}p_{21} & p_{12}p_{22} \\ p_{21}p_{22} & p_{22}^{2} \end{bmatrix} = \boldsymbol{O}
\end{aligned}
\tag{A.33}
$$

となる．Pは半正定行列なので対称行列であり，$p_{12} = p_{21}$であるから，(A.33) 式よりつぎ

の連立方程式を得る．

$$5p_{11}-12p_{12}-p_{12}^2=0 \tag{A.34}$$

$$p_{11}-6p_{22}-p_{12}p_{22}=0 \tag{A.35}$$

$$2p_{12}-5p_{22}-p_{22}^2=0 \tag{A.36}$$

(A.35) 式より $p_{11}=p_{22}(p_{12}+6)$ であり，(A.34) 式に代入すると $30p_{22}+5p_{22}p_{12}-12p_{12}-p^2{}_{12}=0$ となり，$p_{22}=\dfrac{p_{12}(p_{12}+12)}{5(p_{12}+6)}$ となる．これを (A.36) 式に代入すると $2p_{12}-5\dfrac{p_{12}(p_{12}+12)}{5(p_{12}+6)}-\dfrac{p_{12}^2(p_{12}+12)^2}{25(p_{12}+6)^2}=0$ であり，この式を整理し，因数分解すると，$p^2{}_{12}(p_{12}-3)(p_{12}+2)=0$ となり，$p_{12}=\{-2,\ 0,\ 3\}$ を得る．$p_{12}=0$ のとき，$P=\begin{bmatrix}0 & 0\\ 0 & 0\end{bmatrix}$ となり適切ではない．$p_{12}=-2$ のとき，$P=\begin{bmatrix}-4 & -2\\ -2 & -2\end{bmatrix}$ は負定行列となり，解とはならない．$p_{12}=3$ のとき，$P=\begin{bmatrix}9 & 3\\ 3 & 1\end{bmatrix}$ は求める半正定行列である．よって，$P^+=\begin{bmatrix}9 & 3\\ 3 & 1\end{bmatrix}$ であり，求める最適制御則は

$$u(t)=-r^{-1}\boldsymbol{b}^{\top}P^+\boldsymbol{x}(t)=-1[0\quad 1]\begin{bmatrix}9 & 3\\ 3 & 1\end{bmatrix}\boldsymbol{x}(t)=-[3\quad 1]\boldsymbol{x}(t) \tag{A.37}$$

となる．また，(A.37) 式の最適制御則は，重みを $Q=\begin{bmatrix}45 & 15\\ 15 & 5\end{bmatrix}$，$r=1$ とするつぎの評価関数を最小にする．

$$J=\int_0^{\infty}\left\{\boldsymbol{x}^{\top}(t)\begin{bmatrix}45 & 15\\ 15 & 5\end{bmatrix}\boldsymbol{x}(t)+u^2(t)\right\}\mathrm{d}t \tag{A.38}$$

さらに，制御を施さないときに $\{-2,\ -3\}$ であったシステムの極は，折り返し線より右側の -2 が (A.37) 式の最適制御則によって -3 に移動する．このことは，構成される閉ループシステム

$$\dot{\boldsymbol{x}}(t)=\left(\begin{bmatrix}0 & 1\\ -6 & -5\end{bmatrix}-\begin{bmatrix}0\\ 1\end{bmatrix}[3\quad 1]\right)\boldsymbol{x}(t) \tag{A.39}$$

の閉ループシステムの極が -3 の重根となっていることから確かめられる．

索　引

[数字・英字]

[和字]

あ行

か行

さ行

た行

な行

は行

ま行

や行

ら行

著者紹介

佐藤和也（さとうかずや） 博士（工学）
1996年 九州工業大学大学院工学研究科設計生産工学専攻修了
現　在 佐賀大学教育研究院自然科学域理工学系 教授
【執筆箇所：講義01～05，講義11～12，特別講義15】

下本陽一（しももとよういち） 博士（工学）
1992年 九州工業大学大学院工学研究科設計生産工学専攻修了
現　在 長崎大学大学院工学研究科 准教授
【執筆箇所：講義06～10】

熊澤典良（くまざわのりよし） 博士（工学）
1996年 明治大学大学院工学研究科機械工学専攻修了
現　在 鹿児島大学大学院理工学研究科 准教授
【執筆箇所：講義13～14】

NDC548.3　303p　21cm

はじめての現代制御理論（げんだいせいぎょりろん）　改訂第2版（かいていだいにはん）

2022年12月6日　第1刷発行
2023年12月21日　第3刷発行

著　者　佐藤和也（さとうかずや）・下本陽一（しももとよういち）・熊澤典良（くまざわのりよし）
発行者　髙橋明男
発行所　株式会社　講談社
〒112-8001　東京都文京区音羽2-12-21
販売　(03) 5395-4415
業務　(03) 5395-3615

編　集　株式会社　講談社サイエンティフィク
代表　堀越俊一
〒162-0825　東京都新宿区神楽坂2-14　ノービィビル
編集　(03) 3235-3701
本文データ制作　株式会社エヌ・オフィス
印刷・製本　株式会社ＫＰＳプロダクツ

落丁本・乱丁本は，購入書店名を明記のうえ，講談社業務宛にお送りください．送料小社負担にてお取替えいたします．なお，この本の内容についてのお問い合わせは，講談社サイエンティフィク宛にお願いいたします．
定価はカバーに表示してあります．

Printed in Japan

ISBN 978-4-06-530121-0